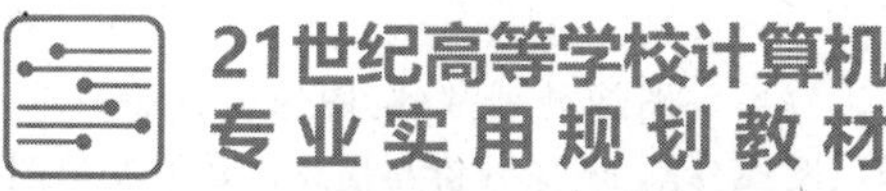

数字图像处理与分析

（第2版）

◎ 李新胜　主编

清華大學出版社
北京

内容简介

本书在第一版的基础上丰富了示例和编程练习，对较难的理论公式进行了简化和说明，并编写了关于新知识点的扩展阅读。

全书共分为9章，分别讲解数字图像处理基础、图像信息的基本知识和基本运算、图像变换、图像增强、图像复原、图像压缩编码、图像分割、图像分析与描述以及形态学图像处理。

本书既可作为高等学校理工类专业的本科生教材，也可供相关技术人员、普通读者作为自学参考书。

图书在版编目(CIP)数据

数字图像处理与分析/李新胜主编. —2版. —北京：清华大学出版社，2018（2025.4重印）
（21世纪高等学校计算机专业实用规划教材）
ISBN 978-7-302-48403-5

Ⅰ. ①数… Ⅱ. ①李… Ⅲ. ①数字图像处理－高等学校－教材 Ⅳ. ①TN911.73

中国版本图书馆CIP数据核字(2017)第216416号

责任编辑：付弘宇 张爱华
封面设计：刘 键
责任校对：梁 毅
责任印制：沈 露

出版发行：清华大学出版社
网 址：https://www.tup.com.cn，https://www.wqxuetang.com
地 址：北京清华大学学研大厦A座 **邮 编**：100084
社 总 机：010-83470000 **邮 购**：010-62786544
投稿与读者服务：010-62776969，c-service@tup.tsinghua.edu.cn
质量反馈：010-62772015，zhiliang@tup.tsinghua.edu.cn
课件下载：https://www.tup.com.cn，010-83470236
印 装 者：三河市龙大印装有限公司
经 销：全国新华书店
开 本：185mm×260mm **印 张**：17.5 **彩 插**：1 **字 数**：425千字
版 次：2006年8月第1版 2018年5月第2版 **印 次**：2025年4月第14次印刷
印 数：11501～13000
定 价：49.80元

产品编号：069646-01

出版说明

随着我国改革开放的进一步深化，高等教育也得到了快速发展，各地高校紧密结合地方经济建设发展需要，科学运用市场调节机制，加大了使用信息科学等现代科学技术提升、改造传统学科专业的投入力度，通过教育改革合理调整和配置了教育资源，优化了传统学科专业，积极为地方经济建设输送人才，为我国经济社会的快速、健康和可持续发展以及高等教育自身的改革发展做出了巨大贡献。但是，高等教育质量还需要进一步提高以适应经济社会发展的需要，不少高校的专业设置和结构不尽合理，教师队伍整体素质亟待提高，人才培养模式、教学内容和方法需要进一步转变，学生的实践能力和创新精神亟待加强。

教育部一直十分重视高等教育质量工作。2007 年 1 月，教育部下发了《关于实施高等学校本科教学质量与教学改革工程的意见》，计划实施"高等学校本科教学质量与教学改革工程"(简称"质量工程")，通过专业结构调整、课程教材建设、实践教学改革、教学团队建设等多项内容，进一步深化高等学校教学改革，提高人才培养的能力和水平，更好地满足经济社会发展对高素质人才的需要。在贯彻和落实教育部"质量工程"的过程中，各地高校发挥师资力量强、办学经验丰富、教学资源充裕等优势，对其特色专业及特色课程(群)加以规划、整理和总结，更新教学内容、改革课程体系，建设了一大批内容新、体系新、方法新、手段新的特色课程。在此基础上，经教育部相关教学指导委员会专家的指导和建议，清华大学出版社在多个领域精选各高校的特色课程，分别规划出版系列教材，以配合"质量工程"的实施，满足各高校教学质量和教学改革的需要。

本系列教材立足于计算机专业课程领域，以专业基础课为主、专业课为辅，横向满足高校多层次教学的需要。在规划过程中体现了如下一些基本原则和特点。

(1) 反映计算机学科的最新发展，总结近年来计算机专业教学的最新成果。内容先进，充分吸收国外先进成果和理念。

(2) 反映教学需要，促进教学发展。教材要适应多样化的教学需要，正确把握教学内容和课程体系的改革方向，融合先进的教学思想、方法和手段，体现科学性、先进性和系统性，强调对学生实践能力的培养，为学生知识、能力、素质协调发展创造条件。

(3) 实施精品战略，突出重点，保证质量。规划教材把重点放在公共基础课和专业基础课的教材建设上；特别注意选择并安排一部分原来基础比较好的优秀教材或讲义修订再版，逐步形成精品教材；提倡并鼓励编写体现教学质量和教学改革成果的教材。

(4) 主张一纲多本，合理配套。专业基础课和专业课教材配套，同一门课程有针对不同层次、面向不同应用的多本具有各自内容特点的教材。处理好教材统一性与多样化，基本教材与辅助教材、教学参考书，文字教材与软件教材的关系，实现教材系列资源配套。

(5) 依靠专家，择优选用。在制定教材规划时要依靠各课程专家在调查研究本课程教材建设现状的基础上提出规划选题。在落实主编人选时,要引入竞争机制,通过申报、评审确定主题。书稿完成后要认真实行审稿程序,确保出书质量。

繁荣教材出版事业,提高教材质量的关键是教师。建立一支高水平教材编写梯队才能保证教材的编写质量和建设力度,希望有志于教材建设的教师能够加入到我们的编写队伍中来。

21世纪高等学校计算机专业实用规划教材

联系人:魏江江 weijj@tup.tsinghua.edu.cn

前　言

数字图像处理技术随着摄像机等数字图像设备的普及而具有了广阔的市场需求。《数字图像处理与分析》第一版已使用多年，虽取得了良好的教学效果，但教学中仍发现有部分知识不够细化、示例还不够丰富、部分知识理论性太强等问题，数学知识掌握较少或缺少相关行业背景的读者使用起来不够得心应手。本次再版考虑了这些因素，力求使讲解的内容更加清晰易懂，让读者用更少的时间就能理解，从而更好地掌握数字图像处理技术的基本知识，为此后深入地研究或应用相关内容打下良好的基础。

第2版力争为各类方法添加一些示例，补充一些习题，并为部分章节增加了扩展阅读内容，对理论公式部分尽可能地简化并给出更通俗的解释。

众所周知，计算机学科是实践性很强的学科，数字图像处理技术也不例外，一定量的编程小练习是十分必要的。编程练习既可以重复实现已有的算法，也可以调用现成的开源图像处理库函数实现特定的功能。希望读者在阅读本书后，花时间选做一些习题，或者自己查找一些感兴趣的问题进行实践；如果读者觉得小练习比较轻松，很容易处理并能得到理想图像，就可以尝试一些更复杂的项目，如复杂模糊图像的增强、复杂图像分割、车牌识别等。

扩展阅读部分对每一类较新的技术做了简要介绍，让读者能够了解传统的数字图像处理方法之外的其他方法，感兴趣的读者可以根据参考文献自行查找资料，进行扩展学习。

本书的教学或阅读顺序可以按照从第1章到最后一章的顺序来进行；也可以以图像分割为主线进行，即按照第1、2、4、7、8、9章的顺序进行，将第3、5、6章作为选读，因为这3章较为独立。

根据编者的教学体会，本书的教学可以安排为32～48学时。如果安排的学时数较少，可以根据学生的水平适当删减第3、5、6章的部分内容。如果有条件的话，也可以在教学中加入上机练习，让学生尝试完成几个图像处理的实验题目。

本书既可作为高等学校理工类专业的本科生教材，也可供相关技术人员、普通读者作为自学参考书。

编者从使用本书第1版的教师和学生中获得了很多宝贵建议，谨致谢意。编者也得到了清华大学出版社的大力协助，在此表示感谢。此外，本书还参考和引用了一些论文和资料，在此向这些论文和资料的作者表示由衷的感谢。

限于编者的水平和视野，书中难免有不妥之处，敬请读者指正。如有任何建议请发至邮箱 wiseimage@163.com，编者会根据读者的意见在适当时间对本书进行修订和补充。

编者

2018年1月

目　　录

第1章 概　　论

本章主要介绍有关数字图像处理(Digital Image Processing)的基本概念,其中包括图像处理概述,常见的数字图像种类,数字图像处理的目的、基本特点、优点,主要研究的内容以及一些重要应用等。

1.1 图像处理概述

图像处理就是对图像信息进行加工处理,以满足人的视觉心理和实际应用的要求。人类获取外界信息可通过视觉、听觉、触觉、嗅觉和味觉等多种方法,但绝大部分是来自视觉所接收的图像信息。作为传递信息最多的媒体之一,它比其他任何媒体显得更为重要,所谓"百闻不如一见"就是最好的说明。因此,图像处理技术的广泛研究和应用是必然趋势。

数字图像处理又称计算机图像处理,它是指将模拟的图像信号转换成离散的数字信号并利用计算机对其进行处理的过程,其输入是原图,输出则是改善后的图像或者是从图像中提取出的一些特征,以提高图像的实用性,从而达到人们所要求的预期结果。与人类对视觉机理着迷的历史相比,数字图像处理还是一门相对年轻的学科,但在其短短的发展历史中,它不同程度地被成功应用于几乎所有与成像有关的领域。由于其表现方式所固有的魅力,它引起了很多人的注意。

数字图像处理技术最早出现于20世纪20年代,但直到20世纪50年代,电子计算机发展到了一定水平,人们才开始利用计算机来处理图形和图像信息。随着图像处理技术的深入发展,从20世纪70年代开始,计算机技术、人工智能和思维科学研究迅速发展,数字图像处理向更高、更深层次发展。人们已开始研究如何用计算机系统解释图像,开发类似人类视觉的系统来理解外部世界,这种处理技术称为图像理解或计算机视觉。很多国家,特别是发达国家投入了大量的人力、物力到这项研究中,取得了不少重要的研究成果。其中有代表性的成果是20世纪70年代末MIT的Marr提出的视觉计算理论,这个理论成为计算机视觉领域其后十多年的主导思想。图像分析和理解在理论方法研究上已取得了不小的进展,但它本身是一个比较难的研究领域,仍然存在不少难题,因为人类本身对自身的视觉过程还了解甚少,因此,计算机视觉是一个有待人们进一步探索的新领域。

随着计算机软件、硬件技术日新月异的发展和普及,人类已经进入一个高速发展的信息化时代。据统计,人类大概有80%的信息来自图像。在科学研究、技术应用中,图像处理技术越来越成为不可缺少的手段。图像处理所涉及的领域也越来越广泛,如军事应用、医学诊断、工业监控、物体的自动分拣识别系统等,这些系统都需要计算机提供实时动态、效果逼真的图像。

1.2 常见的数字图像种类

数字图像的分类可以按照光源或生成的原理来区分,也可以按照图像的应用领域来区分。

如果按光源或生成的原理来区分,有普通的彩色数字图像、红外图像、X射线图像、超声图像、微波图像和可视化数字图像等。它们的来源不同,如普通的彩色数字图像是由人眼可见光部分成像形成的,波长范围为 0.45~0.69μm(1μm=10^{-6}m);红外图像是由红外光成像形成的,波长范围为 0.76~12.5μm;X射线图像是记录穿透物体的X射线形成的;超声图像是由声波形成的;微波图像一般指微波雷达成像,是由雷达发出微波并记录其反射形成的;还有一些科学数据也可以形成可视化的图像,如交通流量数据、网络流量数据、密度图、物质能量图等。

如果按应用领域来区分,可以有医学图像、遥感图像、数码合成图像和分子显微图像等。医学中的正电子放射断层 PET 图像、细胞显微图像、核磁共振图像和 CT 图像都属于数字图像的研究范畴。用数码图片处理软件合成的数字图像、遥感图像中不同的波段的卫星图片、天文学中的星空图像等也用到了大量的数字图像处理技术。

1.3 数字图像处理的目的、基本特点和优点

1.3.1 数字图像处理的目的

为什么要对数字图像进行处理?当图像被采集并显示时,通常需要改善图像,以便观察者更容易理解,同时达到赏心悦目的目的。特别是要突出感兴趣的目标或者增强图像各部位之间的对比度来达到所需要的视觉效果时也需要进行图像处理。另外,为了使一些日常的或烦琐的工作自动化,减少工作量,节省人力、物力和财力的开销,也需要进行图像处理。

总的来说,图像处理的主要目的包括以下几点。

1. 存储和传输

为了节省存储容量和快速传输图像,很多情况下需要将图像进行压缩处理,这时就需要用到图像编码的相关算法。例如将图像存储到数码相机,将太空图像传送到地球等。

2. 显示和打印

有时为了合理、完整地显示和打印一幅图像,需要调整图像的大小、色调等,这时可能要将图像旋转、缩放、改变颜色和调节亮度等。

3. 增强和恢复

为了突出感兴趣目标的信息,需要对图像进行增强和恢复等处理。例如从老的、发黄的照片中还原影像,在X照片中提高肿瘤的可视性等,这时就需要对相关图像进行增强和恢复等基本处理。

4. 提取有用信息

在很多情况下,图像中的某部分信息对我们而言是重要的,这时就需要对图像进行处

理，提取图像中所包含的某些特征或特殊信息，以便于计算机分析。例如从信封上自动获取邮政编码，从航空影像上测量水的污染等。

1.3.2 数字图像处理的基本特点

数字图像处理的基本特点主要表现在以下几个方面。

1. 信息量大

目前，数字图像处理的信息基本上是二维信息，信息量很大。如一幅 256×256 低分辨率灰度图像，要求约 64KB 的数据量；对高分辨率彩色 512×512 图像，则要求 768KB 数据量；如果要处理 30f/s 的电视图像序列，则每秒要求 500KB～22.5MB 数据量；一幅遥感图像大约要求 30MB 数据量。而图像的处理方式经常是每个像素均需要处理计算至少一次，所以，数字图像处理对计算机的计算速度、存储容量等要求较高。

2. 综合性强

数字图像处理中所涉及的基础知识和专业技术相当广泛。一般来说涉及通信技术、计算机技术、电子技术、光电技术、心理学、生理学等，而数学、物理学等方面的知识则是图像处理中的基础知识。

3. 相关性大

数字图像中像素一般是不相互独立的，在一定范围内存在相关性，即在一幅图像中，相邻像素之间一般都有相同或接近的灰度，所以一个像素的信息往往可以由周围像素推导出一部分。对电视画面而言，同一行中相邻两个像素或相邻两行间的像素，它们之间的相关系数可达 0.9 左右，而相邻两帧之间的相关性比帧内相关性还要大些。因此，图像处理中信息压缩的潜力很大。

4. 受人的因素影响大

经过处理后的图像一般是给人观察和评价的，因此受人的因素影响较大。由于人的视觉系统很复杂，并且受环境条件、视觉性能、人的情绪、爱好以及知识状况的影响，因此，图像质量的评价具有主观性。另外，计算机视觉是模仿人的视觉，人的感知机理必然影响计算机视觉的研究，因此，要求图像处理系统与人的视觉系统有良好的“匹配”，这还是目前一个较难解决的问题。

1.3.3 数字图像处理的优点

与早期的模拟图像相比，数字图像处理有其自身的优点，具体表现在以下几个方面。

1. 再现能力强

与模拟图像处理的根本不同在于，经数字处理的图像不会因图像的存储、传输或复制等一系列变换操作而导致图像质量的退化。只要图像在数字化时准确地表现了原图，则数字图像处理过程始终能保证图像的再现。

2. 处理精度高

按目前的处理技术，可将一幅模拟图像数字化为任意大小的二维数组，这主要取决于图像数字化设备的能力。现代扫描仪可以把每个像素的灰度级量化为 16 位甚至更高，这意味着图像的数字化精度可以满足任一应用需求。

3. 适用面宽

图像的获取可以来自多种信息源,可以是可见光图像,也可以是不可见的波谱图像(例如X射线图像、γ射线图像、超声波图像或红外图像等)。从图像反映的客观实体尺度看,可以小到电子显微镜图像,大到航空照片、遥感图像甚至天文望远镜图像。这些来自不同信息源的图像只要被转换为数字编码形式后,均可用二维数组来表示,因而都适合计算机处理。

4. 灵活性高

数字图像处理基本上可分为图像预处理(即图像质量改善)、图像理解分析和图像重建三大部分,每一部分均包含丰富的内容。由于图像的光学处理从原理上讲只能进行线性运算,这极大地限制了光学图像处理能实现的目标;而数字图像处理不仅能完成线性运算,而且能实现非线性处理,也就是说,凡是可以用数学公式或逻辑关系来表达的一切运算均可用于数字图像处理的实现。

1.4 数字图像处理主要研究的内容

数字图像处理主要研究的内容有以下几个方面。

1. 图像变换

由于图像阵列很大,如果直接在空间域中进行处理,则涉及的计算量很大。因此,往往采用各种图像变换的方法,如傅里叶变换、离散余弦变换、K-L变换和小波变换等间接处理技术,将空间域的处理转换为变换域处理,这样不仅可减少计算量,而且可获得更有效的处理。

2. 图像增强和复原

图像增强和复原的目的是为了提高图像的质量,如去除噪声、提高图像的清晰度等。图像增强主要是突出图像中感兴趣的目标部分,如强化图像高频分量,可使图像中的物体轮廓清晰,细节明显;而强化图像低频分量,可减少图像中噪声的影响等。图像复原则要求对图像降质的成因有一定的了解,根据降质过程建立降质模型,然后采用某种滤波方法,恢复或重建原来的图像。

3. 图像编码压缩

图像编码压缩技术主要是为了减少描述图像的数据量,以便节省图像传输、处理时间和减少所占用的存储器容量。压缩可以在不失真的前提下获得,也可以在允许的失真条件下进行。目前还有专门的针对视频创建的国际编码标准。

4. 图像分割

图像分割是数字图像处理中的最关键技术之一。它是将图像中有意义的特征部分提取出来,如图像中的边缘、区域等,为进一步进行图像识别、分析和理解提供条件。

5. 图像分析和理解

图像分析和理解是图像处理技术的发展和深入,也是人工智能和模式识别的一个分支。在图像分析和理解中主要有图像的描述和图像分类识别。图像分类识别属于模式识别的范畴,其主要内容是图像经过某些预处理(增强、复原、压缩)后,进行图像分割和特征提取,从而进行分类判决。

1.5 数字图像处理的发展和应用

1.5.1 数字图像处理的发展

数字图像处理作为一门学科大约形成于20世纪60年代初期。早期的图像处理的目的是改善图像的质量，它以人为对象，以改善人的视觉效果为目的。图像处理中，输入的是质量较低的图像，输出的是改善质量后的图像。常用的图像处理方法有图像增强、复原、编码、压缩等。

有几个因素表明数字图像处理领域将继续成长。一个主要的因素是图像处理所需的计算机设备的不断降价，高速处理器和大容量的存储器一年比一年便宜。第二个因素是图像数字化和图像显示设备越来越普及。同时一些新的技术发展趋势将进一步刺激此领域的成长，包括由低价位微处理器支持的并行处理技术，用于图像数字化的低成本的电荷耦合器件(CCD)，用于大容量、低成本存储阵列的新存储技术，以及低成本、高分辨的彩色显示系统。

另一个推动力来自于不断涌现出的新应用。在商业、工业、医学应用中，数字成像技术的应用持续增长。目前，手机的照相、摄像功能已经广泛应用，城市的监控摄像机也广泛分布，各种海量的医学影像数据也在快速增加，这些都给数字图像处理提出了新的挑战和应用前景。又如遥感成像中越来越多地使用了数字图像处理技术。低成本的硬件加上正在兴起的非常重要的应用，数字图像处理已经在日常生活和生产中发挥出重要的作用。

1.5.2 数字图像处理的应用

图像是人类获取和交换信息的主要来源，因此，图像处理的应用领域必然涉及人类生活和工作的方方面面。随着人类活动范围的不断扩大，图像处理的应用领域也将随之不断扩大。从首次在美国的喷气推进实验室(Jet Propulsion Laboratory，JPL)获得实际应用至今的二十多年的时间里，数字图像处理已迅速地发展成为一门独立且具有强大生命力的学科。

目前已有许多图像生成技术问世，但除图像复原技术外，图像处理技术在很大程度上与图像形成过程无关。一旦图像被采集并且已对获取过程中产生的失真进行了校正，本质上所有图像处理技术都是通用的。因此，图像处理是一种超越具体应用的过程，任何为解决某一特殊问题而开发的图像处理新技术或新方法，几乎肯定能找到其他完全不同的应用领域。

随着计算机技术和半导体工业的发展，数字图像处理技术的应用将更广泛，总结其应用领域，大致有以下几个方面。

1. 在航天、航空中的应用

数字图像处理技术在航天和航空中的应用，除了最早的JPL对月球、火星照片的处理之外，另一方面的应用是在飞机遥感和卫星遥感技术中。目前世界各国都在利用陆地卫星所获取的图像进行土地测绘，资源调查(如森林调查、水资源调查等)，气象监测，灾害监测(如病虫害监测、水火灾情监测、环境污染监测等)，资源勘察(如石油勘察、大型工程地理位置勘探分析等),农业规划(如水分和农作物生长、产量的估算等),城市规划(如城市建筑物拆迁、地质结构、水源及环境分析等),军事侦察等。另外,在航空中交通管制以及机场安检视频监控中图像处理也得到了广泛的应用。

2. 在生物医学中的应用

数字图像处理在生物医学中的应用十分广泛,无论是临床诊断还是病理研究都采用图像处理技术,而且很有成效。它的直观、无创伤、安全方便的优点已得到了普遍的认可。除了最成功的X射线、CT技术之外,还有一类是对医用显微图像的处理分析,即自动细胞分析仪,如红细胞、白细胞分类、染色体分析、癌细胞识别等。

3. 在通信和电子商务中的应用

当前通信的主要发展方向是声音、文字、图像和数据相结合的多媒体通信,也就是将电信网、广播电视网和互联网以三网合一的方式在数字通信网上传输。其中以图像通信最为复杂和困难,因图像的数据量十分巨大,如传送未压缩的彩色电视信号的速率达100Mb/s以上。要将这样高速率的数据实时传送出去,必须采用图像处理中的编码压缩技术来达到目的。在当前电子商务相关的应用中,图像处理技术也大有可为,如利用生物识别技术来实现身份认证、产品防伪、水印技术和办公自动化等。

4. 在工业和工程中的应用

在工业和工程中图像处理技术有着广泛的应用,如在生产线中对产品及部件进行无损检测并对其进行分类,公路路面破损图像的识别问题,在一些有毒、放射性环境内利用计算机自动识别工件及物体的形状和排列状态等,以及高速公路口的车牌识别和车辆跟踪和监控。

5. 在军事、公安中的应用

在军事方面主要用于导弹的精确制导、各种侦察照片的判读,具有图像传输、存储和显示的军事自动化指挥系统,飞机、坦克和军舰模拟训练系统等;在公安业务方面的应用有实时监控、案件侦破、指纹识别、人脸鉴别、虹膜识别以及交通流量监控、事故分析、银行防盗等。特别是目前已投入运行的高速公路不停车自动收费系统中的车辆和车牌的自动识别就是图像处理技术成功应用的例子。

6. 在文化艺术中的应用

这类应用有电视画面的数字编辑,动画的制作,电子图像游戏,远程培训教育,纺织工艺品设计,服装设计与制作,发型设计,文物资料照片的复制和修复,运动员动作分析和评分,虚拟城市,三维建模和计算机图形生成技术以及图像变形技术等。

总之,数字图像处理技术应用在很多的领域,它在国家安全、经济发展、日常生活中起着越来越重要的作用。

1.6 数字图像处理的一般流程

图1.1是数字图像处理的一般流程,其步骤一般都是获取图像、图像预处理、图像分割、图像表达与描述、图像识别与解释、输出处理结果。而在每一个步骤中,采用的技术与实现方法可以有所不同,都是根据具体的应用择优选取。以汽车车牌图像自动识别系统为例,获取图像步骤是指从摄像机中得到视频图像的每一帧;图像预处理指图像的去噪增强,如果

图像质量良好，可以省略这一步。图像分割包括两个子步骤，一是运动目标的分割，将运动的车辆从视频中分割出来，这里应去掉阴影和一些背景噪声；二是单图像帧中车牌的分割，将车牌的这个矩形提取出来，这里应包括旋转校正及大小归一化，然后将车牌矩形中的每个字符块分开，得到一个个的字符块。图像的表达与描述，是对每个字符块提取出特征，这些特征可以是灰度特征、区域统计特性特征等。图像识别与解释是指采用模式识别中的一些方法对上步获取的特征进行分类，得到最终的车牌识别结果并输出。

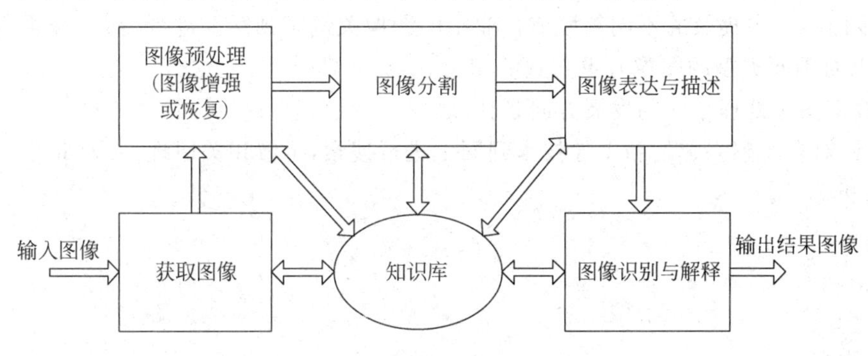

图 1.1　数字图像处理的一般流程

扩展阅读

图像处理常用的软件如下：

(1) Photoshop，它是图像处理的典型应用及工具，包含了许多图像处理的功能，通过此软件的应用可看到图像处理的多种效果。

(2) Matlab 图像处理工具包，它包含图像处理的所有基本功能的各种函数，如图像显示、压缩、特征提取、分割等，可直接调用进行图片处理。

(3) OpenCV，全称是 Open Source Computer Vision Library，最初由 Intel 发起，用 C/C++语言编写，是一个基于 BSD 许可（开源）发行的跨平台计算机视觉库，提供的不仅是图像处理及分析的多种功能，还有矩阵计算、目标识别、机器学习、运动分析与跟踪，以及三维重建等功能，同时还支持 CUDA GPU 并行计算。

(4) Python 语言是一种面向对象的解释型编程语言，它语法简单，因为开源功能变得越发强大，一些图像处理函数库基于 Python 开发，如 PIL（Python Image Library）、Pillow、Mahotas 等。

开源的图像处理算法代码很多，以上只是典型的几个代表，其他代码如 Torch3Vision、ImLab、CIMG 等，读者可根据自己的需要选用。

习　题

1. 什么是数字图像处理？数字图像处理有哪些基本特点？

2. 请解释如下术语：

(1) 图像　(2) 数字图像　(3) 图形　(4) 图像分析　(5) 图像的获取

3. 数字图像处理的目的是什么?

4. 数字图像处理的主要研究内容有哪些?

5. 数字图像处理有哪些应用?

6. 图像处理有哪些热门的技术? 它们的基本原理是什么?

7. 结合自己的生活实际,举出一个数字图像处理的应用示例,并试着分析这个处理应用采用了哪些步骤。

8. 按照本章中提及的不同领域或行业中的图像关键字到网上进行搜索,查看不同类型的图片,以对不同类型的图像有更直观的印象。

9. 数字图像处理今后的发展方向是什么?

10. 针对自己感兴趣的新图像技术到网上进行搜索,了解相关原理,并对此技术的优缺点进行分析总结。

第2章　图像信息的基本知识和基本运算

本章主要介绍图像(Image)信息的基本知识和专业术语、图像与视觉之间的关系、图像像素(Pixel)间的关系以及图像间的基本运算,以便从感性和直观的角度来了解图像。

2.1　概　　述

由于图像是人们生活体验中最重要、最丰富的部分,因此,很容易认为它是不言自明的。虽然大多数人知道一幅图像是什么,但到目前为止,对图像仍然没有一个精确的定义。对图像的理解可以从两个方面来看:"图"是物体透射光或反射光的分布;"像"是人的视觉系统对图进行接收后在大脑中形成的印象或认识。前者是客观存在的,而后者是一种人为的感觉,图像则是这两者的结合。

另外,从广义上讲,图像是自然界景物的客观反映,是人类认识世界、感知世界和人类本身的重要源泉。也可以说,图像是用各种观测系统以不同形式和手段观测客观世界而获得的,可以直接或间接作用于人眼,进而产生视觉、知觉的实体。实际上人的视觉系统就是一个观测系统,通过它得到的图像就是客观景物在人眼中形成的影像。因此图像信息不仅包含光通量分布,而且包含人类视觉的主观感受。随着计算机技术的迅速发展,人们还可以人为地创造出色彩斑斓、千姿百态的各种虚拟图像。

在生活中,图像会以各种各样的形式出现:可视的和非可视的,抽象的和实际的,适合于和不适合于计算机处理的。只有理解了图像的基本概念,才能更好地理解图像与视觉的关系、图像像素间的关系和图像间的运算。

2.2　数字图像的术语及表示方法

在自然的形式下,图像并不能直接由计算机分析。因为计算机只能处理数字而不是模拟的信息,所以一幅图像在用计算机进行处理前必须先转化为数字形式。一旦图像数字化后,后续的处理都可以直接利用计算机进行处理。从模拟形式转换到数字形式的过程涉及一些专业术语,为了更好地理解数字图像处理,先介绍这些专业术语。

2.2.1　术语

1. 数字化

简单地说,数字化(Digitizing)就是对模拟图像信号离散化的过程,包括空间离散化和幅值的离散化。图2.1所示为将一幅图像从其原来的形式转换为数字形式的处理过程。

“转换”是非破坏性的。

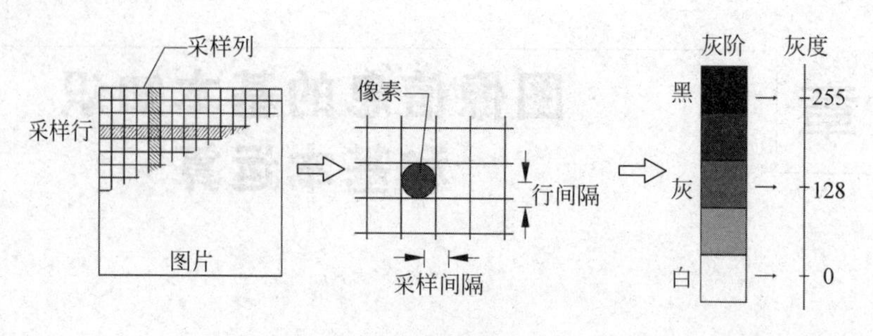

图 2.1 图像数字化

2. 扫描

扫描(Scan)是指对一幅图像内给定位置的寻址。在扫描过程中被寻址的最小单元是图像元素,即像素。对摄影图像的数字化就是对胶片上一个个小斑点的顺序扫描。

3. 采样

采样(Sampling)就是对图像进行空间上的离散化处理,即使空间上连续变化的图像离散化,也就是用空间上部分点的灰度值来表示图像。这些点称为样点(或像素、像元、样本)。采样通常是由一个图像传感器元件完成,它将每个像素处的亮度转换成与其成正比的电压值。

一般采样的方法有两类:一类是直接对表示图像的二维函数值进行采样,即读取各离散点上的信号值,所得结果就是一个样点值阵列,所以也称点阵采样;另一类是先将图像函数进行某种正交变换,用其变换系数作为采样值,故称正交系数采样。

4. 量化

经过采样的图像,只是在空间上被离散为像素(样本)的阵列,而每一个样本灰度值还是一个有无穷多个取值的连续变化量,必须将其转化为有限个离散值,赋予不同码字才能真正成为数字图像,这样的转化过程称为量化(Quantization)。简单地说,量化就是对图像灰度幅值的离散化处理,也就是对每个样点值数值化,使其只与有限个可能电平数中的一个对应。

量化也可以分为两种:一种是将样点灰度级值等间隔分档取整,称为均匀量化;另一种是不等间隔分档取整,称为非均匀量化。因为都要取整,故量化也常称为整量或整量化过程。

5. 对比度

对比度(Contrast Ratio)是指一幅图像中灰度反差的大小。对比度有如下公式

$$对比度=最大亮度/最小亮度$$

6. 分辨率

图像的分辨率(Resolution)主要有两个重要指标:一是灰度分辨率;二是空间分辨率。灰度分辨率是指值的单位幅度上包含的灰度级数,即在灰度级数中可分辨的最小变化。若用8b来存储一幅数字图像的每个像素的灰度,其灰度级为256。而空间分辨率是指图像中可辨别的最小细节,采样间隔是决定空间分辨率的主要参数。一般情况下,如果没有必要实际度量所涉及像素的物理分辨率和在原始场景中分析细节等级时,通常将

图像大小为 $M\times N$、灰度等级为 L 的数字图像称为空间分辨率为 $M\times N$、灰度级分辨率为 L 级的图像。

7. 图像噪声

图像噪声(Image Noise)可以理解为“妨碍人们感觉器官理解所接收的信息的因素”。噪声在理论上可以定义为“不可预测、只能用概率统计方法来认识的随机误差”。将图像噪声看成多维随机过程是合适的,因而描述图像噪声完全可以借用随机过程的方法,即用其概率分布函数和概率密度函数来描述。

图像噪声在数字图像处理技术中的重要性越来越明显,如航片的判读,X 射线图像系统中的噪声去除等已经成为不可缺少的技术步骤。图像噪声有很多种,按其产生的原因分为外部噪声和内部噪声;按统计理论观点分为平稳噪声和非平稳噪声;按噪声幅度分布形状来定义,如其幅度分布符合高斯分布,则称其为高斯噪声等;按噪声频谱形状来定义,如频谱均匀分布的噪声,则称其为白噪声;按噪声和信号之间关系来定义,则可分为加性噪声和乘性噪声等。

2.2.2 数字图像的表示方法

正如前面所描述,扫描、采样和量化这三个步骤组成了数字化的过程,其实际上就是用一个数字矩阵来表示一个物理图像,如图 2.2 所示。

数字图像的基本图像类型一般有三种:灰度图像、彩色图像和二值图像。下面介绍其表示方法。

1. 灰度图像和彩色图像的矩阵表示法

设连续图像 $f(x,y)$ 按等间隔采样,排成 $M\times N$ 矩阵,如图 2.3 所示(一般取方阵 $N\times N$,如式(2.1)所示)。

$$f(x,y)=\begin{bmatrix} f(0,0) & f(0,1) & \cdots & f(0,N-1) \\ f(1,0) & f(1,1) & \cdots & f(1,N-1) \\ \vdots & \vdots & & \vdots \\ f(N-1,0) & f(N-1,1) & \cdots & f(N-1,N-1) \end{bmatrix} \tag{2.1}$$

在数字图像中,一般取灰度级 Q 为 2 的整数幂,即 $Q=2^b$,对 M 和 N 的取值则没有要求,只要是正整数就行。对一般电视图像,Q 取 64($b=6$)~256($b=8$),即可满足图像处理的需要。对特殊要求的图像,如卫星图片取 2340×3240,即 b 取 8~12。

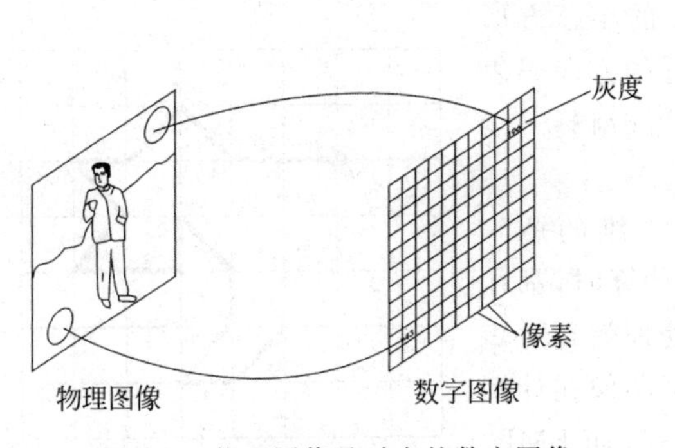

图 2.2 物理图像及对应的数字图像

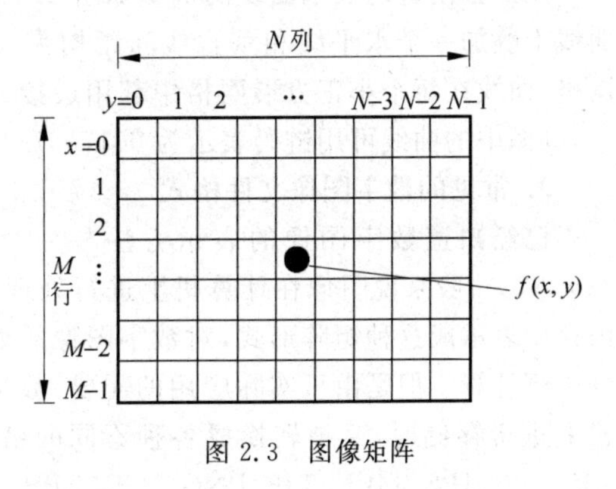

图 2.3 图像矩阵

彩色图像可用红(R)、绿(G)、蓝(B)三个矩阵表示,也可组成混合矩阵。目前三个彩色各用8b,共用24b来表示每个像素。显然单色图像比特数较少,因为人眼对亮度分辨率低,并不妨碍图像的观察质量。另外,也可用三维向量矩阵表示彩色图像。

2. 二值图像表示法

在数字图像处理中,为了减少计算量,常将灰度图像转为二值图像(Binary Image)处理。所谓二值图像就是只有黑、白两个灰度级,即像素灰度级非1即0,如图2.4所示的文字图片,其数字图像可用每个像素1b的矩阵表示。

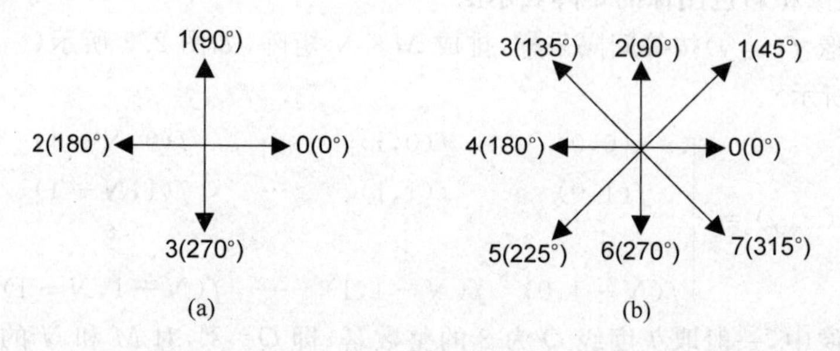

从广义上说,图像是自然界景物的客观反映,是人类认识世界、感知世界和人类本身的重要源泉。也可以说,图像是用各种观测系统以不同形式和手段观测客观世界而获得的,可以直接或间接作用于人眼进而产生视觉、知觉的实体。实际上人的视觉系统就是一个观测系统,通过它得到的图像就是客观景物在人眼中形成的影像。因此图像信息不仅包含光通量分布,而且也还包含人类视觉的主观感受。随着计算机技术的迅速发展,人们还可以人为地创造出色彩斑斓、千姿百态的各种图像。

图2.4 文字图片

由于二值图像的特殊性,因此二值图像还有一些特有的表示方法,如链码(又称Freeman码),很适合表示由直线和曲线组成的二值图像,以及描述图像的边缘轮廓。在这种情况下,采用链码比矩阵表示能节省很多的比特数。根据斜率分别是45°、60°、90°的倍数,可组成8方向、6方向和4方向链码。常用链码形式是4方向和8方向,如图2.5(a)和图2.5(b)所示。

1(90°)
2(180°) 0(0°)
3(270°)
(a)

3(135°) 2(90°) 1(45°)
4(180°) 0(0°)
5(225°) 6(270°) 7(315°)
(b)

图2.5 链码方向图

用8方向链码表示曲线的例子如图2.6所示,起点从左上角空心的圆点开始。假设在曲线上叠加一个水平线和垂直线间距均为d的小正方形网格,曲线在每个小正方形网格中都用最接近的方向码表示,则图中的曲线可用链码表示为001705744256743。

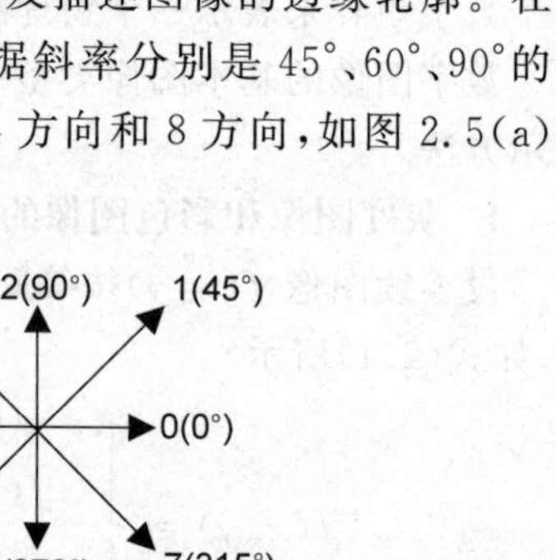

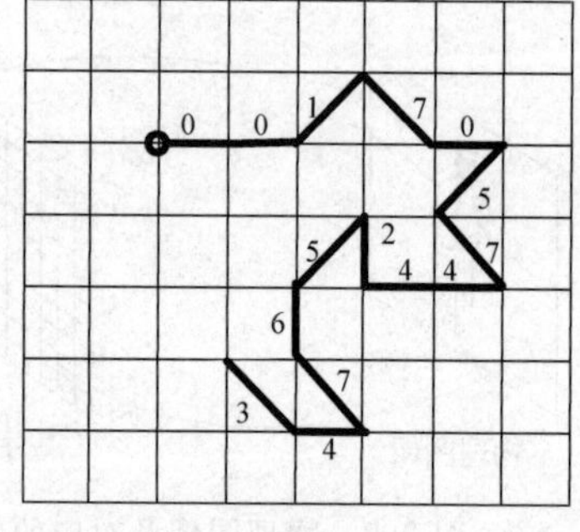

图2.6 用8方向链码表示曲线

3. 常见的数字图像文件格式

已经知道数字图像的表示方法是一个二维的矩阵$f(x,y)$,一般来说图像在计算机上进行处理计算时,都在内存中表示成这种矩阵形式,对数字图像的处理就是对矩阵进行计算。但是由于实际应用的需要,数字图像在计算机上进行存储时,又被转换成各种不同的格式,如BMP、GIF、JPG、JP2、TIFF、TIF、PNG、PSD、EPS、AI、RAW等。

几种常见的图片格式如表 2.1 所示。

表 2.1 常见的图片格式

图片格式	说明
BMP	位图格式，全称是 BitMaP，是图像的未经压缩的原始数据，即最原始的矩阵 $f(x,y)$，可以存储单色、16 色、256 色以及真彩色四种图像数据。除了文件头外，存储空间与矩阵的大小一致
GIF	全称是 Graphics Interchange Format，最早是由 CompuServe 公司于 1987 年制定的标准，主要用于网络图形数据的在线传输和存储，尺寸小。网上很多小动画都是 GIF 格式。其实 GIF 是将多幅图像保存为一个图像文件，从而形成动画。它采用无损压缩技术，只要图像不多于 256 色，则可既减少文件的大小，又保持成像的质量
JPG、JP2	全称是 Joint Photographic Experts Group，用有损压缩方式去除冗余的图像和彩色数据，在获得极高压缩率的同时可获得质量高、尺寸小、略失真的图片。它是目前应用最广泛的图像存储格式，如各种数码相机的图片都是这个格式。JP2 是按 JPEG 2000 标准压缩的格式
TIFF、TIF	全称是 Tag Image File Format，它最初由 Aldus 公司与微软公司一起为 PostScript 打印开发。用于扫描仪、OCR 系统
PNG	全称是 Portable Network Graphic Format，适合在网络上传输及打开。其设计目的是试图替代 GIF 和 TIFF 文件格式，同时增加一些 GIF 文件格式所不具备的特性，但 PNG 不支持动画
PSD	Adobe 公司的图像处理软件 Photoshop 的专用格式，全称是 PhotoShop Document。PSD 其实是 Photoshop 进行平面设计的一张“草稿图”，它里面包含有各种图层、通道、蒙板等多种设计的样稿，以便于下次打开文件时可以修改上一次的设计

2.2.3 采样点数和量化级数的选取

图像数字化过程中，采样和量化是两个关键的步骤。采样点数和量化级数的选取，直接影响数字化的质量。

假定一幅图像取 $M\times N$ 个样点，对样点值进行 Q 级分档取整。那么对 M、N 和 Q 如何取值呢？

首先，为了存取的方便，Q 一般总是取成 2 的整数次幂，即 $Q=2^b$，b 为正整数。通常称为对图像进行 b 比特量化。M、N 可以取成相等，也可以不相等。若取相等，则图像矩阵为方阵，分析运算方便一些。

其次，关于 M、N、b(或 Q) 数值大小的确定。量化是以有限个离散值来近似表示无限多个连续量，就一定会产生误差，这就是所谓的量化误差。对 b 来讲，取值越大，重建图像失真越小，如图 2.7 所示，若要完全不失真地重建原图像，b 必须取无穷大，否则一定存在失真。一般供人眼观察的图像，由于人眼对灰度分辨能力有限，用 5～8 比特量化就可以了。在图 2.7 中，图 2.7(a)是一幅大小为 256×256、256 级的灰度图像，保持空间分辨率不变，将灰度级分辨率由 256 级依次减小到 16、4 和 2 级，分别如图 2.7(b)、图 2.7(c)和图 2.7(d)所示。对 $M\times N$ 的取值，主要的依据是采样的约束条件，也就是在 $M\times N$ 达到满足采样定理的情况下，重建图像就不会产生失真，否则就会因采样点数不够而产生所谓混淆失真。为了减少表示图像的比特数，总是取 $M\times N$ 点数刚好满足采样定理，即采样频率不小于最高截止频率的 2 倍。这就是奈奎斯特采样定理。$M\times N$ 常用的尺寸有 256×256、64×64、

32×32、16×16等,如图2.8所示。图2.8中所有子图灰度级都是256级,图2.8(a)是原图,大小为256×256。图2.8(b)是将原图的像素数变为原来的1/4,即图片宽和高减为原来的一半,大小为128×128。为了显示和比较方便,将其放大到与原图同样印刷大小的尺寸显示。图2.8(c)与图2.8(d)图像大小分别为64×64、32×32。图2.8(e)~图2.8(i)的空间分辨率由256×256减小到16×16。可以看出,空间分辨率越低,像素越少,图像越模糊。

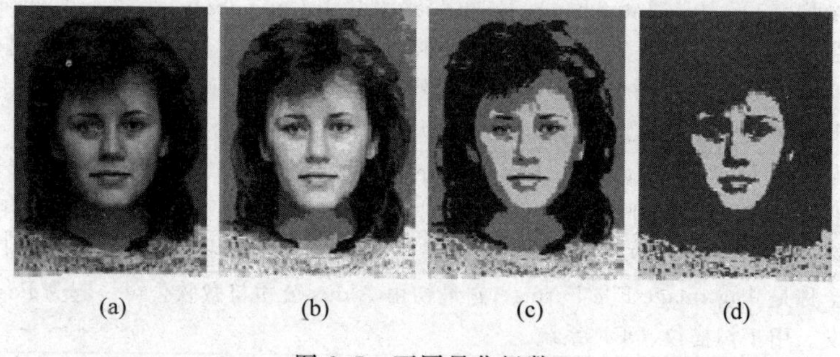

(a) (b) (c) (d)

图2.7 不同量化级数

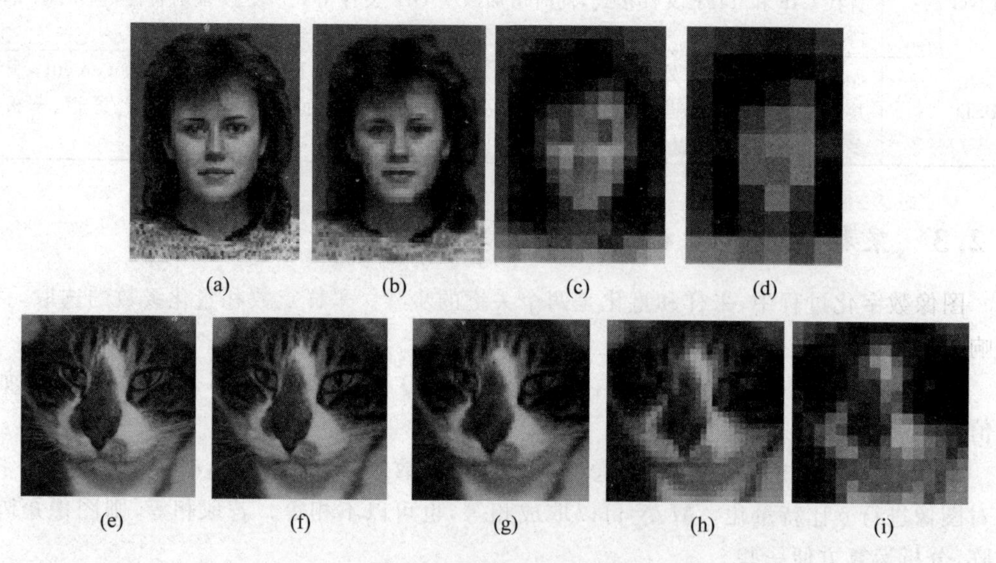

(a) (b) (c) (d)

(e) (f) (g) (h) (i)

图2.8 不同的采样级数

再次,在实际应用中,如果允许表示图像的总比特数 $M\times N\times b$ 给定,则对 $M\times N$ 和 b 的分配往往根据图像的内容和应用要求以及系统本身的技术指标来选定。例如,若图像中有大面积灰度变化缓慢的平滑区域,则 $M\times N$ 采样点数可以少一些,而量化比特数 b 多些。这样使重建图像灰度层次多一些。若 b 太少,在图像灰度平滑区往往会出现"假轮廓"。反之,复杂的景物图像,量化比特数 b 可以少些而采样点数 $M\times N$ 要多一些,这样不致丢失图像的细节。究竟 $M\times N$ 和 b 如何组合才能获得满意的结果,很难给出一个统一的方案。T. S. Huang研究了这个问题。他对三种不同特征的图像,改变其采样点数 $M\times N$ 和量化比特数 b,分别进行图像质量的主观评价。总的结论是:不同的采样点数和量化比特数组合,可以获得相同的主观质量评价。

2.3 图像与视觉之间的关系

对于图像系统，尤其是输出供人观察的照片或屏幕显示的图像系统，就必须充分研究人的视觉系统。因为人的视觉系统才是这类图像系统的最终服务对象，而且输出的图像也最终是由人的视觉系统来给以评价的。对图像认识或理解是由感觉和心理状态来决定的，也就是说，这和图像内容及观察者的心理因素有关。

2.3.1 人眼与视觉信息

1. 人眼成像及视觉信息的产生

人的眼睛是人类视觉(Vision)系统的重要组成部分，当外界景象通过眼球的光学系统在视网膜上成像后，视网膜产生相应的生理电图像并经视神经传入大脑。

人眼的视网膜由感光细胞覆盖，如图2.9所示，类似于CCD芯片上的感光单位(像素)。感光细胞吸收来自于光学图像的光线，并通过晶状体和角膜聚焦在视网膜上，生成神经脉冲，并通过大约100万个光学神经纤维传送到大脑。这些脉冲的频率代表了入射光线的强度。

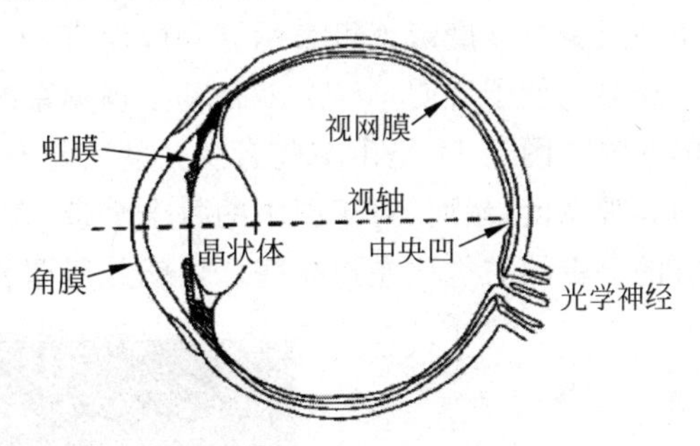

图2.9 人眼的横断面图

眼睛内晶状体和普通光学镜头的主要区别是前者要灵活得多。晶状体后曲面的曲率半径比它前部要大。当晶状体的屈光能力从最小变到最大时，晶状体聚焦中心和视网膜间的距离可以从约17mm变到约14mm。当眼睛聚焦在一个3m以外的物体上时晶状体具有最小的屈光能力，而当眼睛聚焦在一个很近的物体上时晶状体具有最强的屈光能力。据此可计算物体在视网膜上的成像尺寸。在图2.10中，观察者看一个相距100m、高15m的物体，如果用x代表以毫米为单位的视网膜上的成像尺寸，根据图中的几何关系，则可以按式(2.2)计算出x的值。

$$\frac{x}{17} = \frac{15}{100}$$

$$x = 2.55 \tag{2.2}$$

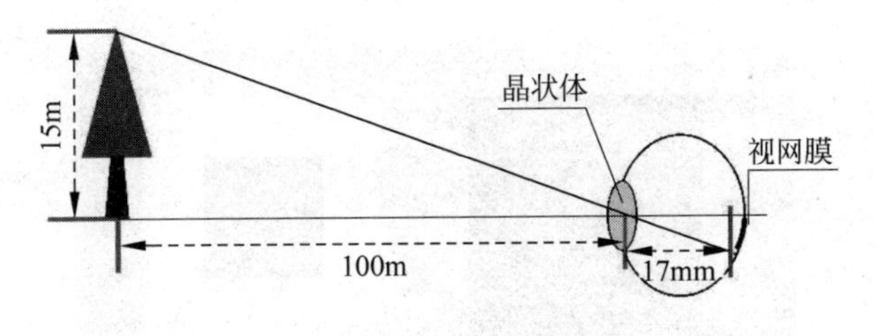

图2.10 人眼水平横截面

2. 亮度适应

由于数字图像是以亮度集合的形式显示的，眼睛区分不同亮度的能力在表达图像处理结果时是很重要的。

人的视觉系统能适应的亮度范围很大,约为10^{10}量级,但对亮度的适应区间不大,一般小于64级。但需要注意的是,人的视觉系统并不能同时在这么大的范围工作,它是靠改变总体敏感度来实现亮度适应(Brightness Adaptation)的。

当物体的亮度B逐渐变化时,最初人们是感觉不出来的,待B变化到某一值$B+\Delta B$时,人眼才能感觉出来。此时的ΔB被认为是人们主观上刚好分辨的最小亮度差$\Delta B_{\min}$。当物体的背景亮度不同时,$\Delta B_{\min}$值也不同。实验表明,人眼主观感受到的物体亮度(简称主观亮度)与进入人眼的光强成对数关系。但主观亮度并不完全由物体本身的亮度所决定,它还与背景亮度有关。

假设背景保持常数并用其他连续发光光源代替闪光,当逐渐变化光源强度使之从完全感受不到增加到总可以被感觉到,一般的观察者可以观察到有10～20级亮度的变化。简单地说,这个结果与人在单色图上任何一点可分辨的亮度级数有关,但这并不说明一幅图像只用如此少的亮度级就可表示。一般而言,人所感觉到的亮度并不是强度的简单函数,这有两个经典的例子说明。一个就是基于视觉系统有趋向于过高或过低估计不同亮度区域边界值的现象。图2.11是由一些客观亮度彼此不同的窄带所组成,其中每个窄带本身有均匀分布的客观亮度,然而,对于图中的每个窄带,人的主观亮度感觉却不是均匀分布的,而是感到所有的窄带的右边比左边亮些。这就是所谓的马赫带(Mach Bands)效应。

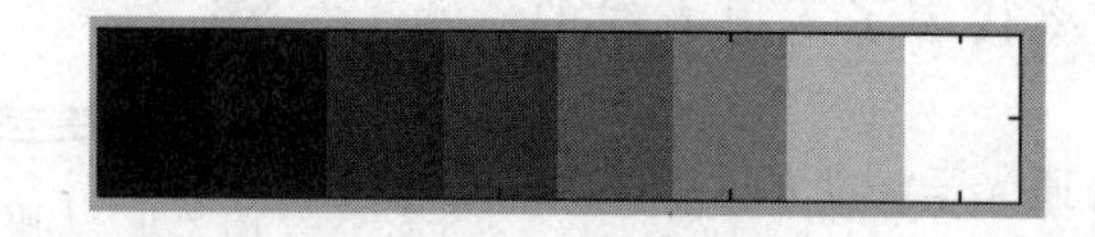

图2.11 马赫带效应

马赫带效应可以用人眼对突变的亮度刺激有着"超调"的响应来解释。在亮度较低的一侧似乎感到更暗,而在较亮一侧似乎感到比实际亮度更亮,显然在图像的亮度改变的边界处,有着增强的作用。

另外一个典型的例子就是同时对比(Simultaneous Contrast),它是因为人眼对某个区域感觉到的亮度并不仅仅依赖于它的强度。如图2.12所示,图中所有位于中心的正方形都有完全一样的亮度,但由于它们处于亮度不同的背景中,因此,给我们的主观感觉却是不同的,当同时观察图2.12(a)中的方块和背景时,似乎中间方块的亮度要比图2.12(b)中的要亮,而图2.12(b)中的方块较暗。这就是所谓的同时对比效应。这种现象可以用近旁适应

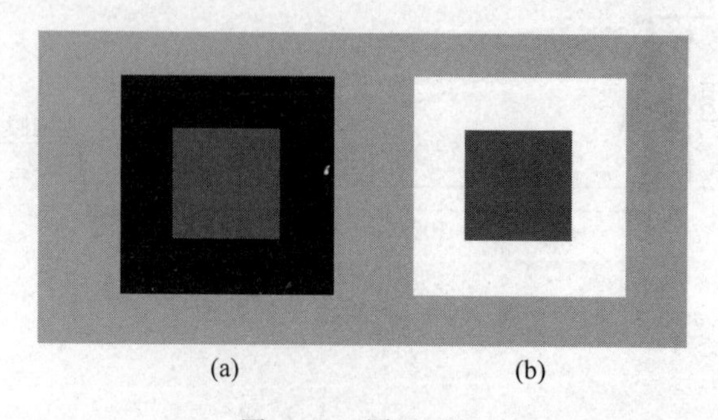

图2.12 同时对比

性来解释。在观察图 2.12(a)中灰色小方块的视敏细胞周围时，同时也有许多视敏细胞在观察背景。由于背景很暗，因此这些细胞光灵敏度很高。观察小方块的视敏细胞受周围细胞的影响，使亮度感觉增加，因此，似乎比图 2.12(b)中小方块更亮一些。

2.3.2 颜色视觉

2.3.2.1 颜色基础

颜色是外来的光刺激作用于人的视觉器官而产生的主观感觉。因而物体的颜色不仅取决于物体本身，还与光源、周围环境的颜色，以及观察者的视觉系统有关系。经视网膜三种视锥细胞处理后的信息在独立的通道进行处理，这些通道能纠正光照的影响，以使人感知正确的颜色。

从理论上讲，任何一种颜色都可用三种基本颜色按不同的比例混合得到。CIE(Commission Internationale de l'Eclairage，国际照明委员会)选取的标准红、绿、蓝三种光的波长分别为：红光 R，$\lambda_1=700\text{nm}$；绿光 G，$\lambda_2=546\text{nm}$；蓝光 B，$\lambda_3=435.8\text{nm}$，因此颜色的匹配可以用式(2.3)表示为

$$c = rR + gG + bB \tag{2.3}$$

其中，权值 r、g、b 为颜色匹配中所需要的 R、G、B 三色光的相对量，也就是三刺激的值。1931 年，CIE 给出了用等能标准三原色来匹配任意颜色的光谱三刺激值曲线，如图 2.13 所示，这样的一个系统被称为 CIE-RGB 系统。

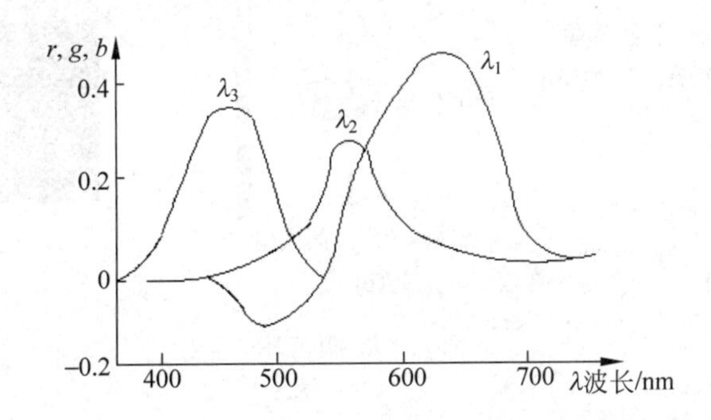

图 2.13 标准三原色匹配任意颜色的光谱三刺激值曲线

从图 2.13 的曲线中可以发现，曲线的一部分三刺激值是负数，这表明不可能靠混合红、绿、蓝三种光来匹配对应的光，而只能在给定的光上叠加曲线中负值对应的原色，来匹配另两种原色的混合，对应于式(2.3)中的权值会有负值。由于实际上不存在负的光强，而且这种计算极不方便，不易理解，人们希望找出另外一组原色，用于代替 CIE-RGB 系统，因此，1931 年的 CIE-XYZ 系统利用三种假想的标准原色 X(红)、Y(绿)、Z(蓝)，以便使得到的颜色匹配函数的三刺激值都是正值。类似地，该系统的光颜色匹配函数定义为式(2.4)：

$$c = xX + yY + zZ \tag{2.4}$$

在这个系统中，任何颜色都能由三个标准原色的混合(三刺激值是正的)来匹配。这样就解决了用怎样的三原色比例混合来复现给定的颜色光的问题。把可见光色度图投影到

xy平面上,所得到的马蹄形区域称为CIE色度图。如图2.14所示,马蹄形区域的边界和内部代表了所有可见光的色度值(因为$x+y+z=1$,所以只要二维x、y的值就可确定色度值),色度图的边界弯曲部分代表了光谱中某种纯度为百分之百的色光。

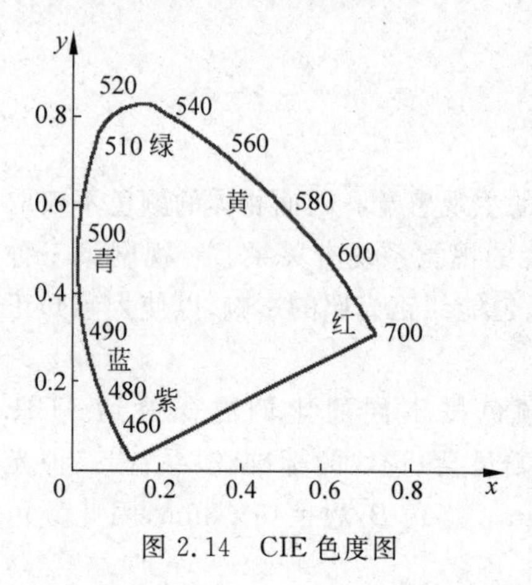

图2.14 CIE色度图

颜色可分为无彩色(中性色)和彩色。无彩色一般指黑、白和从白到黑的中性灰色,其量度为亮度;彩色的量度为亮度及主波长。表面色从白到黑之间的过渡可分为白—中灰—灰—中黑—黑。其中反射率大于95%的可视为白;反射率小于0.05%的可视为黑,也看作非光源。同时从三棱镜的分色可知,颜色的渐变为红—橙—黄—绿—青—蓝—紫。其中红与橙之间的差异小,红与黄之间的差异变大,红与绿之间的差异更大,但红与紫之间的差异又变小了,这种现象称为颜色的牛顿环,如图2.15(a)所示。可见,由白到黑的变化是灰度的直线关系,而彩色为环形关系,这就形成了颜色的纺锤体,如图2.15(b)所示。颜色的相互作用反映了颜色的对立机制,如图2.15(c)所示。若白纸上照射强光,则强光中心会出现变置,使人感到出现接近互补色。

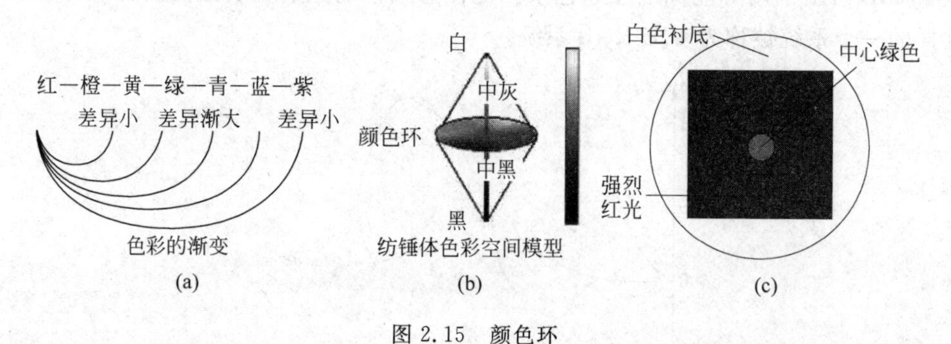

图2.15 颜色环

2.3.2.2 颜色模型

自然界中的色彩千变万化,要准确地表示某一种颜色就要使用到颜色模型。而不同的应用又有不同的颜色模型,最常用的颜色模型有RGB、CMY、YIQ、YUV、YCrCb、HSV、HSI等颜色模型。

1. RGB颜色模型

所谓RGB就是红(Red)、绿(Green)、蓝(Blue)三种色光原色。RGB颜色模型的混色属于加法混色。R、G、B都为0时是黑色,都为1时是白色。RGB颜色模型通常用于彩色阴极射线管等彩色光栅图形显示设备中,它是我们使用最多、最熟悉的颜色模型。它采用三维直角坐标系,红、绿、蓝为原色,各个原色混合在一起可以产生复合色。

RGB颜色模型通常采用如图2.16所示的单位立方体来表示,在正方体的主对角线上,各原色的强度相等,产生由暗到明的白色,也就是不同的灰度值。(0,0,0)为黑色,(1,1,1)为白色。正方体的其他六个角点分别为红、黄、绿、青、蓝和品红。需要注意的一点是,RGB

颜色模型所覆盖的颜色域取决于显示设备荧光点的颜色特性，是与硬件相关的。

RGB 颜色模型虽然表示直接，但是 R、G、B 数值和色彩的三属性之间的联系不明确，不能揭示色彩之间的某些属性关系。所以在进行配色设计时，RGB 模型就不合适了。而且红、绿、蓝三色有较强的相关性，很多情况下也不适合将它用于彩色图像区域分割。

2. CMY 颜色模型

在印刷行业中，使用另外一种颜色模型——CMY。CMY 分别是青色(Cyan)、品红(Magenta)、黄色(Yellow)三种油墨色。CMY 常用于从白光中滤去某种颜色，又被称为减性原色系统。CMY 颜色模型对应的直角坐标系的子空间与 RGB 颜色模型所对应的子空间几乎完全相同，差别仅仅在于前者的原点为白，而后者的原点为黑。前者是在白色中减去某种颜色来定义一种颜色，而后者是通过向黑色中加入颜色来定义一种颜色。CMY 和 RGB 一样，也可以直接调节每一个通道的数值来取得准确的色彩。CMY 也有类似 RGB 的三维颜色模型，如图 2.17 所示。

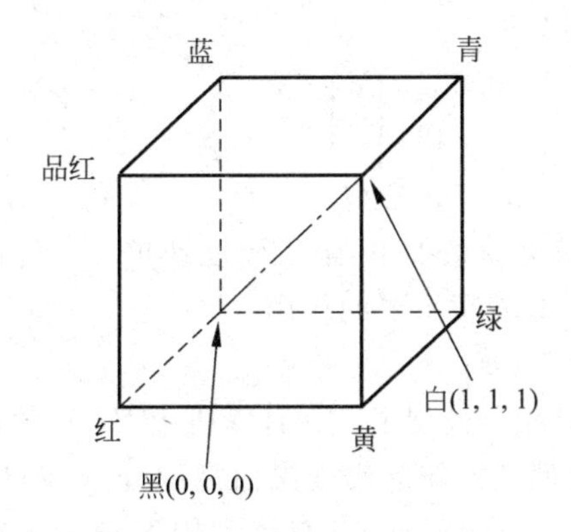

图 2.16　RGB 三维空间模型

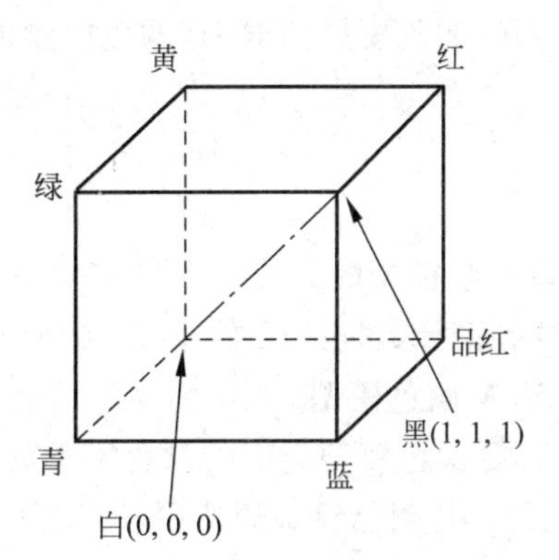

图 2.17　CMY 三维空间模型

CMY 颜色模型与 RGB 颜色模型之间可以通过简单的转换得到，其中假定所有的颜色值都已经被标准化到[0,1]范围内，具体转换如式(2.5)所示。

$$\begin{bmatrix} C \\ M \\ Y \end{bmatrix} = \begin{bmatrix} 1 \\ 1 \\ 1 \end{bmatrix} - \begin{bmatrix} R \\ G \\ B \end{bmatrix} \tag{2.5}$$

3. YIQ 颜色模型

用于标准彩色电视机广播系统的 RGB 三原色系统受到下列条件的制约：

(1) 广播信号频带宽度有限，如我国每一频道的宽度为 8MHz，美国为 6MHz。

(2) 彩色信号必须与标准的黑白电视兼容，这就要求在彩色电视上看起来完全不同的两种颜色在黑白电视上应呈现为不同的灰度。

为此，美国国家电视标准委员会(National Television Standards Committee，NTSC)采用了一个新的颜色标准——YIQ 颜色模型。

YIQ 颜色模型是利用人的可视系统对亮度变化比对色调和饱和度变化更敏感的原理而设计的，这样，YIQ 标准中表示 Y 时给予较大的带宽，表示 I、Q 时赋予较小的带宽。YIQ 模型中 Y 代表了光源的亮度，而色度则包含在 I、Q 两个参数中。在参数 I 中包含了橙—青的色彩信息，Q 中包含了绿—品红的色彩信息。由于 Y 信号包含了亮度信号，因此在黑白电视机中就只使用Y信号。

它成为普遍应用的标准是因为在图像处理中YIQ颜色模型的主要优点是去掉了亮度(Y)和颜色信息(I、Q)之间的紧密联系。亮度是与眼睛获得的光的总量成正比的,去除这种联系的重要性在于处理图像的亮度成分时,能在不影响颜色成分的情况下进行。Y分量适合用于图像中边缘的提取。YIQ颜色模型三个分量之间仍存在一定的相关性,但不像RGB颜色模型三分量的相关性那么强。

与RGB颜色模型类似,YIQ颜色模型空间亦采用笛卡儿直角坐标系描述,其可见颜色子空间形成了一个凸多面体,它可映射到RGB颜色模型子空间中去。

从RGB颜色模型到YIQ颜色模型的映射为

$$\begin{bmatrix} Y \\ I \\ Q \end{bmatrix} = \begin{bmatrix} 0.299 & 0.587 & 0.114 \\ 0.596 & -0.275 & -0.321 \\ 0.212 & -0.528 & 0.311 \end{bmatrix} \begin{bmatrix} R \\ G \\ B \end{bmatrix} \tag{2.6}$$

从YIQ颜色模型到RGB颜色模型的逆映射为

$$\begin{bmatrix} R \\ G \\ B \end{bmatrix} = \begin{bmatrix} 1 & 0.956 & 0.623 \\ 1 & -0.272 & -0.648 \\ 1 & -1.105 & 0.705 \end{bmatrix} \begin{bmatrix} Y \\ I \\ Q \end{bmatrix} \tag{2.7}$$

YIQ颜色模型的另外一个优点就是在固定带宽的条件下,最大限度地扩大了传送的信息量。这在图像数据的压缩、传送、编码和解码中起着很重要的作用。

4. YUV颜色模型

和YIQ颜色模型类似的颜色模型就是YUV颜色模型了。在计算机中YUV颜色模型是仅次于RGB颜色模型的使用较广泛的颜色模型。Y分量代表黑白亮度分量,而U和V分量表示彩色信息,用以显示彩色图像。对于黑白显示器而言,只需利用Y分量进行图像显示,彩色图像转换为灰度图像。

它与RGB彩色模型之间也存在着一个转换关系

$$\begin{bmatrix} Y \\ U \\ V \end{bmatrix} = \begin{bmatrix} 0.299 & 0.587 & 0.114 \\ -0.147 & -0.287 & 0.436 \\ 0.615 & -0.515 & -0.100 \end{bmatrix} \begin{bmatrix} R \\ G \\ B \end{bmatrix} \tag{2.8}$$

5. YCrCb颜色模型

YCrCb颜色模型是一种彩色传输模型,主要用于彩色电视信号传输标准方面,被广泛地应用在电视的色彩显示等领域中。YCrCb是一种和YIQ很类似的颜色模型,Y的定义是相同的,且其范围为[16,235],色度信息也是组合在C_r、C_b中,其中C_r代表了光源中的红色分量,C_b代表了光源中的蓝色分量,其范围为[16,245]。因此它与RGB颜色模型之间的变换如式(2.9)所示。

$$\begin{bmatrix} Y \\ C_b \\ C_r \end{bmatrix} = \frac{1}{256} \begin{bmatrix} 65.481 & 128.553 & 24.966 \\ -37.797 & -74.203 & 112 \\ 112 & -93.786 & -18.214 \end{bmatrix} \begin{bmatrix} R \\ G \\ B \end{bmatrix} + \begin{bmatrix} 16 \\ 128 \\ 128 \end{bmatrix} \tag{2.9}$$

从YCrCb颜色模型到RGB颜色模型的逆变换为

$$R = Y + 1.402 \times (C_r - 0.5)$$

$$G = Y - 0.34414 \times (C_b - 0.5) - 0.71414 \times (C_r - 0.5)$$

$$B = Y + 1.772 \times (C_b - 0.5) \tag{2.10}$$

6. HSV 颜色模型

RGB 和 CMY 颜色模型都是面向硬件的。用色调(Hue)、饱和度(Saturation)和明度(Value)来描述彩色空间能更好地与颜色特性相匹配，即 HSV 颜色模型，它是由 A. R. Smith 在 1978 年创建的一种颜色空间。该模型是面向用户的、对应于圆柱坐标系的一个圆锥形子集，如图 2.18 所示。锥的顶面对应于 $V=1$，代表的颜色较亮。色彩 H 由绕 V 轴的旋转角给定，红色对应于角度 0°，绿色对应于角度 120°，蓝色对应于角度 240°。在 HSV 颜色模型中，每一种颜色和它的补色相差 180°。饱和度 S 取值为[0,1]，由圆心向圆周过渡。HSV 颜色模型所代表的颜色域是 CIE 色度图的一个子集，它的最大饱和度的颜色的纯度值并不都是 100%。在锥的顶点处，$V=0$，H 和 S 无定义，代表黑色；锥顶面中心处 $S=0$，$V=1$，H 无定义，代表白色，从该点到原点代表亮度渐暗的白色，即不同灰度的白色。任何 $V=1$，$S=1$ 的颜色都是纯色。

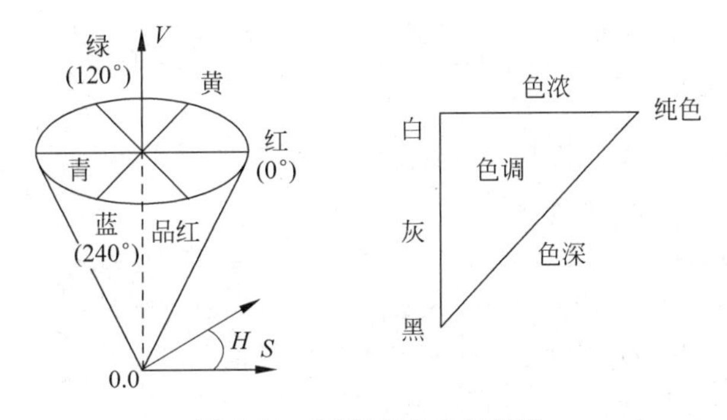

图 2.18 HSV 彩色空间模型

在对色彩信息的利用中，这种格式的优点在于它将明度(V)与反映色彩本质特性的两个参数——色度(H)和饱和度(S)分开。当提取某类物体在色彩方面的特性时，经常需要了解其在某一色彩空间的聚类特性，而这一聚类特性往往体现在色彩的本质上，而又经常受到光照明暗等条件的干扰影响。光照明暗给物体颜色带来的直接影响就是明度分量(V)，所以若能将明度分量从色彩中提取出去，而只用反映色彩本质特性的色度、饱和度来进行聚类分析，会获得比较好的效果。

它与 RGB 之间的转换如式(2.11)所示。

$$\begin{cases} V = \max(R,G,B) \\ S = \dfrac{mm}{V} \quad mm = \max(r,g,b) - \min(r,g,b) \\ H = h \times 60^\circ \end{cases} \tag{2.11}$$

其中，$h=\begin{cases} 5+b' & 若\ r=\max(r,g,b)和\ g=\min(r,g,b) \\ 1-g' & 若\ r=\max(r,g,b)和\ g\neq\min(r,g,b) \\ 1+r' & 若\ g=\max(r,g,b)和\ b=\min(r,g,b) \\ 3-b' & 若\ g=\max(r,g,b)和\ b\neq\min(r,g,b) \\ 3+g' & 若\ b=\max(r,g,b)和\ g=\min(r,g,b) \\ 5-r' & 其他 \end{cases}$，$\begin{cases} r'=\dfrac{V-r}{mm} \\ g'=\dfrac{V-g}{mm} \\ b'=\dfrac{V-b}{mm} \end{cases}$

7. HSI颜色模型

HSI颜色模型是美国色彩学家孟塞尔(H. A. Munseu)于1915年提出的。HSI颜色模型是指用色调(Hue)、饱和度(Saturation)和亮度(Intensity)来描述彩色空间,能更好地与人眼观察颜色的特性相匹配。HSI颜色模型在概念上表示了一个双圆锥体(白色在上顶点,黑色在下顶点,最大横切面的圆心是半橙灰色)或一个圆柱体。

从RGB颜色模型到HSI颜色模型各个分量的转换公式为

$$H=\begin{cases}\theta & B \leqslant G \\ 360^\circ-\theta & B>G\end{cases}$$

其中,$\theta=\arccos\left\{\dfrac{\frac{1}{2}[(R-G)+(R-B)]}{[(R-G)^2+(R-B)(G-B)]^{1/2}}\right\}$。

饱和度S分量和亮度I分量由以下公式给出

$$S=1-\frac{3}{R+G+B}[\min(R,G,B)]$$

$$I=(R+G+B)/3$$

请读者注意HSI与HSV和RGB颜色模型之间转换公式的不同之处,以及它们之间的区别,虽然它们在原理上是基本相同的。

色调H与光波的波长有关,它表示人的感官对不同颜色的感受,如红色、绿色、蓝色等,它也可表示一定范围的颜色,如暖色、冷色等。色调的取值范围是0~360°。饱和度S表示颜色的纯度,纯光谱色是完全饱和的,加入白光会稀释饱和度。饱和度越大,颜色看起来就会越鲜艳,反之则越暗淡。亮度I对应成像亮度和图像灰度,是颜色的明亮程度。饱和度与亮度的取值范围均为[0,1],在低饱和度时,图像色彩的数值并不稳定,因为其计算公式是非线性的。所以这里需要将RGB颜色模型分量的值归一化到区间[0,1]。

HSI颜色模型到RGB颜色模型的转换公式如下。

(1) 当$H\in[0,120^\circ)$时

$$B=I(1-S)$$

$$R=I\left(1+\frac{S\cos H}{\cos(60^\circ-H)}\right)$$

$$G=3I-B-R$$

(2) 当$H\in[120^\circ,240^\circ)$时

$$R=I(1-S)$$

$$G=I\left(1+\frac{S\cos(H-120^\circ)}{\cos(180^\circ-H)}\right)$$

$$B=3I-G-R$$

(3) 当$H\in[240^\circ,360^\circ)$时

$$G=I(1-S)$$

$$B=I\left(1+\frac{S\cos(H-240^\circ)}{\cos(300^\circ-H)}\right)$$

$$R=3I-G-B$$

2.4 图像像素间的关系

本节主要讨论数字图像中基本的，但也很重要的像素间的关系。用 $f(x,y)$ 表示一幅图像，如果指图像 $f(x,y)$ 中的某个特定的像素时，用小写字母 p 和 q 代替。图像像素间的关系常常是指在图像已经变成二值图像时得到的图像像素对应着标记 1 或 0。如果这时要计算图像中灰度值为 1 的像素块之间的关系，就要用到本节中的知识，即要定义像素按什么方式相邻、什么方式相通、像素间有多近。

2.4.1 像素的邻域

对坐标为 (x,y) 的像素点 p，它可以有 4 个水平和垂直的近邻像素。它们的坐标分别是 $(x+1,y)$，$(x-1,y)$，$(x,y+1)$，$(x,y-1)$。这些像素组成 p 的 4-邻域(Neighborhood)，记为 $N_4(p)$，如图 2.19(*a*)所示。坐标为 (x,y) 的 p 像素与它的各个 4-邻域近邻像素的距离是一个单位的距离。如果像素点 $p(x,y)$ 在图像的边缘处，则它的部分近邻像素也会落在图像外。

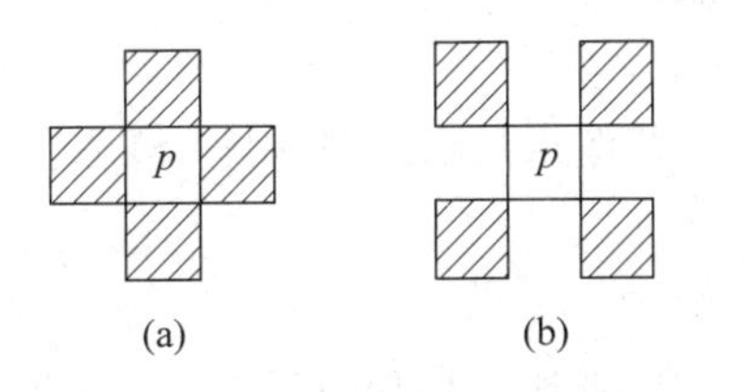

图 2.19 像素邻域

像素点 $p(x,y)$ 的 4 个对角近邻像素的坐标为 $(x+1,y+1)$，$(x+1,y-1)$，$(x-1,y+1)$，$(x-1,y-1)$。它们记为 $N_D(p)$，这些像素组成 p 的 D-邻域，如图 2.19(b)所示。如果这些像素再加上 p 的 4-邻域像素则合称为 p 的 8-邻域，记为 $N_8(p)$，如图 2.19(c)所示。如果像素 $p(x,y)$ 在图像的边缘处，则 $N_D(p)$ 和 $N_8(p)$ 中的部分近邻像素也会落在图像外。

2.4.2 连通性

像素间的连通性(Connectivity)是描述图像中目标边界和区域元素时的一个重要概念。要确定两个像素是否连通必须满足两个条件：一个是两个像素的位置在某种意义上是否相邻；另外一个是两个像素的灰度值是否满足某种特定的相似准则。

一般情况下，像素的连通性有 4-连通、8-连通和 m-连通几种，用 V 定义连通的灰度值集合。如在一幅二值图像中，为考虑灰度值为 1 的像素之间的连通性，则 $V=\{1\}$，而在一幅灰度图像中，假设考虑灰度值在 8～16 的像素的连通性，则 $V=\{8,9,\cdots,16\}$。

1. 4-连通

对于具有灰度值 V 的像素 p 和 q，如果 q 在集合 $N_4(p)$ 中，则称这两个像素是 4-连通的，如图 2.20(a)所示。

2. 8-连通

对于具有灰度值 V 的像素 p 和 q，如果 q 在集合 $N_8(p)$ 中，则称这两个像素是 8-连通的,如图2.20(b)所示。

3. m-连通

对于具有灰度值V的像素p和q,如果q在集合$N_4(p)$中,或者q在集合$N_4(p)$中,并且$N_4(p)$与$N_4(q)$的交集为空,则称这两个像素是m-连通的,即4-连通和D-连通的混合连通,如图2.20(c)所示。图2.20(d)为m-不连通的情况,因为$N_4(p)$与$N_4(q)$有交集。

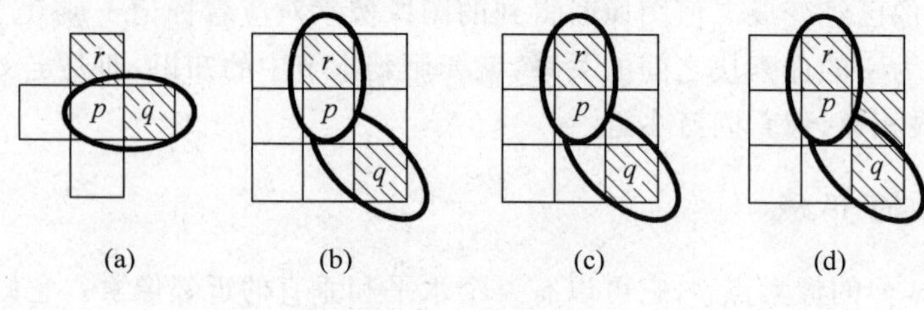

图2.20 像素连通

4. 像素临近

如果一个像素p和一个像素q是连通的,则称像素p临近于q。我们可以用定义邻域的方法来定义4-临近、8-临近和m-临近。

5. 图像子图临近

如果两个图像子集$S1$和$S2$中的某些像素是临近的,则称$S1$和$S2$是临近的,如图2.21所示。

6. 路径

一条从具有坐标(x,y)的像素p到具有坐标(s,t)的像素q的路径,是指具有坐标$(x_0,y_0),(x_1,y_1),\cdots,(x_n,y_n)$的不同像素的序列。其中,$(x_0,y_0)=(x,y)$,$(x_n,y_n)=(s,t)$,$(x_i,y_i)$临近于$(x_{i-1},y_{i-1})$,$1\leqslant i\leqslant n$,$n$是路径的长度。同样,可以用定义临近的方法来定义4-路径、8-路径和m-路径,分别如图2.22(a)~图2.22(c)所示。

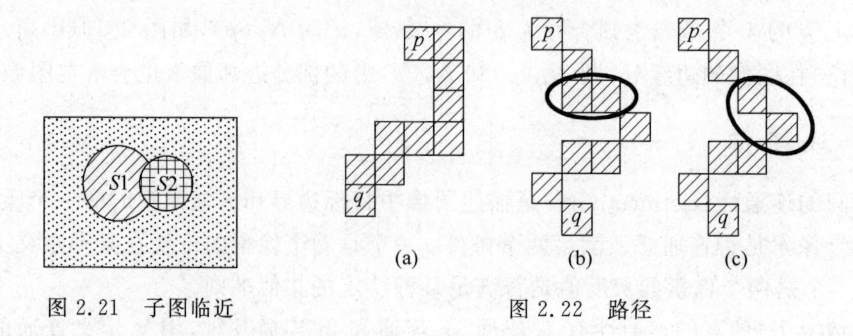

图2.21 子图临近　　图2.22 路径

7. 自动标注连通元素的算法

前面介绍了像素连通的几个基本概念,如何进行像素连通标注呢?下面以在二值图像中标注值为1的4-连通元素为例来说明自动标注连通元素的算法。

(1) 申请一片标注空间,即一个与图像相同大小的整数型矩阵。

(2) 对图像中的任意像素p,其上面的像素为r,左边的像素为t,从左向右扫描图像,有4种情况,如图2.23所示。

① 如r和t的值为0,给p一个新标记,这里的标记就是这个连通体的编号,如图2.23(a)

所示。

② 如 r 或 t 有一个为 1,将为 1 的标记给 p,如图 2.23(b)所示。

③ 如 r 和 t 都是 1,并且有相同标记,赋该标记到 p,如图 2.23(c)所示。

④ 如 r 和 t 都是 1,并且有不同的标记,赋这两个标记中的一个给 p,并且建立一个说明,指出哪两个标记是等价的,如图 2.23(d)所示。

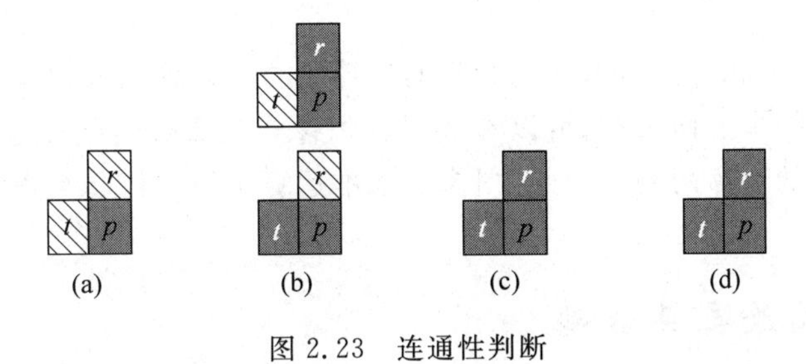

图 2.23 连通性判断

(3)在扫描结束时,所有具有 1 值的点都被打上标记,但这些标记中的一些也许是等价的。现在需要做的是整理所有的等价对成为等价类,然后给每一个类一个标记,第二次扫描图像,用所赋予的等价类的标记替换不同的标记。

2.4.3 距离量度

给定 3 个像素 p,q,r,坐标分别为 (x,y)、(s,t)、(u,v),D 是距离函数,如果满足下列条件:

(1) $D(p,q)\geqslant 0$($D(p,q)=0$ 当且仅当 $p=q$),此条件保证两点之间的距离大于等于 0。

(2) $D(p,q)=D(q,p)$,此条件保证距离与方向无关。

(3) $D(p,r)\leqslant D(p,q)+D(q,r)$,此条件保证两点之间的直线距离最短。

最常用的距离,有以下几种:

1. 欧几里得距离(欧氏距离)D_e

像素 p 和 q 之间的欧几里得距离定义为

$$D_e(p,q)=[(x-s)^2+(y-t)^2]^{\frac{1}{2}} \tag{2.12}$$

根据这个距离量度,与 (x,y) 的 D_e 距离小于或等于某个值 d 的像素都包含在以 (x,y) 为中心以 d 为半径的圆中。

2. 城市距离 D_4

像素 p 和 q 之间的城市距离定义为

$$D_4(p,q)=|x-s|+|y-t| \tag{2.13}$$

根据这个距离量度,与 (x,y) 的 D_4 距离小于或等于某个值 d 的像素组成以 (x,y) 为中心的菱形。如与点 (x,y) 中心点 D_4 距离小于等于 2 的像素形成如图 2.24(a)所示的等距离轮廓,具有 $D_4=1$ 的像素是 (x,y) 的 4-邻域。

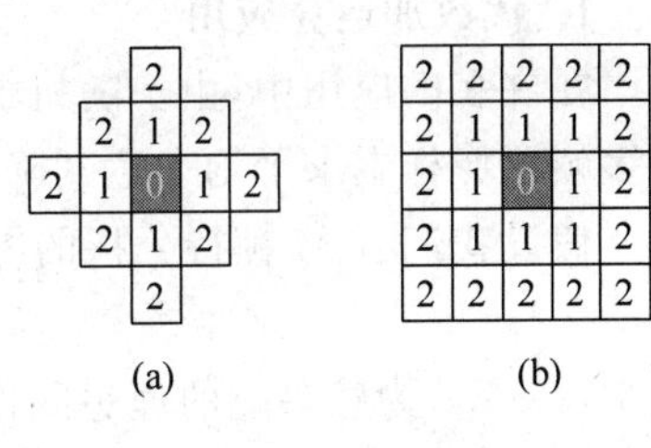

图 2.24 等距离轮廓

3. 棋盘距离 D_8

像素 p 和 q 之间的棋盘距离定义为

$$D_8(p,q)=\max(|x-s|,|y-t|) \tag{2.14}$$

根据这个距离量度,与(x,y)的D_8距离小于或等于某个值d的像素组成以(x,y)为中心的正方形。如与(x,y)的D_8距离小于或等于2的像素组成如图2.24(b)所示的等距离轮廓,具有$D_8=1$的像素是(x,y)的8-邻域。

2.5 基本代数运算

对于图像$f(x,y)$和$g(x,y)$,它们之间的运算主要有图像自身的运算或图像间的运算等多种形式。但从根本上而言,总可以看成对图像像素位置(x,y)的运算或对该位置上图像灰度级或其函数的运算两种。因此,图像的基本运算可分为图像的基本代数运算和基本几何运算两种。

2.5.1 基本代数运算基础

图像基本的代数运算是指图像中参与运算的像素几何位置不变化,图像之间灰度级的四则运算。也就是对两幅输入图像进行点对点的加、减、乘和除计算而得到输出图像的运算。在一般情况下,对于相加运算和相乘运算,可能不止有两幅图像参加运算。如果将待运算的两幅相同尺寸的图像$f(x,y)$和$g(x,y)$以矩阵的形式表达,即

$$f(x,y)=\begin{bmatrix} f_{11} & f_{12} & \cdots & f_{1N} \\ f_{21} & f_{22} & \cdots & f_{2N} \\ \vdots & \vdots & & \vdots \\ f_{M1} & f_{M2} & \cdots & f_{MN} \end{bmatrix} \quad g(x,y)=\begin{bmatrix} g_{11} & g_{12} & \cdots & g_{1N} \\ g_{21} & g_{22} & \cdots & g_{2N} \\ \vdots & \vdots & & \vdots \\ g_{M1} & g_{M2} & \cdots & g_{MN} \end{bmatrix} \tag{2.15}$$

式中,M、N分别代表图像的高和宽。因此,两幅图像间的代数运算可以表示为如式(2.16)所示。

$$\begin{aligned} s(x,y) &= \alpha f(x,y)+\beta g(x,y) \\ s(x,y) &= \alpha f(x,y)-\beta g(x,y) \\ s(x,y) &= \alpha f(x,y)\times g(x,y) \\ s(x,y) &= \alpha f(x,y)/g(x,y) \end{aligned} \tag{2.16}$$

其中,$f(x,y)$和$g(x,y)$是输入图像,而$s(x,y)$是输出图像。

2.5.2 几种代数运算的应用

图像代数运算(Algebraic Operation)有很多重要的用途,例如,图像加运算可对同一场景的多幅图像求平均,用平均后的图像代替该场景的实际图像,主要用来降低随机加性噪声的影响;或利用多幅图像进行融合增强。这里我们主要针对一些典型的应用进行介绍。

1. 代数加运算应用

在许多的应用中,由于随机加性噪声等因素的干扰,场景中的图像被污染,则可以通过对多帧图像样本求平均来达到降噪的目的。

假设我们有M帧待分析的图像序列,则第k帧图像表示为

$$f_k(x,y)=s(x,y)+n_k(x,y) \tag{2.17}$$

其中,$s(x,y)$为感兴趣的理想图像,$n_k(x,y)$是由于胶片的颗粒或数字化系统中电子噪声所产生的噪声图像。假设噪声图像为零均值以及各帧独立,即

$$
\begin{aligned}
&E\{n_k(x,y)\} = 0 \\
&E\{n_j(x,y) + n_k(x,y)\} = E\{n_j(x,y)\} + E\{n_k(x,y)\} \\
&E\{n_j(x,y)n_k(x,y)\} = E\{n_j(x,y)\}E\{n_k(x,y)\}
\end{aligned}
\tag{2.18}
$$

其中，$E\{\cdot\}$表示统计平均算子。

对于图像中的任意点，定义功率信噪比为

$$
\eta_1(x,y) = \frac{s^2(x,y)}{E\{n^2(x,y)\}} \tag{2.19}
$$

对 M 帧图像进行平均，则有

$$
g(x,y) = \frac{1}{M}\sum_{i=1}^{M}[s(x,y) + n_i(x,y)] \tag{2.20}
$$

则输出图像的信噪比为

$$
\eta_2(x,y) = \frac{s^2(x,y)}{E\left\{\left[\left(\frac{1}{M}\right)\sum_{i=1}^{M} n_i(x,y)\right]^2\right\}} = M\eta_1(x,y) \tag{2.21}
$$

因此，对 M 帧图像进行平均，使输出图像中每一点的信噪比提高了 M 倍。如图 2.25 所示，利用图 2.25(a)～图 2.25(h)共 8 幅有噪声的 Lena 图像进行求平均降噪声，图 2.25(i)为利用多帧求平均降噪后的图像。

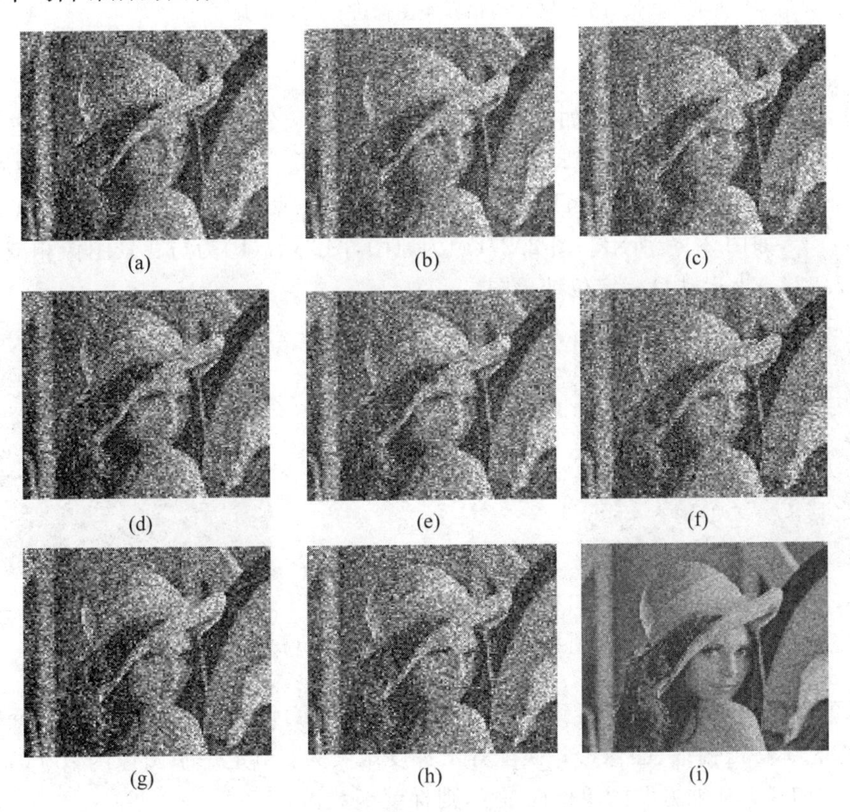

图 2.25　多帧图像求平均降噪

图像加运算还有一个典型应用是图像融合(Image Fusion)。图像融合是指将两幅图像按照一定的方式叠加在一起以将两幅图像中的信息取长补短，即对已经配准的两幅图像的每个像素根据信息的重要程度,自动计算图像加法运算时的权重实现互补。最典型的应用就是可见光与红外图像的融合,最早是为了满足现代军队夜视作战的需求,同时为了提高地面与空中的作战能力。针对同一场景用两种不同类型的摄像机进行拍摄,红外图像可获得在可见光中难以清晰成像的目标或因缺少光照没有成像的目标,且热红外成像不受光照的影响。融合同一场景的红外图像与可见光图像,可获得两个传感器成像视觉信息,扩展人眼视觉感知范围,得到更准确的目标场景信息。将两幅图像对不同的像素选取不同的系数(权重)进行加运算,可以得到融合的效果。图2.26(a)中为3~5μm的中波红外图像,图2.26(b)为对应的CCD可见光灰度图像,图2.26(c)为对应的两种图像融合的结果。可以看出,图2.26(b)和图2.26(c)互相取长补短,取得了更优的监视效果。

(a) (b) (c)

图2.26 两幅异类图像进行融合增强

2. 图像减运算应用

图像减运算的应用很广泛,如提取某运动序列图像相邻两帧或多帧之间的差异以及运动帧与背景帧之间的差异。在运动图像分析中,差分法是一种有效的运动区域检测的方法。利用图像相减方法,可以对运动目标进行检测,从而实现运动目标定位(Detecting)、跟踪(Tracking)等,如图2.27所示。图2.27(a)为原图,图2.27(b)为与背景图像相减后的差分图像,图2.27(c)为运动目标定位结果图。

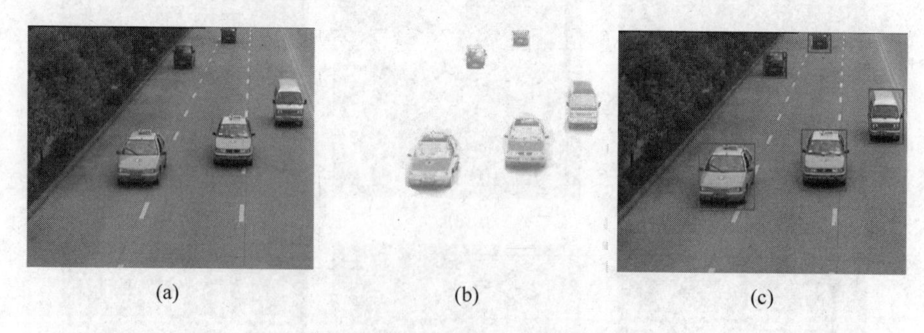

(a) (b) (c)

图2.27 运动序列差分目标检测

图像的减法运算也可用于得到图像的梯度(Gradient)函数。梯度函数有广泛的应用范围,如图像轮廓特征提取、图像形状匹配等。梯度定义为:给定一个图像函数$f(x,y)$,x轴方向的单位向量$\boldsymbol{i}$,y轴方向的单位向量$\boldsymbol{j}$,则梯度函数为

$$\nabla f(x,y)=\boldsymbol{i}\frac{\partial f(x,y)}{\partial x}+\boldsymbol{j}\frac{\partial f(x,y)}{\partial y} \tag{2.22}$$

其中,∇表示梯度算子。向量$\nabla f(x,y)$是指向$f(x,y)$的最大斜率方向,其幅度可表示为

$$|\nabla f(x,y)|=\sqrt{\left(\frac{\partial f}{\partial x}\right)^2+\left(\frac{\partial f}{\partial y}\right)^2} \tag{2.23}$$

式(2.23)表示每点斜率的陡峭程度,但丢失了方向信息。对于数字图像而言,式(2.23)一般用差分近似,即

$$|\nabla f(x,y)|\approx \max(|f(x,y)-f(x+1,y)|,|f(x,y)-f(x,y+1)|) \tag{2.24}$$

也就是说,$|\nabla f(x,y)|$为水平方向相邻像素之差的绝对值和垂直方向相邻像素之差的绝对值中的最大值。在斜率较陡之处,如物体边缘,梯度幅值较大。图2.28(a)和图8.28(c)为原图,图2.28(b)和图2.28(d)为其梯度幅度图像。从图中可以看出,梯度幅度在边缘处很高,而在均匀区域很低,接近于零。

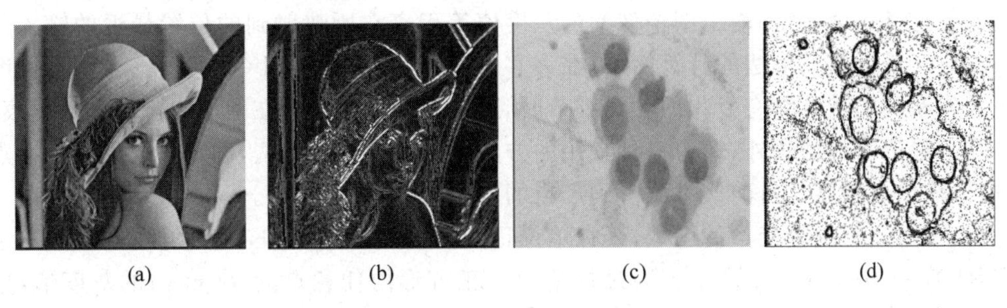

图2.28 梯度检测

在代数运算中,除了加法和减法运算有很广的应用外,乘法和除法运算也有很大的用途,如乘法运算可通过与二值图像相乘来遮掉图像的某些部分,而仅仅留下感兴趣的部分,在图像数字化与成像过程中,针对图像各形成点灵敏度的不同,可用乘法或除法运算纠正此类因素影响等。

2.6 基本几何运算

2.6.1 几何运算的定义

图像的几何运算(Geometric Operation)是指通过图像像素位置的变换,直接确定该像素灰度的运算。与代数运算不同,几何运算可改变图像中各物体之间的空间关系。

这种运算可看成是将各物体在图像内移动。一个几何运算需要两个独立的算法。首先,需要一个算法来定义空间变换本身,用它来描述每个像素如何从其初始位置"移动"到终止位置;同时,还需要一个用于灰度级插值的算法,这是因为,在一般情况下,输入图像的位置坐标(x,y)为整数,而输出图像的位置坐标为非整数。

1. 空间变换

在大多数应用中,要求保持图像中曲线型特征的连续性和各物体的连通性,一个约束较少的空间变换算法很可能会弄断直线和打碎图像,从而使图像的内容"支离破碎"。人们可以逐点指定图像中每个像素的运动,但即使对于尺寸较小的图像而言,这种方法也会很费时间。更方便的方法是用数学方法来描述输入、输出图像像素点之间的空间关系,定义一般的几何变换为

$$g(x',y')=g(a(x,y),b(x,y))=f(x,y) \tag{2.25}$$

其中,$f(x,y)$表示输入图像,$g(x',y')$表示输出图像。函数$a(x,y)$和$b(x,y)$唯一描述了空间变换,若它们是连续的,其连通关系将在图像中得以保持。

式(2.25)给出的是空间变换的一般表达式,后面的章节中将根据式(2.25)进行几种具体的变换介绍。

2. 灰度级插值

几何运算的第二个要求是进行灰度级插值的运算。在输入图像$f(x,y)$中,灰度值仅仅在整数位置(x,y)处被定义,然而在式(2.25)中,$g(x',y')$的灰度值一般由处在非整数坐标上的$f(x,y)$的值来确定。所以,如果把几何运算看成是一个从f到g的映射,则f中的一个像素会映射到g中的几个像素之间的位置,从而产生一些空洞。最简单的插值方法就是所谓的最近邻插值法,即输出图像像素的灰度值等于离它所映射到的位置最近的输入像素的灰度值。最近邻插值法的计算简单,在许多情况下,其结果也可令人接受。然而,当图像中包含像素间的灰度级有变化的大量细节时,最近邻插值方法会在图像中产生人为的痕迹。

除了最近邻插值法外,还有一种常用的方法就是双线性插值法,即通过已知输入4点灰度,内插输出点灰度。目前该方法得到广泛的应用,具体原理如下。

令$f(x,y)$为两个变量的函数,其在单位正方形顶点的值已知,其对角线上两个点坐标分别是[0,0]和[1,1],假设希望通过插值得到正方形内任意点的$f(x,y)$的灰度值,这里$0<x<1, 0<y<1$,则可由双曲线方程

$$f(x,y) = ax + by + cxy + d \tag{2.26}$$

来定义的一个双曲抛物面与4个已知点拟合。

从$a\sim d$这4个系数需由已知的4个顶点的$f(x,y)$灰度值拟合。首先,对上端的两个顶点进行线性插值,可得

$$f(x,0) = f(0,0) + x[f(1,0) - f(0,0)] \tag{2.27}$$

同理,对底端的两个顶点进行线性插值,可得

$$f(x,1) = f(0,1) + x[f(1,1) - f(0,1)] \tag{2.28}$$

最后,进行垂直方向的线性插值,可得

$$f(x,y) = f(x,0) + y[f(x,1) - f(x,0)] \tag{2.29}$$

将式(2.27)、式(2.28)代入式(2.29),展开等式并合并同类项,可得

$$\begin{aligned} f(x,y) = {} & [f(1,0) - f(0,0)]x + [f(0,1) - f(0,0)]y + [f(1,1) \\ & + f(0,0) - f(0,1) - f(1,0)]xy + f(0,0) \end{aligned} \tag{2.30}$$

该式形式与式(2.26)类似,因此是双线性的。

2.6.2 几种基本的几何运算

1. 平移变换

根据式(2.25),若令

$$a(x,y) = x + x_0 \quad b(x,y) = y + y_0 \tag{2.31}$$

则得到平移(Translation)变换,如图2.29所示。其中,图像目标$g(x',y')$的像素点(x_0,y_0)被平移到原点,而图像$f(x,y)$中的各个特征点则移动了$\sqrt{x_0^2+y_0^2}$。也可以认为XY平面是X、Y、Z三维空间中$Z=0$的平面,因此,可将式(2.31)写为矩阵形式

$$\begin{bmatrix} a(x,y) \\ b(x,y) \\ 1 \end{bmatrix} = \begin{bmatrix} 1 & 0 & x_0 \\ 0 & 1 & y_0 \\ 0 & 0 & 1 \end{bmatrix} \begin{bmatrix} x \\ y \\ 1 \end{bmatrix} \tag{2.32}$$

由于平移变换是一一映射，并且输出结果也为整数，因此，不需要进行插值处理。

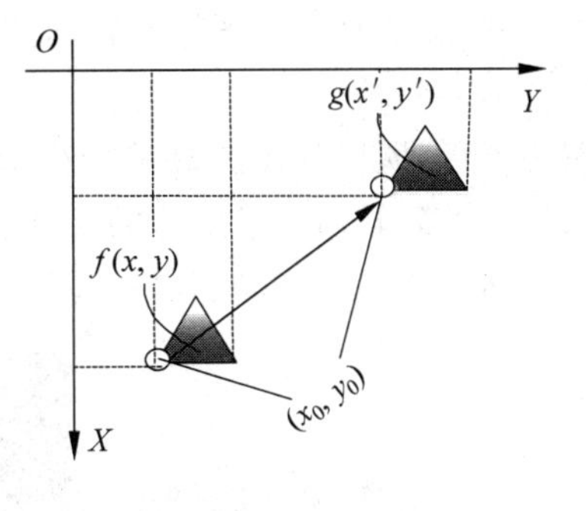

图 2.29　平移变换

2. 放大、缩小变换

根据式(2.25)，若令

$$a(x,y) = \frac{x}{c} \quad b(x,y) = \frac{y}{d} \tag{2.33}$$

则会使图像在 X 轴方向上缩小(放大)c 倍，在 Y 轴方向上缩小(放大)d 倍，如图 2.30 所示。图像原点(通常取左上角)在图像"收缩（膨胀)"时保持不动。将式(2.33)写成矩阵形式，则

$$\begin{bmatrix} a(x,y) \\ b(x,y) \\ 1 \end{bmatrix} = \begin{bmatrix} 1/c & 0 & 0 \\ 0 & 1/d & 0 \\ 0 & 0 & 1 \end{bmatrix} \begin{bmatrix} x \\ y \\ 1 \end{bmatrix} \tag{2.34}$$

由于缩小(放大)(Zoom Out/Zoom In)算子运算不是一一映射，只是简单地重复放大，因此将产生所谓的"方块"效应，即像素点间会有一些空洞没有灰度值。为改善这种可视效果，需要进行插值运算。

3. 旋转变换

根据式(2.25)，若令

$$\begin{aligned} a(x,y) &= x\cos\theta - y\sin\theta \\ b(x,y) &= x\sin\theta + y\cos\theta \end{aligned} \tag{2.35}$$

则完成对图像绕原点逆时针旋转(Rotation)θ 角变换，如图 2.31 所示。这里需要注意的是，坐标轴是以图像矩阵坐标的形式设置的，而不是传统的笛卡儿坐标系。可将式(2.35)写成矩阵形式，则

$$\begin{bmatrix} a(x,y) \\ b(x,y) \\ 1 \end{bmatrix} = \begin{bmatrix} \cos\theta & -\sin\theta & 0 \\ \sin\theta & \cos\theta & 0 \\ 0 & 0 & 1 \end{bmatrix} \begin{bmatrix} x \\ y \\ 1 \end{bmatrix} \tag{2.36}$$

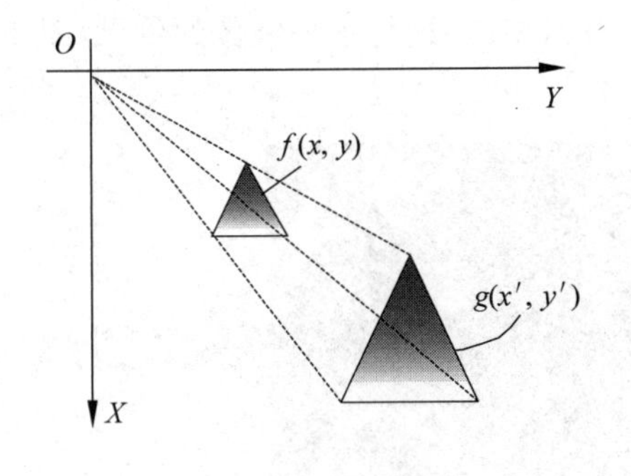

图 2.30　放大变换

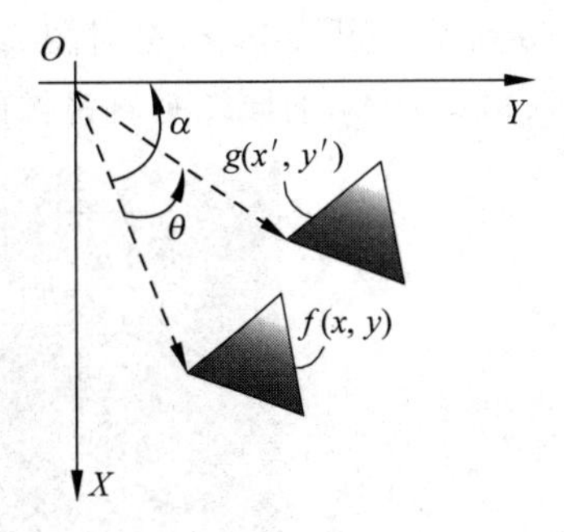

图 2.31　旋转变换

从式(2.36)可以看出，旋转变换也不是一一映射的，输出也不总是整数。因此，若未经插值处理，将有许多空洞产生。

图2.32是一个图像旋转的例子。图2.32(a)是原图,图2.32(b)是逆时针旋转45°后未插值的中间结果,图片中有很多像素灰度为0(黑),这些空洞没有进行插值计算,中间的空洞为黑色,所以整体图像看会看起来偏暗。图2.32(c)是旋转后经过双线性方法插值的结果。注意旋转后一般图片的尺寸会变大(这里图片大小由512×512变成了725×725),而且旋转后按式(2.36)算出的坐标会有负值,需进行整体平移。

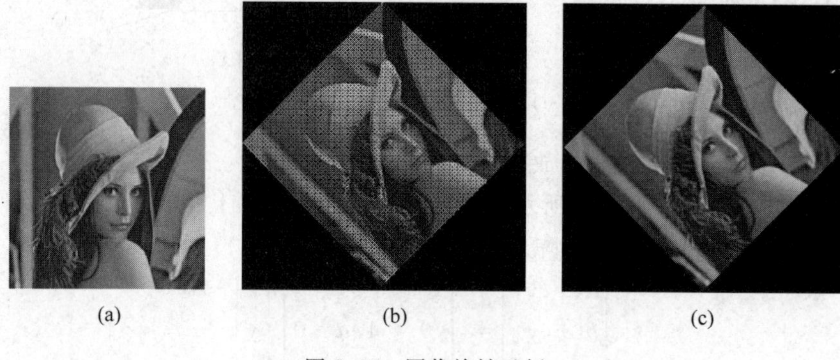

(a) (b) (c)

图2.32 图像旋转示例

显然,可以将平移变换和放大(缩小)变换组合起来,以使图像围绕一个不是原点的其他点"长大(缩小)"。类似地,也可以将平移变换和旋转变换组合起来,以产生围绕任一点的旋转。如围绕点(x_0,y_0)的旋转可用式(2.37)实现。

$$\begin{bmatrix} a(x,y) \\ b(x,y) \\ 1 \end{bmatrix} = \begin{bmatrix} 1 & 0 & x_0 \\ 0 & 1 & y_0 \\ 0 & 0 & 1 \end{bmatrix} \begin{bmatrix} \cos\theta & -\sin\theta & 0 \\ \sin\theta & \cos\theta & 0 \\ 0 & 0 & 1 \end{bmatrix} \begin{bmatrix} 1 & 0 & -x_0 \\ 0 & 1 & -y_0 \\ 0 & 0 & 1 \end{bmatrix} \begin{bmatrix} x \\ y \\ 1 \end{bmatrix} \tag{2.37}$$

这里首先将图像进行平移,从而使位置(x_0,y_0)成为原点,然后,旋转θ角度,再平移回其原点。

4. 水平镜像与垂直镜像

水平镜像是指将原图像以一条垂直线进行对称映射得到的图像,即将原图像在水平方向上进行翻转得到的图像。垂直镜像指将原图像以一条水平线进行对称映射得到的图像,即将原图像在垂直方向上进行翻转得到的图像,或说将原图进行上下颠倒。其效果如图2.33所示。图2.33(a)是对图2.32(a)所示的(原图)进行水平镜像的效果,图2.33(b)是对图2.32(a)所示的原图垂直镜像的效果。

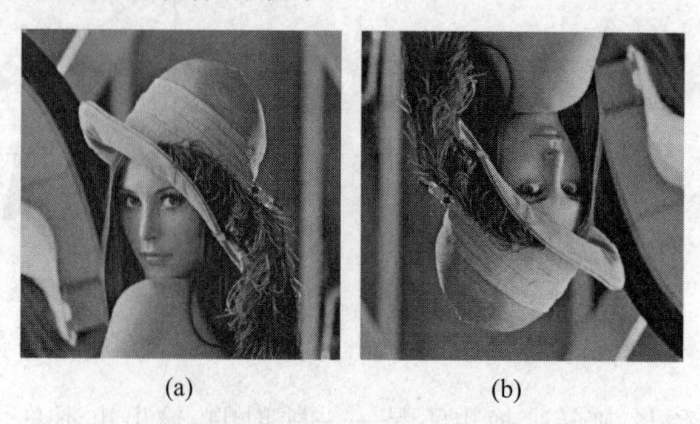

(a) (b)

图2.33 图像进行水平镜像和垂直镜像的结果

设图像的高度为 h，宽度为 w，水平镜像的计算如式(2.38)所示。

$$\begin{aligned} a(x,y) &= x \\ b(x,y) &= w-y \end{aligned} \tag{2.38}$$

水平镜像的本质是将水平坐标求反后再平移到正数的范围内。垂直镜像的计算如式(2.39)所示。

$$\begin{aligned} a(x,y) &= h-x \\ b(x,y) &= y \end{aligned} \tag{2.39}$$

垂直镜像的本质是将垂直坐标求反后再平移到正数的范围内。把上述水平镜像和垂直镜像公式转换成矩阵形式分别为

$$\begin{bmatrix} a(x,y) \\ b(x,y) \\ 1 \end{bmatrix} = \begin{bmatrix} 1 & 0 & 0 \\ 0 & -1 & w \\ 0 & 0 & 1 \end{bmatrix} \begin{bmatrix} x \\ y \\ 1 \end{bmatrix} \tag{2.40}$$

$$\begin{bmatrix} a(x,y) \\ b(x,y) \\ 1 \end{bmatrix} = \begin{bmatrix} -1 & 0 & h \\ 0 & 1 & 0 \\ 0 & 0 & 1 \end{bmatrix} \begin{bmatrix} x \\ y \\ 1 \end{bmatrix} \tag{2.41}$$

几何运算有时又被称为几何变换，以上几种几何运算又被称为刚性变换(Rigid Transformation)，因为上述变化不会改变图像的外形；或被称为相似性变换，因为变换后的图像与原图像是相似的。下面的几种几何运算或变换则有所不同，经过变换后图像内容的形状要改变，所以被称为非刚性变换(Non-rigid Transformation)。

5. 射影变换

射影变换(Projective Transformation)如式(2.42)所示。

$$\begin{cases} a(x,y,z) = m_{xx}x + m_{xy}y + m_{xz}z + t_x \\ b(x,y,z) = m_{yx}x + m_{yy}y + m_{yz}z + t_y \\ c(x,y,z) = m_{zx}x + m_{zy}y + m_{zz}z + 1 \end{cases} \tag{2.42}$$

每一个变换后的坐标 a、b 和 c 是原坐标 x、y 和 z 的线性函数，且参数 m_{ij} 和 t_k 是由变换类型确定的常数。

这里 c 被归一化了，最终值变成 1，即

$$\begin{cases} a(x,y,z) = \dfrac{m_{xx}x + m_{xy}y + m_{xz}z + t_x}{m_{zx}x + m_{zy}y + m_{zz}z + 1} \\ b(x,y,z) = \dfrac{m_{yx}x + m_{yy}y + m_{yz}z + t_y}{m_{zx}x + m_{zy}y + m_{zz}z + 1} \end{cases} \tag{2.43}$$

其中，分母就是 $c(x,y,z)$。这里可以看出确定一个射影变换需要 8 个参数，在图像匹配应用中，用 4 对匹配点可以组成 8 个方程，可以解出这 8 个参数。如果匹配点多于 4 个，那么这个方程组就成为超定方程，可以求出最小二乘意义下的解。

图像射影变换的使用效果如图 2.34 所示。图 2.34(a)是原始的规则位置点，图 2.34(b)是经过射影变换后的位置点，图 2.34(c)是对图 2.32(a)进行射影变换的例子。从图 2.34(b)和图 2.34(c)中均可以看出原来平行的边界线已经变得不再平行了。甚至也可以将图 2.34(a)变形成一些非常极端的形状，如很接近一条直线的样子。

6. 仿射变换

仿射变换(Affine Transformation)是射影变换的特殊形式。仿射变换具有平行线保持

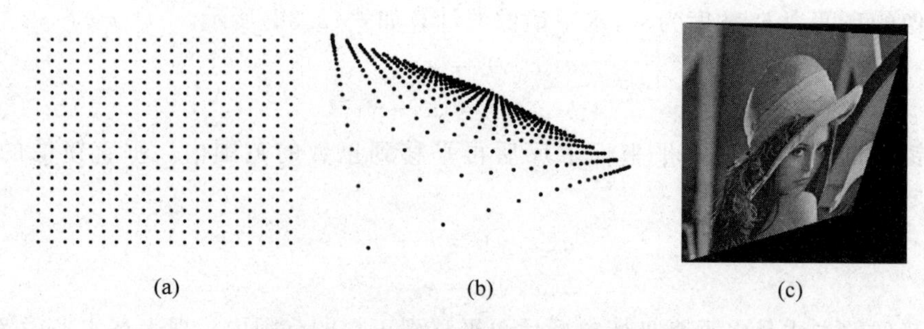

图 2.34 图像射影变换位置变化示例

平行且有限点变换到有限点的特性。在二维图像中,仿射变换即可写成如式(2.44)所示的形式。

$$\begin{bmatrix} a(x,y,z) \\ b(x,y,z) \end{bmatrix} = \begin{bmatrix} m_{xx} & m_{xy} \\ m_{yx} & m_{yy} \end{bmatrix} \begin{bmatrix} x \\ y \end{bmatrix} + \begin{bmatrix} t_x \\ t_y \end{bmatrix} \tag{2.44}$$

可以看出,确定一个仿射变换需要6个参数,同样在图像配准应用中用3对匹配点可以组成6个方程,可以解出这6个参数。仿射变换的使用效果如图2.35所示。图2.35(a)是原始的规则位置点,图2.35(b)和图2.35(c)是经过仿射变换的结果。注意,图2.35(b)与图2.35(c)用的是不同的变换矩阵参数。从图2.35(b)和图2.35(c)中均可以看出原来平行的边界线依然是平行线。

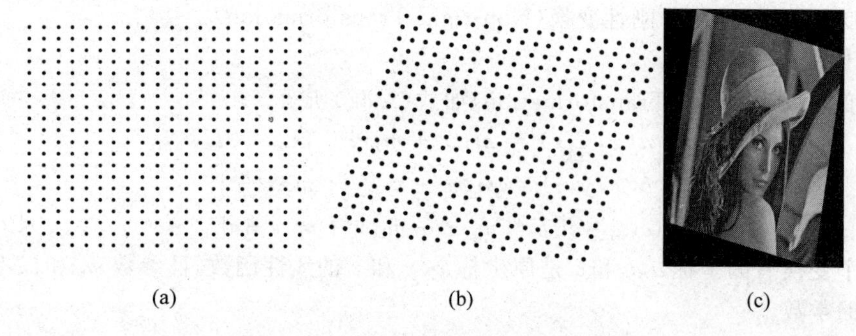

图 2.35 图像仿射变换位置变化示例

2.6.3 几何运算的应用

几何运算的一个重要应用是消除由于摄像机导致的数字图像几何畸变。当需要从数字图像中得到定量的空间测量数据时,几何校正被证明是相当重要的。某些图像,如从卫星上或飞机上得到的图像,都有相当严重的几何变形,这些图像往往先需要经过几何校正,才能得到正常人眼小孔成像原理下的不变形图像,然后再对其内容进行处理才易得到正确合理的结果,如图2.36所示。图2.36(a)和图2.36(b)是校正之前的图片,图2.36(c)和图2.36(d)是经过几何校正之后的图片。可以看到,平行方格的边界由略微的曲线变成了直线。

几何运算的另外一个重要应用是对相似图像的配准,以便于进行图像比较。在遥感图像处理中,图像配准是很重要的。如图2.37(c)所示,通过配准将两幅遥感图像(见图2.37(a)和图2.37(b))正确地拼接在一起。图像配准中常用的几何运算就是射影变换和仿射变换。

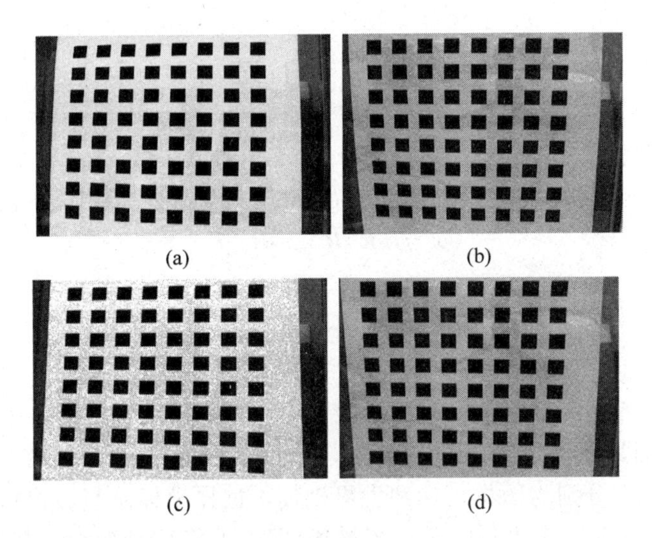

(a) (b)

(c) (d)

图 2.36 几何校正

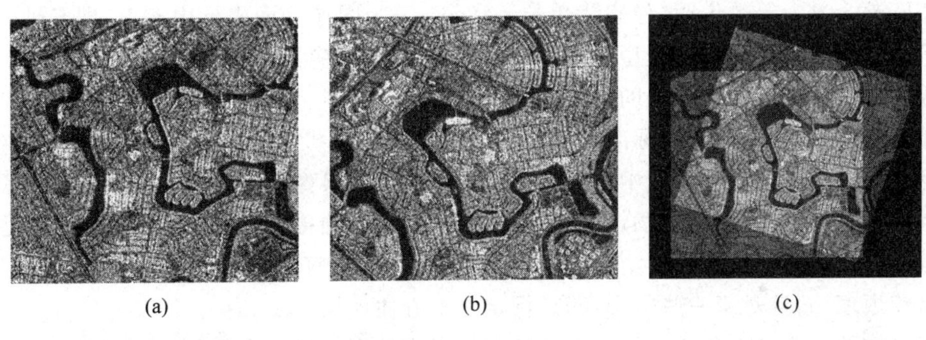

(a) (b) (c)

图 2.37 图像配准

图像配准在医学图像处理中也有很广泛的应用,用来对通过不同传感器如 CT、MRI、SPECT 等图像的融合处理。这主要是由于成像位置、成像设备的不同导致对同一病人所得到的图像有所区别。通过图像配准、融合后,可充分利用各图像的优势对病灶区进行有效的判断,如图 2.38 所示。图 2.38(a)和图 2.38(b)分别为通过 MRI、SPECT 融合处理后的图像,图 2.38(c)为配准、融合后的结果。

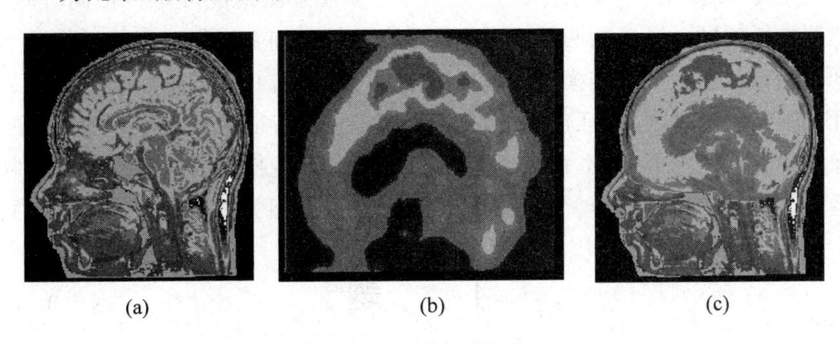

(a) (b) (c)

图 2.38 医学图像配准

扩展阅读

1. 摄像机投影成像模型

摄像机符合小孔成像的标准摄像机模型(Pinhole Model),采用以下透视投影公式描述

$$\boldsymbol{x}=\kappa\boldsymbol{K}[\boldsymbol{R}\mid-\boldsymbol{R}\boldsymbol{t}_c]\boldsymbol{b}$$

$$\boldsymbol{K}=\begin{bmatrix}a_r f & s & u_0\\0 & f & v_0\\0 & 0 & 1\end{bmatrix} \tag{2.45}$$

式中,$\boldsymbol{b}$是世界坐标系的三维点位置,$\boldsymbol{x}$是b投影到图像中的像素坐标。注意,$\boldsymbol{x},\boldsymbol{b}$均为齐次坐标,即在原坐标后增加一维,加上一个元素,如此元素不为1,可以将整个向量除以这个元素归一化此元素为1,分别为图像坐标和世界坐标。世界坐标系与摄像机坐标系之间的关系用一个旋转矩阵$\boldsymbol{R}$和一个平移向量$\boldsymbol{t}_c$来描述,即先平移$\boldsymbol{t}_c$使两个坐标轴原点重合,再按$\boldsymbol{R}$旋转使两坐标系的坐标轴重合。a_r和s分别是摄像机的像素纵横比(Aspect Ratio)和倾斜度(Skew);f为等效焦距(像素为单位);(u_0,v_0)为图像平面坐标中心点,即光轴与图像成像平面的交点。这种成像模型是理想的成像模型,没有考虑图像成像时畸变;实际上,畸变参数是可以建立模型并计算的。

那么对于一幅图像,它的标准投影矩阵是什么?这是摄像机标定问题。求解摄像机投影矩阵在计算机视觉三维测量中有广泛的应用。传统的摄像机标定思路主要是利用设定场景的结构信息(通常称为标定物,例如棋盘格标定板),再拍摄图像进行标定。这种方法的优点是可以用于任意的摄像机模型,标定精度比较高。此类算法已经非常成熟。缺点是标定过程比较烦琐,而且对于一些应用场合,标定物不方便使用。

有兴趣的读者可以参考计算机视觉的相关书籍中摄像机标定部分内容。

2. 其他图像几何变换

图像几何变换还有薄板样条变换(Thin-Plate Spline)、多项式变换(Multiquadric)、加权平均变换(Weighted Mean Method)、分段线性变换(Piecewise Linear)、加权线性变换(Weighted Linear),有兴趣的读者请参考相关文献。

3. 图像配准和拼接

图像配准也是图像几何运算大量应用的地方。多模态图像配准是将不同时间、不同视角或不同传感器拍摄的同一场景的两幅或多幅图像在几何空间上进行对齐的过程。不同类型的传感器得到的图像信息包括三维模型的虚拟图像、可见光图像(实图)、红外图像等。其关键问题在于特征的准确匹配,这些特征包括链码、不变矩、边缘、特征像素点等。特征匹配完成后可以计算图像几何变换的参数,如本章提到的仿射变换、射影变换等的参数。最后可以运用图像融合技术融合图像间的重叠部分。有兴趣的读者可以搜索相关关键字深入了解相关内容。

习　　题

1. 图像数字化过程中的失真有哪些原因?
2. 一幅模拟彩色图像经数字化后,其分辨率为1024×768像素,若每个像素用红、绿、

蓝三基色表示，三基色的灰度等级为 8b，在无压缩的情况下，计算存储该图像将占用的存储空间。

3. 编写程序，生成一幅灰度图像，每个像素灰度占一个字节，大小为 512×512，中间部分变成纯白色 255，其他部分为纯黑色 0，并将它存为不同格式的图像文件到硬盘上。可以使用一些图像处理的开发工具，如 OpenCV 或 Matlab。

4. 编写程序，读取一幅彩色图像文件，将像素坐标(50,50)～(80,80)作为对角线的正方形区域变成纯白色，并显示出来再存储到硬盘。同样可以使用一些图像处理的开发工具，如 OpenCV 或 Matlab。

5. 用 8 方向链码表示图 2.39 中的曲线。

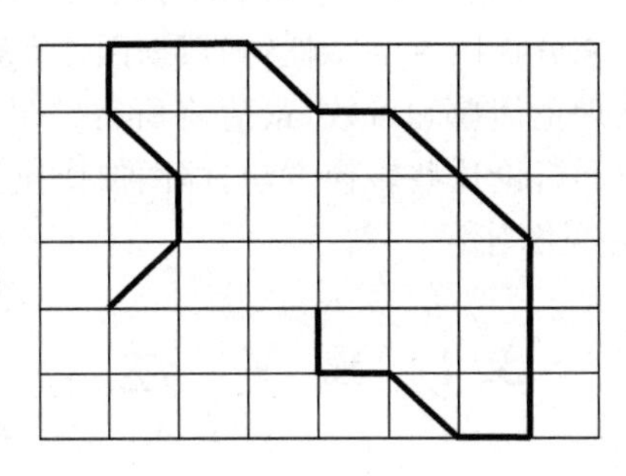

图 2.39 习题 5 图

6. 在图像处理中有哪几种常用的颜色模型？它们应用在什么地方？为什么不同的应用采用不同的颜色模型更为合适？

7. 编写一个程序，实现 RGB 颜色模型与 HSV 颜色模型之间双向变换的计算程序。

8. 两个图像子集 S_1 和 S_2 如图 2.40 所示。对于 $V=\{1\}$，确定这两个子集是 4-连通、8-连通还是 m-连通。

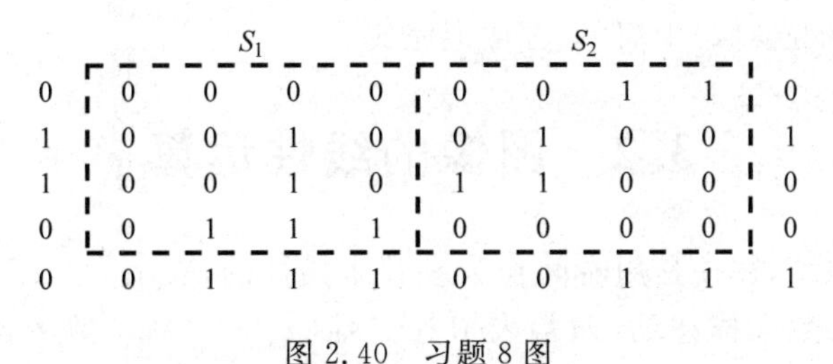

图 2.40 习题 8 图

9. 编写程序，实现自动标注连通元素算法。

10. 令 $f(100,180)=25$，$f(100,181)=43$，$f(101,180)=50$，$f(101,181)=61$，分别用最近邻插值法和双线性插值法计算 $f(100.4,180.7)$的值。

第3章 图像变换

为了有效和快速地对图像进行处理和分析，常常将离散的图像信号以某种形式转换到另外一些空间，从另一个角度来分析图像的特性，并根据图像在这些不同的空间中的特有的性质，使得对图像的加工和处理更简单和有效，最后将所得结果进行逆变换，将其转换回图像空间。在本章中，主要介绍和讨论这些转换方法，即图像变换技术，如傅里叶变换、离散余弦变换、离散 K-L 变换和小波变换等。

3.1 概　　述

图像变换（Transform）是图像处理和分析技术的基础。图像变换在图像增强、恢复和编码压缩以及特征抽取等方面，都有着十分重要的应用。

原则上，所有图像处理都是图像变换，而本章所谓的图像变换特指数字图像经过正交变换，把原先二维空间域中的数据，变换到另外一个“变换域”形式描述的过程。

一般变换后的图像，大部分能量都分布于低频谱段，这对图像的压缩、传输都比较有利。

另外，任何图像信号处理都不同程度地改变图像信号的频率成分的分布，因此，对信号的频域（变换域）分析和处理是重要的技术手段，而且，有一些在空间域不容易实现的操作或者处理，可以在频域（变换域）中简单、方便地完成。

3.2 图像的线性运算

对于一般线性系统，往往是用时间作为参数来描述的，表示为一维(t)系统。在图像处理中是用空间作为参数来描述的，通常表示为二维(x,y)系统。输入函数 $f(x,y)$ 表示原图，输出函数 $g(x,y)$ 表示经处理后的图像，线性系统可看作是一种映射 ϕ，它反映了各种线性的图像处理方法，其输入和输出的关系表示为

$$\phi[af_1(x,y)+bf_2(x,y)] = ag_1(x,y)+bg_2(x,y) \tag{3.1}$$

对于一维实际系统，其变量为时间 t，系统的输出是过去和现在的函数，但不是将来的函数，此系统称为因果系统。一般地讲，图像处理的二维系统为非因果系统，因空间变量(x,y)相对于某参考轴可为负值。

本章主要介绍二维形式的线性系统，这实际上是一维情况的推广，只需将一维变量考虑为二维变量即可。

1. 点源和狄拉克 δ 函数

在图像线性运算的分析中，常常用到点源的概念。事实上，一幅图像可以看成由无穷多

极小的像素组成，每一个像素都可以看作为一个点源，因此，一幅图像也可以看成由无穷多点源所组成。在数学上，点源可以用狄拉克 δ 函数来表示，二维 δ 函数定义为

$$\delta(x,y)=\begin{cases}\infty & x=0,y=0\\0 & \text{其他}\end{cases} \tag{3.2}$$

且满足

$$\int_{-\infty}^{+\infty}\int_{-\infty}^{+\infty}\delta(x,y)\mathrm{d}x\mathrm{d}y=\int_{-\varepsilon}^{+\infty}\int_{-\varepsilon}^{+\infty}\delta(x,y)\mathrm{d}x\mathrm{d}y=1 \quad \varepsilon>0$$

其中，ε 为任意小的正数。

根据定义，δ 函数具有如下性质。

(1) δ 函数为偶函数，即

$$\delta(-x,-y)=\delta(x,y) \tag{3.3}$$

(2) 位移性。

$$f(x,y)=\int_{-\infty}^{+\infty}\int_{-\infty}^{+\infty}f(\alpha,\beta)\delta(x-\alpha,y-\beta)\mathrm{d}\alpha\,\mathrm{d}\beta \tag{3.4}$$

或用卷积符号 * 表示为

$$f(x,y)=f(x,y)*\delta(x,y)$$
$$f(x-\alpha,y-\beta)=f(x,y)*\delta(x-\alpha,y-\beta)$$

(3) 可分性。

$$\delta(x,y)=\delta(x)\delta(y) \tag{3.5}$$

(4) 乘积性。

$$f(x,y)\delta(x-\alpha,y-\beta)=f(\alpha,\beta)\delta(x-\alpha,y-\beta) \tag{3.6}$$

(5) 筛选性。

$$\int_{-\infty}^{+\infty}\int_{-\infty}^{+\infty}f(x,y)\delta(x-\alpha,y-\beta)\mathrm{d}x\mathrm{d}y=f(\alpha,\beta) \tag{3.7}$$

当且仅当 $\alpha=\beta=0$ 时

$$f(0,0)=\int_{-\infty}^{+\infty}f(x,y)\delta(x,y)\mathrm{d}x\mathrm{d}y$$

(6) 指数函数。

$$\delta(x,y)=\int_{-\infty}^{+\infty}\mathrm{e}^{-\mathrm{j}2\pi(ux+vy)}\mathrm{d}u\mathrm{d}v \tag{3.8}$$

2. 卷积

首先考虑一维情况，假设 $f(x)(x=0,1,\cdots,A-1)$ 以及 $g(x)(x=0,1,\cdots,C-1)$ 是两个有限离散函数，其线性卷积为

$$\begin{aligned}z(x)&=f(x)*g(x)\\&=\sum_{i=0}^{N-1}f(i)g(x-i) \quad x=0,1,\cdots,N-1,N=A+C-1\end{aligned} \tag{3.9}$$

可用图 3.1 所示来表示一维卷积的过程。图 3.1 中示意的 $f(i)$、$g(i)$ 都只在[0,1]上有值，图示的虽然是连续函数，离散化后变成离散函数即是式(3.9)的计算方法。

根据一维卷积公式，可推广到二维情况。对于图像二维函数的卷积，则有

$$z(i,j)=\sum_{k=0}^{M-1}\sum_{l=0}^{N-1}f(k,l)g(i-k,j-l) \quad i=0,1,\cdots,M-1,j=0,1,\cdots,N-1 \tag{3.10}$$

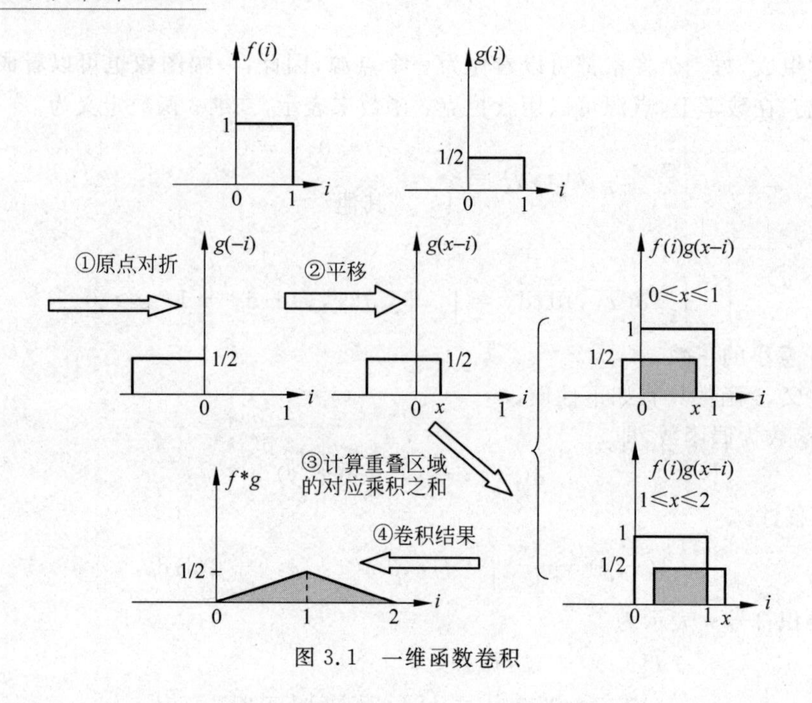

图 3.1　一维函数卷积

3. 相关

与卷积的假设相同,先考虑一维情况,则两个函数的相关定义为

$$z(x)=f(x)\circ g(x)=\sum_{i=0}^{N-1}f^*(i)g(x+i)\mathrm{d}i \tag{3.11}$$

其中,$f^*(i)$为$f(i)$的复共轭。式(3.11)还有一点与卷积的区别就是不需要将g函数沿原点对折。

图3.2给出一维相关的图示。

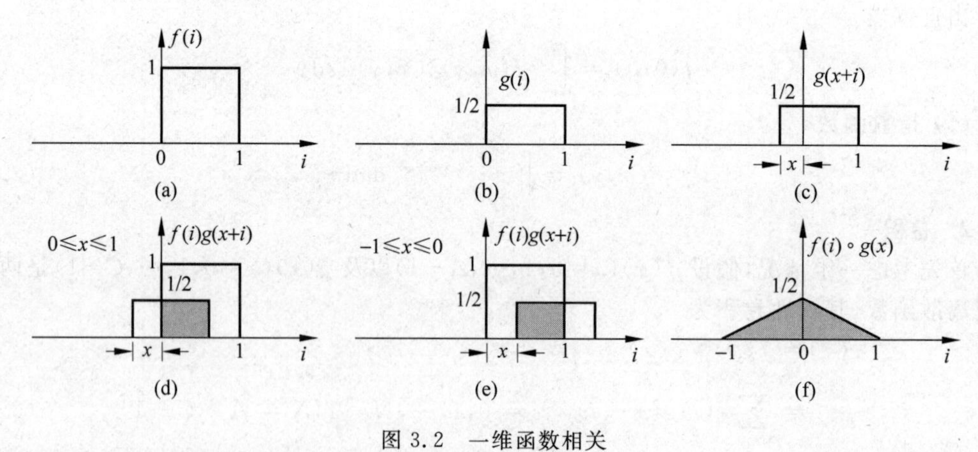

图 3.2　一维函数相关

3.3　傅里叶变换

3.3.1　一维连续傅里叶变换

传统的傅里叶变换(Fourier Transform)是一种纯频域分析,它可将一般函数$f(x)$表示

为一簇标准函数的加权求和，而权函数亦即 f 的傅里叶变换。如果实变量函数 $f(x)$是连续可积的，即$\int_{-\infty}^{+\infty}|f(x)|\mathrm{d}x<\infty$，且 $F(u)$ 是可积的，则傅里叶变换对一定存在。在实际应用中，上述条件一般总可以满足的。

一维连续傅里叶变换对表示为

$$
\begin{aligned}
\Im\{f(x)\} &= F(u) = \int_{-\infty}^{+\infty} f(x)\exp(-\mathrm{j}2\pi ux)\mathrm{d}x \\
\Im^{-1}\{F(u)\} &= f(x) = \int_{-\infty}^{+\infty} F(u)\exp(\mathrm{j}2\pi ux)\mathrm{d}u
\end{aligned}
\tag{3.12}
$$

其中，$\mathrm{j}=\sqrt{-1}$，u 为频率变量。

如果 $f(x)$为实函数，则它的傅里叶变换通常是复数形式，即

$$
F(u) = R(u) + \mathrm{j}I(u) \tag{3.13}
$$

其中，$R(u)$和 $I(u)$分别是 $F(u)$的实部和虚部。

或写成指数形式为

$$
\begin{aligned}
F(u) &= |F(u)|\mathrm{e}^{\mathrm{j}\varphi(u)} \\
|F(u)| &= \sqrt{R^2(u)+I^2(u)} \\
\varphi(u) &= \arctan\frac{I(u)}{R(u)}
\end{aligned}
\tag{3.14}
$$

其中，$|F(u)|$称为 $f(x)$的傅里叶谱，而 $\varphi(u)$称为相位谱。

例 3.1 求图 3.3(a)所示的波形 $f(x)$的频谱。

$$
f(x) = \begin{cases} A & -\dfrac{\tau}{2} \leqslant x \leqslant \dfrac{\tau}{2} \\ 0 & x > \dfrac{\tau}{2} \\ 0 & x < -\dfrac{\tau}{2} \end{cases}
$$

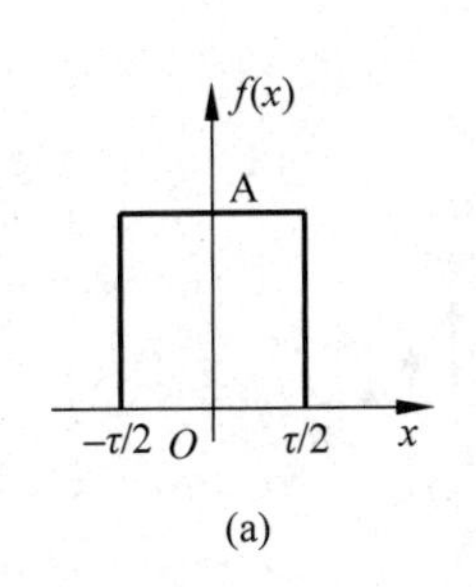

(a)

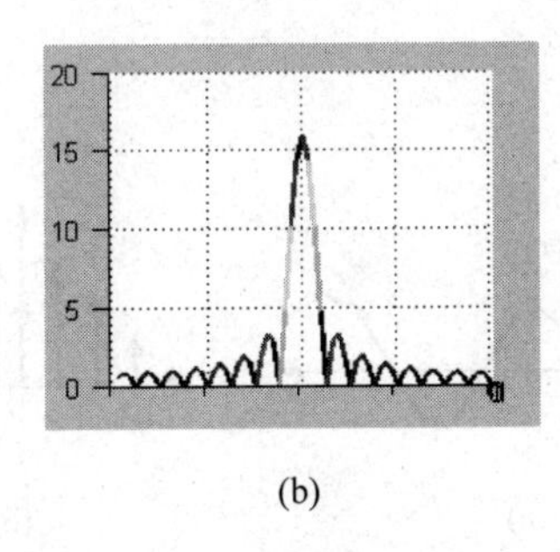

(b)

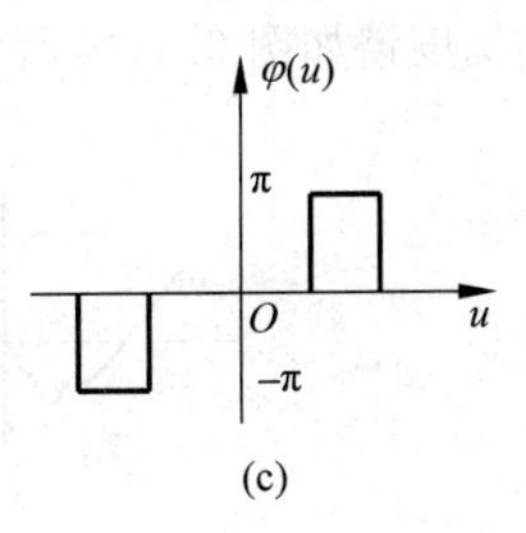

(c)

图 3.3　$f(x)$的傅里叶谱和相位谱

其傅里叶变换为

$$
\begin{aligned}
F(u) &= \int_{-\infty}^{+\infty} f(x)\mathrm{e}^{-\mathrm{j}ux}\mathrm{d}x = \int_{-\frac{\tau}{2}}^{\frac{\tau}{2}} A\mathrm{e}^{-\mathrm{j}ux}\mathrm{d}x \\
&= \frac{A}{\mathrm{j}u}\left(\mathrm{e}^{\mathrm{j}u\frac{\tau}{2}} - \mathrm{e}^{-\mathrm{j}u\frac{\tau}{2}}\right) = \frac{2A}{u}\sin\frac{u\tau}{2}
\end{aligned}
$$

所对应的傅里叶谱由下式给出

$$|F(u)| = \frac{2A}{u}\left|\sin\frac{u\tau}{2}\right| = A\tau\left|\frac{\sin\frac{u\tau}{2}}{\frac{u\tau}{2}}\right|$$

其相位为

$$\varphi(u) = \begin{cases} 0 & \frac{4n\pi}{\tau} < u < \frac{2(2n+1)\pi}{\tau}, n = 0,1,2,\cdots \\ \pi & \frac{2(2n+1)\pi}{\tau} < u < \frac{4(n+1)\pi}{\tau}, n = 0,1,2,\cdots \end{cases}$$

该傅里叶谱是一个采样函数 $\mathrm{sinc}(u)$，如图 3.3(b)所示。其相位谱如图 3.3(c)所示。

例 3.2 求一周期函数的傅里叶谱。

一个周期为 T 的函数 $f(x)$，如图 3.4(a)所示，可用傅里叶级数来表示，即

$$f(x) = \sum_{n=-\infty}^{+\infty} F(n)\mathrm{e}^{\mathrm{j}nw_0 x}$$

$$F(n) = \frac{1}{T}\int_{-\frac{T}{2}}^{\frac{T}{2}} f(x)\mathrm{e}^{-\mathrm{j}nw_0 x}\mathrm{d}x$$

其中，$w_0 = 2\pi/T$。

因此，令 $w = 2\pi u$，根据 $F(w) = \int_{-\infty}^{+\infty} f(x)\mathrm{e}^{-\mathrm{j}wx}\mathrm{d}x$，其傅里叶变换可写成下式

$$\begin{aligned} F(u) &= \Im\{f(x)\} = \Im\left\{\sum_{n=-\infty}^{+\infty} F(n)\mathrm{e}^{\mathrm{j}nw_0 x}\right\} = \sum_{n=-\infty}^{+\infty} F(n)\Im[\mathrm{e}^{\mathrm{j}nw_0 x}] \\ &= \sum_{n=-\infty}^{+\infty} F(n)\int_{-\infty}^{+\infty} \mathrm{e}^{\mathrm{j}nw_0 x}\cdot \mathrm{e}^{-\mathrm{j}wx}\mathrm{d}x = \sum_{n=-\infty}^{+\infty} F(n)\int_{-\infty}^{+\infty} \mathrm{e}^{-\mathrm{j}(w-nw_0)x}\mathrm{d}x \\ &= 2\pi\sum_{n=-\infty}^{+\infty} F(n)\delta(w - nw_0) \end{aligned}$$

其中，$\delta(w-nw_0)$是冲激序列。

则其幅度谱如图 3.4(b)所示。

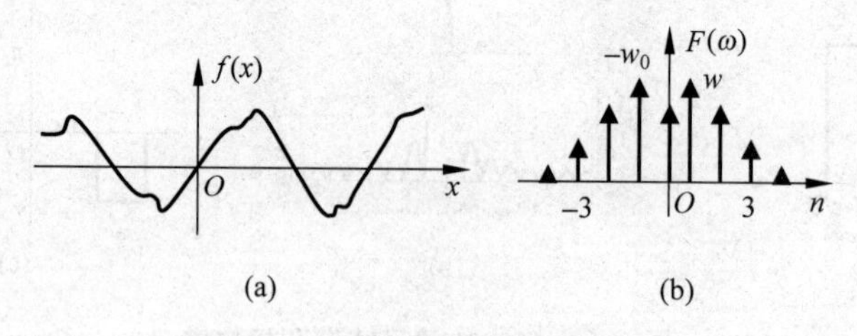

图 3.4　周期函数的傅里叶谱

从上面的几个例子可以看出：

(1) 只要满足狄拉克条件，连续函数就可以进行傅里叶变换，实际上这个条件在工程应用中很容易满足。

(2) 连续非周期函数的傅里叶谱是连续的非周期函数，连续的周期函数的傅里叶谱是离散的非周期函数。

3.3.2 二维连续傅里叶变换

傅里叶变换可推广到二维函数。如果二维函数 $f(x,y)$是连续可积的，即

$$\int_{-\infty}^{+\infty}\int_{-\infty}^{+\infty} | f(x,y) | \mathrm{d}x\mathrm{d}y < \infty$$

且 $F(u,v)$是可积的，则二维连续傅里叶变换对表示为

$$\begin{aligned}\Im\{f(x,y)\} &= F(u,v) = \int_{-\infty}^{+\infty}\int_{-\infty}^{+\infty} f(x,y)\exp[-\mathrm{j}2\pi(ux+vy)]\mathrm{d}x\mathrm{d}y \\ \Im^{-1}\{F(u,v)\} &= f(x,y) = \int_{-\infty}^{+\infty}\int_{-\infty}^{+\infty} F(u,v)\exp[\mathrm{j}2\pi(ux+vy)]\mathrm{d}u\mathrm{d}v\end{aligned} \tag{3.15}$$

其中，u、v 是空间频率变量。

与一维傅里叶变换相似，二维傅里叶变换的幅度谱和相位谱如下所示。

$$F(u,v) = | F(u,v) | \mathrm{e}^{\mathrm{j}\varphi(u,v)}$$

$$| F(u,v) | = \sqrt{R^2(u,v) + I^2(u,v)}$$

$$\varphi(u,v) = \arctan\frac{I(u,v)}{R(u,v)}$$

例 3.3 二维函数 $f(x,y)$如图 3.5(a)所示，求其傅里叶谱。

$$f(x,y) = \begin{cases} A & 0 \leqslant x \leqslant X, 0 \leqslant y \leqslant Y \\ 0 & x > X, x < 0, y > Y, y < 0 \end{cases}$$

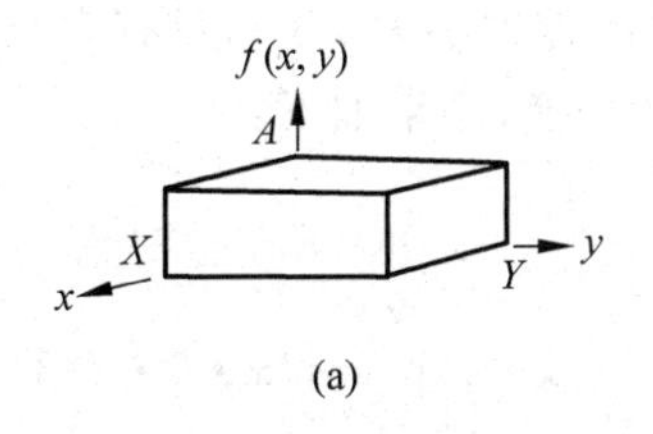

(a)

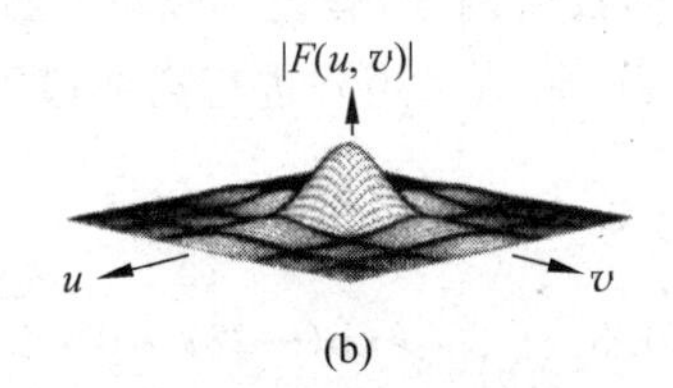

(b)

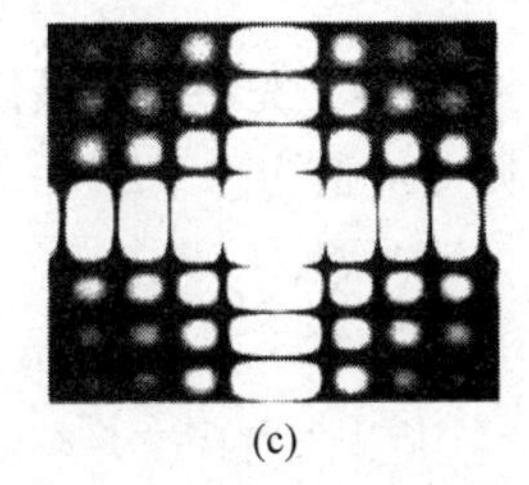
(c)

图 3.5 二维函数傅里叶变换

其傅里叶变换为

$$\begin{aligned} F(u,v) &= \int_{-\infty}^{+\infty}\int_{-\infty}^{+\infty} f(x,y)\mathrm{e}^{-\mathrm{j}2\pi(ux+vy)}\mathrm{d}x\mathrm{d}y = \int_0^X\int_0^Y A\mathrm{e}^{-\mathrm{j}2\pi(ux+vy)}\mathrm{d}x\mathrm{d}y \\ &= A\int_0^X \mathrm{e}^{-\mathrm{j}2\pi ux}\mathrm{d}x\int_0^Y \mathrm{e}^{-\mathrm{j}2\pi uy}\mathrm{d}y = A\left[-\frac{\mathrm{e}^{-\mathrm{j}2\pi ux}}{\mathrm{j}2\pi u}\right]_0^X\left[-\frac{\mathrm{e}^{-\mathrm{j}2\pi uy}}{\mathrm{j}2\pi v}\right]_0^Y \\ &= \left(-\frac{A}{\mathrm{j}2\pi u}\right)[\mathrm{e}^{-\mathrm{j}2\pi ux} - 1]\left(-\frac{A}{\mathrm{j}2\pi v}\right)[\mathrm{e}^{-\mathrm{j}2\pi uY} - 1] \\ &= AXY\left[\frac{\sin(\pi uX)\mathrm{e}^{-\mathrm{j}\pi u}}{\pi uX}\right]\left[\frac{\sin(\pi uX)\mathrm{e}^{-\mathrm{j}\pi u}}{\pi uY}\right] \end{aligned}$$

其傅里叶谱为

$$| F(u,v) | = AXY\left|\frac{\sin(\pi uX)}{\pi uX}\right|\left|\frac{\sin(\pi vY)}{\pi vY}\right|$$

其相应的傅里叶谱如图 3.5(b)所示，如果用幅值表示灰度，则可得到如图 3.5(c)所示的灰度图像。

3.3.3 离散傅里叶变换

由于实际问题的时间或空间函数的区间是有限的,或者频谱有截止频率,至少在横坐标超过一定范围时,函数值已趋于0而可以略去不计。将 $f(x)$ 和 $F(u)$ 的有效宽度同样等分为 N 个小间隔,对连续傅里叶变换进行近似的数值计算,可得到离散的傅里叶变换定义。

离散傅里叶变换(Discrete Fourier Transform,DFT)在数字信号处理和数字图像处理中应用十分广泛,它建立了离散时域和离散频域之间的联系。如果直接应用卷积和相关运算在时域中处理,计算量将随着采样点数 N 的平方而增加,这使计算机的计算量大、费时,很难达到实时处理的要求。一般对变换后的信号进行频域处理,比在时域中直接处理更加方便,计算量也大大减少,提高了处理速度。

1. 一维离散傅里叶变换

离散傅里叶变换是直接处理离散时间信号的傅里叶变换。如果要对一个连续信号进行计算机数字处理,那么就必须经过离散化处理,这样,对连续信号进行的傅里叶变换的积分过程就会自然蜕变为求和过程,如式(3.16)所示。

$$\begin{aligned}&\mathfrak{F}\{f(x)\} = F(u) = \sum_{x=0}^{N-1} f(x)\exp(-\mathrm{j}2\pi ux/N)\\&\mathfrak{F}^{-1}\{F(u)\} = f(x) = \frac{1}{N}\sum_{u=0}^{N-1} F(u)\exp(\mathrm{j}2\pi ux/N)\\&x = 0,1,\cdots,N-1;\ u = 0,1,\cdots,N-1\end{aligned} \tag{3.16}$$

例 3.4 先举一个最简化的数值例子,假设一幅灰度数字图像大小为1×3,只有3个像素,则对应值为[0 2 1]的矩阵,将这个矩阵进行离散傅里叶变换,结果如下:

$$\begin{aligned}F(0) &= \sum_{x=0}^{2} f(x)\exp(-\mathrm{j}2\pi\cdot 0\cdot x/3)\\&= 0\cdot\exp(-\mathrm{j}2\pi\cdot 0\cdot 0/3) + 2\cdot\exp(-\mathrm{j}2\pi\cdot 0\cdot 1/3) + 1\cdot\exp(-\mathrm{j}2\pi\cdot 0\cdot 2/3)\\&= 0 + 2 + 1 = 3\end{aligned}$$

$$\begin{aligned}F(1) &= \sum_{x=0}^{2} f(x)\exp(-\mathrm{j}2\pi\cdot 1\cdot x/3)\\&= 0\cdot\exp(-\mathrm{j}2\pi\cdot 1\cdot 0/3) + 2\cdot\exp(-\mathrm{j}2\pi\cdot 1\cdot 1/3) + 1\cdot\exp(-\mathrm{j}2\pi\cdot 1\cdot 2/3)\\&= 0 + 2\cdot\exp(-\mathrm{j}2\pi/3) + 1\cdot\exp(-\mathrm{j}4\pi/3)\\&= 2\cdot(-1/2 - \mathrm{j}\sqrt{3}/2) + 1\cdot(-1/2 + \mathrm{j}\sqrt{3}/2)\\&= -3/2 - \mathrm{j}\sqrt{3}/2\end{aligned}$$

$$\begin{aligned}F(2) &= \sum_{x=0}^{2} f(x)\exp(-\mathrm{j}2\pi\cdot 2\cdot x/3)\\&= 0\cdot\exp(-\mathrm{j}2\pi\cdot 2\cdot 0/3) + 2\cdot\exp(-\mathrm{j}2\pi\cdot 2\cdot 1/3) + 1\cdot\exp(-\mathrm{j}2\pi\cdot 2\cdot 2/3)\\&= 0 + 2\cdot\exp(-\mathrm{j}4\pi/3) + 1\cdot\exp(-\mathrm{j}8\pi/3)\\&= 2\cdot(-1/2 + \mathrm{j}\sqrt{3}/2) + 1\cdot(-1/2 - \mathrm{j}\sqrt{3}/2)\\&= -3/2 + \mathrm{j}\sqrt{3}/2\end{aligned}$$

则此1×3图像对应的一维离散傅里叶变换结果是[3,−1.5− j0.866,−1.5+j 0.866]。

对于其他类型的信号，如图 3.6 所示，在图 3.6(a)和图 3.6(b)中，时域信号是非周期性的连续信号，其傅里叶谱就是连续的非周期性的波形。在图 3.6(c)和图 3.6(d)中，时域信号是周期性的连续信号，其傅里叶谱就是非周期性的离散谱。在图 3.6(e)和图 3.6(f)中，将时域信号通过采样做离散化处理，其傅里叶谱就是周期性的连续谱。在图 3.6(g)和图 3.6(h)中，将时域信号做离散化并延拓为周期性信号，其傅里叶谱就是离散的周期性谱。

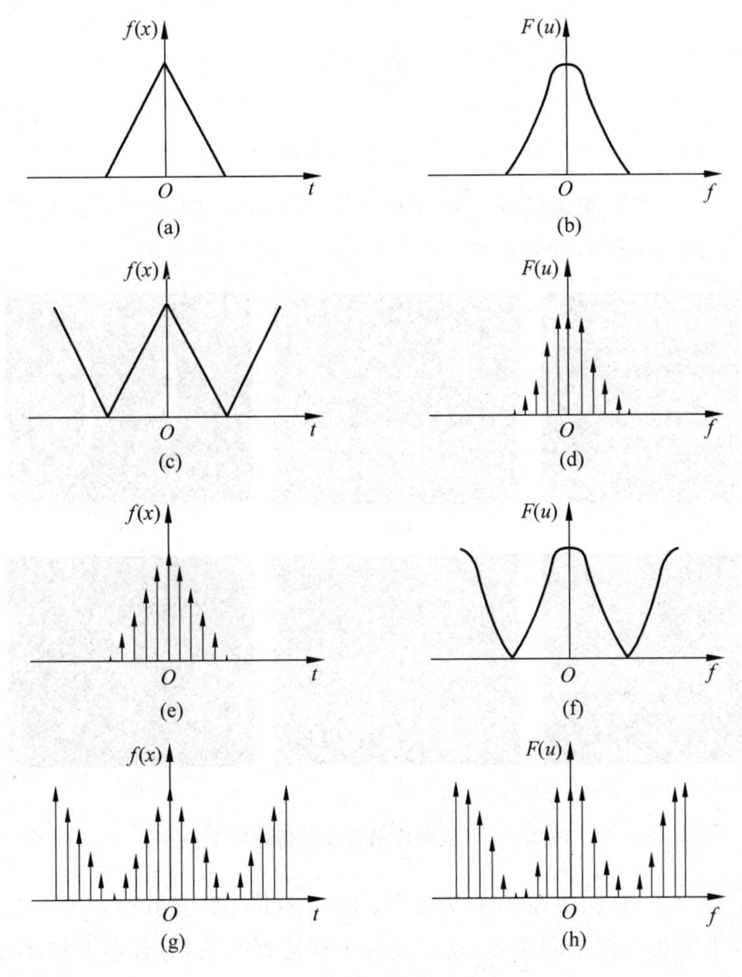

图 3.6　离散傅里叶变换示意图

2. 二维离散傅里叶变换

只考虑两个变量，就很容易将一维离散傅里叶变换推广到二维。由于图像的频率是表征图像中灰度变化剧烈程度的指标，是灰度在平面空间上的梯度，傅里叶变换在实际中有非常明显的物理意义。设 f 是一个能量有限的模拟信号，则其傅里叶变换就表示 f 的谱。从纯粹的数学意义上看，傅里叶变换是将一个函数转换为一系列周期函数来处理的。从物理效果看，傅里叶变换是将图像从空间域转换到频率域(简称频域)，其逆变换是将图像从频率域转换到空间域。换句话说，傅里叶变换的物理意义是将图像的灰度分布函数变换为图像的频率分布函数，傅里叶逆变换是将图像的频率分布函数变换为灰度分布函数。

一个 $M\times N$ 大小的二维函数 $f(x,y)$，其离散傅里叶变换对为

$$\Im\{f(x,y)\} = F(u,v) = \frac{1}{MN}\sum_{x=0}^{M-1}\sum_{y=0}^{N-1} f(x,y)\exp\left[-\mathrm{j}2\pi\left(\frac{ux}{M}+\frac{vy}{N}\right)\right]$$
$$\Im^{-1}\{F(u,v)\} = f(x,y) = \sum_{u=0}^{M-1}\sum_{v=0}^{N-1} F(u,v)\exp\left[\mathrm{j}2\pi\left(\frac{ux}{M}+\frac{vy}{N}\right)\right] \tag{3.17}$$

在数字图像处理中,图像一般采样为方形(即 $N\times N$)矩阵,则其傅里叶变换及其逆变换为

$$\Im\{f(x,y)\} = F(u,v) = \frac{1}{N^2}\sum_{x=0}^{N-1}\sum_{y=0}^{N-1} f(x,y)\exp\left(-\mathrm{j}2\pi\frac{ux+vy}{N}\right)$$
$$\Im^{-1}\{F(u,v)\} = f(x,y) = \sum_{u=0}^{N-1}\sum_{v=0}^{N-1} F(u,v)\exp\left[\mathrm{j}2\pi\left(\frac{ux+vy}{N}\right)\right]$$

图 3.7 给出几个二维图像的傅里叶变换。图 3.7(a)～图 3.7(c)为原图,图 3.7(d)～图 3.7(f)对应图像为变换后的幅度谱。

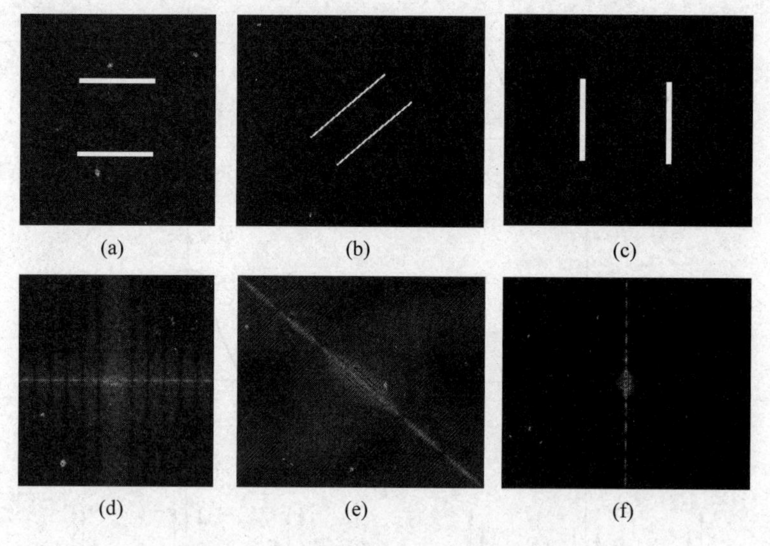

图 3.7　二维图像函数及其傅里叶变换

图 3.8(a)、图 3.8(d)和图 3.8(g)为原图；图 3.8(b)、图 3.8(e)和图 3.8(h)是幅度谱,注意,这里能量集中在图像中间位置,这是经过平移达到的效果,若不平移,结果中能量是分散在图像 4 个角上的；图 3.8(c)、图 3.8(f)和图 3.8(i)是相位谱。可以看出,除图 3.8(a)～图 3.8(c)的特殊图像是正方形外,其余相位谱一般是杂乱无规律的。

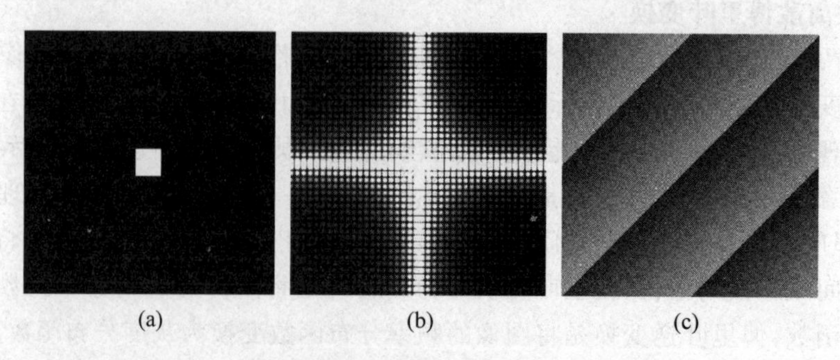

图 3.8　一般的图像及其傅里叶变换的幅度谱和相位谱

图 3.8 （续）

3.3.4 二维离散傅里叶变换的性质

下面主要介绍二维离散傅里叶变换的一些基本性质。

1. 可分离性

由式(3.17)看出，式中指数项可分成只含有 x,u 和 y,v 的二项乘积，其相应的二维离散傅里叶变换可分离成两部分的乘积。

$$
\begin{aligned}
F(u,v) &= \frac{1}{N^2}\sum_{x=0}^{N-1}\sum_{y=0}^{N-1} f(x,y)\exp\left(-\mathrm{j}2\pi\,\frac{ux+vy}{N}\right) \\
&= \frac{1}{N^2}\sum_{x=0}^{N-1}\exp\left(-\mathrm{j}2\pi\,\frac{ux}{N}\right)\sum_{y=0}^{N-1} f(x,y)\exp\left(-\mathrm{j}2\pi\,\frac{vy}{N}\right) \\
&= \frac{1}{N}\sum_{x=0}^{N-1} F(x,v)\exp\left(-\mathrm{j}2\pi\,\frac{ux}{N}\right)
\end{aligned} \tag{3.18}
$$

二维傅里叶变换可分解成两个方向上的一维变换且顺序执行。也就是说，一个二维傅里叶变换或逆变换都可分为两步进行，其中每一步都是一个一维傅里叶变换或逆变换。式(3.18)表示对每一个 x 值，$f(x,y)$ 先沿每一行进行一次一维傅里叶变换，再将 $F(x,v)$ 沿每一列再进行一次一维傅里叶变换，就得到二维傅里叶变换 $F(u,v)$，上述分离过程可用图 3.9 来表示。

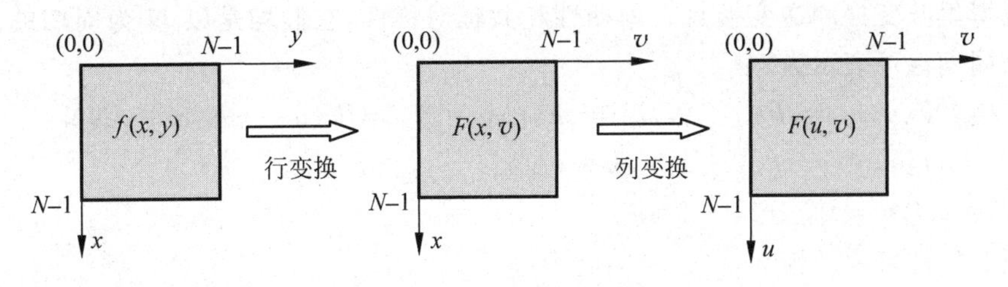

图 3.9 二维傅里叶变换分离

2. 平移性

傅里叶变换的平移性可由下面式子给出。

空间域平移：

$$f(x-x_0,y-y_0)\Leftrightarrow F(u,v)\exp\left(-\mathrm{j}2\pi\frac{ux_0+vy_0}{N}\right) \tag{3.19a}$$

频域平移：

$$f(x,y)\exp\left(\mathrm{j}2\pi\frac{u_0x+v_0y}{N}\right)\Leftrightarrow F(u-u_0,v-v_0) \tag{3.19b}$$

式(3.19)表明：在空间域中图像原点平移到(x_0,y_0)时，其对应的频谱$F(u,v)$要乘上一个负的指数项$\exp(-\mathrm{j}2\pi(ux_0+vy_0/N))$；而频域中原点平移到$(u_0,v_0)$时，其对应的$f(x,y)$要乘上一个正的指数项$\exp(\mathrm{j}2\pi(u_0x+v_0y/N))$。也就是说，当空间域中$f(x,y)$产生移动时，在频域中只发生相移，而傅里叶变换的幅值不变。这是因为

$$|F(u,v)\exp[-\mathrm{j}2\pi(ux_0+vy_0)/N]|=|F(u,v)| \tag{3.20}$$

反之，在频域中$F(u,v)$发生移动时，相应地，$f(x,y)$在空间域中也只发生相移，而幅值不变。

在数字图像处理中，常常需要将$F(u,v)$的原点移到频域$N\times N$方阵的中心，以使能清楚地分析傅里叶变换谱的情况。只需令$u_0=v_0=N/2$，则

$$\exp[\mathrm{j}2\pi(u_0x+v_0y)/N]=\mathrm{e}^{\mathrm{j}\pi(x+y)}=(-1)^{x+y} \tag{3.21}$$

利用欧拉公式，即代入$\mathrm{e}^{\mathrm{j}\pi}=\cos\pi+\mathrm{j}\sin\pi=-1$，可得

$$f(x,y)\ (-1)^{x+y}\Leftrightarrow F\left(u-\frac{N}{2},v-\frac{N}{2}\right) \tag{3.22}$$

式(3.22)说明，如果需要将图像频谱的原点从起始点(0,0)移到图像的中心点$(N/2,N/2)$，只需$f(x,y)$乘上$(-1)^{x+y}$进行傅里叶变换即可实现。图3.10给出几个图像平移后的情况。图3.10(a)为原图，图3.10(b)为图3.10(a)傅里叶变换结果，图3.10(c)为图3.10(a)向下平移的结果，其变换图3.10(d)与图3.10(b)相同。可以看出，图像平移后其变换的幅值没有发生改变。

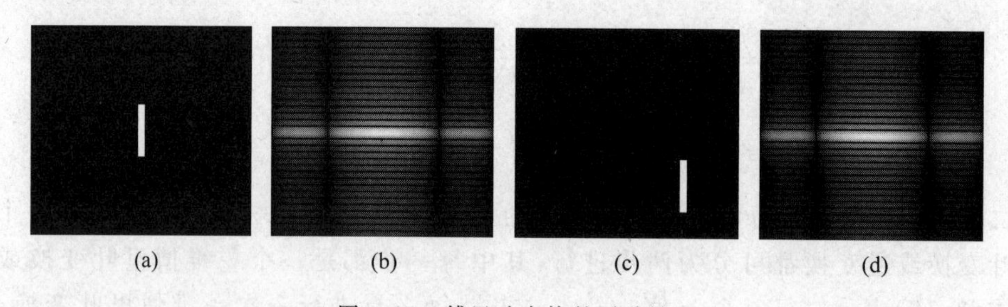

图3.10 傅里叶变换的平移性

3. 周期性和共轭对称性

离散傅里叶变换和逆变换具有周期性和共轭对称性，它们均是以N为周期的。傅里叶变换对的周期性可表示为

$$\begin{aligned}&F(u,v)=F(u+N,v)=F(u,v+N)=F(u+mN,v+nN)\\&f(x,y)=f(x+mN,y+nN)\\&m,n=0,\pm1,\pm2,\cdots\end{aligned} \tag{3.23}$$

共轭对称性可表示为

$$F(mN-u,nN-v)=F^*(u,v) \quad m,n=0,\pm 1,\pm 2,\cdots \tag{3.24}$$

离散傅里叶变换对的周期性说明正变换所得到的 $F(u,v)$ 或反变换得到的 $f(x,y)$ 都是周期为 N 的周期性重复离散函数。但是，为了完全确定 $F(u,v)$ 或 $f(x,y)$，只需要变换一个周期中每个变量的 N 个值。即为了在频域中完全确定 $F(u,v)$，只需要一个变换周期。在空间域中，对 $f(x,y)$ 也有类似的性质。共轭对称性说明变换后的值以原点为中心共轭对称。由于具有这个特性，在求一个周期内的值时，只需要求出半个周期，另外半个周期也就确定了，这大大地减少了计算量。

4. 旋转不变性

如果将直角坐标改写为极坐标形式，即

$$\begin{cases}x=r\cos\theta \\ y=r\sin\theta\end{cases} \quad \begin{cases}u=\omega\cos\varphi \\ v=\omega\sin\varphi\end{cases}$$

则 $f(x,y)$ 和 $F(u,v)$ 将分别进行如下变换 $f(x,y)\rightarrow f(r,\theta)$ $F(u,v)\rightarrow F(\omega,\varphi)$。因此，在极坐标系下存在的变换对为

$$f(r,\theta+\theta_0)\Leftrightarrow F(\omega,\varphi+\theta_0) \tag{3.25}$$

式(3.25)表明，如果 $f(x,y)$ 在空间域中旋转 θ_0 角后，相应地，傅里叶变换 $F(u,v)$ 在频域中也旋转同一 θ_0 角。反之，$F(u,v)$ 在频域中旋转 θ_0 角，其逆变换 $f(x,y)$ 在空间域中也旋转 θ_0 角。图 3.11 给出旋转变换的示例。图 3.11(a)是原图，图 3.11(b)是图 3.11(a)的傅里叶变换结果，图 3.11(c)是将图 3.11(a)顺时针旋转 45°的结果，而图 3.11(d)为图 3.11(b)顺时针旋转 45°的结果。

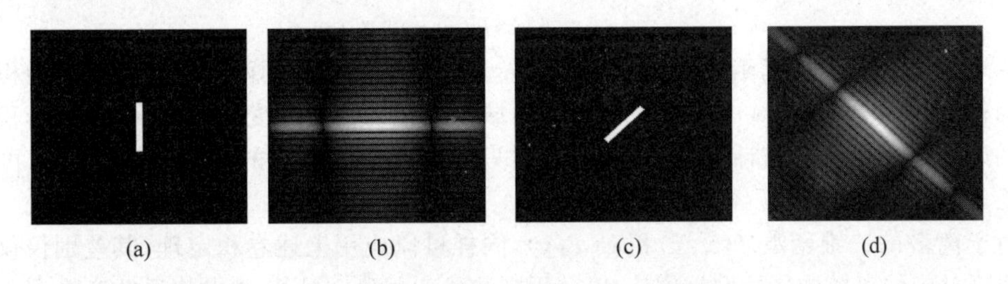

图 3.11 傅里叶变换的旋转不变性

5. 分配性和比例性

傅里叶变换的分配性表明傅里叶变换和逆变换对于加法可以分配，而对于乘法则不行，即

$$\begin{aligned}&\Im\{f_1(x,y)+f_2(x,y)\}=\Im\{f_1(x,y)\}+\Im\{f_2(x,y)\}\\&\Im\{f_1(x,y)\cdot f_2(x,y)\}\neq\Im\{f_1(x,y)\}\cdot\Im\{f_2(x,y)\}\end{aligned} \tag{3.26}$$

傅里叶变换的比例性表明对于两个标量 a 和 b，则有

$$af(x,y)\Leftrightarrow aF(u,v)$$

$$f(ax,by)\Leftrightarrow\frac{1}{|ab|}F\left(\frac{u}{a},\frac{v}{b}\right) \tag{3.27}$$

式(3.27)说明在空间域比例尺度展宽，相应于在频域比例尺度的压缩，其幅值也减少为原来的 $1/|ab|$。

6. 平均值

二维离散函数的平均值定义为

$$\overline{f(x,y)} = \frac{1}{N^2}\sum_{x=0}^{N-1}\sum_{y=0}^{N-1} f(x,y) \tag{3.28}$$

如果将 $u=v=0$ 代入二维离散傅里叶的定义，可得

$$F(0,0) = \frac{1}{N^2}\sum_{x=0}^{N-1}\sum_{y=0}^{N-1} f(x,y) \tag{3.29}$$

比较式(3.28)和式(3.29)，可看出

$$\overline{f(x,y)} = F(0,0)$$

因此，要求二维离散信号 $f(x,y)$ 的平均值，只需算出相应的傅里叶变换 $F(u,v)$ 在原点的值 $F(0,0)$。

7. 卷积定理

卷积定理和相关定理都是研究两个函数的傅里叶变换之间的关系，这也构成了空间域和频域之间的基本关系。

根据式(3.9)，可以得出二维连续函数的卷积定义

$$f(x,y) * g(x,y) = \int_{-\infty}^{+\infty}\int_{-\infty}^{+\infty} f(\alpha,\beta)g(x-\alpha,y-\beta)\mathrm{d}\alpha\,\mathrm{d}\beta$$

其二维卷积定理如下。

先假设

$$f(x,y)\Leftrightarrow F(u,v) \quad g(x,y)\Leftrightarrow G(u,v)$$

则

$$\begin{aligned} f(x,y) * g(x,y) &\Leftrightarrow F(u,v)\cdot G(u,v) \\ f(x,y)\cdot g(x,y) &\Leftrightarrow F(u,v) * G(u,v) \end{aligned} \tag{3.30}$$

它表明两个二维连续函数在空间域中的卷积可用求其相应的两个傅里叶变换乘积的逆变换而得到。反之，在频域中的卷积可用空间域中乘积的傅里叶变换而得到，应用卷积定理明显的好处是避免了直接计算卷积的麻烦，它只需要先算出各自的频谱，然后相乘，再求其逆变换，即可得到卷积。

对于离散的二维函数 $f(x,y)$ 和 $g(x,y)$，同样可以应用上述卷积定理，其差别仅仅是与采样间隔对应的离散增量处发生位移，以及用求和代替积分。另外，离散傅里叶变换和逆变换都是周期函数，为了防止卷积后产生交叠误差，需要对离散的二维函数的定义域加以扩展。

利用一维函数来说明函数定义域的扩展，设 $f(x)(x=0,1,\cdots,A-1)$ 和 $g(x)(x=0,1,\cdots,C-1)$ 是两个有限的离散函数，也就是说 $f(x)$ 的定义域为 $0\leqslant x\leqslant A-1$，$g(x)$ 的定义域为 $0\leqslant x\leqslant C-1$，则其线性卷积为

$$z(x) = f(x) * g(x) = \sum_{m=0}^{N-1} f(m)g(x-m) \quad x=0,1,\cdots,N-1, N=A+C-1$$

如果利用卷积定理来计算该卷积，则相当于把 $f(x)$ 和 $g(x)$ 分别以 A 和 C 为周期进行周期延拓，因此，将上式改写为(一个周期)

$$z_e(x) = f_e(x) * g_e(x) = \sum_{m=0}^{N-1} f_e(m)g_e(x-m) \quad x=0,1,\cdots,N-1 \tag{3.31}$$

求得的结果将不是需要的 $z(x)$，而是周期循环的，如图3.12(a)所示，计算过程是从上到下分步进行。图3.12(a)的卷积过程 $f(x)$ 和 $g(x)$ 周期延拓成 $f_e(x)$ 和 $g_e(x)$ 后，进入求和区的不仅是原函数本身，还有它们延拓出来的部分(如图中虚线所示)，从而在相乘与求和时产生虚假的周期卷积结果。

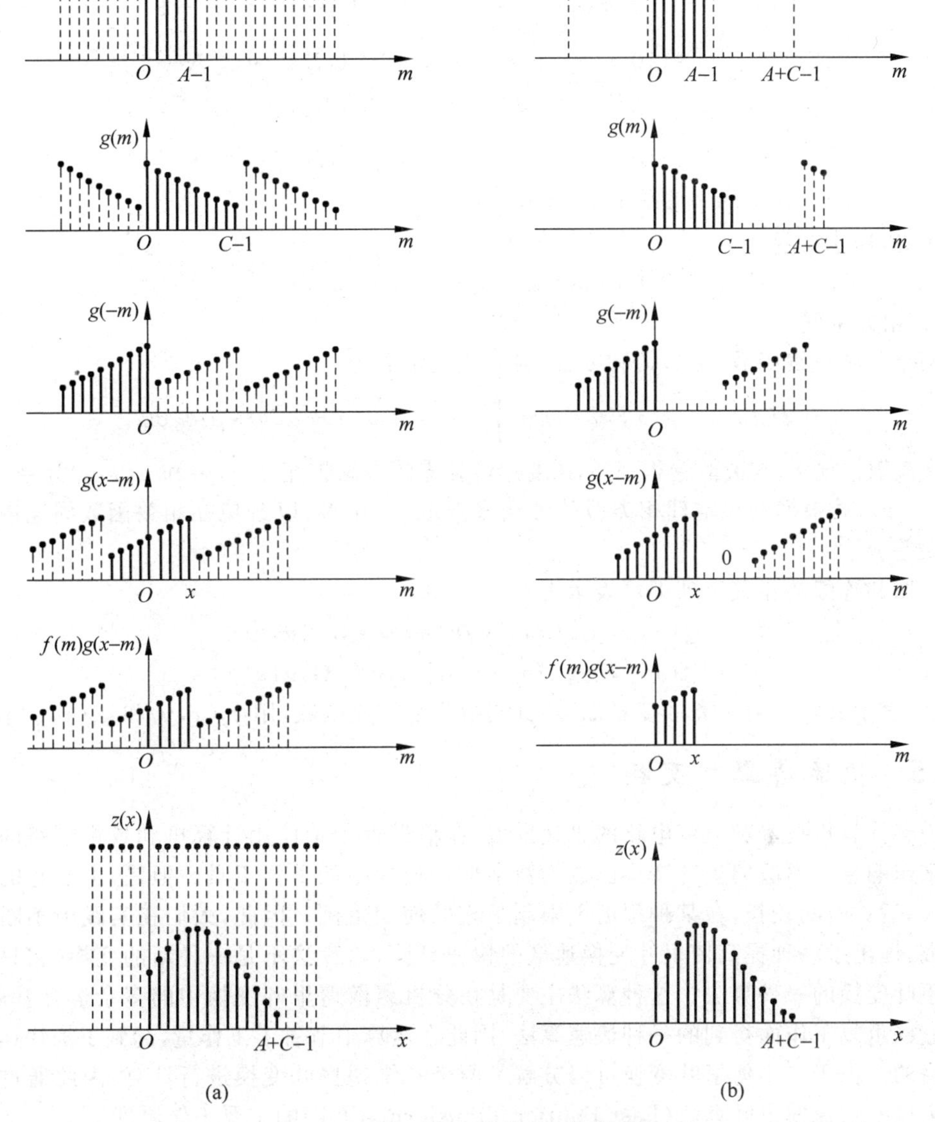

图 3.12　循环卷积的形成和补零方法

为了避免循环卷积，可以对原被卷积函数补零。由于卷积结果的长度为 $N=A+C-1$，因此，可以把两个被卷积的函数的长度延拓到 N，并在原函数定义区间外的部分补零，即取

$$f_e(x)=\begin{cases} f(x) & 0\leqslant x\leqslant A-1 \\ 0 & A\leqslant x\leqslant N-1 \end{cases}$$
$$g_e(x)=\begin{cases} g(x) & 0\leqslant x\leqslant C-1 \\ 0 & C\leqslant x\leqslant N-1 \end{cases} \tag{3.32}$$

于是，在一个周期 N 的卷积计算中，便不会发生终端效应，从而求得的卷积结果就等于所要求的真实卷积。图 3.12(b)所示为最后得到的合理的真实结果。

同样地，二维离散卷积计算时，也必须对被卷积函数进行延拓和补零，如果被卷积函数

$f(x,y)$和$g(x,y)$的大小分别为$A\times B$和$C\times D$,则延拓后的函数为

$$f_e(x,y)=\begin{cases}f(x,y) & 0\leqslant x\leqslant A-1,0\leqslant y\leqslant B-1\\ 0 & A\leqslant x\leqslant M-1,B\leqslant y\leqslant N-1\end{cases}$$

$$g_e(x,y)=\begin{cases}g(x,y) & 0\leqslant x\leqslant C-1,0\leqslant y\leqslant D-1\\ 0 & C\leqslant x\leqslant M-1,D\leqslant y\leqslant N-1\end{cases}$$

$$M\geqslant A+C-1,N\geqslant B+D-1$$

于是,所求的卷积为

$$z_e(x,y)=f_e(x,y)*g_e(x,y)$$

8. 相关定理

两个二维连续函数$f(x,y)$和$g(x,y)$的相关定义为

$$f(x,y)\circ g(x,y)=\int_{-\infty}^{+\infty}\int_{-\infty}^{+\infty}f(\alpha,\beta)g(x+\alpha,y+\beta)\mathrm{d}\alpha\,\mathrm{d}\beta$$

在离散情况下,与离散卷积一样,需要用增补零的方法扩充$f(x,y)$和$g(x,y)$为$f_e(x,y)$和$g_e(x,y)$,并根据卷积定理相类似的方法来选取M和N,以避免在相关函数周期内产生交叠误差。

离散和连续的相关定理都可表示为

$$f(x,y)\circ g(x,y)\Leftrightarrow F(u,v)\cdot G^*(u,v)$$
$$f(x,y)\cdot g^*(x,y)\Leftrightarrow F(u,v)\circ G(u,v)$$

其中,$*$表示共轭。对于离散变量而言,其函数都是扩充函数,用$f_e(x,y)$和$g_e(x,y)$表示。

3.3.5 快速傅里叶变换

随着计算机技术和数字电路的迅速发展,在信号处理中使用计算机和数字电路的趋势也越来越明显。离散傅里叶变换已成为数字信号处理中的重要工具。但是,由于它的计算量较大,运算时间较长,在某种程度上限制了它的使用范围。因此,人们在实践中不断探索和研究,提出了一种提高傅里叶变换速度的快速算法,该算法不是一种新的变换,它只是离散傅里叶变换的一种算法。这种算法主要是在分析离散傅里叶变换中的多余运算基础上,消除这些重复工作而得到的一种快速算法,因此在运算中节省了工作量,起到了加快运算速度的目的。由于二维傅里叶变换可以分解为两个一维傅里叶变换进行计算,因此通过一维函数来说明快速傅里叶算法(Fast Fourier Transform,FFT)的主要工作原理。

对于一个有限长序列$\{f(x)\}(0\leqslant x\leqslant N-1)$,它的傅里叶变换表示为

$$F(u)=\sum_{x=0}^{N-1}f(x)\exp(-\mathrm{j}2\pi ux/N)\quad x=0,1,\cdots,N-1$$

令$W=\exp(-\mathrm{j}2\pi/N)$,$W^{-1}=\exp(\mathrm{j}2\pi/N)$,则傅里叶变换对可写为

$$F(u)=\sum_{x=0}^{N-1}f(x)W^{xu}$$

$$f(x)=\frac{1}{N}\sum_{u=0}^{N-1}F(u)W^{-xu}$$

将正变换展开可得到

$$F(0)=f(0)W^{00}+f(1)W^{01}+\cdots+f(N-1)W^{0(N-1)}$$
$$F(1)=f(0)W^{10}+f(1)W^{11}+\cdots+f(N-1)W^{1(N-1)}$$

$$F(2) = f(0)W^{20} + f(1)W^{21} + \cdots + f(N-1)W^{2(N-1)}$$

$$\vdots$$

$$F(N-1) = f(0)W^{(N-1)0} + f(1)W^{(N-1)1} + \cdots + f(N-1)W^{(N-1)(N-1)}$$

上式也可以用矩阵来表示,则

$$\begin{bmatrix} F(0) \\ F(1) \\ \vdots \\ F(N-1) \end{bmatrix} = \begin{bmatrix} W^{00} & W^{01} & \cdots & W^{0(N-1)} \\ W^{10} & W^{11} & \cdots & W^{1(N-1)} \\ \vdots & \vdots & & \vdots \\ W^{(N-1)0} & W^{(N-1)1} & \cdots & W^{(N-1)(N-1)} \end{bmatrix} \cdot \begin{bmatrix} f(0) \\ f(1) \\ \vdots \\ f(N-1) \end{bmatrix}$$

从上面的运算可以看出,要得到每一个频率的分量,需进行 N 次乘法和 $N-1$ 次加法运算。要完成整个变换需要 N^2 次乘法和 $N(N-1)$次加法运算。序列越长,所花费的时间就越长。通过观察上述系数矩阵,发现 W^{xu} 是以 N 为周期的,即

$$W^{(x+LN)(u+hN)} = W^{xu}$$

例如,当 $N=8$ 时,其周期性如图 3.13 所示。由于 $W=\exp(-j2\pi/N)=\cos(2\pi/N)-j\sin(2\pi/N)$,因此,可得

$$W^N = 1 \quad W^{N/2} = -1 \quad W^{N/4} = -j \quad W^{3N/4} = j$$

可见,离散傅里叶变换中的乘法运算有许多重复的内容。

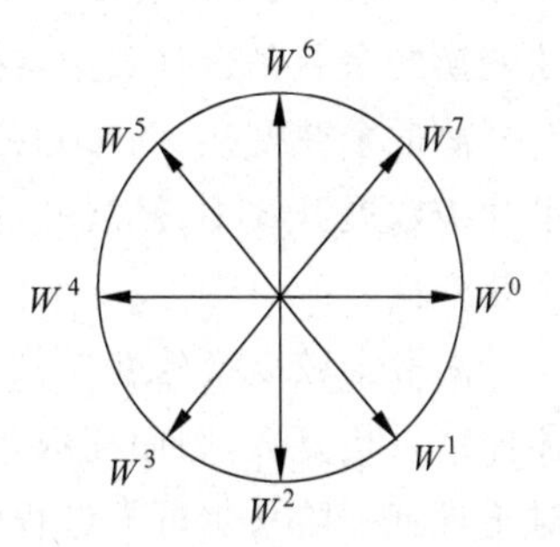

图 3.13　W^{xu} 的周期性

1965 年,库利-图基提出把原始的 N 点序列依次分解成一系列短序列,然后求出这些短序列的离散傅里叶变换,以此来减少乘法运算量。设

$$f_1(x) = f(2x) \qquad x = 0,1,\cdots,N/2-1$$

$$f_2(x) = f(2x+1) \quad x = 0,1,\cdots,N/2-1$$

则离散傅里叶变换可表示为

$$F(u) = \sum_{x=0}^{N-1} f(x)W_N^{xu} = \sum_{x=0}^{N/2-1} f_1(x)W_N^{xu} + \sum_{x=0}^{N/2-1} f_2(x)W_N^{xu}$$

$$= \sum_{x=0}^{N/2-1} f(2x)W_N^{(2x)u} + \sum_{x=0}^{N/2-1} f(2x+1)W_N^{(2x+1)u}$$

因为 $W_{2N}^k = W_N^{k/2}$,所以

$$F(u) = \sum_{x=0}^{N/2-1} f(2x)W_{N/2}^{xu} + \sum_{x=0}^{N/2-1} f(2x+1)W_{N/2}^{xu} \cdot W_N^u$$

$$= \sum_{x=0}^{N/2-1} f(2x)W_{N/2}^{xu} + W_N^u \sum_{x=0}^{N/2-1} f(2x+1)W_{N/2}^{xu}$$

$$= F_1(u) + W_N^u F_2(u)$$

其中,$F_1(u)$和 $F_2(u)$分别是 $f_1(x)$和 $f_2(x)$的 $N/2$ 点的傅里叶变换。因为 $F_1(u)$和 $F_2(u)$均是以 $N/2$ 为周期,所以

$$F_1(u+N/2) = F_1(u) \quad F_2(u+N/2) = F_2(u)$$

这说明当 $m \geqslant N/2$ 时,上式也是重复的。因此

$$F(u) = F_1(u) + W_N^u F_2(u) \quad u = 0,1,\cdots,N-1$$

成立。

从上面的分析可以看出,一个 N 点的离散傅里叶变换可由两个 $N/2$ 个点的傅里叶变换得到。离散傅里叶变换的计算时间主要由乘法决定,分解后所需乘法次数将减少。第一项 $(N/2)^2$ 次,第二项 $(N/2)^2+N$ 次,总共为 $2\times(N/2)^2+N$ 次运算就可完成,而原来需要 N^2 次运算,可见分解后的乘法计算次数减少近一半。由此可见,利用 W_N^u 的周期性和分解运算从而减少乘法运算次数,是实现快速算法的关键。

3.4 离散余弦变换

图像处理中常用的正交变换除了傅里叶变换外,还有其他一些常用的正交变换,其中离散余弦变换是其中的一种。从前面的变换可知,傅里叶变换是用无穷区间上的复正弦基函数和信号的内积描述信号中总体频率分布,或者是将信号向不同频率变量基函数向量投影。实际上,基函数可以有多种不同的类型,相当于用不同类型基函数去分解信号(图像),而余弦变换的余弦基也是其中常用的一种基函数。

离散余弦变换(Discrete Cosine Transform,DCT)是傅里叶变换的一种特殊情况。在傅里叶级数展开式中,被展开的函数是实偶函数时,其傅里叶级数中只包含余弦项,称为离散余弦变换。

离散余弦变换的变换核为实数的余弦函数,变换后的结果也是实数,而不像傅里叶变换那样结果是复数,因而离散余弦变换的计算速度比变换核为复指数的 DFT 要快得多,而且对于具有一阶马尔可夫过程的随机信号,离散余弦变换是后面将要介绍的 K-L 变换的最好近似。

离散余弦变换计算复杂性适中,又具有可分离特性,还有快速算法,所以被广泛地用在图像数据压缩编码算法中,如 JPEG、MPEG-1、MPEG-2 及 H. 261 等压缩编码国际标准都采用了离散余弦变换编码算法。

3.4.1 离散余弦变换的定义

一维离散余弦变换的定义如式(3.33)所示。

$$\begin{aligned} F(0) &= \frac{1}{\sqrt{N}}\sum_{x=0}^{N-1} f(x) \\ F(u) &= \sqrt{\frac{2}{N}}\sum_{x=0}^{N-1} f(x)\cos\frac{2(x+1)u\pi}{2N} \end{aligned} \tag{3.33}$$

其中,$F(u)$是第 u 个余弦变换系数,u 是广义频率变量,$u=1,2,\cdots,N-1$; $f(x)$是时域 N 点序列,$x=0,1,\cdots,N-1$。

一维离散余弦逆变换为

$$f(x) = \sqrt{\frac{1}{N}}F(0) + \sqrt{\frac{2}{N}}\sum_{u=1}^{N-1} F(u)\cos\frac{(2x+1)u\pi}{2N} \tag{3.34}$$

式(3.33)和式(3.34)构成了一维离散余弦变换对。

相应地,二维离散余弦变换的定义有

$$
\begin{aligned}
F(0,0) &= \frac{1}{N}\sum_{x=0}^{N-1}\sum_{y=0}^{N-1} f(x,y) \\
F(0,v) &= \frac{\sqrt{2}}{N}\sum_{x=0}^{N-1}\sum_{y=0}^{N-1} f(x,y)\cdot\cos\frac{(2y+1)v\pi}{2N} \\
F(u,0) &= \frac{\sqrt{2}}{N}\sum_{x=0}^{N-1}\sum_{y=0}^{N-1} f(x,y)\cdot\cos\frac{(2x+1)u\pi}{2N} \\
F(u,v) &= \frac{2}{N}\sum_{x=0}^{N-1}\sum_{y=0}^{N-1} f(x,y)\cdot\cos\frac{(2x+1)u\pi}{2N}\cdot\cos\frac{(2y+1)v\pi}{2N}
\end{aligned}
\tag{3.35}
$$

其中，$f(x,y)$是空间域二维向量的元素，$x,y=0,1,\cdots,N-1$；$F(u,v)$是变换系数阵列的元素。则二维离散余弦逆变换为

$$
\begin{aligned}
f(x,y) = {} & \frac{1}{N}F(0,0)+\frac{\sqrt{2}}{N}\sum_{v=1}^{N-1}F(0,v)\cos\frac{(2y+1)v\pi}{2N} \\
& +\frac{\sqrt{2}}{N}\sum_{u=1}^{N-1}F(u,0)\cos\frac{(2x+1)u\pi}{2N} \\
& +\frac{2}{N}\sum_{u=1}^{N-1}\sum_{v=1}^{N-1}F(u,v)\cos\frac{(2x+1)u\pi}{2N}\cdot\cos\frac{(2y+1)v\pi}{2N}
\end{aligned}
\tag{3.36}
$$

例 3.5 假设一幅灰度数字图像大小为 2×2，其值是矩阵 $f(x,y)=\begin{bmatrix}0 & 2\\ 1 & 0\end{bmatrix}$，将这幅图像进行离散余弦变换，将 $N=2$ 及 u,v 相应坐标值代入式(3.35)，则过程及结果如下。

$$
\begin{aligned}
F(0,0) &= \frac{1}{2}\cdot\left[\sum_{x=0}^{1}\sum_{y=0}^{1} f(x,y)\cdot\cos\frac{(2x+1)0\pi}{4}\cos\frac{(2y+1)0\pi}{4}\right] \\
&= \frac{1}{2}\cdot\left[\sum_{x=0}^{1}\sum_{y=0}^{1} f(x,y)\cdot 1\cdot 1\right] = \frac{1}{2}(0+2+1+0) = \frac{3}{2} \\
F(0,1) &= \frac{\sqrt{2}}{2}\left[\sum_{x=0}^{1}\sum_{y=0}^{1} f(x,y)\cdot\cos\frac{(2x+1)0\pi}{4}\cos\frac{(2y+1)1\pi}{4}\right] \\
&= \frac{\sqrt{2}}{2}\left[\sum_{x=0}^{1}\sum_{y=0}^{1} f(x,y)\cdot\cos\frac{(2y+1)1\pi}{4}\right] \\
&= \frac{\sqrt{2}}{2}\left(0\cdot\cos\frac{1\cdot 1\pi}{4}+2\cos\frac{3\cdot 1\pi}{4}+1\cos\frac{1\cdot 1\pi}{4}+0\cdot\cos\frac{3\cdot 1\pi}{4}\right) = -\frac{1}{2} \\
F(1,0) &= \frac{\sqrt{2}}{2}\left[\sum_{x=0}^{1}\sum_{y=0}^{1} f(x,y)\cdot\cos\frac{(2x+1)1\pi}{4}\cos\frac{(2y+1)0\pi}{4}\right] \\
&= \frac{\sqrt{2}}{2}\left[\sum_{x=0}^{1}\sum_{y=0}^{1} f(x,y)\cdot\cos\frac{(2x+1)1\pi}{4}\right] \\
&= \frac{\sqrt{2}}{2}\left(0\cdot\cos\frac{1\cdot 1\pi}{4}+2\cos\frac{1\cdot 1\pi}{4}+1\cos\frac{3\cdot 1\pi}{4}+0\cdot\cos\frac{3\cdot 1\pi}{4}\right) = \frac{1}{2} \\
F(1,1) &= 1\cdot\left[\sum_{x=0}^{1}\sum_{y=0}^{1} f(x,y)\cdot\cos\frac{(2x+1)1\pi}{4}\cos\frac{(2y+1)1\pi}{4}\right] \\
&= 0\cdot\cos\frac{1\cdot 1\pi}{4}\cos\frac{1\cdot 1\pi}{4}+2\cos\frac{1\cdot 1\pi}{4}\cos\frac{3\cdot 1\pi}{4} \\
&\quad +1\cos\frac{3\cdot 1\pi}{4}\cos\frac{1\cdot 1\pi}{4}+0\cdot\cos\frac{3\cdot 1\pi}{4}\cos\frac{3\cdot 1\pi}{4} = -\frac{3}{2}
\end{aligned}
$$

则这幅图像经过二维离散余弦变成了如下矩阵 $F(u,v)=\begin{bmatrix}1.5 & -0.5\\0.5 & -1.5\end{bmatrix}$。可以看出,其结果是实数,而不是傅里叶变换的复数结果。

3.4.2 离散余弦变换的计算

与傅里叶变换一样,离散余弦变换自然可以由定义式出发来进行计算。但由于计算量太大,在实际应用中很不方便,因此也存在快速算法。

首先,根据定义,有

$$\begin{aligned}F(u)&=\sqrt{\frac{2}{N}}\sum_{x=0}^{N-1}f(x)\cos\frac{(2x+1)u\pi}{2N}\\&=\sqrt{\frac{2}{N}}\sum_{x=0}^{N-1}f(x)\mathrm{Re}\left\{\exp\left(-\mathrm{j}\frac{(2x+1)u\pi}{2N}\right)\right\}\\&=\sqrt{\frac{2}{N}}\mathrm{Re}\left\{\sum_{x=0}^{N-1}f(x)\exp\left(-\mathrm{j}\frac{(2x+1)u\pi}{2N}\right)\right\}\end{aligned}\tag{3.37}$$

其中,Re 是取实部的意思。如果把时域数据向量进行延拓,即

$$f_e(x)=\begin{cases}f(x) & x=0,1,2,\cdots,N-1\\0 & x=N,N+1,\cdots,2N-1\end{cases}$$

则 $f_e(x)$的离散余弦变换可表示为

$$\begin{aligned}F(0)&=\frac{1}{\sqrt{N}}\sum_{x=0}^{2N-1}f_e(x)\\F(u)&=\sqrt{\frac{2}{N}}\sum_{x=0}^{2N-1}f_e(x)\cos\frac{(2x+1)u\pi}{2N}\\&=\sqrt{\frac{2}{N}}\mathrm{Re}\left\{\sum_{x=0}^{2N-1}f_e(x)\exp\left(-\mathrm{j}\frac{(2x+1)u\pi}{2N}\right)\right\}\\&=\sqrt{\frac{2}{N}}\mathrm{Re}\left\{\exp\left(-\mathrm{j}\frac{u\pi}{2N}\right)\cdot\sum_{x=0}^{2N-1}f_e(x)\exp\left(-\mathrm{j}\frac{2xu\pi}{2N}\right)\right\}\end{aligned}\tag{3.38}$$

从式(3.38)可以看出,$\sum_{x=0}^{2N-1}f_e(x)\exp\left(-\mathrm{j}\frac{2xu\pi}{2N}\right)$是 $2N$ 点的离散傅里叶变换。所以,在做离散余弦变换时,可以把序列长度延拓为 $2N$,然后做离散傅里叶变换,产生的结果取其实部便可得到余弦变换。

因此,借助傅里叶变换计算余弦变换的步骤为:

(1) 把 $f(x)$延拓成 $f_e(x)$,长度为 $2N$;

(2) 求 $f_e(x)$的 $2N$ 点的 FFT;

(3) 对 u 各项乘上对应的因子$\sqrt{2}\exp(-\mathrm{j}\pi u/2N)$;

(4) 取实部,并乘上因子 $\sqrt{1/N}$;

(5) 取 $F(u)$的前 N 项,即为 $f(x)$的余弦变换。

同理,在做逆变换时,首先在变换空间把 $F(u)$进行如下延拓,即

$$F_e(u)=\begin{cases}F(u) & u=0,1,2,\cdots,N-1\\0 & u=N,N+1,\cdots,2N-1\end{cases}$$

其逆变换也可以用式(3.39)表示。

$$
\begin{aligned}
f(x) &= \frac{1}{\sqrt{N}}F_e(0)+\sqrt{\frac{2}{N}}\sum_{u=1}^{2N-1}F_e(u)\cos\frac{(2x+1)u\pi}{2N} \\
&= \frac{1}{\sqrt{N}}F_e(0)+\sqrt{\frac{2}{N}}\sum_{u=1}^{2N-1}F_e(u)\mathrm{Re}\left\{\exp\left(\mathrm{j}\,\frac{(2x+1)u\pi}{2N}\right)\right\} \\
&= \frac{1}{\sqrt{N}}F_e(0)+\sqrt{\frac{2}{N}}\sum_{u=1}^{2N-1}F_e(u)\mathrm{Re}\left\{\exp\left(\mathrm{j}\,\frac{u\pi}{2N}\right)\cdot\exp\left(\mathrm{j}\,\frac{2xu\pi}{2N}\right)\right\} \\
&= \frac{1}{\sqrt{N}}F_e(0)+\sqrt{\frac{2}{N}}\mathrm{Re}\left\{\sum_{u=1}^{2N-1}\left[F_e(u)\cdot\exp\left(\mathrm{j}\,\frac{u\pi}{2N}\right)\right]\exp\left(\mathrm{j}\,\frac{2xu\pi}{2N}\right)\right\} \\
&= \left(\frac{1}{\sqrt{N}}-\sqrt{\frac{2}{N}}\right)F_e(0)+\sqrt{\frac{2}{N}}\mathrm{Re}\left\{\sum_{u=0}^{2N-1}\left[F_e(u)\cdot\exp\left(\mathrm{j}\,\frac{u\pi}{2N}\right)\right]\exp\left(\mathrm{j}\,\frac{2xu\pi}{2N}\right)\right\}
\end{aligned}
\tag{3.39}
$$

从式(3.39)可以看出，离散余弦逆变换可以从 $F_e(u)\cdot\exp\left(\mathrm{j}\,\frac{u\pi}{2N}\right)$ 的 $2N$ 点逆傅里叶变换实现。

图3.14给出几个离散余弦变换的示例，图3.14(a)～图3.14(c)是原图，图3.14(d)～图3.14(f)是变换后的结果。为了显示方便，均将变换后的结果 $F(u,v)$ 重新进行了指数函数映射，具体函数是 $G(u,v)=\log(1+\mathrm{abs}(F(u,v)))$，abs函数是取 $F(u,v)$ 的幅度值，图3.14(d)～图3.14(f)显示的是重新映射过的 $G(u,v)$，可以看到其能量主要集中到左上角位置。

图3.14　二维图像及其离散余弦变换

3.5　离散K-L变换

3.5.1　K-L变换的概念

K-L(Karhunen-Loeve)变换又称霍特林(Hotelling)变换和主成分分析(Principal

Component Analysis,PCA),有时也称特征值变换。1933年,霍特林首先发现主成分变换技术,并对这种正交变换做了深入研究。

一般而言,这一方法的目的是寻找任意统计分布的数据集合中主成分的子集。相应的基向量组满足正交性且由它定义的子空间最优地考虑了数据的相关性。将原始数据集合变换到主成分空间使单一数据样本的互相关性(Cross-Correlation)降低到最低点。

假定对某幅 $N\times N$ 大小的图像 $f(x,y)$,在某个传输通道上传输了 M 次,由于受到各种因素的随机干扰,接收到的是一个图像集合

$$\{f_1(x,y),f_2(x,y),\cdots,f_M(x,y)\}$$

现将每幅图像表示成一个向量

$$\boldsymbol{X}_i=\begin{bmatrix} f_i(0,0) \\ f_i(0,1) \\ \vdots \\ f_i(N-1,N-1) \end{bmatrix} \tag{3.40}$$

它是 $N^2\times 1$ 的随机向量。

将 M 次传输的图像集合写成 M 个 N^2 维向量 $\{\boldsymbol{X}_1,\boldsymbol{X}_2,\cdots,\boldsymbol{X}_M\}$。现在的问题是,如何选取一个合适的正交变换 $\boldsymbol{A}$,使得变换后的图像 $\boldsymbol{Y}=\boldsymbol{AX}$。称

(1) 具有 $M\ll N^2$ 个分量的向量。

(2) 由 $\boldsymbol{Y}$ 经逆变换而恢复的 $\hat{\boldsymbol{X}}$(向量 $\boldsymbol{X}$ 的估值)和原图具有最小的均方误差(Minimum Mean-Square Error,MMSE),即

$$\mathrm{MMSE}(\Delta\boldsymbol{X})=\varepsilon(\Delta\boldsymbol{X})=E\{[\boldsymbol{X}-\hat{\boldsymbol{X}}]^{\mathrm{T}}[\boldsymbol{X}-\hat{\boldsymbol{X}}]\}$$

满足这两个条件的正交变换 $\boldsymbol{A}$ 为K-L变换。如果能找到这样一个变换,那么就意味着经过一个变换,不仅删除了 N^2-M 个分量,并且由变换结果 $\boldsymbol{Y}$ 重新恢复的图像 $\hat{\boldsymbol{X}}$ 是有效地过滤了随机干扰的原图像的最佳逼近。

3.5.2 K-L变换的实施

主成分的基本思想是:设有 N 个观测点 (x_{i1},x_{i2}),$i=1,2,\cdots,N$,先对 N 个点 (x_{i1},x_{i2}) 求出第一条"最佳"拟合直线,使得这 N 个点到该直线的垂直距离的平方和最小,并称此直线为第一主成分。然后再求与第一主成分相互独立(或者说垂直)的,且与 N 个点 (x_{i1},x_{i2}) 的垂直距离平方和最小的第二主成分。以此类推,可得到多个成分。

由前面的向量 $\boldsymbol{X}$,则可以得到其向量的协方差 $\boldsymbol{C_X}$

$$\boldsymbol{C_X}=E\{(\boldsymbol{X}-\boldsymbol{m_X})(\boldsymbol{X}-\boldsymbol{m_X})^{\mathrm{T}}\} \tag{3.41}$$

其中,E 表示求数学期望,T表示转置,平均向量 $\boldsymbol{m_X}$ 表示为

$$\boldsymbol{m_X}=E\{\boldsymbol{X}\} \tag{3.42}$$

在离散的情况下,由于 M 是有限值,其平均值向量 $\boldsymbol{m_X}$ 和 $\boldsymbol{X}$ 向量的协方差矩阵 $\boldsymbol{C_X}$ 可近似表示为

$$\boldsymbol{m_X}\approx\frac{1}{M}\sum_{i=1}^{M}\boldsymbol{X}_i \tag{3.43}$$

$$C_X \approx \frac{1}{M}\sum_{i=1}^{M}(X_i - m_X)(X_i - m_X)^{\mathrm{T}} \approx \frac{1}{M}\left[\sum_{i=1}^{M} X_i X_i^{\mathrm{T}}\right] - m_X m_X^{\mathrm{T}} \tag{3.44}$$

其中，$\boldsymbol{m}_X$ 是 N^2 维向量，$\boldsymbol{C}_X$ 是 $N^2 \times N^2$ 维矩阵。

设 $\boldsymbol{e}_i$ 和 λ_i 是协方差矩阵 $\boldsymbol{C}_X$ 对应的特征向量和特征值，其中 $i=1,2,\cdots,N^2$。将特征值按减序排列，即

$$\lambda_1 > \lambda_2 > \lambda_3 > \cdots > \lambda_{N^2}$$

则 K-L 变换核矩阵 $\boldsymbol{A}$ 的行用 $\boldsymbol{C}_X$ 的特征向量构成

$$\boldsymbol{A} = \begin{bmatrix} e_{11} & e_{12} & \cdots & e_{1N^2} \\ e_{21} & e_{22} & \cdots & e_{2N^2} \\ \vdots & \vdots & & \vdots \\ e_{N^2 1} & e_{N^2 2} & \cdots & e_{N^2 N^2} \end{bmatrix}$$

其中，e_{ij} 表示 $\boldsymbol{C}_X$ 的第 i 个特征向量的第 j 个分量，$\boldsymbol{A}$ 是 $N^2 \times N^2$ 的方阵。

于是离散的 K-L 变换表示为

$$\boldsymbol{Y} = \boldsymbol{A}(\boldsymbol{X} - \boldsymbol{m}_X) \tag{3.45}$$

式中，$\boldsymbol{X}-\boldsymbol{m}_X$ 为原图 $\boldsymbol{X}$ 减去平均值向量 $\boldsymbol{m}_X$，称为中心化图像向量。离散 K-L 变换向量 $\boldsymbol{Y}$ 是中心化图像向量 $\boldsymbol{X}-\boldsymbol{m}_X$ 与变换核矩阵 $\boldsymbol{A}$ 相乘所得的结果。

但是，直接求矩阵 $\boldsymbol{C}_X$ 的特征值和特征向量很困难。这是因为 $\boldsymbol{C}_X$ 是 $N^2 \times N^2$ 维矩阵，尽管图像的大小 N 可能不是很大，但 N^2 却是很大的数据。这样求其特征向量和特征值速度较慢。但如果样本图像个数 M 不太多，可以先计算出 $M \times M$ 维方阵 $\boldsymbol{L}=\boldsymbol{A}^{\mathrm{T}}\boldsymbol{A}$ 的特征值 μ_k 和特征向量 $\boldsymbol{v}_k$，是因为

$$\boldsymbol{A}^{\mathrm{T}}\boldsymbol{A}\boldsymbol{v}_k = \mu_k \boldsymbol{v}_k$$

如果上式左乘矩阵 $\boldsymbol{A}$，则有

$$\boldsymbol{A}\boldsymbol{A}^{\mathrm{T}}(\boldsymbol{A}\boldsymbol{v}_k) = \mu_k(\boldsymbol{A}\boldsymbol{v}_k)$$

那么 $\boldsymbol{U}_k=\boldsymbol{A}\boldsymbol{v}_k$ 就是矩阵 $\boldsymbol{C}_x$ 的特征向量。

$$\boldsymbol{U}_k = \sum_{l=1}^{M} v_{ki}\boldsymbol{e}_i, \quad k = 1,2,\cdots,M$$

$\boldsymbol{U}_k$ 是主成分空间的基。根据主成分分析，可以选择 $P(P \leqslant M)$ 个较大特征值对应的特征向量（主成分），构造新的 P 维主成分空间 Q。每一幅图像在此空间的投影对应一个 P 维向量 $(y_1, y_2, \cdots, y_P)^{\mathrm{T}}$，它们就是低维新特征向量（主成分）。

因为 $\boldsymbol{C}_X$ 是实对称矩阵，总能找到一个标准正交的特征向量集合，使 $\boldsymbol{A}^{-1}=\boldsymbol{A}^{\mathrm{T}}$，那么可得 K-L 逆变换为

$$\boldsymbol{X} = \boldsymbol{A}^{-1}\boldsymbol{Y} + \boldsymbol{m}_X \tag{3.46}$$

3.5.3 K-L 变换的性质与特点

1. K-L 变换的基本性质

(1) $\boldsymbol{Y}$ 的平均值向量 $\boldsymbol{m}_Y=0$，即为零向量 0。

证明如下：

$$\boldsymbol{m}_Y = E\{\boldsymbol{Y}\} = E\{\boldsymbol{A}(\boldsymbol{X} - \boldsymbol{m}_X)\} = \boldsymbol{A} \cdot E\{\boldsymbol{X}\} - \boldsymbol{A}\boldsymbol{m}_X = 0$$

(2) $\boldsymbol{Y}$ 向量的协方差矩阵 $\boldsymbol{C}_Y=\boldsymbol{A}\boldsymbol{C}_X\boldsymbol{A}^{\mathrm{T}}$。

证明如下：

$$\begin{aligned}\boldsymbol{C}_Y&=E\{(\boldsymbol{Y}-\boldsymbol{m}_Y)(\boldsymbol{Y}-\boldsymbol{m}_Y)^{\mathrm{T}}\}=E\{\boldsymbol{Y}\cdot\boldsymbol{Y}^{\mathrm{T}}\}\\&=E\{[\boldsymbol{AX}-\boldsymbol{A}\boldsymbol{m}_X][\boldsymbol{AX}-\boldsymbol{A}\boldsymbol{m}_X]^{\mathrm{T}}\}\\&=E\{\boldsymbol{A}[\boldsymbol{X}-\boldsymbol{m}_X][\boldsymbol{X}-\boldsymbol{m}_X]^{\mathrm{T}}\boldsymbol{A}\}\\&=\boldsymbol{A}E\{[\boldsymbol{X}-\boldsymbol{m}_X][\boldsymbol{X}-\boldsymbol{m}_X]^{\mathrm{T}}\}\boldsymbol{A}^{\mathrm{T}}\\&=\boldsymbol{A}\boldsymbol{C}_X\boldsymbol{A}^{\mathrm{T}}\end{aligned}$$

(3) 对角性。

$$\boldsymbol{C}_Y=\begin{bmatrix}\lambda_1 & & & \boldsymbol{0}\\ & \lambda_2 & & \\ & & \ddots & \\ \boldsymbol{0} & & & \lambda_{N^2}\end{bmatrix}$$

对角线上的元素是原图向量的协方差矩阵 $\boldsymbol{C}_X$ 对应的特征值 λ_i，它也是 $\boldsymbol{Y}$ 向量第 i 个分量的方差，非对角线上的元素值为 0，说明去除了 $\boldsymbol{Y}$ 向量中各元素之间相关性，而 $\boldsymbol{C}_X$ 的非对角线上元素不为 0，说明原图元素之间相关性强，这就是采用 K-L 变换进行编码，数据压缩比大的原因。

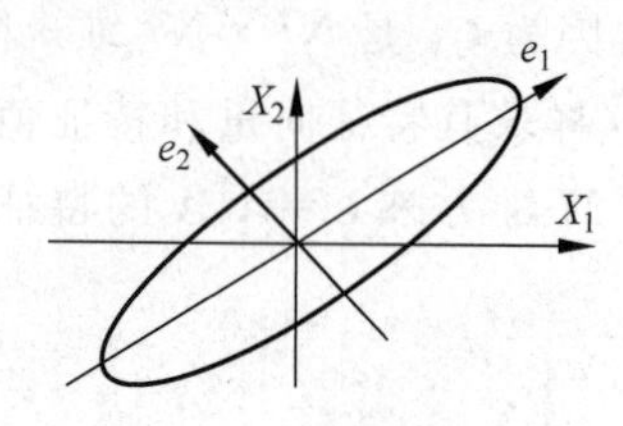

图 3.15　K-L 变换前后的表示

显然 K-L 坐标系将矩阵 $\boldsymbol{C}_X$ 对角化了，换句话说，通过 K-L 变换，消除了原有向量 $\boldsymbol{X}$ 的各分量之间的相关性，从而可能去掉那些带有较少信息的坐标轴，以达到降低特征空间维数的目的。图 3.15 所示给出原始空间与 K-L 变换空间的表示。在原来坐标系中，要用两个分量 X_1，X_2 来表示各个样本，而在 K-L 坐标系中，只要用 $\boldsymbol{e}_1$ 就可以，去掉 $\boldsymbol{e}_2$ 并不会带来很大的误差。

因此，假设矩阵 $\boldsymbol{C}_X$ 只有少数几个数值大的特征值，而其余的特征值数值很小，K-L 坐标系就可以有效地进行信息压缩。

2. K-L 变换的特点

由 K-L 的性质 1 可以知道，经过 K-L 变换后，所得 $\boldsymbol{Y}$ 向量的平均向量为 0，说明 $\boldsymbol{Y}$ 向量坐标系已移至直流分量为零的位置。由 K-L 变换的性质 3 可以看出，$\boldsymbol{Y}$ 向量的协方差矩阵为对角矩阵，对角线上的元素是 $\boldsymbol{Y}$ 向量的方差，左上角的值最大，右下角值最小。非对角线上的元素是协方差，而协方差值均为零，说明 $\boldsymbol{Y}$ 向量之间的相关性很小。K-L 变换的缺点是计算过程复杂，变换速度慢。

总结 K-L 变换的特点和优点，主要有：

(1) K-L 变换是一种非监督性变换；

(2) K-L 变换是一种线性分析；

(3) K-L 变换是通过寻找变量最大投影轴，判断有多少独立变量，并将相关量组合成新量，这可大大减少计算的复杂性，同时保证尽可能少地丢失信息，即降维；

(4) K-L 变换可以用以分解变量为几个独立分量；

(5) 与反射映射或交叉相关方法相比，K-L 变换对样品要求不高；

(6) K-L 变换对数据预处理，去掉一些不重要或无关量。

3.5.4 K-L 变换示例

为了能更好地理解 K-L 变换，先举一个数值小例子。

设 $\boldsymbol{X}=[X_1\ X_2\ X_3]$，先求得其平均值 $\boldsymbol{m}_X$ 及协方差矩阵 $\boldsymbol{C}_X$。

$$\boldsymbol{m}_X=[4.6667\ 5.0000\ 3.6667\ 2.3333\ 4.6667\ ]^{\mathrm{T}}$$

$$\boldsymbol{X}=\begin{bmatrix}6&1&7\\0&7&8\\3&5&3\\1&3&3\\6&5&3\end{bmatrix}\quad \boldsymbol{C}_X=\begin{bmatrix}4.13&1.40&1.47&0.53&0.67\\1.40&7.60&0.80&2.00&2.20\\1.47&0.80&0.53&0.27&0.13\\0.53&2.00&0.27&0.53&0.53\\0.67&2.20&0.13&0.53&0.93\end{bmatrix}$$

求 $\boldsymbol{C}_X$ 的特征值 $\boldsymbol{\lambda}$ 与特征向量 $\boldsymbol{A}$，得到

$$\boldsymbol{\lambda}=[0.00\ 0.00\ 0.00\ 4.48\ 9.25]^{\mathrm{T}}$$

$$\boldsymbol{A}=\begin{bmatrix}0.003&0.349&0.195&0.874&0.278\\0.211&0.043&0.325&0.228&0.892\\0.188&0.915&0.163&0.288&0.132\\0.956&0.163&0.032&0.021&0.240\\0.075&0.110&0.910&0.319&0.227\end{bmatrix}$$

选取最大的两列特征值进行 K-L 变换，即 $\boldsymbol{Y}=[\boldsymbol{A}_4\quad \boldsymbol{A}_5]^{\mathrm{T}}(\boldsymbol{X}-\boldsymbol{m}_X)$，得到

$$Y=\begin{bmatrix}0.2344&3.2242&3.4586\\5.5428&3.0631&2.4797\end{bmatrix}$$

这样只选取了最大两列特征值对应的主成分，将原有的 $\boldsymbol{X}$ 作为 5×3 向量降成了 2×3，而包含了原有的大部分信息，若将 $\boldsymbol{Y}$ 逆变换，得到的结果是

$$\boldsymbol{X}'=\begin{bmatrix}6.00&1.00&7.00\\0.00&7.00&8.00\\3.00&5.00&3.00\\1.00&3.00&3.00\\6.00&5.00&3.00\end{bmatrix}$$

可以看到其与原值是完全一样，实际上并不是绝对相等的，平均绝对值误差非常小，已经近似为 0 了。因为最大的两个特征值已经很接近所有特征值之和的 100%，即已经包含了所有的信息。

如果只取最大的一列特征值进行 K-L 变换，即 $\boldsymbol{Y}=[\boldsymbol{A}_5]^{\mathrm{T}}(\boldsymbol{X}-\boldsymbol{m}_X)$，$\boldsymbol{Y}$ 及逆变换的结果分别是

$$\boldsymbol{Y}=[5.5428\quad -3.0631\quad -2.4797]\quad \boldsymbol{X}'=\begin{bmatrix}6.20&3.82&3.98\\0.05&7.73&7.21\\2.93&4.07&4.00\\1.00&3.07&2.93\\5.93&3.97&4.10\end{bmatrix}$$

$\boldsymbol{X}'$ 与 $\boldsymbol{X}$ 的平均绝对值误差为 0.80。实际上，也可以将 $\boldsymbol{X}^{\mathrm{T}}$ 进行求均值及协方差矩阵进行 K-L 变换，这样得到 $\boldsymbol{m}_X$ 及 $\boldsymbol{C}_X$ 分别是 $M\times1$ 及 $M\times M$ 矩阵，上例中就变成了 3×1 和 3×3，变换原理相同，效果是类似的，这也是更常用的方式。实际应用时可以看哪种方式的 $\boldsymbol{C}_X$ 空

间更小,则后续求特征值及特征向量就更为快速。

下面再以自动的人脸识别为例来说明 K-L 变换的具体步骤。

首先将一幅数字图像看成一个矩阵或一个数组,用 $B(i,j)$ 或 $[b_{ij}]$ 表示,一幅 $N\times N$ 大小的人脸图像按列排列构成一个 N^2 维向量

$$\boldsymbol{X}=(b_{11},b_{21},\cdots,b_{N1},\cdots,b_{1N},\cdots,b_{NN})$$

该向量可视为 N^2 维空间中的一个点,假设 $N=128$。由于人脸结构的相似性,当把很多这样的人脸图像归一化之后,这些图像在这一超高维空间中不是随机或散乱分布的,而是存在某种规律,因此可以通过 K-L 变换用一个低维子空间描述人脸图像,同时又能保存所需要的识别信息。

对于一个全自动的人脸识别系统,其首要的工作是人脸图像的分割以及主要器官的定位。另外,由于 K-L 变换本质上依赖于图像灰度在空间分布上的相关性,因此还需要对人脸图像进行一系列的预处理,以达到位置校准和灰度归一化的目的。

现在,假设已根据分割及定位算法,得到了人脸正面图像左右两眼中心的位置,并分别记为 E_r 和 E_l,则可通过下述步骤达到图像校准的目的。

(1) 进行图像旋转,以使 E_r 和 E_l 的连线 E_rE_l 保持水平。这保证了人脸方向的一致性,体现了人脸在图像平面内的旋转不变性。

(2) 根据图 3.16 所示的比例关系,进行图像裁剪。图中,O 点为 E_rE_l 的中点,且 $d=E_rE_l$。经过裁剪,在 $2d\times 2d$ 的图像内,可保证 O 点固定于$(0.5d,d)$处。这保证了人脸位置的一致性,体现了人脸在图像平面内的平移不变性。

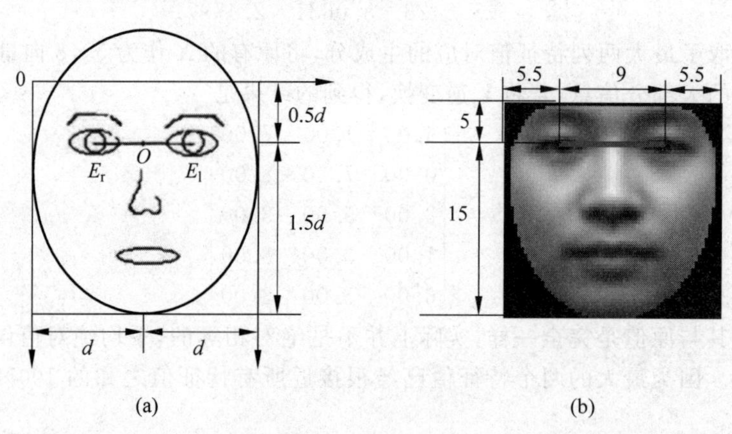

图 3.16 人脸的几何特征

(3) 进行图像缩小和放大变换,得到统一大小的标准图像。规定标准图像的大小为 128×128 像素点,则缩放倍数为 $\beta=2d/128$。这使得 $d=E_rE_l$ 为定长(64 个像素点),即保证了人脸大小的一致性,体现了人脸在图像平面内的尺度不变性。

经过校准,不仅在一定程度上获得了人脸表示的几何不变性,而且还基本上消除了头发和背景的干扰。

完成了旋转、平移和尺度不变性后,需要对校准的图像做灰度拉伸,以改善图像的对比度,然后采用直方图修正技术使图像具有统一的均值和方差,部分消除光照强度的影响。

现假设人脸数据库中有 10 人,每人 10 幅大小为 32×32 的人脸图像,如图 3.17 所示。

图 3.17　人脸数据库

以归一化后的标准图像作为训练样本集，以该样本集的总体散布矩阵为协方差矩阵，即

$$\boldsymbol{\Sigma} = E\{(\boldsymbol{x} - \boldsymbol{\mu})(\boldsymbol{x} - \boldsymbol{\mu})^{\mathrm{T}}\}$$

$$\boldsymbol{\Sigma} = \frac{1}{M}\sum_{i=0}^{M-1}(\boldsymbol{x}_i - \boldsymbol{\mu})(\boldsymbol{x}_i - \boldsymbol{\mu})^{\mathrm{T}}$$

$\boldsymbol{x}_i$ 为第 i 个训练样本的图像向量，$\boldsymbol{\mu}$ 为训练样本集的平均图像，M 为训练样本的总数，即 $M=200$，N 为图像的大小，即 $N=32$，则 $N^2=1024$。如果直接计算 $N^2 \times N^2$ 维矩阵$\boldsymbol{\Sigma}$ 的特征值和正交归一的特征向量，则是相当困难，通过奇异值分解（SVD）方法可以得到新的$\boldsymbol{\Sigma}$矩阵的定义为

$$\boldsymbol{\Sigma} = \frac{1}{M}\sum_{i=0}^{M-1}(\boldsymbol{x}_i - \boldsymbol{\mu})(\boldsymbol{x}_i - \boldsymbol{\mu})^{\mathrm{T}} = \frac{1}{M}\boldsymbol{X}\boldsymbol{X}^{\mathrm{T}}$$

$$\boldsymbol{X} = [\boldsymbol{x}_0 - \boldsymbol{\mu}, \boldsymbol{x}_1 - \boldsymbol{\mu}, \cdots, \boldsymbol{x}_{M-1} - \boldsymbol{\mu}]$$

因此，可以构造矩阵

$$\boldsymbol{R} = \boldsymbol{X}^{\mathrm{T}}\boldsymbol{X} \in \Re^{M \times M}$$

这样就容易求其特征值 λ_i 及相应的正交归一特征向量 $\boldsymbol{v}_i$（$i=0,1,2,\cdots,M-1$）。由SVD 方法可知，$\boldsymbol{\Sigma}$ 的正交归一化特征向量 $\boldsymbol{u}_i$ 为

$$\boldsymbol{u}_i = \frac{1}{\sqrt{\lambda_i}}\boldsymbol{X}\boldsymbol{v}_i \quad i = 0,1,2,\cdots,M-1$$

这就是图像的特征向量，它是通过计算较低维矩阵 $\boldsymbol{R}$ 的特征值与特征向量而间接求出的。

如果将特征值从大到小排序：$\lambda_0 \geqslant \lambda_1 \geqslant \cdots \geqslant \lambda_{M-1}$，其对应的特征向量为 $\boldsymbol{u}_i$。这样，每一幅人脸图像都可以投影到由 $u_0, u_1, \cdots, u_{M-1}$ 张成的子空间中，构成特征脸如图 3.18 所示。

因此，对于任一待识别样本人脸图像 $\boldsymbol{f}$，可通过向“特征脸”子空间投影求出其系数向量

$$\boldsymbol{Y} = \boldsymbol{U}^{\mathrm{T}}\boldsymbol{f} \tag{3.47}$$

和其重建图像

$$\hat{\boldsymbol{f}} = \boldsymbol{U}\boldsymbol{Y} \tag{3.48}$$

考虑重建图像的信噪比

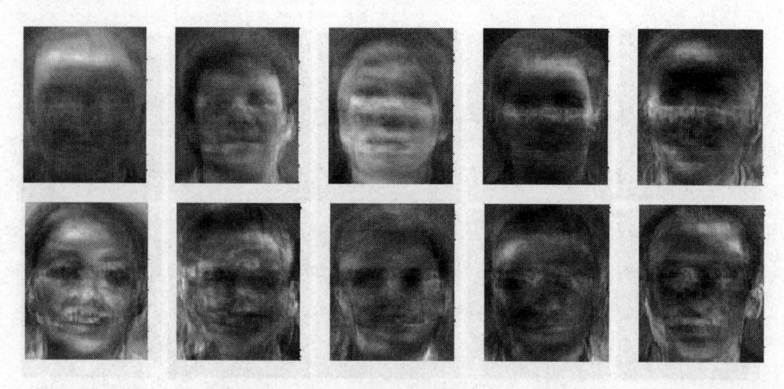

图 3.18 特征脸

$$\mathrm{RSN} = 10\log\left(\frac{\| \boldsymbol{f} \|^2}{\| \boldsymbol{f} - \hat{\boldsymbol{f}} \|^2}\right) \tag{3.49}$$

若 RSN 小于其阈值,则可判断 $\boldsymbol{f}$ 不是人脸图像。再将 $\hat{\boldsymbol{f}}$ 与训练样本中每一张变换后的特征脸进行比较,差别最小的一幅就是所对应的人脸,即对 $\boldsymbol{f}$ 进行识别的结果。

3.6 小波变换

3.6.1 概述

小波(Wavelet)分析是当前应用数学和工程数学学科中一个迅速发展的新领域,经过多年的探索和研究,重要的数学形式体系已经建立,理论基础更加扎实。它不仅在数学上已经形成一个新的分支,而且在应用上,如信号处理、图像处理、模式识别、量子物理以及众多非线性科学领域,被认为是近年来在分析工具及方法上的重大突破。原则上,凡传统使用傅里叶分析的方法,都可以用小波分析代替。

与传统的傅里叶变换、Gabor 变换相比,小波变换(Wavelet Transform)是时间(空间)、频率的局部化分析,它通过伸缩和平移运算对信号(函数)逐步进行多尺度细化,最终达到高频处时间细分、低频处频率细分,能自动适应时频信号分析的要求,从而可聚焦到信号的任意细节,解决了傅里叶变换的困难问题。

为了用傅里叶变换研究一个模拟信号的谱特性,必须获得信号在时域中的全部信息,包括将来的信息,即傅里叶变换对时间的分辨率为 0,对频率的分辨率为无穷。如果一个信号在某个时刻的一个小的邻域中变化了,那么整个频谱就受到影响。例如,对于语音信号、地震信号等,希望知道信号在突变时刻的频率成分,如利用傅里叶变换,这些非平稳的突变成分被傅里叶变换的积分作用平滑了。因此可以看出,在非平稳信号分析和实时信号处理的许多应用中,只有傅里叶变换公式是不够的,傅里叶变换无法反映信号的局部时域和频域特性,只适宜处理平稳信号。

正是由于傅里叶变换存在不能同时进行时间-频率局部分析的缺点,Gabor 提出一种加窗傅里叶变换。在信号的时间-频率分析中,D. Gabor 注意到了傅里叶变换的不足,在 1946 年,论文中为提取信号傅里叶变换的局部信息,引入了一个时间局部变化的“窗函数”——称为 Gabor 变换，又称为加窗傅里叶变换。但 Gabor 变换的时间-频率窗口是固定不变的，窗口没有自适应性，不适于分析多尺度信号过程和突变过程，而且其离散形式没有正交展开，难于实现高效算法，这是 Gabor 变换的主要缺点。在非平稳信号的分析中，希望存在一种变换函数，它能满足：对于高频谱的信息，时间间隔要相对的小，以便给出比较好的精度；而对于低频谱的信息，时间间隔要相对的宽，以便给出完全的信息。也就是说，要有一个灵活可变的时间-频率窗，使在高“中心频率”时，时间窗口宽度自动变窄；在低“中心频率”时，时间窗口宽度自动变宽。

1984 年，在法国从事石油勘测信号处理的地球物理学家 Morlet，在分析地震波的时频局部特性时，希望使用在高频处时间窗口变窄、低频处频率窗变宽的自适应变换。他引用高斯余弦调整函数，将其伸缩和平移得到一组函数系数，该组函数系数称为 Morlet 小波基。这些为小波分析的形成奠定了基础。

随着理论研究的不断深入，小波分析在很多领域内得到了应用。目前，小波分析与应用的研究集中在如何根据具体应用的需要选择和构造更好的小波基、寻找更有效和更快速的算法等方面。下面简单介绍一些小波的基本理论及其在图像处理中的一些简单应用。

3.6.2 小波变换

若 $\psi(t)$ 是一个实值函数，并且它的频谱 $\hat{\psi}(w)$ 满足

$$c_\psi = \int_{-\infty}^{+\infty} \frac{|\hat{\psi}(w)|}{|w|} \mathrm{d}w < \infty \tag{3.50}$$

则称 $\psi(t)$ 为一个基本小波，称式(3.50)为容许性条件。对于基本小波有

$$\hat{\psi}(0) = \int_{\mathbf{R}} \psi(t)\mathrm{d}t = 0$$

$\psi(t)$ 通过平移和伸缩而产生一个函数簇 $\{\psi_{a,b}(t)\}$。

$$\psi_{a,b}(t) = |a|^{-1/2}\psi\left(\frac{t-b}{a}\right) \quad a \in \mathbf{R}, b \in \mathbf{R}, a \neq 0 \tag{3.51}$$

其中，函数簇 $\psi_{a,b}(t)$ 为分析小波；a 为伸缩的尺度；b 为平移的距离。

1. 连续小波变换

连续小波变换（Continuous Wavelet Transform，CWT）也称积分小波变换，是由 Grossman 和 Morlet 提出的。设函数 $f(x)$ 具有有限能量，即 $f(t) \in L^2(\mathbf{R})$，则小波变换的定义为

$$(W_\psi f)(a,b) = \langle f, \psi_{a,b} \rangle = \int_{-\infty}^{+\infty} f(t) \frac{1}{\sqrt{a}} \psi\left(\frac{t-b}{a}\right) \mathrm{d}t \tag{3.52}$$

若 $a>1$，函数 $\psi(t)$ 具有伸展作用；$a<1$，函数则具有收缩作用。伸缩参数 a 对小波 $\psi(t)$ 的影响如图 3.19 所示。小波函数簇 $\psi_{a,b}(t)$ 随伸缩参数 a 和平移参数 b 而变化，如图 3.20 所示。

小波 $\psi_{a,b}(t)$ 是紧支撑函数，小波变换实现时域-频域局部变化分析的特点与信号频率高低密切相关。因此，小波变换在频域中的具备一些独特的性质。由能量守恒定理可知

$$W_\psi f(a,b) = \frac{1}{2\pi} \int_{-\infty}^{+\infty} F(\omega) \cdot \Psi_{a,b}(\omega) \mathrm{d}\omega$$

$$\Psi_{a,b}(\omega) = \frac{1}{\sqrt{a}} \int_{-\infty}^{+\infty} \psi\left(\frac{t-b}{a}\right) \mathrm{e}^{-\mathrm{j}\omega t} \mathrm{d}t$$

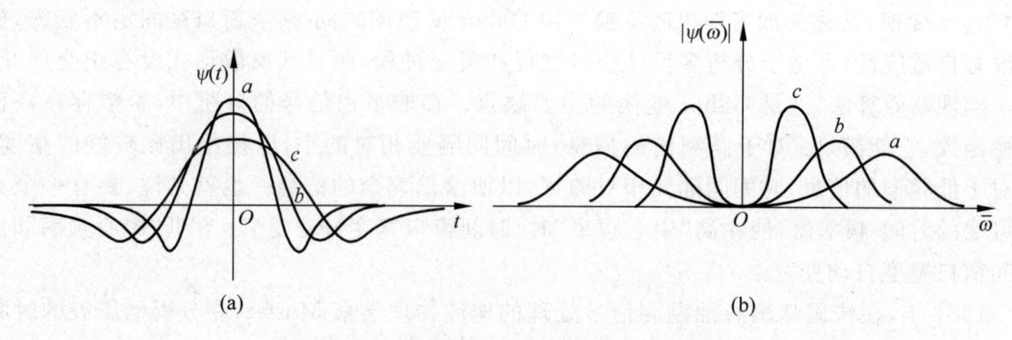

图 3.19 伸缩参数 a 对基本小波 $\psi(t)$ 的影响

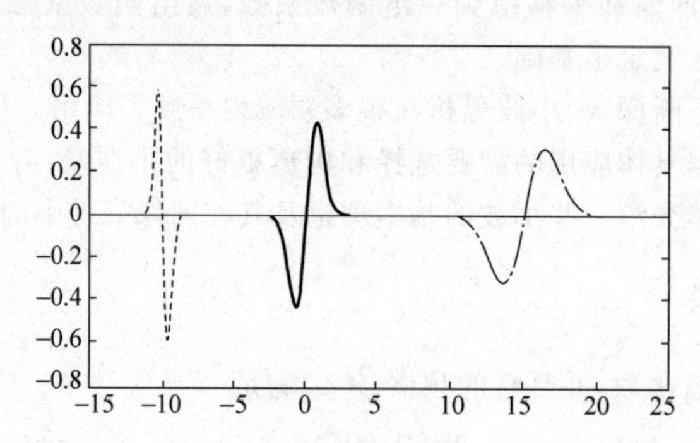

图 3.20 小波 $\psi_{a,b}(t)$ 的波形随参数 a,b 的变化情形

为了解小波变换的时域-频域局部变化特点,同样需要了解 $|\psi_{a,b}(t)|^2$ 与 $|\Psi_{a,b}(\omega)|^2$ 的均方差 $\sigma_{\psi_{a,b}}$,$\sigma_{\Psi_{a,b}}$。定义为

$$\begin{aligned} \sigma_{\phi_{a,b}} &= \left[\int_{-\infty}^{+\infty}(t-t_0)\mid\psi_{a,b}(t)\mid^2\mathrm{d}t\right]^{1/2} \\ \sigma_{\Psi_{a,b}} &= \left[\int_{-\infty}^{+\infty}(w-w^0_{\bar{\psi}_{a,b}})\mid\Psi_{a,b}(w)\mid^2\mathrm{d}w\right]^{1/2} \\ w^0_{\bar{\psi}_{a,b}} &= \frac{\int_0^{+\infty}\mid\Psi_{a,b}(w)\mid^2\mathrm{d}w}{\int_0^{+\infty}\mid\Psi_{a,b}(w)\mid^2\mathrm{d}w} \\ t_0 &= \frac{\int_{-\infty}^{+\infty}t\mid\psi_{a,b}(t)\mid^2\mathrm{d}t}{\int_{-\infty}^{+\infty}\mid\psi_{a,b}(t)\mid^2\mathrm{d}t} \end{aligned} \tag{3.53}$$

如果 $a=1,b=0$ 时,推出

$$\sigma_{\Psi_{a,b}}=\frac{\sigma_{\Psi_{1,0}}}{a},\quad w^0_{\Psi_{a,b}}=\frac{w_{\Psi_{1,0}}}{a}$$

从式(3.53)可以看出,$w_{\Psi_{a,b}}$ 随函数的伸展而变小,即带通的中心向低频分量偏移;反之,$w_{\Psi_{a,b}}$ 随 a 的减小而变大,带通中心向高频分量偏移。在小波变换中时间窗口的宽度与频率窗口的宽度是尺度参数 a 的函数,但其乘积由 Heisenberg 测不准原理限定为一常数,因此,高频分量在时域局部化分辨率提高是以频域的不确定性加大换取的。分析高频分量时,时间窗口变窄,频率窗口加宽,分析低频分量时时间窗口变宽,频率窗口变窄,从而实现

了时-频窗口的自动自适应变化。

2. 离散小波变换

在连续小波变换中，伸缩参数和平移参数连续取值，连续小波变换主要用于理论分析，在实际应用中离散小波变换(Discrete Wavelet Transform，DWT)更适用于计算机处理。离散小波的定义为

$$\psi_{j,k}(t)=\frac{1}{\sqrt{a_0^j}}\psi\left(\frac{t-kb_0a_0^j}{a_0^j}\right)=a_0^{-j/2}\psi(a_0^{-j}t-kb_0) \tag{3.54}$$

这里 a_0 为大于1的单位伸缩步长，b_0 为正实数，j,k 的取值范围为所有的整数，则相应的离散小波变换定义为

$$\langle f,\psi_{j,k}\rangle=a_0^{-j/2}\int_{-\infty}^{+\infty}f(t)\psi_{j,k}(t)\mathrm{d}t=a_0^{-j/2}\int_{-\infty}^{+\infty}f(t)\psi(a_0^{-j}t-kb_0)\mathrm{d}t \tag{3.55}$$

由尺度函数构造小波函数是小波变换的必经之路，尺度函数 $\varphi(t)$ 满足下列条件：

(1) $\int_{-\infty}^{+\infty}\varphi(t)\mathrm{d}t=1$，它是一个平均函数，与小波函数 $\psi(t)$ 相比较，其傅里叶变换 $\Gamma(w)$ 具有低通特性，$\Psi(w)$ 具有带通特性。

(2) $\|\varphi(t)\|=1$，尺度函数是范数为1的规范化函数。

(3) $\int_{-\infty}^{+\infty}\psi_{j,k}(t)\varphi_{j',k'}(t)\mathrm{d}t=0$，即尺度函数对所有的小波函数是正交的。

(4) $\int_{-\infty}^{+\infty}\varphi_{j,k}(t)\varphi_{j',k'}(t)\mathrm{d}t=0$，即尺度函数对于平移是正交的，但对于伸缩 j 来说不是正交的。

(5) $\varphi(t)=\sqrt{2}\sum_{k\in Z}h_k\varphi(2t-k)$，即某一尺度上的尺度函数可以由下一尺度的线性组合得到，h_k 是尺度系数。

(6) 尺度函数与小波函数是有关联的，即

$$\psi(t)=\sqrt{2}\sum_{k\in Z}g_k\varphi(2t-k)$$

$\sqrt{2}$是归一化因子，g_k 是由尺度系数 h_k 导出的系数。

3. 小波变换算法示例

小波变换目前是常用的变换压缩变换方法。与前述的变换压缩方法相比，小波变换后的结果不但有频域信息，还有空间域信息，而且两种信息还可以根据参数的设置进行调节。所以小波变换具备了前述变换的未有的优势，能获得更高的压缩比，能实现更多的图像处理功能。

小波变换比上述的压缩功能更强，但变换方法也更复杂一些，不能像前面的正交变换一样，用一行公式就表示出整个变换的过程。小波变换有两个过程：一个是尺度不断缩小的过程；另一个是求得细节差别的过程。

小波变换包括两部分：尺度函数(Scaling Function)和小波函数(Wavelet Function)。尺度函数的功能是原数据尺度不断缩小；小波函数的功能是不断求取相邻相个尺度空间的差以记录细节信息，保证可以无差别地逆变换出原数据。最简单的小波变换是哈尔(Harr)小波，常用的有 Daubechies 小波(紧支集正交小波)、双正交(Biorthogonal)小波、Symlets 小波、Coiflet 小波等。对于 JPEG 2000 标准中用的 Daubechies 小波和双正交小波，不做过于深入的探讨。这里以哈尔小波为例对一维离散小波变换、二维快速小波变换(Fast Wavelet

Transform,FWT)做示例进行讲解,让读者能快速地掌握小波变换的思想及原理。

哈尔小波的尺度函数是

$$\varphi(x)=\begin{cases}1 & 0\leqslant x<1\\ 0 & \text{其他}\end{cases} \tag{3.56}$$

将尺度函数进行平移和缩放进行展开,得到集合$\{\varphi_{j,k}(x)\}$。

$$\varphi_{j,k}(x)=2^{j/2}\varphi(2^j x-k) \tag{3.57}$$

哈尔小波的小波函数是

$$\psi(x)=\begin{cases}1 & 0\leqslant x<0.5\\ -1 & 0.5\leqslant x<1\\ 0 & \text{其他}\end{cases} \tag{3.58}$$

并将小波函数也随着尺度空间进行变化,则得到小波集合$\{\psi_{j,k}(x)\}$。

$$\psi_{j,k}(x)=2^{j/2}\psi(2^j x-k) \tag{3.59}$$

离散小波变换的定义是

$$W_\varphi(j_0,k)=\frac{1}{\sqrt{M}}\sum_{n=0}^{M-1}f(n)\varphi_{j_0,k}(n) \tag{3.60}$$

$$W_\psi(j_0,k)=\frac{1}{\sqrt{M}}\sum_{n=0}^{M-1}f(n)\psi_{j_0,k}(n)\quad j\geqslant j_0 \tag{3.61}$$

一般我们可以取 $j_0=0$,而 M 的大小是 2 的幂,n 的取值范围为 $0\sim M-1$。那么相应的逆变换公式是

$$f(n)=\frac{1}{\sqrt{M}}\sum_k W_\varphi(j_0,k)\varphi_{j_0,k}(n)+\frac{1}{\sqrt{M}}\sum_{j=j_0}^{\infty}\sum_{k=0}^{2^j-1}W_\psi(j_0,k)\psi_{j_0,k}(n) \tag{3.62}$$

例如,对数组 $f(n)=[1\ 0\ 2\ 4]$进行上述哈尔小波变换。这里,$M=4$,$M=2^j$,所以 $j=2$,$j_0=0$,$j=0$ 时 $k=0$;$j=1$ 时 $k=0,1$。对于 $\varphi_{0,0}$,可以想象成将 $\varphi(x)$ 在$[0,1]$区间分成 4 段,每一段取值为 1。对于 $\psi_{0,0}(x)$,是将 $\psi(x)$分成 4 段,每段按相应位置取值,则前两个值取 1,后两个值取 0。对 $\psi_{1,0}(x)$,是将 $\psi(x)$缩小到$[0,0.5]$区间内,再乘以$\sqrt{2}$进行量化,然后再将$[0,1]$区间分成 4 段,按相应位置取值,则得到$[\sqrt{2}\ -\sqrt{2}\ 0\ 0]$。对于 $\psi_{1,1}(x)$,将 $\psi(x)$缩小到$[0.5,1]$区间内,其余与上步相同,则取值得到$[0\ 0\ \sqrt{2}\ -\sqrt{2}]$。

计算出离散哈尔小波各个基函数的值,变换后的结果可以按公式(3.62)计算。

$$W_\varphi(0,0)=\frac{1}{2}\sum_{n=0}^{3}f(n)\varphi_{0,0}(n)=\frac{1}{2}[1\cdot1+0\cdot1+2\cdot1+4\cdot1]=3.5$$

$$W_\psi(0,0)=\frac{1}{2}\sum_{n=0}^{3}f(n)\psi_{0,0}(n)=\frac{1}{2}[1\cdot1+0\cdot1+2\cdot(-1)+4\cdot(-1)]=-2.5$$

$$W_\psi(1,0)=\frac{1}{2}\sum_{n=0}^{3}f(n)\psi_{1,0}(n)=\frac{1}{2}[1\cdot\sqrt{2}+0\cdot(-\sqrt{2})+2\cdot0+4\cdot0]=\sqrt{2}/2$$

$$W_\psi(1,0)=\frac{1}{2}\sum_{n=0}^{3}f(n)\psi_{1,0}(n)=\frac{1}{2}[1\cdot0+0\cdot0+2\cdot\sqrt{2}+4\cdot(-\sqrt{2})]=-\sqrt{2}$$

经过计算,将 $f(n)=[f(0)\ f(1)\ f(2)\ f(3)]=[1\ 0\ 2\ 4]$变成了$[3.5\ -2.5\ \sqrt{2}/2\ -\sqrt{2}]$。

逆变换公式为

$$f(n)=\frac{1}{2}\sum_{k}W_{\varphi}(0,0)\varphi_{0,0}(n)+W_{\psi}(0,0)\psi_{0,0}(n)+W_{\psi}(1,0)\psi_{1,0}(n)+W_{\psi}(1,1)\psi_{1,1}(n)$$

按上述公式，$f(n)$的逆变换如下：

$$f(0)=\frac{1}{2}[3.5\times1+(-2.5)\times1+\sqrt{2}/2\cdot\sqrt{2}+(-\sqrt{2})\cdot0]=1$$

$$f(1)=\frac{1}{2}[3.5\times1+(-2.5)\times1+\sqrt{2}/2\cdot(-\sqrt{2})+(-\sqrt{2})\cdot0]=0$$

$$f(2)=\frac{1}{2}[3.5\times1+(-2.5)\times(-1)+\sqrt{2}/2\cdot0+(-\sqrt{2})\cdot\sqrt{2}]=2$$

$$f(3)=\frac{1}{2}[3.5\times1+(-2.5)\times(-1)+\sqrt{2}/2\cdot0+(-\sqrt{2})\cdot(-\sqrt{2})]=4$$

这样一个 1×4 的一维数组的哈尔小波变换及逆变换就完成了。

它相当于用下述 $\boldsymbol{H}_4$ 矩阵对 $f(n)$进行变换，再用 $\boldsymbol{H}_4$ 矩阵的转置 $\boldsymbol{H}_4^{\mathrm{T}}$ 对变换结果 $\boldsymbol{W}$ 进行逆变换。

$$\boldsymbol{H}_4=\begin{bmatrix}1&1&1&1\\1&1&-1&-1\\\sqrt{2}&-\sqrt{2}&0&0\\0&0&\sqrt{2}&-\sqrt{2}\end{bmatrix}$$

其实这还不是最简单的哈尔小波变换示例，更简单的示例是一维数组 $f(n)=[2\ 1]$，经哈尔小波变换后得到 $\boldsymbol{W}(n)=[W(0)\ \ W(1)]=[3/\sqrt{2}\ \sqrt{2}/2]$，$W(0)$计算过程是$(f(0)+f(1))$，得到 3，再除以$\sqrt{2}$量化得到 $3/\sqrt{2}$；$W(1)$计算过程是 $f(0)-f(1)$，得到 1，再除以$\sqrt{2}$量化得到$\sqrt{2}/2$。从这里可以看出，$W(0)$求的是二者的和，$W(1)$求的是二者的差，即将原数据变成了相邻数据的加权平均值和相邻数据的差别。它相当于用下述 $\boldsymbol{H}_2$ 矩阵对 $f(n)$进行变换。

$$\boldsymbol{H}_2=\frac{1}{\sqrt{2}}\begin{bmatrix}1&1\\1&-1\end{bmatrix}$$

从上述过程可以看出，哈尔小波的主要思想是：求出数据的平均值，再计算每个数据与平均值的差，这样将原始数据变成了用平均值和与到平均值的距离来表示，然后再加上计算范围尺度的改变，就成了哈尔小波变换。

对于图像类离散小波变换，一般采用快速小波变换方法。根据小波变换的多分辨率分析，Mallat 结合滤波器理论、拉普拉斯金字塔编码算法，提出了一种离散小波分解和重构的算法，它比计算一组完整内积更为有效。Mallat 算法以迭代的方式使用带通镜像滤波器组进行滤波，并自底向上建立小波变换，形成由粗到细的信号的一系列多分辨率分析。快速小波变换不再直接求取小波变换的基函数，而是用下述的尺度和小波向量进行卷积及二抽头运算，如式(3.63)和式(3.64)所示。

$$h_{\varphi}(n)=\begin{cases}1/\sqrt{2} & n=0,1\\0 & \text{其他}\end{cases}\tag{3.63}$$

$$h_{\psi}(n)=\begin{cases}1/\sqrt{2} & n=0\\ -1/\sqrt{2} & n=1\\ 0 & 其他\end{cases} \tag{3.64}$$

其小波变换的过程如图 3.21 所示，$*h_{\psi}(-n)$表示用$h_{\psi}(-n)$与上一层的结果进行卷积，2↓表示进行下采样，即提取出编号为偶序号的数值，第一个数序号为 1。它的过程为：

(1) 先用$h_{\psi}(-n)$对原数据$f(n)$进行卷积，二抽头下采样得到$W_{\psi}(j-1,n)$；

(2) 用$h_{\varphi}(-n)$对原数据$f(n)$进行卷积，二抽头下采样得到$W_{\varphi}(j-1,n)$；

(3) 对$W_{\varphi}(j-1,n)$反复执行(1)，(2)步，直到分解到无法再对结果进行下采样为止。

上述过程如图 3.21 所示。

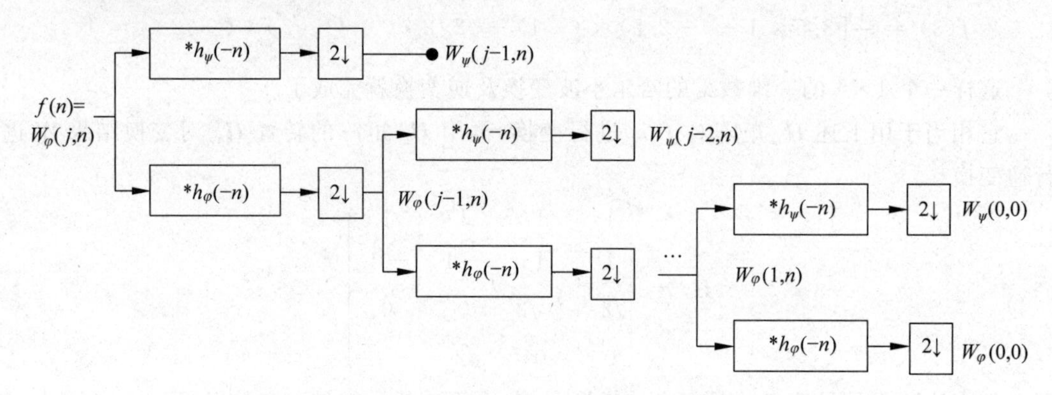

图 3.21 一维快速小波变换过程图解

那么，对上例中$f(n)=[1\ 0\ 2\ 4]$按快速小波变换的方法进行变换，其过程如图 3.22 所示。得到的结果仍然是$[3.5\ \ -2.5\ \ \sqrt{2}/2\ \ -\sqrt{2}]$，与前一种 DWT 方法的结果是一样的。

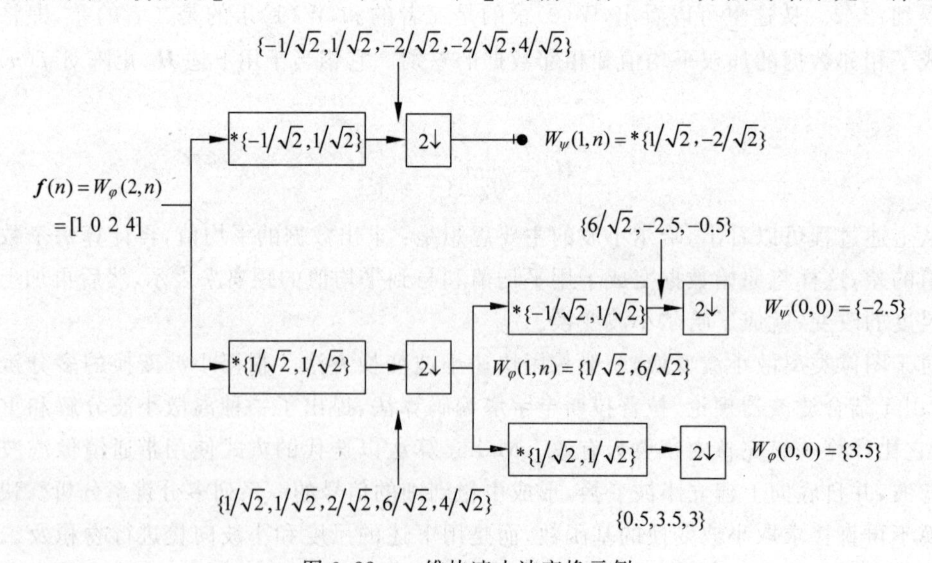

图 3.22 一维快速小波变换示例

逆变换的原理是一样的，即先进行上采样用 0 填充(即将 0 填充到偶数位)，再用$h_{\psi}(n)$和$h_{\varphi}(n)$进行卷积(注意，不再是$h_{\psi}(-n)$和$h_{\varphi}(-n)$)，然后逐层组合还原出原始数据。逆变换过程如图 3.23 所示。

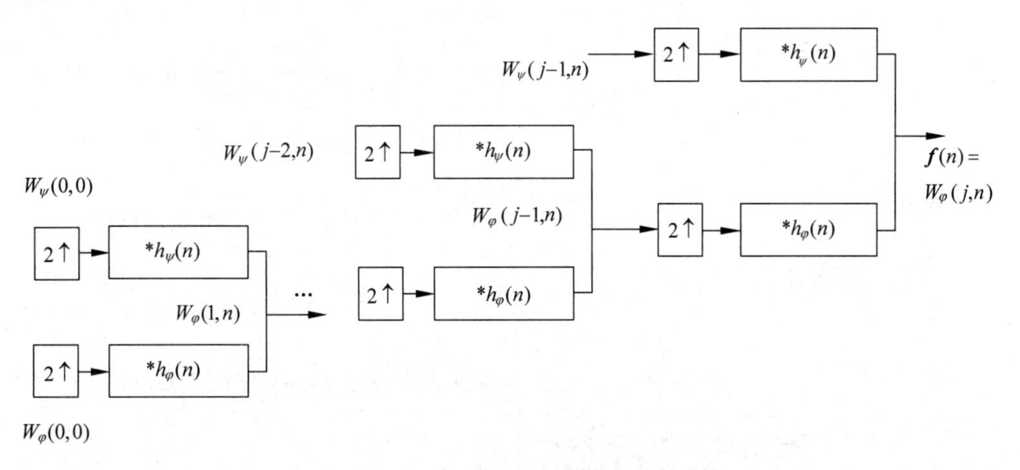

图 3.23　一维快速小波逆变换过程图解

如将上面得到的结果[3.5 −2.5 $\sqrt{2}/2$ $-\sqrt{2}$]按图 3.23 所示的流程进行 FWT 逆变换，就会得到 $\boldsymbol{f}(n)=[1\ 0\ 2\ 4]$，有兴趣的读者请自行完成相应计算。

对于二维数据(图像)的快速小波变换，与一维小波变换的区别在于对每一行(列方向)进行了 $h_\psi(-n)$卷积后，还要对结果的下采样结果在每一列(行方向)上再进行 $h_\psi(-n)$和 $h_\varphi(-n)$卷积；得到 4 个 4 等分的子图像 $W_\varphi(j,m,n)$，$W_\psi^H(j,m,n)$，$W_\psi^V(j,m,n)$，$W_\psi^D(j,m,n)$。然后再对 $W_\varphi(j,m,n)$反复进行上述过程直到无法再下采样为止。图 3.24 给出了上述过程，鉴于篇幅，仅画出了一个分解周期。

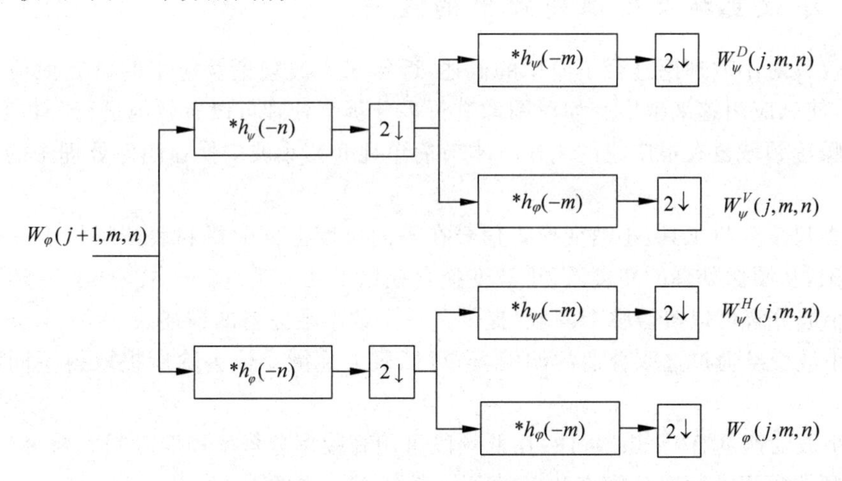

图 3.24　二维快速小波变换过程

如 $\boldsymbol{f}(m,n)=\begin{bmatrix}1 & 2\\2 & 1\end{bmatrix}$，对这个简单的矩阵用二维快速哈尔小波变换得到的结果是 $\boldsymbol{W}_\varphi(m,n)=\begin{bmatrix}3 & 0\\0 & -1\end{bmatrix}$，其过程如图 3.25 所示。

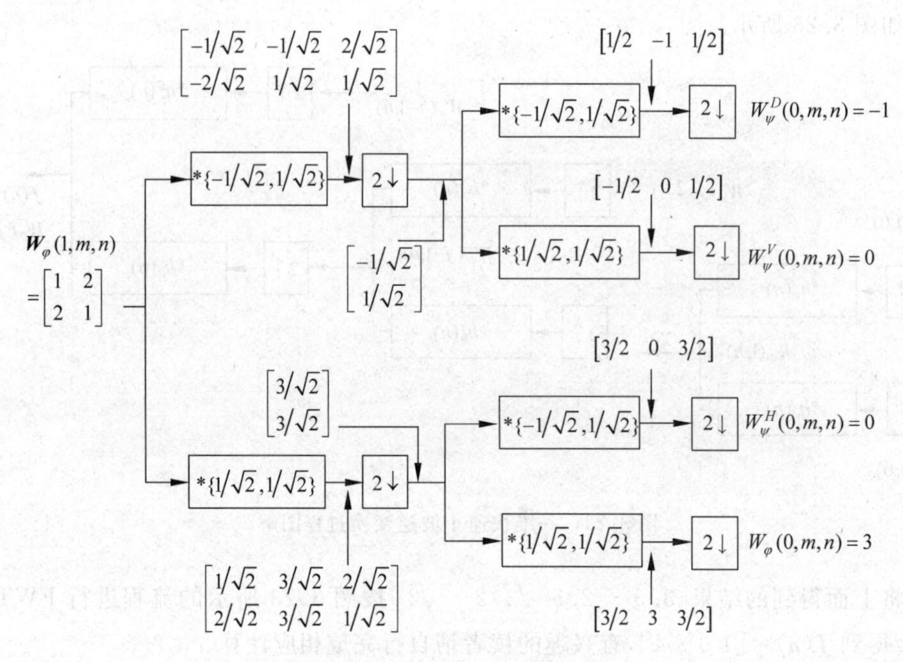

图 3.25　二维快速小波变换示例

逆变换是相应的反过程,即先进行上采样用0填充(即将0填充到偶数位),再用$h_\psi(m)$,$h_\psi(m)$,$h_\psi(n)$和$h_\varphi(n)$进行卷积,然后逐层组合还原出原始数据,有兴趣的读者请自行完成相应计算。

3.6.3　小波变换在图像处理中的应用

上面仅仅对小波理论进行了简单的概述,近年来小波理论及应用的研究促使了小波理论的发展,使其应用越来越广。如对图像进行多分辨率处理可以有效地进行分析和处理,在压缩和去噪等领域也有很广泛的用途。本节简单地介绍小波变换在图像处理中的一些典型应用。

作为多尺度分析工具,小波变换为信号在不同尺度上的分析和表征提供了一个精确和统一的框架,从图像处理的角度看,小波变换存在以下几个优点:

(1) 小波分解可以覆盖整个频域(提供了一个数学上完备的描述)。

(2) 小波变换通过选取合适的滤波器,可以极大地减小或去除所提取得不同特征之间的相关性。

(3) 小波变换具有"变焦"特性,在低频段可用高频率分辨率和低时间分辨率(宽分析窗口),在高频段可用低频率分辨率和高时间分辨率(窄分析窗口)。

(4) 小波变换实现上有快速算法(Mallat小波分解算法)。

图3.26给出小波变换对图像的分解示例。图3.26(a)是一个对真实图像进行三层分解的示例,这里显示了每一层分解的中间结果。图3.26(b)是对512×512的Lena原图进行小波变换的结果,二维哈尔FWT先将其分解成4个128×128的子图像,再对左上角的$W_\varphi(j,m,n)$继续分解,理论上可以解到上述的2×2大小。但图3.26(b)只对其进行了4层的小波变换,其左上角的值大多已经超过了255的灰度范围,所以都是白色。可以看出,能

量都集中到左上角部分，且集中度较高，适合压缩。在实际的压缩中还应用对此部分数据进行量化编码的步骤。相对于余弦变换压缩解压，小波变换压缩有略高一些的压缩率，能省下更多的存储空间。

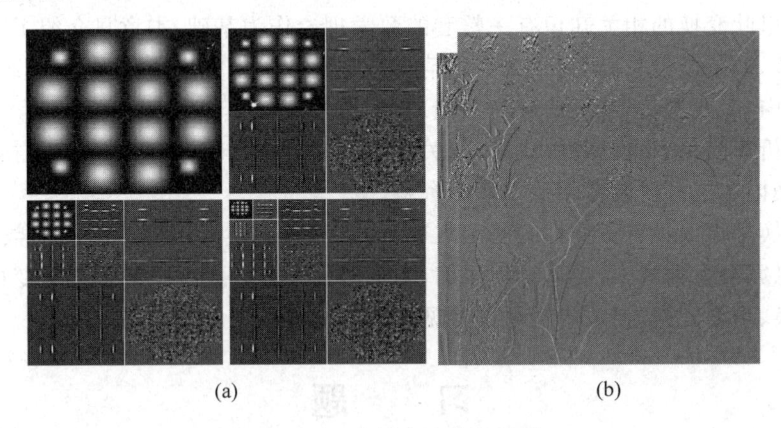

图 3.26 多层小波分解示例

图 3.27 给出小波变换去噪示例。其中，图 3.27(a)是原图，图 3.27(b)是噪声图像，图 3.27(c)是去噪后的图像。

图 3.27 小波变换去噪示例

小波变换除了可以应用于基本的图像处理中，还在其他领域中有广泛的应用，如在视频图像的车辆识别系统中可以对运动汽车的阴影进行分割，从而准确地将运动目标从复杂的背景中检测出来，为精确识别运动目标奠定基础。图 3.28 给出利用小波变换对运动汽车的阴影分割的实验结果。另外，小波变换在新兴的生物特征识别中也有很重要的作用，利用小波变换后的系数作为隐性马尔可夫的观测向量来对人脸进行检测，将提高人脸检测的效果。

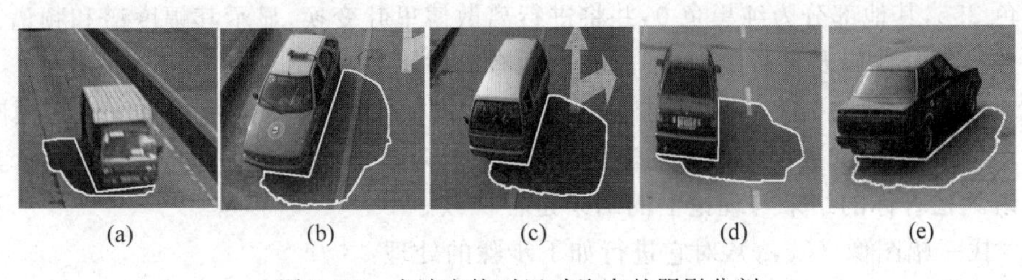

图 3.28 小波变换对运动汽车的阴影分割

扩展阅读

关于傅里叶变换的相关知识有一整套的数学理论作为基础,本章只介绍了"是什么""怎么用"的环节,如果读者关心"为什么",则请自行查阅数学中复变函数、傅里叶级数与傅里叶变换的相关内容,或通信专业《信号与系统》相关图书。

小波分析这门技术也已经很成熟,相关文献及专著非常多,本章的小波变换讲述得比较简略,其详细内容也可以参考相关书籍和资料。

正交变换是指以具有正交性的基函数进行的变换,变换后不同维之间的数据去除了相关性,其信息冗余大大减少,更适合于压缩,本章的大部分变换方法都是正交变换,如余弦变换、K-L变换、小波变换,相关内容可以参见本书第6章数据压缩编码。

习　题

1. 设 $f(t)=\begin{cases}1 & -2\leqslant t\leqslant 2\\ 0 & \text{其他}\end{cases}$, $g(t)=A\exp\left(-\dfrac{t^2}{2\sigma^2}\right)$,计算 $f(t)$ 与 $g(t)$ 的卷积。

2. 设 $f(6)=\{1,3,0,2,1,2\}$, $g(8)=[1,-1,2,3,5,1,0,-1]$ 计算 $f(t)$ 与 $g(t)$ 的离散卷积和相关函数。

3. 函数 $f(x,y)$ 可进行傅里叶变换的条件是什么?

4. 快速傅里叶变换的基本思想是什么?

5. 编制程序实现分辨率为64×64的二维图像的FFT算法。

6. 离散傅里叶变换和离散余弦变换有什么异同?

7. K-L变换的基本思想是什么?

8. 比较K-L变换、DFT变换、DCT变换和DWHT变换的性能。

9. 对值为[1　2　2　1]的1×4矩阵进行离散傅里叶变换,要求笔算。再在计算机上调用函数计算,比较确认笔算结果是否正确。

10. 对下面的2×2矩阵进行离散余弦变换,要求笔算。再在计算机上调用函数计算,比较确认笔算结果是否正确。

1	2
0	1

11. 编写程序,生成一幅灰度图像,每个像素灰度占1B,大小为512×512,中间部分变成纯白色255,其他部分为纯黑色0,并将进行离散傅里叶变换,显示其幅度谱和频谱。要求变换的关键部分代码要自行编写,不能调用现有的库函数。

12. 对第11题的数字图像按同样的要求进行离散余弦变换,显示其幅度谱和频谱。

13. 对第11题的数字图像分别进行旋转及平移,再进行离散傅里叶变换,显示其幅度谱和频谱。检查你的结果与理论上的结果是否一致。

14. 找一幅图像 $f(x,y)$,对它进行如下步骤的处理:

(1) 在原图的左边乘以 $(-1)^{x+y}$;

(2) 计算第一步的离散傅里叶变换的(DFT)；

(3) 对变换取复共轭；

(4) 计算傅里叶逆变换；

(5) 对第(4)步结果的实部乘以$(-1)^{x+y}$。

这时会得到原图像进行了水平镜像及垂直镜像两步变换后的图像。请编写程序重复这个实验,并用数学方法分析证明为什么会产生这样的效果。

15. 在 3.5.4 节中 K-L 变换的示例中,对 $\boldsymbol{X}^{\mathrm{T}}$ 进行求均值及协方差矩阵进行 K-L 变换,这样得到 $\boldsymbol{m}_{\boldsymbol{X}}$ 及 $\boldsymbol{C}_{\boldsymbol{X}}$ 大小分别是 3×1 和 3×3,请计算相应的 K-L 变换结果。

16. 对于图 3.22 中的小波变换后的结果,根据图 3.23 所示的逆变换的流程,在纸上手算如何将其进行逆变换得到原始数据。

17. 找一幅图像,调用 Matlab 中的 dwt2 函数将其逐层小波分解,得到与书中例子相似的效果。

18. 查阅相关资料,了解小波去噪相关的详细过程。

19. 查阅相关资料,了解小波进行图像分割的详细过程。

第4章 图像增强

实际应用中,系统获取的原图不是完美的,例如对于系统获取的原图,由于噪声、光照等原因,图像的质量不高,因此需要进行预处理,以有利于提取我们感兴趣的信息。图像的预处理包括图像增强(Image Enhancement)、平滑滤波(Smoothing Filter)、锐化(Sharpening)等内容。本章主要介绍图像增强这种预处理方法。

4.1 概述和分类

一般情况下,在各类图像系统中图像的传送和转换(如成像、复制、扫描、传输以及显示等)总是要造成图像的质量下降(即降质)。例如,摄像时,由于光学系统失真,CMOS/CCD等感光器件的误差,相对运动,大气湍流,不均匀光照等都会使图像模糊;再如传输过程中,尤其是模拟信号的传输过程中,产生的雪花噪声或条纹噪声会污染图像,使人观察起来不满意,或者使其从中提取的信息减少甚至造成错误。因此,必须对降质图像进行改善处理。如果不考虑图像降质的原因,可以只将图像中感兴趣的特征,如边缘、轮廓、对比度等进行强调或有选择的突出,而衰减其不需要的特征,以便于显示、观察或进一步分析和处理。需要强调的是,图像增强将不增加图像数据中的相关信息,但它将增加所选择特征的动态范围,从而使这些特征检测或识别更加容易,因此改善后的图像不一定要去逼近原图像。即图像增强将可能对图像特征的动态范围进行压缩、图像边缘信息进行锐化以及改善光照的影响等处理,从而改善图像视觉等效果。图4.1显示了图像增强处理的结果。图4.1(a)和图4.1(c)是原图,图4.1(e)中的三个子图是有偏色的原图。其增强后的效果分别如图4.1(b)、图4.1(d)和图4.1(f)所示,图4.1(b)是对特征的动态范围压缩的结果;图4.1(d)是边缘锐化的结果;图4.1(f)是对三个子图分别消除光照影响的处理结果,可以看出三个子图处理后基本相同了。

从图像质量评价观点来看,图像增强技术的主要目的是使处理后的图像对某种特定的应用来说,比原图更适用,因此这类处理方法是为了某种应用目的去改善图像质量、提高图像的可懂度,从而使得处理后的结果更适合人的视觉特性或机器的识别系统。

图像增强技术有两类方法:空间域法和频域法。空间域方法主要在空间域对图像像素灰度值直接运算处理。例如:将包含某点的一个小区域各点灰度值进行平均运算,用所得平均值来代替该点的灰度值。这就是所谓的平滑处理。空间域法的图像增强技术可以由式(4.1)和图4.2来描述。

$$g(x,y) = f(x,y)h(x,y) \tag{4.1}$$

其中 $f(x,y)$、$g(x,y)$增强处理前后的图像,$h(x,y)$为空间运算函数。

图 4.1　图像增强示例

图像增强的频域法就是在图像的某种变换域内，对图像的变换值进行运算。如先对图像进行傅里叶变换，再对图像的频谱进行某种修正（如滤波等），最后将修正后的图像变换值逆变换到空间域，从而获得增强后的图像。可以用式(4.2)和图 4.3 来描述图像频域增强技术的原理过程。

图 4.2　图像增强的空间域模型

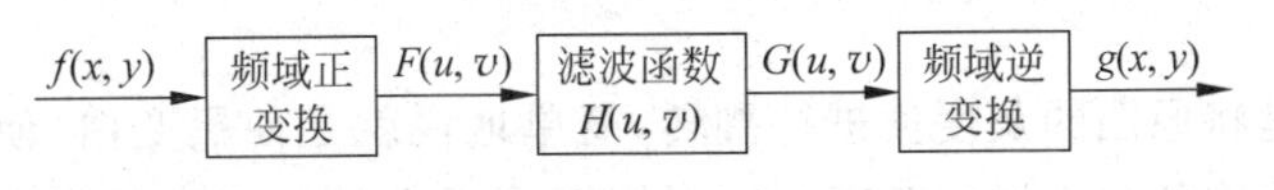

图 4.3　图像增强的频域模型

$$\begin{aligned} F(u,v) &= \Im[f(x,y)] \\ G(u,v) &= F(u,v)H(u,v) \\ g(x,y) &= \Im^{-1}[G(u,v)] \end{aligned} \tag{4.2}$$

其中 $F(u,v)$、$G(u,v)$ 分别是增强处理前后图像 $f(x,y)$、$g(x,y)$ 的频域正、逆变换，$H(u,v)$ 为滤波函数。

总的来说，图像增强的最大困难是，很难对增强结果加以量化描述，只能靠经验、人的主观感受加以评价，通常是做一个对增强效果的调查问卷对多人进行统计分析后得到一个主观评价的结果。同时，要获得一个满意的增强结果，往往靠人机的交互作用。本章主要讨论图像增强的内容，如图4.4所示。

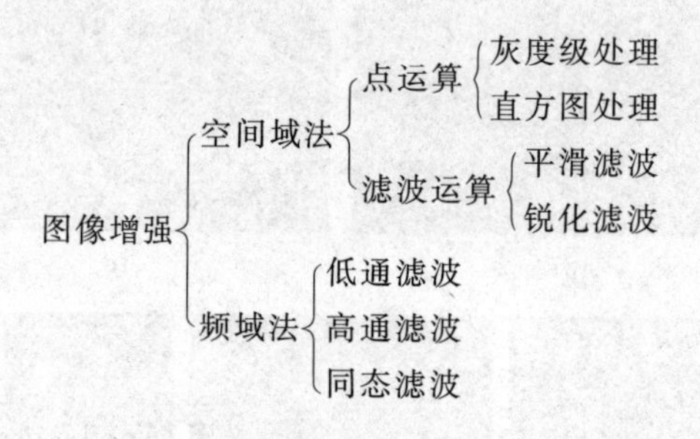

图4.4　图像增强的主要内容

4.2　基于点运算的增强

点运算可以按照预定的方式改变一幅图像的灰度直方图。除了灰度级的改变是根据某种特定的灰度变换函数进行外，点运算可以看作是"从像素到像素"的复制操作。如果输入图像是 $f(x,y)$，输出图像为 $g(x,y)$，则点运算可以表示为

$$g(x,y) = T[f(x,y)] \tag{4.3}$$

其中，$T(\cdot)$ 函数称为灰度变换函数，它描述了输入灰度值和输出灰度值之间的转换关系。一旦灰度变换函数确定，该点运算就被完全确定下来了。本节将主要介绍三种方法：一是直接对原图中的每个像素进行增强操作变换；二是借助原图的灰度直方图进行变换；三是借助一系列图像间的运算进行变换操作。处理前后像素的灰度值分别用 r 和 s 表示。

4.2.1　直接的灰度变换

直接的灰度变换是指将原图的某个灰度级 r 直接变成另外的灰度 s。用数学公式表示为 $s=T(r)$，这里的函数 T 可以是不同类型的函数，如分段线性函数、指数函数、对数函数等，又因为这些函数的参数不同会达到不同的变换效果，需要根据图像处理的实际要求灵活选择。但是对这些变换函数 T 一般有一定的要求，如变换后图像的灰度级从黑到白的次序合理、映射变换后的像素灰度值在合理的显示范围内。

1. 图像求反

对图像求反是将原图的灰度值进行翻转，简单地说就是使黑变白，使白变黑，使输出图像的强度随输入图像的强度增加而减少。对原图求反在某些场合是很有用的，如对医学图

像进行显示并利用单色正胶片对屏幕进行照相时，往往用其负片制作幻灯片。此时的变换函数 $T(\cdot)$ 可通过如图 4.5 所示曲线获得，其数学表达式为

$$s = T(r) = L - r - 1 \tag{4.4}$$

其中，L 表示量化后数字图像中的灰度级数。如图 4.6 所示为图像求反的结果，其中图 4.6(a)和图 4.6(c)是原图，图 4.6(b)和图 4.6(d)是图像求反后的结果。

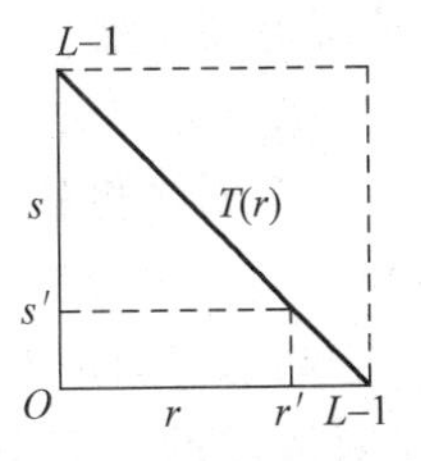

图 4.5　图像求逆变换函数示意图

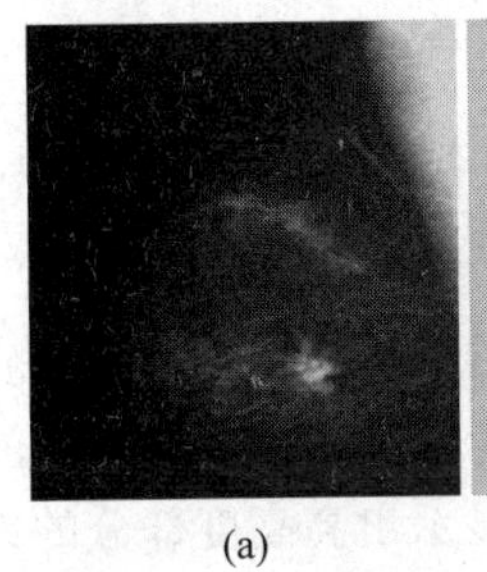
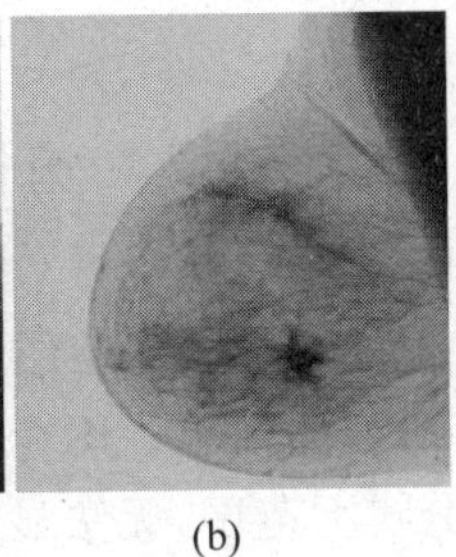

(a)　(b)　(c)　(d)

图 4.6　图像求反的实验结果

2. 对比度增强

导致图像对比度较小的原因很多，如照明质量差、成像传感器的动态范围(Dynamic Range)小等。增强图像对比度实际上是增强原图的各部分的反差。其基本思想是通过增加原图中某两个灰度值间的动态范围来实现。典型的对比度增强变换函数如图 4.7 所示的曲线。可以看出，通过这样一个变换，原图中灰度值在 $0 \sim s_1$ 和 $s_2 \sim L-1$ 的动态范围减小了，而原图中灰度值在 $s_1 \sim s_2$ 的动态范围增加了，从而这个范围内的对比度增强了。实际上 s_1, s_2, r_1, r_2 可取不同的值进行组合，得到不同的效果。若 $r_1 = s_1, r_2 = s_2$，作为增强函数 $T(\cdot)$ 就是一条斜率为 1 的直线，其结果是变换后的灰度级相对于原灰度级没有变化。若 $s_1 = s_2, r_1 = 0, r_2 = L-1$，则增强图就只剩 2 个灰度级，即变为二值图像，这时对比度最大，但细节全丢失。图 4.8 给出对比度增强的实验结果，其中图 4.8(a)是低对比度的原图，图 4.8(b)是对比度增强的结果，图 4.8(c)是二值化后的结果。

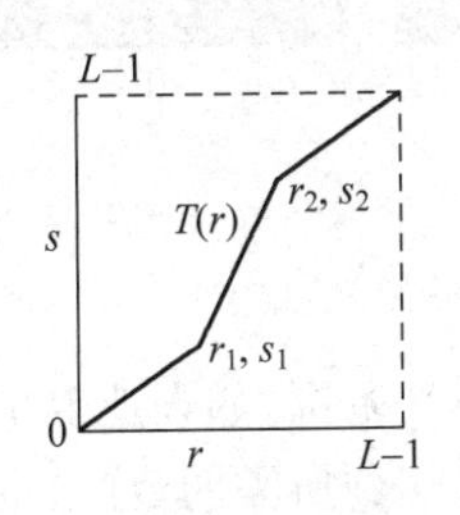

图 4.7　对比度增强函数示意图

(a)　(b)　(c)

图 4.8　对比度增强实验结果

3. 动态范围压缩

该方法的目标与对比度增强相反,有时原图的动态范围太大,超出某些显示设备的允许动态范围,例如对图像的傅里叶谱进行显示时,如果直接使用原图,则有一部分细节可能会丢失,所显示的图像相对于原图就存在失真。为了消除这种由于动态范围过大而引起的失真,一种有效的方法就是对原图的灰度取值范围进行压缩。该类典型的灰度变换函数为

$$s = c\ln(1+|r|) \tag{4.5}$$

其中,c 是尺度变换因子,灰度变换函数如图4.9所示。

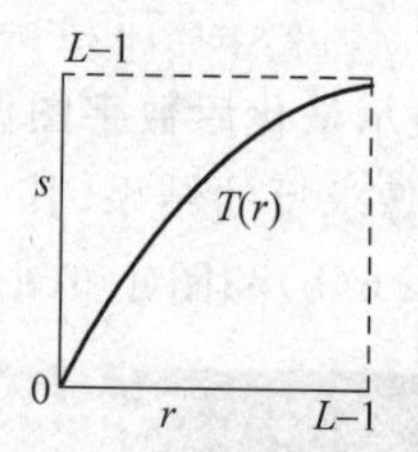

图4.9 动态范围压缩函数示意图

这时,灰度取值范围的压缩是通过对数函数来实现的。

图4.10给出利用对数变换函数来进行动态范围压缩的实验结果。其中图4.10(a)和图4.10(c)是原图,图4.10(b)和图4.10(d)是压缩后的结果。图4.10(a)是一幅图像的傅里叶谱显示,其高亮度部分已经超出了显示器的分辨力范围,无法显示出高亮度部分的细节部分;图4.10(b)是对其进行灰度值动态范围进行压缩的显示结果,把原图中部分暗色压缩掉,这样把更多原图中灰度值低的部分的细节看得更清楚了。从上面可以看出,动态压缩后,更利于对其进行进一步分析。

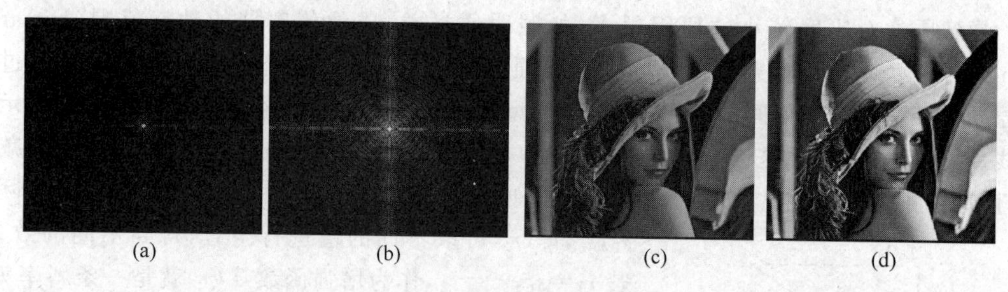

图4.10 动态范围压缩实验结果

4. 灰度级的分层

我们经常会遇到这种情况,即需要突出图像的某些特定的灰度范围,如人造卫星所拍摄的图像中要突出大片水域的特征,这样对灰度级进行分层处理以达到所需的目的,也即灰度级分层的目的与对比度增强相似,是要将某个灰度值范围变得比较突出。可以有很多方法对灰度级进行分层,但总的来说有两类。一是对感兴趣的灰度级以较大的灰度值 r_1 进行显示而对另外的灰度级则以较小的灰度值 r_2 进行显示。这种变换函数可以用式(4.6a)进行描述。

$$s = T(r) = \begin{cases} r_1 & r \in [A,B] \\ r_2 & r \notin [A,B] \end{cases} \quad r_2 < r_1 \tag{4.6a}$$

图4.11(a)给出这种变换函数的示意图。另外一种方法是对感兴趣的灰度级以较大的灰度值进行显示,而其他灰度级不变。这种灰度变换函数用式(4.66)进行描述,其示意图如图4.11(b)所示。

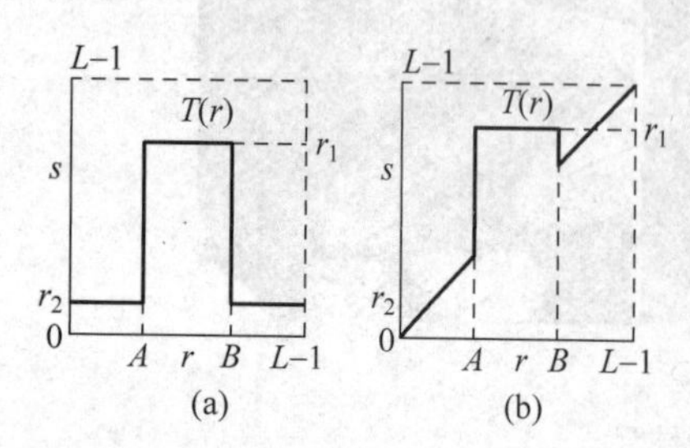

图4.11 灰度级分层函数示意图

$$s = T(r) = \begin{cases} r_1 & r \in [A,B] \\ r & r \notin [A,B] \end{cases} \quad r < r_1 \tag{4.6b}$$

5. 位面图

直接的灰度变换也可借助图像的位面表示进行。对一幅用多个比特表示其灰度值的图像而言，其中的每个比特可看作表示了一个二值的平面，也称位面(Bit-plane)。一幅其灰度级用8b表示的图像有8个位面，一般用位面0代表最低位面，位面7代表最高位面，如图4.12所示。借助图像的位面表示形式可能采取对图像特定位面的操作来达到对图像增强的效果。

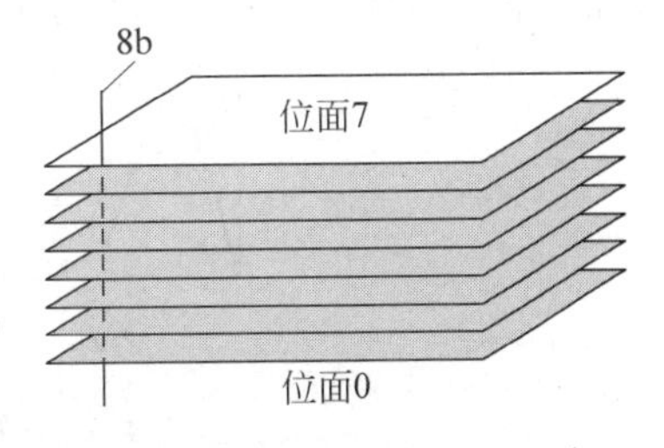

图4.12　图像的位面表示

图4.13给出一组位面图示例。图4.13(a)是一幅8b灰度级图像，图4.13(b)～图4.13(i)是它的8个位面图(从位面7到位面0)。这里基本上仅5个最高位面包含了视觉可见的有意义信息，其他位面只是局部的小细节，许多情况下也常常认为是噪声。

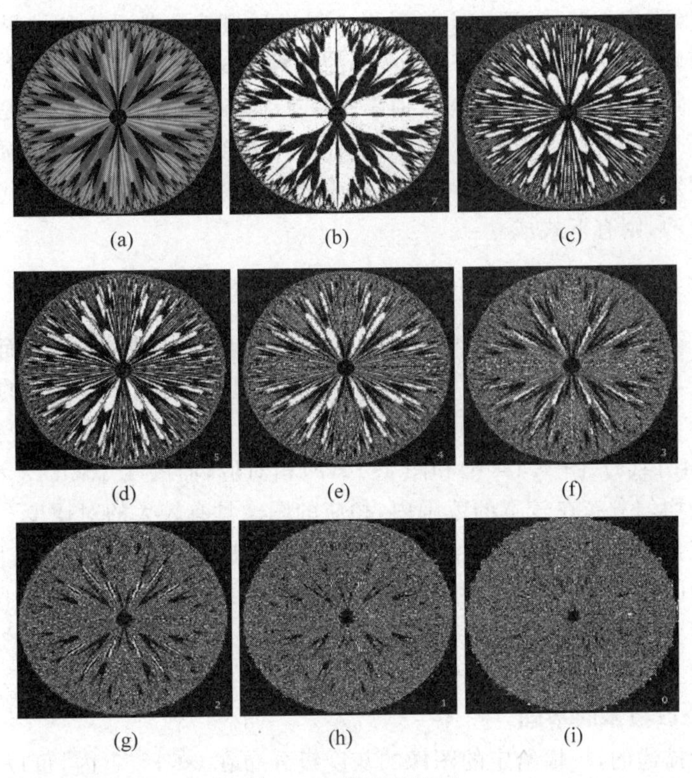

图4.13　位面图示例

4.2.2　灰度直方图的处理

1. 直方图概念及模型化

什么是灰度级的直方图(Histogram)呢？简单地说，灰度级的直方图就是反映一幅图像中灰度级与出现这种灰度的概率之间关系的图形。

设变量 r 代表图像中像素灰度级，在图像中，像素的灰度级可做归一化处理，这样，r 的值就限定在[0,1]，即 $0\leqslant r\leqslant 1$。在灰度级中，$r=0$ 代表黑，$r=1$ 代表白。对于一幅给定的图像而言，每一个像素取得[0,1]内的灰度级是随机的，也即 r 是一个随机变量。假定对每一瞬间它们是连续的随机变量，那么就可以用概率密度函数 $p(r)$ 来表示原图的灰度分布。如果用直角坐标系的横轴代表灰度级 r，用纵轴代表灰度级的概率密度函数 $p(r)$，这样就可以针对一幅图像在这个坐标系中画出一条曲线，这条曲线在概率论中就是分布密度函数曲线，如图4.14所示。

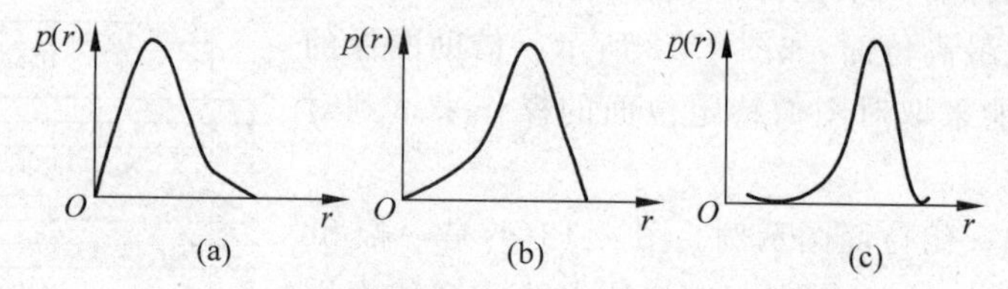

图4.14　不同图像的灰度分布概率密度函数曲线

从图像灰度级的分布可以看出一幅图像的灰度分布特性。从图4.14(a)、图4.14(b)和图4.14(c)三个灰度密度分布函数可以看出，图4.14(a)的大多数像素灰度值取在较暗的区域，所以这幅图像肯定偏暗，一般在摄影过程中曝光过强就会造成这种结果；图4.14(b)图像的像素灰度值集中在亮区，因此图4.14(b)的特性将偏亮，一般在摄影过程中曝光太弱将导致这种结果；而图4.14(c)的像素灰度值集中在某个较小的范围内，也就是说图4.14(c)的灰度集中在某一个小的亮区。当然，从这几幅图像的灰度分布来看图像的质量均不理想。

为了有利于数字图像处理，必须引入离散形式。在离散形式下，用 r_k 代表离散灰度级，用 $p(r_k)$ 代表 $p(r)$，则有下式成立

$$p(r_k)=\frac{n_k}{n}\quad 0\leqslant r_k\leqslant 1\quad k=0,1,\cdots,L-1 \tag{4.7}$$

其中，n_k 表示图像中出现 r_k 这种灰度级的像素数，n 是图像中像素总数，而 n_k/n 就是概率论中所说的频数，L 是灰度级的总数目。在直角坐标系中做出 r_k 与 $p(r_k)$ 的关系图形，这个图形就称为直方图，如图4.15所示，其中图4.15(a)、图4.15(b)和图4.15(c)分别与图4.14中的图4.14(a)、图4.14(b)和图4.14(c)相对应，而图4.15(d)表示图像所对应的灰度级动态范围均匀分布在较宽的范围内，相应的图像具有较大的对比度。

直方图模型化技术是指通过灰度级的映射变换修正图像的直方图，使其重新组成的图像具有一种期望的直方图形状，这对于原图具有窄的或者偏向一边的直方图而言是非常有用的。由于期望变换后图像的直方图不同，直方图模型化方法就不同，总的来说，主要有直方图均衡化处理和直方图规定化处理。

2. 直方图修改技术的基础

正如上面所描述的，一幅给定的图像的灰度级分布在 $0\leqslant r\leqslant 1$ 内，可以对[0,1]区间内的任何一个 r 值进行如下变换

$$s=T(r) \tag{4.8}$$

也就是说，通过上述变换，每个原图的像素灰度值 r 都对应产生一个 s 值。变换函数 $T(\cdot)$ 应该满足下列条件：

(1) 在 $0\leqslant r\leqslant 1$ 内，$T(r)$ 单值单调增加；

(2) 对于 $0\leqslant r\leqslant 1$，有 $0\leqslant T(r)\leqslant 1$。

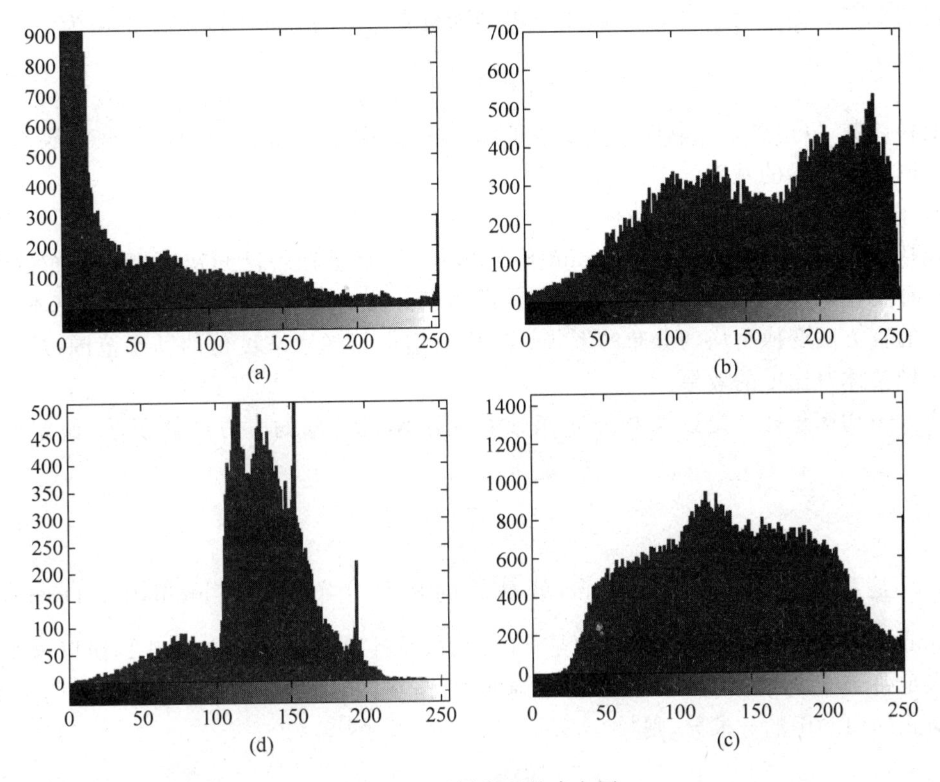

图 4.15　不同类型的直方图

第一个条件保证了图像的灰度级从白到黑的次序不变。第二个条件则保证了映射变换后的像素灰度值在允许的范围内，即变换前后灰度值的动态范围的一致性。满足这两个条件的变换函数的一个例子如图 4.16 所示。

从 s 到 r 的逆变换可用式(4.9)表示。

$$r = T^{-1}(s) \tag{4.9}$$

由概率论理论可知，如果已知随机变量 ξ 的概率密度为 $p(r)$，而随机变量 η 是 ξ 的函数，即 $\eta = T(\xi)$，则 η 的概率密度为 $p(s)$，所以可以由 $p(r)$ 求出 $p(s)$。

因为 $s = T(r)$ 是单调增加的，由数学分析可知，它的反函数 $r = T^{-1}(r)$ 也是单调函数。在这种情况下，如图 4.17 所示，$\eta < s$ 当且仅当 $\xi < r$ 时发生，所以可以求得随机变量 η 的分布函数为

$$F(s) = p(\eta < s) = p(\xi < r) = \int_{-\infty}^{r} p(x)\mathrm{d}x \tag{4.10}$$

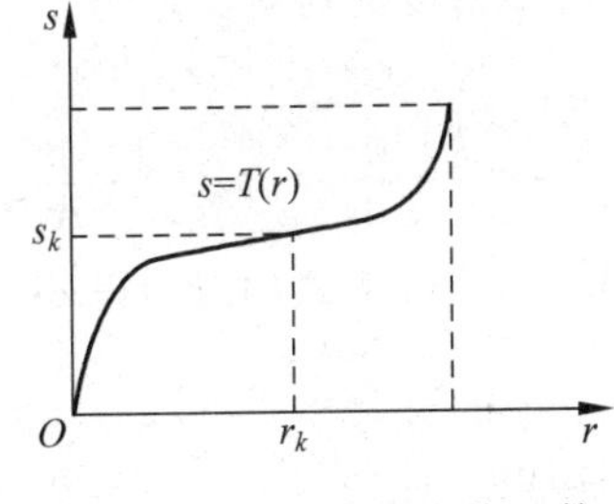

图 4.16　一种灰度变换函数

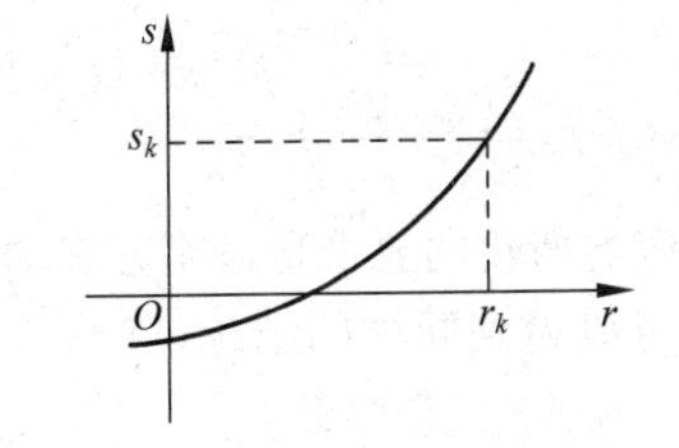

图 4.17　r 和 s 的变换函数关系

对式(4.10)两边对变量 s 求导,则可得到随机变量 η 的分布密度函数 $p(s)$ 为

$$p(s) = \left[p(r) \cdot \frac{\mathrm{d}r}{\mathrm{d}s}\right]_{r=T^{-1}(s)} \tag{4.11}$$

通过变换函数 $T(r)$ 可以控制图像灰度级的概率密度函数,从而改变图像的灰度层次,这就是直方图修改技术的基础。

3. 直方图均衡化处理

概括地说,直方图均衡(Histogram Equalization)就是把一已知灰度概率分布的图像,经过一种变换,使之演变成一幅具有均匀灰度概率分布的新图像。也就是说,其基本思想是把原图的直方图变换为均匀分布的形式。这样就增加了像素灰度值的动态范围,从而达到增强图像整体对比度的效果。

直方图均衡化处理是以累积分布函数变换法作为基础的直方图修正法,假定变换函数为

$$s = T(r) = \int_0^r p(w)\mathrm{d}w \tag{4.12}$$

其中,w 是积分变量,而 $\int_0^r p(w)\mathrm{d}w$ 就是 r 的累积分布函数(Cumulative Distribution Function,CDF)。这里,累积分布函数是 r 的函数,并且单调地从0增加到1,所以这个变换函数满足关于 $T(r)$ 在 $0 \leqslant r \leqslant 1$ 内单值单调增加,在 $0 \leqslant r \leqslant 1$ 内有 $0 \leqslant T(r) \leqslant 1$ 的两个条件。

对式(4.12)中的 r 求导,则

$$\frac{\mathrm{d}s}{\mathrm{d}r} = p(r)$$

再把结果代入式(4.11),则

$$\begin{aligned} p(s) &= \left[p(r) \cdot \frac{\mathrm{d}r}{\mathrm{d}s}\right]_{r=T^{-1}(s)} = \left[p(r) \cdot \frac{1}{\frac{\mathrm{d}s}{\mathrm{d}r}}\right]_{r=T^{-1}(s)} \\ &= \left[p(r) \cdot \frac{1}{p(r)}\right] = 1 \end{aligned} \tag{4.13}$$

从上面的推导可见,在变换后的变量 s 的定义域内的概率密度函数是分布均匀的。由此可见,用 r 的累积分布函数作为变换函数可产生一幅灰度级分布具有均匀概率密度的图像。其结果扩展了像素取值的动态范围。

同理,也可以反过来推导出同样的公式以帮助理解上述结论。对于一种灰度变换 $s = T(r)$,它们的灰度概率分布是一一对应的,所以有

$$\int p_s(s)\mathrm{d}s = \int p_r(r)\mathrm{d}r \tag{4.14}$$

按照式(4.14),两边对 s 求导可以得到 s、r 两者概率密度的对应关系为

$$p_s(s) = \frac{\mathrm{d}\left(\int_{-\infty}^{r} p_r(x)\mathrm{d}x\right)}{\mathrm{d}s} = \frac{\mathrm{d}\left(\int_{-\infty}^{r} p_r(x)\mathrm{d}x\right)}{\mathrm{d}r} \cdot \frac{\mathrm{d}r}{\mathrm{d}s} = p_r(r) \cdot \frac{\mathrm{d}r}{\mathrm{d}s} \tag{4.15}$$

而直方图均衡化的要求是概率分布均匀,即 $p_s(s)=1$,代入上式(4.15)得 $\mathrm{d}s = p_r(r)\mathrm{d}r$,再对两边积分可以得到同样的结论

$$s = T(r) = \int_0^r p_r(r)\mathrm{d}r$$

对于一幅数字图像，需要引入离散形式的公式，当灰度级是离散值的时候，可用频数近似代替概率值，即将公式(4.12)用离散形式表达为

$$s_k = T(r_k) = \sum_{j=0}^{k} \frac{n_j}{n} = \sum_{j=0}^{k} p(r_j) \quad 0 \leqslant r_j \leqslant 1, \quad k = 0,1,\cdots,L-1 \tag{4.16}$$

在实际应用中，为满足数字图像处理的需要，变换后的结果是实数，还需要重新量化，其均匀量化计算如式(4.17)所示。

$$\hat{s}_k = \mathrm{int}\left[\frac{s_k - s_{\min}}{1 - s_{\min}}(L-1) + 0.5\right] \tag{4.17}$$

其逆变换为

$$r_k = T^{-1}(s_k)$$

于是，直方图均衡化过程可以用图4.18加以描述。

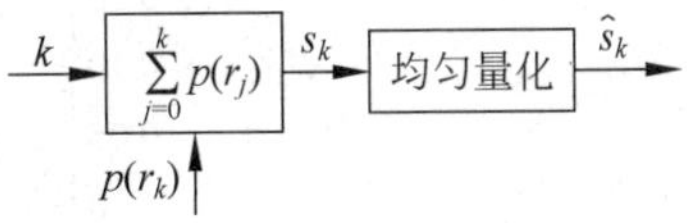

图4.18 直方图均衡变换过程

现给一个直方图均衡化示例。假定一幅64×64 8b灰度图像，其灰度级分布如表4.1所示，相应的直方图如图4.19(a)所示，对其进行直方图均衡化处理。

表4.1 64×64大小的图像灰度分布表

r_k	n_k	$p(r_k)=n_k/n$
$r_0=0$	790	0.19
$r_1=1/7$	1023	0.25
$r_2=2/7$	850	0.21
$r_3=3/7$	656	0.16
$r_4=4/7$	329	0.08
$r_5=5/7$	245	0.06
$r_6=6/7$	122	0.03
$r_7=7/7=1$	81	0.02

具体的处理过程如下。

由式(4.16)可得到变换函数为

$$s_0 = T(r_0) = \sum_{j=0}^{0} \frac{n_j}{n} = \sum_{j=0}^{0} p(r_j) = p(r_0) = 0.19$$

$$s_1 = T(r_1) = \sum_{j=0}^{1} \frac{n_j}{n} = \sum_{j=0}^{1} p(r_j) = p(r_0) + p(r_1) = 0.44$$

$$s_2 = T(r_2) = \sum_{j=0}^{2} \frac{n_j}{n} = \sum_{j=0}^{2} p(r_j) = p(r_0) + p(r_1) + p(r_2) = 0.65$$

$$s_3 = T(r_3) = \sum_{j=0}^{3} \frac{n_j}{n} = \sum_{j=0}^{3} p(r_j) = p(r_0) + p(r_1) + p(r_2) + p(r_3) = 0.81$$

$$s_4 = 0.89 \quad s_5 = 0.95 \quad s_6 = 0.98 \quad s_7 = 1.00$$

变换函数如图4.19(b)所示。

这里对图像只取8个等间隔的灰度级，变换后的 s 值也只能选择最靠近的一个灰度级

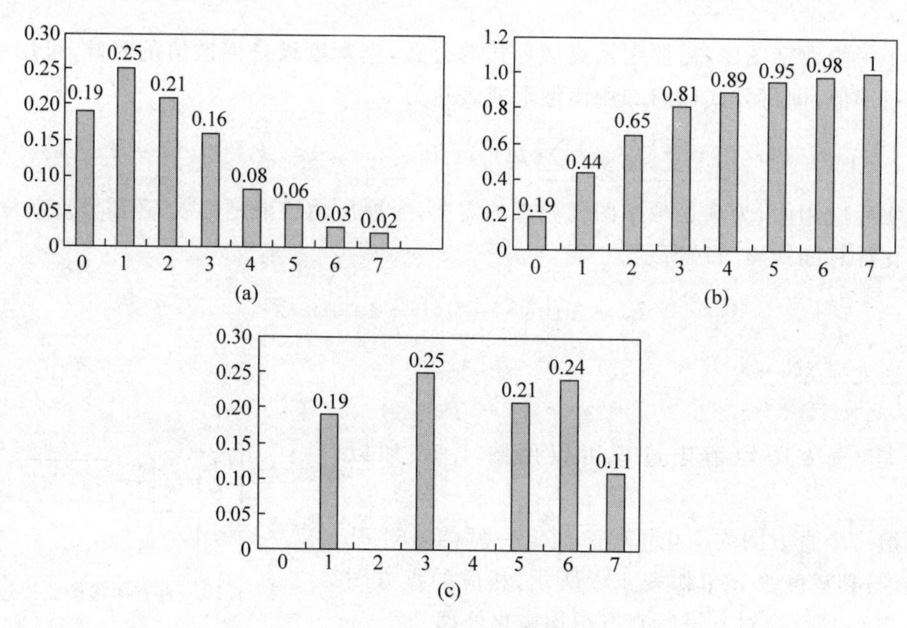

图 4.19　直方图均衡化

的值。因此，对上述计算的值加以修正为

$$s_0 \approx \frac{1}{7} \quad s_1 \approx \frac{3}{7} \quad s_2 \approx \frac{5}{7} \quad s_3 \approx \frac{6}{7} \quad s_4 \approx \frac{6}{7} \quad s_5 \approx 1 \quad s_6 \approx 1 \quad s_7 \approx 1$$

由此可见，新图像将只有 5 个不同的灰度级别，可以重新定义为

$$s'_0 = \frac{1}{7} \quad s'_1 = \frac{3}{7} \quad s'_2 = \frac{5}{7} \quad s'_3 = \frac{6}{7} \quad s'_4 = 1$$

因为 $r_0=0$ 经变换得 $s_0=1/7$，所以有 790 个像素取 s_0 这个灰度值；r_1 映射到 $s_1=3/7$，所以有 1023 个像素取 $s_1=3/7$ 这个灰度值；以此类推，有 850 个像素取 $s_2=5/7$ 这个灰度值；但是，因为 r_3 和 r_4 均映射到 $s_3=6/7$ 这个灰度级，所以有 $656+329=985$ 个像素取这个灰度值；同样，有 $245+122+81=448$ 个像素取 $s_4=1$ 这个新灰度值。用 $n=4096$ 来除上述这些 n_k 值便可得到新的直方图，新的直方图如图 4.19(c)所示。上述具体步骤如表 4.2 所示。

表 4.2　直方图均衡化计算步骤列表

步骤序号	运　　算	结　　果							
1	列出原图灰度级 s_k，$k=0,1,\cdots,7$	0/7	1/7	2/7	3/7	4/7	5/7	6/7	7/7
2	统计原始直方图各灰度级像素 n_k	790	1023	850	656	329	245	122	81
3	用式(4.7)计算原始直方图	0.19	0.25	0.21	0.16	0.08	0.06	0.03	0.02
4	用式(4.14)计算累积直方图 $F(r)$	0.19	0.44	0.65	0.81	0.89	0.95	0.98	1.00
5	量化级	0/7=0.00	1/7=0.14	2/7=0.29	3/7=0.43	4/7=0.57	5/7=0.71	6/7=0.86	7/7=1.00
6	确定映射对应关系 $r_k \to s_k$	0→1	1→3	2→5	3、4→6		5、6、7→7		
7	统计新直方图各灰度级像素 n_k		790		1023		850	985	448
8	用式(4.7)计算新直方图		0.19		0.25		0.21	0.24	0.11

以上是标准的按照均匀灰度级对应变换的方法进行计算，实际实现时可以采用一些简化实现方法，即从第 5 步起按照式(4.17)直接进行量化，即用最高灰度级($L-1$)直接乘以

累积直方图得到变换后灰度级 s，而不再进行灰度级的比较对应，剩下的步骤相同。这样可以得到与表 4.2 同样的结果，变换后的直方图也是相同的，如表 4.3 所示。

表 4.3　直方图均衡化的简化步骤列表

步骤序号	运　算	结　果							
5	量化 $7\times F(r)$	1.33	3.08	4.55	5.67	6.23	6.65	6.86	7
6	四舍五入得到 s	1	3	5	6	6	7	7	7
7	确定映射对应关系 $r_k\rightarrow s_k$	0→1	1→3	2→5	3、4→6		5、6、7→7		

图 4.20 给出直方图均衡化的示例。图 4.20(a)和 4.20(b)分别是一幅 8b 灰度级的原图和它相应的直方图。这里原图较暗且其动态范围较小，反映在直方图上就是直方图所占据的灰度值范围比较窄且集中在低灰度值一边。图 4.20(c)和 4.20(d)分别对原始图进行直方图均衡化处理得到的结果及其对应的直方图。图 4.20(e)和 4.20(f)也是一幅 8b 灰度级的原图和它相应的直方图，该原图的灰度级集中在一个较窄的范围内，其动态范围较窄。图 4.20(g)和 4.20(h)是其直方图均衡化处理后的结果和对应直方图。现在的直方图占据了整个图像灰度值允许的范围。由于直方图均衡化增加了图像灰度动态范围，因此也增加了图像的对比度，反映在图像上就是图像有了较大的反差，许多细节看得比较清晰。

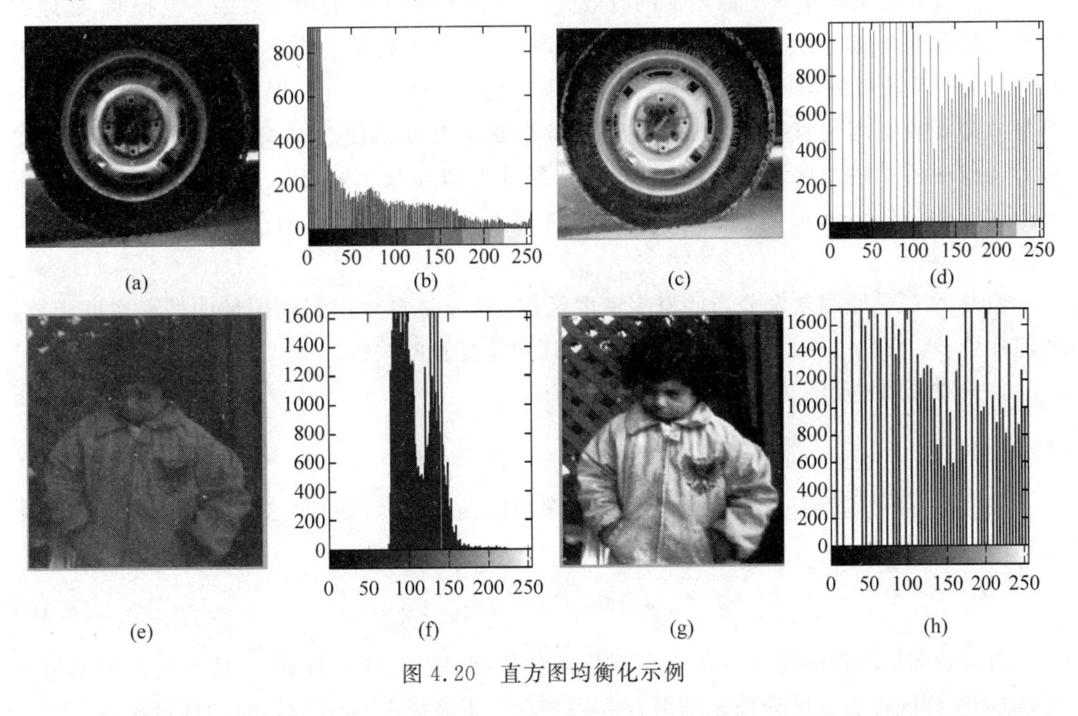

图 4.20　直方图均衡化示例

因为直方图是近似的概率密度函数，所以用离散灰度级做变换时很少能得到完全的平坦结果。另外，从图 4.20 可以看出，变换后的灰度级减少了，这种现象称为“简并”现象。由于这种现象的存在，处理后的灰度级总是要减少的。这是像素灰度有限的必然结果，由于上面的原因数字图像的直方图均衡化只是近似的结果。

如何减少“简并”现象呢？产生“简并”现象的根源是利用变换公式 $s_k=\sum_{j=0}^{k}p(r_j)$ 求新灰

度时,所得的 s_k 往往不是允许的灰度值,这时就要采用四舍五入的方法求近似值,以便用与它最接近的允许灰度值代替它。在舍入的过程中,一些相邻的 s_k 值变成了相同的 s_k 值,这就发生了“简并”现象,也造成一些灰度层次的损失。减少“简并”现象的简单方法是增加像素的比特数,如,通常用8b来表示一个像素,现在可以用12b来表示一个像素,这样就可以减少“简并”现象发生的机会,从而减少灰度层次的损失。另外,也可以采用灰度间隔放大理论的直方图修正法来减少“简并”现象的发生。这种灰度间隔放大可以按照人眼的对比度、灵敏度特性和成像系统的动态范围进行放大。一般实现方法为:

(1) 统计原图的直方图。

(2) 根据给定的成像系统的最大动态范围和原图的灰度级来确定处理后的灰度级间隔。

(3) 根据求得的步长来求变换后的新灰度。

(4) 用处理后的新灰度代替处理前的灰度。

以上两种方法都可以提高直方图均衡化处理的质量,大大减少由于“简并”现象而带来的灰度级丢失。

4. 直方图规定化处理

虽然直方图均衡化是图像增加的有效方法之一,但由于它的增强效果不易控制,处理的结果总是得到全局均衡化的直方图,同时由于它的变换函数采用的是累积积分分布函数,因此它只能产生近似的均衡的直方图,这样就限制它的效能。也就是说,在不同的情况下,并不是总需要具有均匀直方图的图像,有时需要变换直方图使之具有特定的形状,以便能够对图像中的某些灰度级加以增强,即有选择性地增强某个灰度值范围内的对比度。直方图规定化(Histogram Specification)就是针对上述思想提出来的一种直方图修正增强方法。

假设 $p(r)$是原图灰度分布的概率密度函数,$p(z)$是希望得到的图像的概率密度函数,如何建立 $p(r)$和 $p(z)$之间的联系是直方图规定化处理的关键。

首先对原图进行直方图均衡化处理,则有

$$s = T(r) = \int_0^r p(w)\mathrm{d}w$$

假定已得到所希望的图像,并且它的概率密度函数是 $p(z)$,对这幅图像也进行均衡化处理,则有

$$u = G(z) = \int_0^z p(w)\mathrm{d}w \tag{4.18}$$

因为对两幅图像同样进行了直方图均衡化处理,所以 $p(s)$和 $p(u)$具有同样的均匀密度,即会得到同样直方图均衡化结果,s 在理想状态下应等于 u,式(4.18)的逆过程为

$$z = G^{-1}(u)$$

这样,如果用从原图中得到的均匀灰度级 s 来代替逆过程中的 u,其结果灰度级将是所要求的概率密度函数 $p(z)$的灰度级,即

$$z = G^{-1}(u) = G^{-1}(s) \tag{4.19}$$

根据上面的思路,给出离散情况下的直方图规定化处理的步骤,假定 M 和 N 分别是原图和规定图像中的灰度级数,且有 $N \leqslant M$。

(1) 用直方图均衡化方法对原图进行处理：

$$s_k = T(r_k) = \sum_{j=0}^{k} p(r_j) \quad k = 0,1,\cdots,M-1$$

(2) 规定所希望的直方图 $p(z)$，并用式(4.18)求得变换函数 $G(z_l)$，$G(z_l)$表示规定的直方图中灰度级 l 的均衡化处理结果。

$$u_l = G(z_l) = \sum_{j=0}^{l} p(z_j) \quad l = 0,1,\cdots,N-1 \tag{4.20}$$

(3) 将第一步得到的变换反转过来，即将原始直方图对应映射到规定的直方图，也就是将 $T(r_k)$和 $G(z_l)$对应起来。

以上三个步骤得到了原图的另外一种处理方法，在这种处理方法中得到的新图像的灰度级具有事先规定的直方图 $p(z)$。

直方图规定化方法中包含两个变换函数，即 $T(r)$和 $G^{-1}(s)$。这两个函数可以简单地组成一个函数关系，利用这个函数关系可以从原图产生希望的灰度分布，将 $s = T(r) = \int_0^r p(w)\mathrm{d}w$ 代入式(4.19)，则有

$$z = G^{-1}(T(r)) \tag{4.21}$$

式(4.21)是用 r 来表示 z 的公式。

对于直方图规定化的第(3)步采用什么样的对应规则在离散空间是很重要的。因为有取整误差的影响，常用的一种方法是先找到下式的最小的 k 和 l，即

$$\left| \sum_{j=0}^{k} p(r_j) - \sum_{j=0}^{l} p(z_j) \right| \quad k = 0,1,\cdots,M-1, l = 0,1,\cdots,N-1$$

然后将 $p(s)$对应到 $p(u)$中去。

这里可以借助图 4.21 来理解直方图规定化的映射关系。图 4.21(a)中 $T(r)$是待处理的图片的直方图均衡化对应，横坐标是原图的灰度级 r。图 4.21(b)中 $G(z)$是规定的直方图均衡化的结果，横坐标是规定直方图的灰度级。直方图规定化就是把两者的均衡化后的结果根据 s_k 对应起来，即 $r_k > s_k > z_k$。如果图 4.21(b)中的 $G(z) = z$ 是一条对角直线，那么这个规定的直方图就是均衡化的直方图，按此对应就得到直方图均衡化的结果。

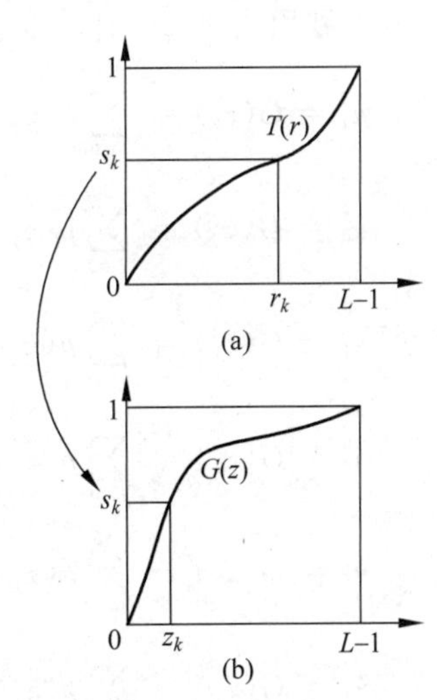

图 4.21　直方图规定化的灰度映射对应关系

下面通过例子来说明处理过程，这里仍采用 64×64 像素 8b 的图像，原图灰度级的分布如表 4.4 所示，表 4.4 给出规定的直方图数据。采用前面直方图均衡化处理的结果，将其均衡化处理的直方图数据如表 4.5 所示，规定化后的直方图数据如表 4.6 所示。

直方图规定化处理的计算步骤为：

(1) 对原图进行直方图均衡化映射处理，处理步骤如表 4.2 所示，表 4.5 给出均衡化处理后的直方图数据。

表 4.4 规定的直方图数据

z_k	$p(z)$
$z_0=0$	0
$z_1=1/7$	0
$z_2=2/7$	0
$z_3=3/7$	0.15
$z_4=4/7$	0.2
$z_5=5/7$	0.3
$z_6=6/7$	0.2
$z_7=7/7=1$	0.15

表 4.5 直方图均衡化后的直方图数据

$r_j \rightarrow s_k$	n_k	$p(s_k)$
$r_0 \rightarrow s_0=1/7$	790	0.19
$r_1 \rightarrow s_1=3/7$	1023	0.25
$r_2 \rightarrow s_2=5/7$	850	0.21
r_3、$r_4 \rightarrow s_3=6/7$	985	0.24
r_5、r_6、$r_7 \rightarrow s_4=1$	448	0.11

表 4.6 规定化处理结果的直方图数据

z_k	n_k	$p(z_k)$
$z_0=0$	0	0
$z_1=1/7$	0	0
$z_2=2/7$	0	0
$z_3=3/7$	790	0.19
$z_4=4/7$	1023	0.25
$z_5=5/7$	850	0.21
$z_6=6/7$	985	0.24
$z_7=7/7=1$	448	0.11

(2) 利用式(4.20)计算变换函数。

$$u_k = G(z_k) = \sum_{j=0}^{k} p(z_j)$$

$$u_0 = G(z_0) = \sum_{j=0}^{0} p(z_j) = p(z_0) = 0$$

$$u_1 = G(z_1) = \sum_{j=0}^{1} p(z_j) = p(z_0) + p(z_1) = 0$$

$$u_2 = G(z_2) = \sum_{j=0}^{2} p(z_j) = p(z_0) + p(z_1) + p(z_2) = 0$$

$$u_3 = G(z_3) = \sum_{j=0}^{3} p(z_j) = p(z_0) + p(z_1) + p(z_2) + p(z_3) = 0.15$$

$$u_4 = G(z_4) = \sum_{j=0}^{4} p(z_j) = p(z_0) + p(z_1) + p(z_2) + p(z_3) + p(z_4) = 0.35$$

$$u_5 = G(z_5) = 0.65 \quad u_6 = G(z_6) = 0.85 \quad u_7 = G(z_7) = 1$$

(3) 用直方图均衡化中的 s_k 进行 G 的逆变换求 z。

$$z_k = G^{-1}(s_k) \tag{4.22}$$

这一步实际上是近似过程,也就是找出 s_k 与 $G(z_k)$的最接近的值。如 $s_0=\frac{1}{7}\approx 0.14$ 与

它最接近的是 $G(z_3)=0.15$，所以可写成 $G^{-1}(0.15)=z_3$。用这种方法可得到其他变换的值，即

$$s_0=\frac{1}{7}\to z_3=\frac{3}{7}\quad s_1=\frac{3}{7}\to z_4=\frac{4}{7}\quad s_2=\frac{5}{7}\to z_5=\frac{5}{7}$$

$$s_3=\frac{6}{7}\to z_6=\frac{6}{7}\quad s_4=\frac{7}{7}=1\to z_7=\frac{7}{7}=1$$

（4）用 $z=G^{-1}(T(r))$ 找出 r 与 z 的映射关系。

$$r_0=0\to z_3=\frac{3}{7}\quad r_1=\frac{1}{7}\to z_4=\frac{4}{7}\quad r_2=\frac{2}{7}\to z_5=\frac{5}{7}\quad r_3=\frac{3}{7}\to z_6=\frac{6}{7}$$

$$r_4=\frac{4}{7}\to z_6=\frac{6}{7}\quad r_5=\frac{5}{7}\to z_z=1\quad r_6=\frac{6}{7}\to z_7=1\quad r_7=1\to z_7=1$$

（5）根据这样的映射重新分配像素，并用 $n=4096$ 去除，可得到最后的直方图。

原图的直方图如图 4.22(a)所示，4.22(b)给出规定的直方图，图 4.22(c)给出变换函数，图 4.22(d)给出规定化处理后得到的直方图。

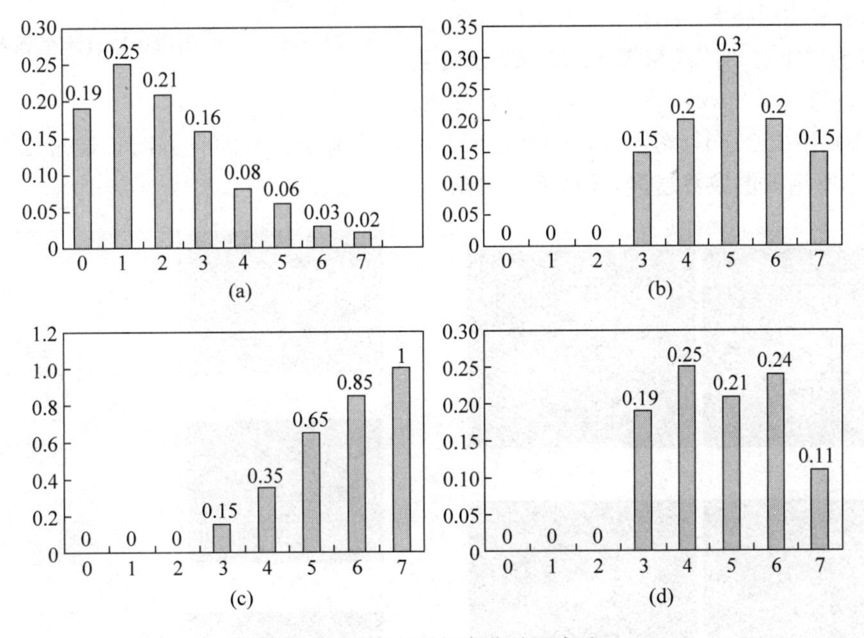

图 4.22　直方图规定化处理方法

从图 4.22 可以看出，结果直方图并不很接近希望的形状，与直方图均衡化的情况一样，这种误差是多次近似造成的。只有在连续的情况下，求得准确的逆变换函数才能得到准确的结果。在灰度级减少时，规定和最后得到的直方图之间的误差趋向于增加，但实际处理效果表明，尽管是一种近似的直方图，也可以得到较明显的增强效果。

4.2.3　图像之间的运算

有些图像增强技术是靠对多幅图进行图像间的运算而实现的。常用的方法是对图像进行相减运算，假设图像 $f(x,y)$ 和 $h(x,y)$，它们的差为

$$g(x,y)=f(x,y)-h(x,y)\tag{4.23}$$

其中,$g(x,y)$为其差运算结果,图像相减的结果是把两幅图像之间的差异显示出来。在医学领域里,图像相减有很重要的用途,如医学成像中的所谓模板方式放射成像。在这种情况下,$h(x,y)$(即模板)是病人身体某部分的X射线图像,它是利用位于X射线源的另一侧(相对于病人的身体)的增强剂及电视摄像机而获得。$f(x,y)$为一幅样本图像,而这里的样本是关于相同的解剖部位的相似的电视图像,它们是在血流里注射了染色剂后而获得。图4.23所示为医学图像相减技术增强效果。其中图4.23(a)为模板图像$h(x,y)$,图4.23(b)为注射了染色剂的图像。

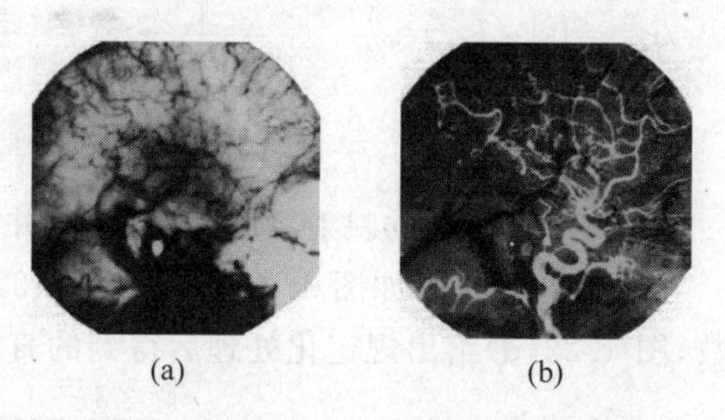

图4.23　医学图像相减技术增强效果

另外还有一种常用的图像增强方法就是图像求平均,它常用于在图像采集中去除噪声(Denoising),如图4.24和图4.25所示。其中,图4.24(a)和图4.24(b)分别是原图和有噪声的图像,图4.24(c)、图4.24(d)、图4.24(e)和图4.24(f)分别是利用8幅、16幅、64幅和128幅噪声图像求平均的结果;在图4.25中,图4.25(a)、图4.25(c)、图4.25(e)和图4.25(g)分别是图4.24(a)与图4.24(c)～图4.24(f)的差图像,图4.25(b)、图4.25(d)、图4.25(f)和图4.25(h)分别是相应的直方图。通过结果可以看出,求平均所用的图像数越多,其精度就越高。

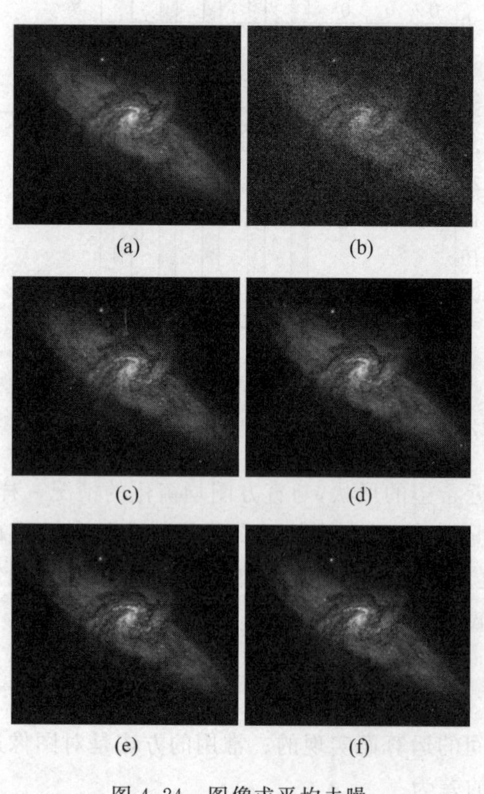

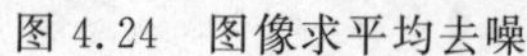

图4.24　图像求平均去噪

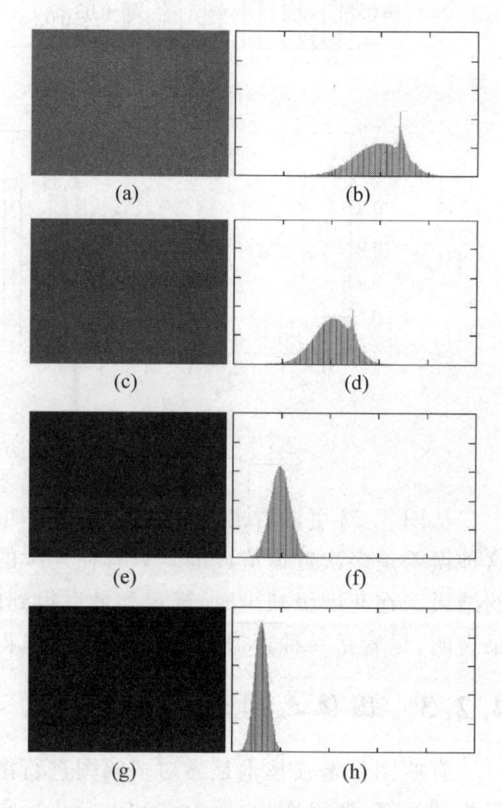

图4.25　相减图像与其相应的直方图

4.3 基于空间域滤波的增强

4.3.1 背景和原理

将空间模板用于图像处理通常称为空间滤波(Spatial Filtering),而空间模板称为空间滤波器(Spatial Filter)。根据其特点,一般可分为线性的和非线性的两类处理方法。按照其功能来分,可分为平滑滤波器(Smoothing Filter)和锐化滤波器(Sharpening Filter)。平滑滤波器可用低通滤波实现,其目的是模糊和消除噪声,模糊主要是在提取较大目标前,去除太小的细节或将目标内的小间断连接起来。锐化滤波器可通过高通滤波实现,其目的是为了增强被模糊的细节。

所谓的低通滤波器(Low Pass Filter)是指当信号通过该滤波器的时候,频域中信号的高频部分被衰减或去除掉,而信号的低频部分则可以无衰减地通过滤波器。图像信号的高频部分刻画了图像的边缘或其他尖锐细节。因此图像信号通过一个低通滤波器的效果使图像模糊化。类似地,高通滤波器(High Pass Filter)衰减或去除信号的低频部分。图像的低频部分主要刻画了图像的一些缓慢变化的特征,如图像的整体对比度、图像的平均强度等。因此,图像信号通过高频滤波器的实际效果是抑制了图像的这些缓慢变化特征,突出了图像的边缘及其他细节信息。除了上面两种滤波器以外,还有一种滤波器就是所谓的带通滤波器,这种滤波器可以滤出位于高频和低频间某一频率区域内的信号成分,它常用于图像恢复。

图 4.26 给出具有旋转对称的低通、高通和带通滤波器在频域及相应的空间域中的示意图。图 4.26(a)~图 4.26(c)中的横轴表示频率,而图 4.26(d)~图 4.26(f)的横轴表示空间坐标。

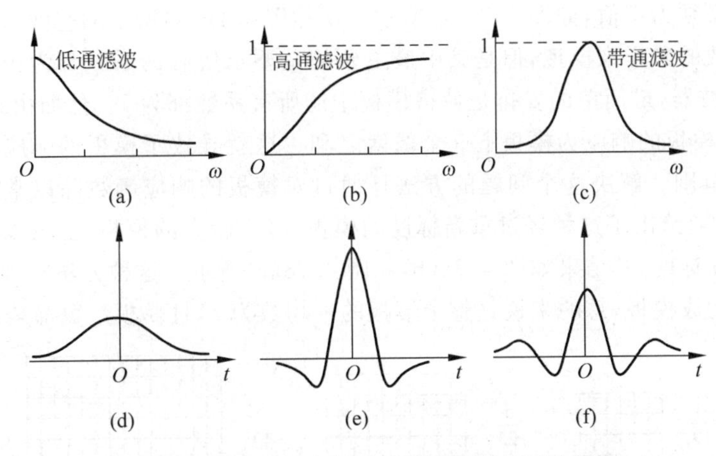

图 4.26 频域与空间域中三种滤波器截面示意图

然而不管使用何种滤波器,基本的方法就是对图像模板下面的像素与模板系数的乘积求和,即模板卷积,主要步骤为:

(1) 将模板在图像中漫游,并将模板中心与图像中某个像素重合。

(2) 将模板上系数与模板下对应像素相乘。

(3) 将所有乘积相加。

(4) 将和(模板的输出响应)赋值给图中对应模板中心位置的像素。

图4.27(a)给出图像的一部分,其中所标为一些像素的灰度值,现在假设有一个3×3的模板如图4.27(b)所示,模板内所标为模板系数,如将k_0所在位置与图中灰度值为s_0的像素重合(即将模板中心放在图中(x,y)位置),模板的输出响应R为

$$R = k_0 s_0 + k_1 s_1 + \cdots + k_8 s_8 \tag{4.24}$$

像素s_0对应模板的输出响应R的存储位置如图4.27(c)所示。

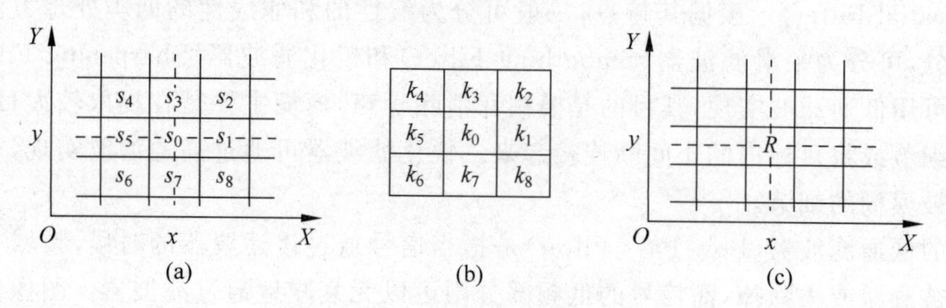

图4.27　3×3模板空间滤波

4.3.2　图像平滑滤波

平滑(低通)滤波器能减弱或消除傅里叶空间的高频分量,但不影响低频分量。因为高频分量对应图像中的区域边缘等灰度值具有较大较快变化的部分,滤波器将这些分量滤去可使图像平滑。本节主要从邻域平均法、保持边缘的平滑滤波、中值滤波等来说明平滑滤波。

1. 邻域平均法

邻域平均法(Neighborhood Averaging Method)是最简单的空间域处理方法,它属于线性低通滤波器。空间低通平滑滤波器的冲激响应函数的形状决定了该滤波器所对应模板中的所有系数都必须为正值,如图4.26(a)所示。虽然图4.26(a)所示的空间滤波器可以通过对诸如高斯函数的采样来模拟,但是其中最主要的是要求所有的系数都为正值。对于一个3×3的空间滤波器,最简单的安排是使得模板中的所有系数都为1。然而由式(4.24)可知,在上述假定下,模板的响应为模板下9个像素之和。这就导致了模板的响应可能超出灰度值的可能动态范围。解决这个问题的方法是通过对模板的响应函数除以常数9而重新标度。如图4.28(a)给出了这种经过重新标度的模板,对于较大的模板,也可以采用相同的概念对其进行重新标度,其结果如图4.28(b)和图4.28(c)所示。这种方法常常称为邻域平均法。无论如何构成模板,总的来说是整个模板的平均数为1,且模板系数都是正数。

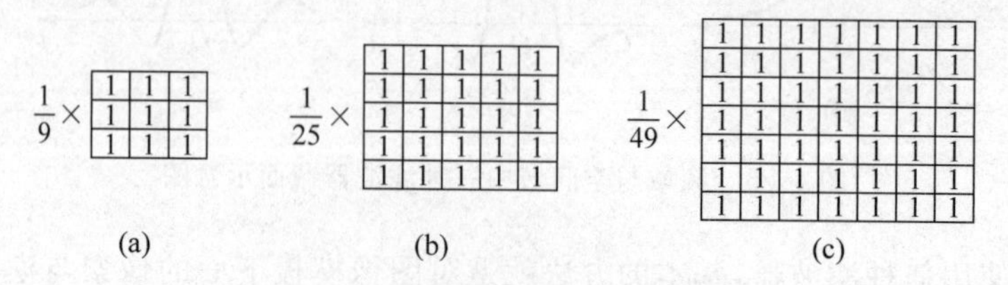

图4.28　各种不同尺寸的滤波模板

这种方法的基本思想是利用几个像素灰度的平均值来代替每个像素的灰度。假定一幅$N \times N$个像素的图像$f(x,y)$,平滑处理后得到一幅图像$g(x,y)$,则有

$$g(x,y)=\frac{1}{M}\sum_{(m,n)\in S}f(m,n) \tag{4.25}$$

其中 $x,y=0,1,2,\cdots,N-1$，S 是点(x,y)邻域中点的坐标的集合，但其中不包括(x,y)点，M 是集合内坐标点的总数，m、n 分别是匹配窗口的高度和宽度。式(4.25)表明，平滑的图像 $g(x,y)$中的每个像素的灰度值均由包含在点(x,y)的预定邻域中的 $f(x,y)$的几个像素的灰度值的平均值来决定。

在邻域平均法中，如何选取邻域是一个相对重要的问题，图 4.29 给出了两种从图像阵列中选取邻域的方法。图 4.29(a)的方法是一个点的邻域，定义为以该点为中心的一个圆的内部或边界上的点的集合。图中像素的距离为 Δx，选取以 Δx 为半径做圆，那么，点 R 的灰度值就是圆周上 4 个像素灰度值的平均值。图 4.29(b)是选取以$\sqrt{2}\,\Delta x$ 为半径的情况下构成的点 R 的邻域，选取在圆的边界上的点和在圆内的点为 S 的集合。

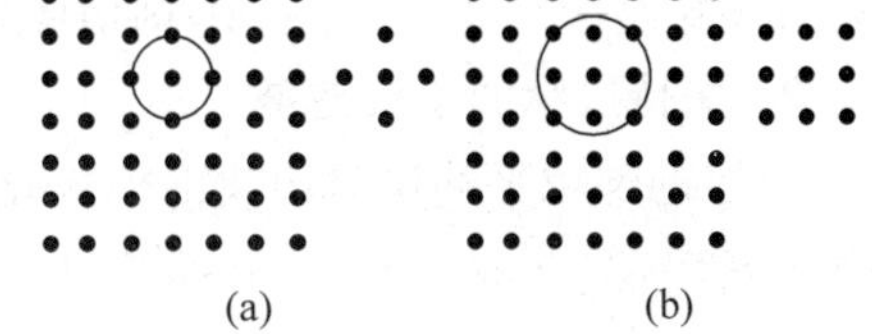

图 4.29　数字图像处理中的邻域选取方法

式(4.25)中 M 的选取不同，其结果也有所不同。图 4.30 给出邻域平均方法实验结果。其中图 4.30(a)为原图，图 4.30(b)～图 4.30(f)是采用图 4.29(b)中的邻域选取形式，并且 M 分别为 3、5、9、15 和 35 的实验结果。

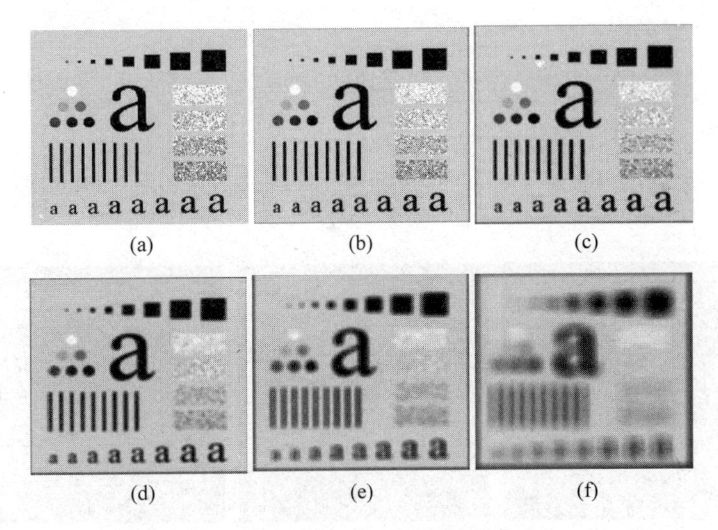

图 4.30　不同尺度下的邻域平均法

实验结果表明，上述选取邻域的方法对抑制噪声是有效的，但是随着邻域的加大，图像的模糊程度也更加严重。为了克服这一缺点，可以采用阈值法减少由于邻域半径平均所产生的模糊效应。即

$$g(x,y)=\begin{cases}\frac{1}{M}\sum\limits_{(m,n)\in S}f(m,n) & \left|f(x,y)-\frac{1}{M}\sum\limits_{(m,n)\in S}f(m,n)\right|>T\\ f(x,y) & \text{其他}\end{cases}$$

其中，T 是规定的非负阈值。这个表达式的物理概念是：当一些点和其邻域内的点的灰度的平均值不超过规定的阈值 T 时，就仍然保留其原灰度值不变；如果大于阈值 T 时，就用

它们的平均值来代替该点的灰度值。这样就可以大大减少模糊的程度。

如果将受噪声干扰的图像看成是一个二维随机场,则可以运用统计理论来分析受噪声干扰的图像平滑后的信噪比问题,一般在噪声属于加性噪声并且是独立同分布的高斯白噪声(均值为零,方差为 σ^2)的情况下,定义信噪比为含噪图像的均值与噪声方差之比,则含噪声图像经邻域平均法平滑后,其信噪比将提高 $\sqrt{M}$ 倍(M 为邻域中包含的像素数目)。可见,邻域取得越大,像素点越多,则信噪比提高越大,平滑效果越好。

2. 保持边缘的平滑滤波

上述的邻域平均法对边缘的模糊化效果是显然的,而在实际应用中,边缘往往是有用的重要信息,不应该被弱化,应尽量保持。这里介绍一种根据邻域灰度差来动态调整模板中各个像素权重,从而保持边缘并去除噪声的方法。其权重的设置思想是对于邻域灰度差大的模板位置设置小的权重,而灰度相近的邻域像素在模板中设置大的权重,从而达到保持边缘并去除噪声的目的。

模板 $\boldsymbol{W}$ 的大小设置成 3×3,假设对位置为(i,j)的像素进行处理,设置如下

$$\boldsymbol{W}=\begin{bmatrix} w(i-1,j-1) & w(i-1,j) & w(i-1,j+1) \\ w(i,j-1) & w(i,j) & w(i,j+1) \\ w(i+1,j-1) & w(i+1,j-1) & w(i+1,j+1) \end{bmatrix}$$

其中,$w(i,j)=0.5$

$$w(i+k,j+l)=0.5*\delta(i+k,j+l)/\sum_k\sum_l\delta(i+k,j+l) \quad k,l=-1,0,1;\ (k,l)\neq(0,0)$$

$$\delta(i+k,j+l)=1/\mid f(i+k,j+l)-f(i,j)\mid$$

特别地,如果$|f(i+k,j+l)-f(i,j)|=0$,$\delta(i+k,j+l)=2$,其实验效果如图 4.31 所示。

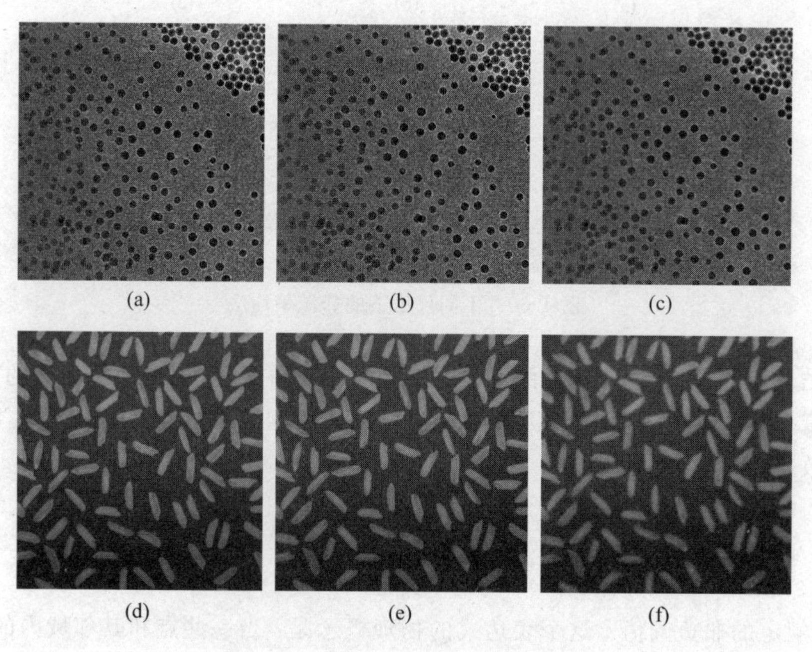

图 4.31 保持边缘的平滑滤波示例

图 4.31 中，图 4.31(a)和 4.31(d)是原图，图 4.31(b)和 4.31(e)是保持边缘的平滑滤波结果，图 4.31(c)和 4.31(f)是标准的邻域平均法结果。可以看出，图 4.31(c)和 4.31(f)有明显的模糊化，边缘不能很好地保持，而图 4.31(b)和 4.31(e)中的边缘基本上完整地保持下来了，实际上此列图像的大部分像素(＞50%)灰度并没有发生变化，图 4.31(b)灰度变化的平均值为 5.4，图 4.31(e)灰度变化的平均值为 2.1，图 4.31(c)灰度变化的平均值为 19.2，图 4.31(f)灰度变化的平均值为 6.4。可见，保持边缘的平滑滤波噪声的平滑去除效果不及邻域平均法。保持边缘的平滑滤波结果是对噪声去除和边缘保持的一种平衡。

可见，为了达到去除噪声和保持边缘的效果，处理模板的系数设置是比较重要的。平滑滤波应根据实际应用的需要选择不同大小及形状的模板，再在模板中选择不同的系数对原图进行处理。

3. 中值滤波

如果既要消除噪声又要保持图像的细节可以使用中值滤波器(Median Filter)。中值滤波器是一种非线性平滑滤波器。中值滤波器是在 1971 年由 J. W. Jukey 首先提出并应用在一维信号处理技术(时间序列分析)中，后来被二维图像信号处理技术所用。它在一定条件下可以克服线性滤波器所带来的图像细节模糊，而且对滤除脉冲干扰及图像扫描噪声最为有效。在实际运算过程中，并不需要图像的统计特性，这也为其带来不少的方便。但是对一些细节多，特别是点、线、尖顶细节多的图像，不宜采用中值滤波方法。它的主要工作步骤为：

(1) 将模板在图中漫游，并将模板中心与图中的某个像素位置重合。

(2) 读取模板下各对应像素的灰度值。

(3) 将这些灰度值从小到大排成一列。

(4) 找出这些值里排在中间的一个。

(5) 将这个中间值赋值给对应模板中心位置的像素。

从上面的步骤可以看出，中值滤波器的主要功能就是让与周围像素灰度值的差比较大的像素改取为周围像素值相近的值，从而可以消除孤立的噪声点。因为它不是简单的取均值，所以产生的模糊比较少。

1) 中值滤波原理

由于中值滤波是一种非线性运算，对随机输入信号的严格数学分析比较复杂，一般采用一种直观方法来对确定信号进行中值滤波原理进行介绍。

中值滤波就是用一个有奇数点的滑动窗口，将窗口中心点的值用窗口内各点的中值代替。假设窗口内有 5 个点，其值为 30、50、160、100、120，那么此窗口内各点的中值即为 100。

设有一个一维序列 $f_1, f_2, \cdots, f_n$。取窗口长度(点数)为 m(m 为奇数)，对此一维序列进行中值滤波，就是从输入序列中相继抽出 m 个数 $f_{i-v}, \cdots, f_{i-1}, f_i, f_{i+1}, \cdots, f_{i+v}$，其中 f_i 为滤波窗口中心点的值，$v=(m-1)/2$，再将这 m 个点值按其数值的大小排序，取其序号为中心点的数作为滤波输出。用数学公式表示为

$$y_i = \text{Med}\{f_{i-v}, \cdots, f_i, \cdots, f_{i+v}\} \quad i \in \mathbf{Z}, v = \frac{m-1}{2} \tag{4.26}$$

例如，有一个序列为{0,3,4,0,7}，重新排序后为{0,0,3,4,7}，则该序列中值滤波后的结果为 3。该序列如果用邻域滤波，窗口也取 5，则邻域平滑滤波的结果为(0+3+4+0+7)/5=

2.8。图4.32是用内含有5个像素的窗口对离散阶跃函数、斜坡函数、脉冲函数以及三角函数等进行中值滤波和平均值滤波的示例,中间一列是平均值滤波的结果,最右一列是中值滤波的结果。从该例可以看出,中值滤波器不影响阶跃函数和斜坡函数;周期小于$m/2$(窗口一半)的脉冲受到抑制,另外三角函数的顶部变平。

二维中值滤波可用式(4.27)表示。

$$y_{ij} = \underset{A}{\mathrm{Med}}\{f_{ij}\} \tag{4.27}$$

其中,A为窗口,$\{f_{ij}\}$为二维数据序列。

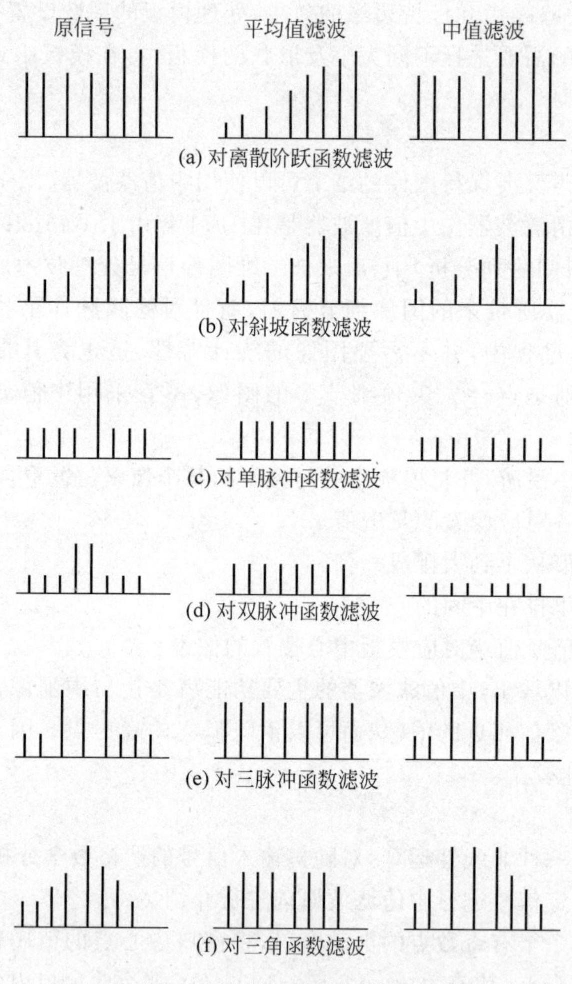

图4.32　中值滤波和平均值滤波比较

二维中值滤波的窗口形状和尺寸对滤波效果影响较大,不同的图像内容和不同的应用要求,往往采用不同的窗口形状和尺寸。常用的二维中值滤波窗口形状有线状、方形、圆形、十字形以及圆环形等,窗口尺寸一般先采用3,再取5,逐点增大,直到滤波效果满意为止。就一般经验而言,对于有缓慢变化的较长的轮廓线物体的图像,采用方形或圆形窗口为宜;对于包含有尖顶角物体的图像,适宜用十字形窗口,而窗口大小则以不超过图像中最小有效物体的尺寸为宜。使用二维中值滤波最值得注意的是要保持图像中有效的细线状物体。如果图像中点、线和尖角细节较多,则不宜采用中值滤波。

2）中值滤波的主要特性

中值滤波相对于平均值滤波而言，它有其相应的特性：

(1) 对某些输出信号中值滤波具有不变性。

对某些特点的输入信号，如在大小为 $2n+1$ 的窗口内是单调增加或单调减少的序列，中值滤波输出信号仍保持输入信号不变，即

$$f_{i-n} \leqslant \cdots \leqslant f_i \leqslant \cdots \leqslant f_{i+n} \quad \text{或} \quad f_{i-n} \geqslant \cdots \geqslant f_i \geqslant \cdots \geqslant f_{i+n}$$

则 $\{y_i\}=\{f_i\}$。

一维中值滤波这种不变性可以从图 4.32(a)和图 4.32(b)上直观看出。二维中值滤波的不变性更复杂些，它不但与输入信号有关，而且还与窗口形状有关。图 4.33 列出几种二维窗口及与之对应的最小尺寸的不变输入图形。一般来讲，与窗口对顶角连线垂直的边缘线保持不变性。利用这个特点，使用中值滤波既能去除图像中的噪声，又能保持图像中一些物体的边缘。

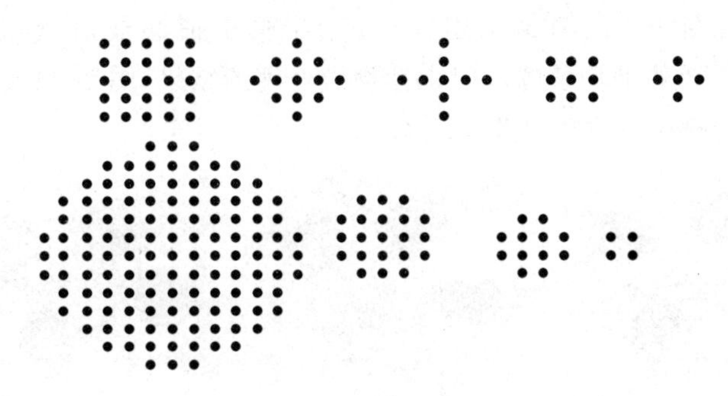

图 4.33 中值滤波几种常用的窗口及相应的不变图形

对于一些周期性的数据序列，中值滤波也存在不变性。如下列一维周期性二值序列

$$\cdots, +1, +1, -1, -1, +1, +1, -1, -1, \cdots$$

若设窗口长度为 9，则中值滤波对此序列保持不变性。

(2) 中值滤波去噪声性能。

中值滤波是非线性运算，因此对于随机性质的噪声输入，数学分析是相当复杂的。对于零均值正态分布的噪声输入，中值滤波输出的噪声方差 σ_{Med}^2 近似为

$$\sigma_{\text{Med}}^2 = \frac{1}{4mf^2(\bar{m})} \approx \frac{\sigma_i^2}{m+\frac{\pi}{2}-1} \cdot \frac{\pi}{2} \tag{4.28}$$

其中，σ_i^2 为输入噪声功率(方差)，m 为中值滤波窗口长度(点数)；$\bar{m}$为输入噪声均值；$f(\bar{m})$为输入参数$\bar{m}$的密度函数。

而平均值滤波的输出噪声方差 σ_0^2 为

$$\sigma_0^2 = \frac{1}{m}\sigma_i^2 \tag{4.29}$$

比较式(4.28)和式(4.29)可以看出，中值滤波的输出和输入噪声的密度分布有关。对于随机噪声的抑制能力，中值滤波性能要比平均值滤波差些。但对于脉冲干扰来讲，特别是脉冲宽度小于 $m/2$，相距较远的窄脉冲干扰，中值滤波是很有效的。

(3) 中值滤波的频谱特性。

由于中值滤波是非线性运算,在输入和输出之间的频率上不存在一一对应关系,因此不能用一般线性滤波器频率特性的研究方法。为了能直观、定性地看出中值滤波输入和输出频谱变化情况,采用总体试验观察方法。

设 G 为输入信号频谱,F 为输出信号频谱,定义

$$H = \left|\frac{G}{F}\right|$$

为中值滤波的频率响应特性。可以发现,中值滤波的频率特性呈现不规则的波动,而且是与 G 的频谱有关的变动函数,因此对中值滤波不能做频谱分析。但它的 H 曲线波动不大,均值平坦,为此可以认为信号经中值滤波后,频谱基本不变。这些对设计和使用中值滤波都很大的意义。

图 4.34 给出中值滤波和平均值滤波对不同噪声的处理。其中图 3.34(a)是原图,图 3.34(b)是高斯噪声,图 3.34(c)是椒盐噪声,图 3.34(d)是利用 3×3 的平均值滤波对高斯噪声处理的结果,图 3.34(e)是利用 5×5 十字形中值滤波对高斯噪声处理的结果,图 3.34(f)是利用 3×3 的平均值滤波对椒盐噪声处理的结果,图 3.34(g)是利用 5×5 的十字形中值滤波对椒盐噪声处理的结果。

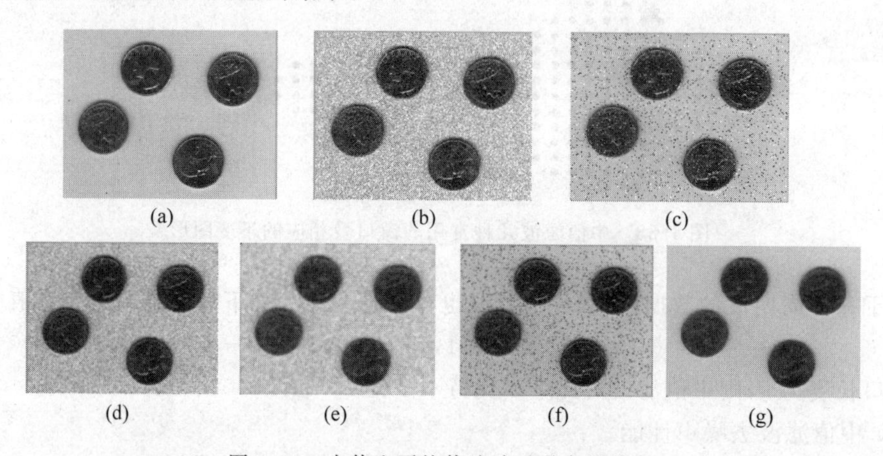

图 4.34 中值和平均值滤波对噪声的处理

图 4.35 给出中值滤波和平均值滤波两种方法的不同处理结果。其中图 4.35(a)和图 4.35(d)是噪声图像,图 4.35(b)是利用 3×3 的平均值滤波处理的结果,图 4.35(c)是利用 3×3 的中值滤波处理的结果,图 4.35(e)是 5×5 的平均值滤波处理的结果,图 4.35(f)是利用 5×5 的中值滤波处理的结果。

中值滤波对于消除孤立点和线段的干扰十分有用,特别是对于椒盐噪声有效,对于消除高斯噪声影响则效果不佳。其突出的优点是在消除噪声的同时,还能保护边界信息。

中值滤波的本质是一种基于排序方法的滤波。基于排序方法的滤波根据局部区域的极值有一定的特性,可以灵活运用。对于一些细节较多的复杂图像,还可以多次使用不同的中值滤波,然后再综合所得的结果作为输出,这样可以获得更好的平滑和保护边缘的效果。属于这类滤波的有线性组合中值滤波、高阶中值滤波组合等,它们统称为复合型中值滤波。

平滑滤波中上述的平均值滤波和中值滤波也可以视情况进行一些细节的改进,或者综

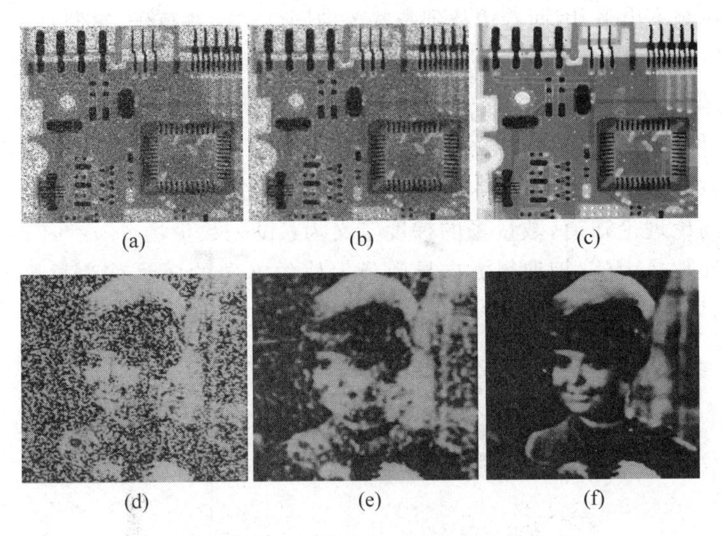

图 4.35 中值和平均值滤波比较

合使用，如下述几种方法。

方法一：先中值滤波，再进行平均值滤波。

方法二：先在邻域中去除掉一定数量的最大/小值后再进行平均值滤波。

方法三：先在邻域中去除掉一定数量的最大/小值后再进行中值滤波。

例如对图 4.36 加上随机白噪声及椒盐噪声，再对它采用中值滤波和平均值滤波的组合方法进行去除。白噪声的最大最小值范围是(−12.5,+12.5]，椒盐噪声的比例占整个图像比例的 2%。这里首先用 3×3 的正方形模板对图像块进行排序，去掉最大和最小的两个值，再对剩下的中间 5 个值求取均值，以达到去除两种噪声的目的。图 4.36(a)是原图，图 4.36(b)是增加两种噪声后的图像，图 4.36(c)是运用上述步骤去除噪声后的结果。可以看到，除了略有些模糊外，椒盐噪声已经基本被去除掉了，它与原图的误差绝对平均值为 5.77，而图 4.36(b)与原图的误差绝对平均值为 8.76。

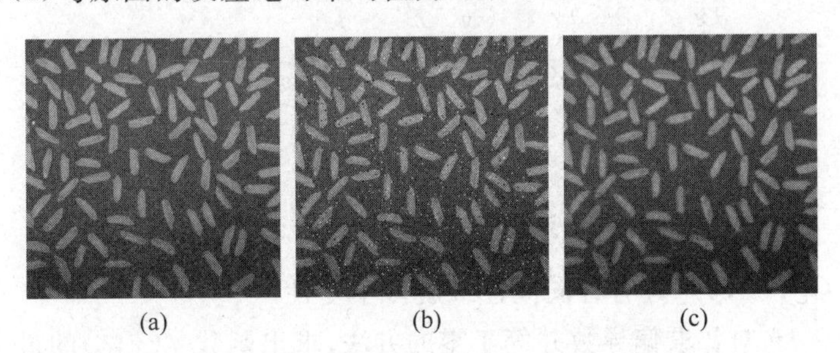

图 4.36 中值滤波与平均值滤波的组合应用示例

4.3.3 图像锐化滤波

图像锐化(Sharpening)的目的是使边缘和轮廓模糊的图像变得清晰，并使其细节清晰。边缘和轮廓一般都位于灰度突变的地方，因此很自然地用灰度差分提取出来。然而，由于边缘和轮廓在一幅图像中常常具有任意方向，而差分运算是有方向的，因此和差分方向一致的边缘和轮廓便检测不出来,因而希望找到一些各向同性的检测算子,它们对任意方向的边缘和轮廓都有相同的检测能力,具有这种性质的锐化算子有梯度、拉普拉斯和其他一些相关运算。

1. 梯度运算

邻域平均可以模糊图像,而因为平均对应积分所以可以利用微分来锐化图像。图像处理中最常用的微分方法就是梯度(Gradient)运算。因此梯度运算实际上是一种非线性锐化滤波器。根据场论理论知道,数量场的梯度定义为:设一数量场 u,$u=u(x,y,z)$,其大小是在某一点方向导数最大值,把取得方向导数最大值的方向的向量称为数量场的梯度。由这个定义出发,如果给定一个函数 $f(x,y)$,在坐标(x,y)上的梯度可定义为一个向量

$$G[f(x,y)]=\begin{bmatrix}\dfrac{\partial f}{\partial x}\\ \dfrac{\partial f}{\partial y}\end{bmatrix} \tag{4.30}$$

梯度的幅度为

$$G[f(x,y)]=\sqrt{\left(\frac{\partial f}{\partial x}\right)^2+\left(\frac{\partial f}{\partial y}\right)^2} \tag{4.31}$$

向量的幅角为

$$\theta_M=\arctan\left[\frac{\partial f/\partial y}{\partial f/\partial x}\right] \tag{4.32}$$

下面证明梯度幅度 $G[f(x,y)]$是一个各向同性的算子,并且是 $f(x,y)$沿向量 G 方向上的最大变化率。

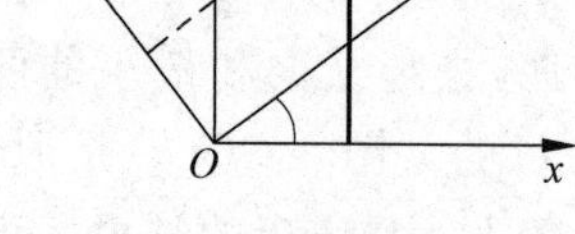

图 4.37 坐标旋转 θ 角

将图像坐标系旋转一个 θ 角,得到一个新的平面坐标系 $x'oy'$,如图 4.37 所示。则新老坐标之间有如下变换关系

$$\begin{aligned}x&=x'\cos\theta-y'\sin\theta\\ y&=x'\sin\theta+y'\cos\theta\end{aligned} \tag{4.33}$$

将函数 $f(x,y)$对 x',y'取偏导数

$$\begin{aligned}\frac{\partial f}{\partial x'}&=\frac{\partial f}{\partial x}\frac{\partial x}{\partial x'}+\frac{\partial f}{\partial y}\frac{\partial y}{\partial x'}=\frac{\partial f}{\partial x}\cos\theta+\frac{\partial f}{\partial y}\sin\theta\\ \frac{\partial f}{\partial y'}&=\frac{\partial f}{\partial x}\frac{\partial x}{\partial y'}+\frac{\partial f}{\partial y}\frac{\partial y}{\partial y'}=-\frac{\partial f}{\partial x}\sin\theta+\frac{\partial f}{\partial y}\cos\theta\end{aligned} \tag{4.34}$$

于是有

$$\left(\frac{\partial f}{\partial x'}\right)^2+\left(\frac{\partial f}{\partial y'}\right)^2=\left(\frac{\partial f}{\partial x}\right)^2+\left(\frac{\partial f}{\partial y}\right)^2 \tag{4.35}$$

可见,梯度幅度 $G[f(x,y)]$具有各向同性或旋转不变性。

可以用令$\partial f/\partial x'$对 θ 求偏导数并等于零的方法,求出函数 $f(x,y)$的最大变化率及其所在方向为

$$\begin{aligned}\left[\frac{\partial f}{\partial x'}\right]_{\max}&=\sqrt{\left(\frac{\partial f}{\partial x}\right)^2+\left(\frac{\partial f}{\partial y}\right)^2}\\ \theta_M&=\arctan\left[\frac{\partial f/\partial y}{\partial f/\partial x}\right]\end{aligned} \tag{4.36}$$

综上所述,对于图像锐化而言,梯度的幅度是一种合适的微分算子,它不仅具有各向同性的性质,而且给出了该像素点灰度的最大变化率。

对于数字图像处理，将微分用差分近似代替，沿 x 和 y 方向的一阶差分可表示为如图 4.38 所示，具体如式(4.37)所示。

$$\begin{aligned}\Delta_x f(i,j) &= f(i+1,j) - f(i,j) \\ \Delta_y f(i,j) &= f(i,j+1) - f(i,j)\end{aligned} \tag{4.37}$$

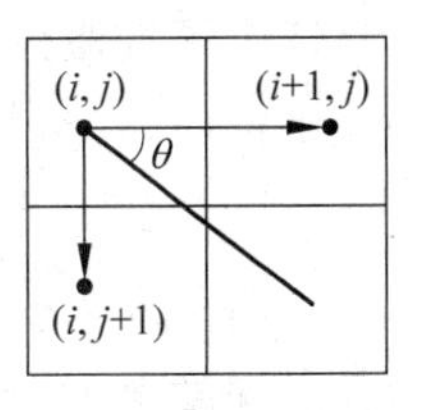

图 4.38 沿 x 和 y 方向的一阶差分

沿与 x 轴成任意夹角 θ 方向的差分，可以表示为

$$\Delta_\theta f(i,j) = \Delta_x f(i,j)\cos\theta + \Delta_y f(i,j)\sin\theta$$

数字梯度向量为

$$\bar{G}[f(i,j)] = \begin{bmatrix}\Delta_x f(i,j) \\ \Delta_y f(i,j)\end{bmatrix} \quad i,j = 0,1,2,\cdots,N-1$$

其幅度，即数字梯度在该点的最大差分为

$$G[f(i,j)] = [\Delta_\theta f(i,j)]_{\max} = \sqrt{(\Delta_x f)^2 + (\Delta_y f)^2} \tag{4.38}$$

向量的幅角为

$$\theta_M = \arctan\left[\frac{\Delta_y f}{\Delta_x f}\right] \quad \Delta_x f = \Delta_x f(i,j) \quad \Delta_y f = \Delta_y f(i,j)$$

对于一幅 512×512 的数字图像，大约有 26 万个像素点需进行梯度运算，可见计算公式的繁简对工作量影响较大。为此，实际中常把式(4.38)简化为

$$G[f(i,j)] \approx |f(i+1,j) - f(i,j)| + |f(i,j+1) - f(i,j)|$$

或者

$$G[f(i,j)] \approx \max(|\Delta_x f(i,j)|, |\Delta_y f(i,j)|)$$

或者用交叉的差分表示梯度，如图 4.39 所示。即

$$G[f(i,j)] \approx \sqrt{[f(i+1,j+1) - f(i,j)]^2 + [f(i+1,j) - f(i,j+1)]^2}$$

或用其近似表达式表示为

$$G[f(i,j)] \approx |f(i+1,j+1) - f(i,j)| + |f(i+1,j) - f(i,j+1)|$$

或者

$$G[f(i,j)] \approx \max(|f(i+1,j+1) - f(i,j)|, |f(i+1,j) - f(i,j+1)|)$$

这种交叉梯度称为罗伯茨(Roberts)梯度。

不管上面哪种方法，所有梯度都和相邻像素之间的灰度差分成比例。这一性质使得有可能用来增强景物的边界。因为恰恰是这些边界上的点，灰度变化较大，因而具有较大的梯度值，而那些灰度变化缓慢的区域，梯度值也相应比较小，对于灰度值相同的区域，梯度值将减到零。这就是图像经过梯度运算后可使其细节清晰从而到达锐化的目的。这种性质正如图 4.40 所示，图 4.40(a)是一幅二值图像，图 4.40(b)为计算梯度后的图像。由于梯度运算的结果，图像中不变的白区变为零灰度值，黑区仍为零灰度值，只留下了灰度值急剧变化的边缘处的点。

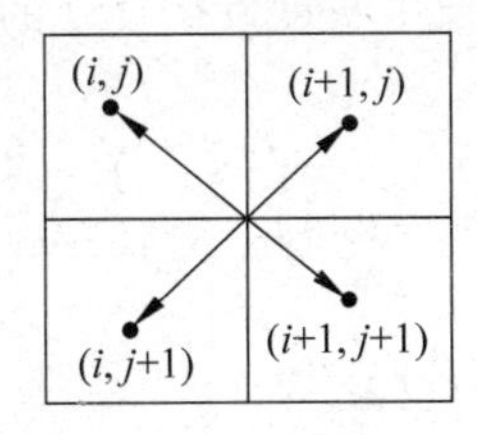

图 4.39 罗伯茨梯度

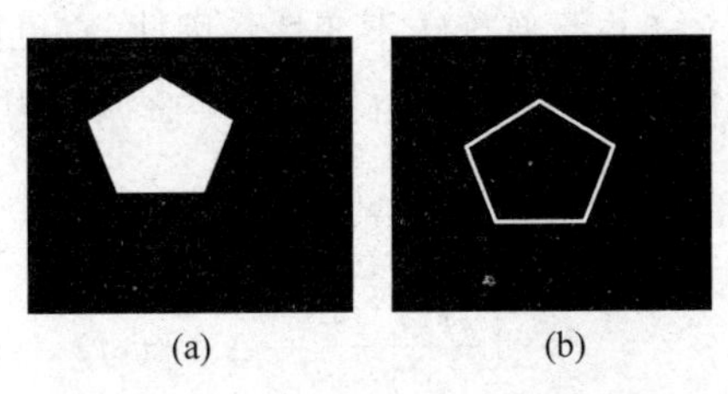

图 4.40 二值图像及计算梯度的结果

当选定了近似梯度计算方法后,可以有很多种方法产生梯度图像 $g(x,y)$。最简单的方法是让坐标 (x,y) 处的值等于该点的梯度,即

$$g(x,y)=G[f(x,y)]$$

这个简单方法的缺点是使 $f(x,y)$ 中所有平滑区域在 $g(x,y)$ 中变成暗区,因为平滑区域内各点梯度很小。为克服这一缺点,可采用阈值法,即

$$g(x,y)=\begin{cases}G[f(x,y)] & G[f(x,y)]\geqslant T\\ f(x,y) & \text{其他}\end{cases}$$

也就是说,事先设定一个非负的阈值 T,当梯度值大于或等于 T 时,则给这一点取其梯度值作为灰度值;当梯度值小于 T 时,则仍保留原来的 $f(x,y)$ 值。这样通过合理地选择阈值 T,就有可能既不破坏平滑区域的灰度值又有效地增强图像的边缘。

基于上面思想的另外一种对边缘处像素进行处理的方法为

$$g(x,y)=\begin{cases}L_G & G[f(x,y)]\geqslant T\\ f(x,y) & \text{其他}\end{cases}$$

L_G 为给定边缘规定的一个灰度值,这样的处理使得图像边缘的效果更加明显。

当只研究图像边缘灰度变化,又要求不受背景的影响时,则可以用下式来构成梯度图像,使图像有固定的背景灰度级 L_B,突出边缘灰度变化

$$g(x,y)=\begin{cases}G[f(x,y)] & G[f(x,y)]\geqslant T\\ L_B & \text{其他}\end{cases}$$

另外,如果只对边缘的位置感兴趣,则可只保留两个灰度级,可得到二值梯度图像,这样就可研究边缘的位置,表达式为

$$g(x,y)=\begin{cases}L_G & G[f(x,y)]\geqslant T\\ L_B & \text{其他}\end{cases}$$

2. 拉普拉斯运算

对图像进行拉普拉斯(Laplacian)运算也是偏导数运算的线性组合,且为旋转不变性,即各向同性的线性运算。

一个连续的二元函数 $f(x,y)$,其拉普拉斯运算定义为

$$\nabla^2 f=\frac{\partial^2 f}{\partial x^2}+\frac{\partial^2 f}{\partial y^2} \tag{4.39}$$

其中,∇^2 称为拉普拉斯算子。仿照梯度幅度旋转不变性的证明方法,不难证明 $f(x,y)$ 的拉普拉斯运算 $\nabla^2 f$ 也具有旋转不变性。因此,它可用来增强图像中灰度发生突变的点和线。

对数字图像而言,图像 $f(i,j)$ 的一阶偏导为

$$\begin{cases}\dfrac{\partial f(i,j)}{\partial x}=\Delta_x f(i,j)=f(i,j)-f(i-1,j)\\[2ex] \dfrac{\partial f(i,j)}{\partial y}=\Delta_y f(i,j)=f(i,j)-f(i,j-1)\end{cases}$$

则其二阶偏导为

$$\begin{cases}\dfrac{\partial^2 f(i,j)}{\partial x^2} = \Delta_x f(i+1,j) - \Delta_x f(i,j) = [f(i+1,j) - f(i,j)] - [f(i,j) - f(i-1,j)] \\ \qquad\quad = f(i+1,j) + f(i-1,j) - 2f(i,j) \\ \dfrac{\partial^2 f(i,j)}{\partial y^2} = \Delta_y f(i,j+1) - \Delta_y f(i,j) = f(i,j+1) + f(i,j-1) - 2f(i,j)\end{cases}$$

则根据式(4.39)可得

$$\begin{aligned} g(i,j) &= \nabla^2 f(i,j) = \frac{\partial^2 f}{\partial x^2} + \frac{\partial^2 f}{\partial y^2} \\ &= f(i+1,j) + f(i-1,j) + f(i,j+1) + f(i,j-1) - 4f(i,j) \\ &= -5\left\{f(i,j) - \frac{1}{5}[f(i+1,j) + f(i-1,j) + f(i,j+1) + f(i,j-1) + f(i,j)]\right\} \end{aligned} \tag{4.40}$$

可见,数字图像在某点(i,j)的拉普拉斯算子,除常数因子外,可由点(i,j)的灰度级值减去该点邻域平均灰度级值而得到。

上面的表达式用卷积形式表示为

$$g(i,j) = \nabla^2 f(i,j) = \sum_{r=-k}^{k}\sum_{s=-l}^{l} f(i-r,j-s)H(r,s)$$

其中

$$[H(r,s)] = \begin{bmatrix} H(-1,-1) & H(-1,0) & H(-1,1) \\ H(0,-1) & H(0,0) & H(0,1) \\ H(1,-1) & H(1,0) & H(1,1) \end{bmatrix} = \boldsymbol{H}_1 = \begin{bmatrix} 0 & -1 & 0 \\ -1 & 4 & -1 \\ 0 & -1 & 0 \end{bmatrix}$$

$(r,s=-1,0,1)$

这是一种空间滤波的形式,只要适当地选择滤波因子(权函数)$H(r,s)$,就可以组成不同性能的高通滤波器,从而使边缘得到期望的增强,常用的还有

$$\boldsymbol{H}_2 = \begin{bmatrix} -1 & -1 & -1 \\ -1 & 8 & -1 \\ -1 & -1 & -1 \end{bmatrix}, \quad \boldsymbol{H}_3 = \begin{bmatrix} 1 & -2 & 1 \\ -2 & 4 & -2 \\ 1 & -2 & 1 \end{bmatrix}, \quad \boldsymbol{H}_4 = \begin{bmatrix} 0 & -1 & 0 \\ -1 & 5 & -1 \\ 0 & -1 & 0 \end{bmatrix}$$

也就是说,对于3×3的模板而言,所有系数取值的和为零。当这样的模板放在图中灰度值是常数或变化小的区域时,其输出为零或很小。

图4.41是用拉普拉斯算子对图像增强的例子,图4.41(a)是原图,图4.41(b)~图4.41(e)是用$\boldsymbol{H}_1$~$\boldsymbol{H}_4$处理后的结果。注意,直接用$\boldsymbol{H}_1$~$\boldsymbol{H}_3$计算出来的结果会超出[0,255],所以对结果灰度进行线性变换并调整到[0,255],这里把结果图片直接加上了128。$\boldsymbol{H}_4$实际上是对原图$\boldsymbol{H}_1$处理后再加上原图得到图像细节增强的效果。

3. 其他锐化算子

利用梯度与差分原理组成的锐化算子(Sharpening Operator)还有以下几种。

1) Sobel算子

$$\begin{aligned} S(i,j) &= \sqrt{d_x^2(i,j) + d_y^2(i,j)} \\ d_x(i,j) &= [f(i-1,j-1) + 2f(i,j-1) + f(i+1,j-1)] - \\ &\quad\ [f(i-1,j+1) + 2f(i,j+1) + f(i+1,j+1] \\ d_y(i,j) &= [f(i+1,j-1) + 2f(i+1,j) + f(i+1,j+1)] - \\ &\quad\ [f(i-1,j-1) + 2f(i-1,j) + f(i-1,j+1)] \end{aligned}$$

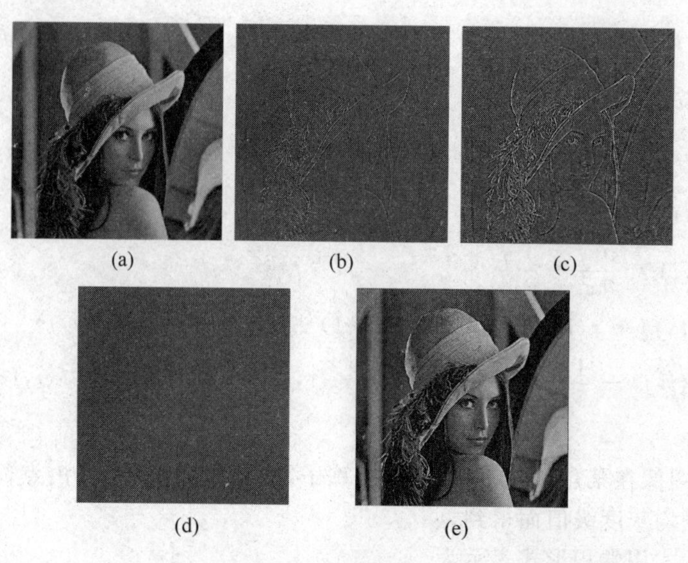

图 4.41 用 $\boldsymbol{H}_1 \sim \boldsymbol{H}_4$ 进行拉普拉斯算子增强

d_x 和 d_y 用模板表示为

$$\boldsymbol{d}_x = \begin{bmatrix} 1 & 0 & -1 \\ 2 & 0 & -2 \\ 1 & 0 & -1 \end{bmatrix} \quad \boldsymbol{d}_y = \begin{bmatrix} -1 & -2 & -1 \\ 0 & 0 & 0 \\ 1 & 2 & 1 \end{bmatrix}$$

这里及以下 Prewitt 算子和 Isotropic 算子的 $\boldsymbol{d}_x$ 均表示用此模板求取在(i,j)位置像素的水平方向梯度,$\boldsymbol{d}_y$ 同理表示求取在(i,j)位置像素的垂直方向梯度。

2) Prewitt 算子

$$S_p(i,j) = \sqrt{d_x^2(i,j) + d_y^2(i,j)}$$

$\boldsymbol{d}_x$ 和 $\boldsymbol{d}_y$ 用模板表示为

$$\boldsymbol{d}_x = \begin{bmatrix} 1 & 0 & -1 \\ 1 & 0 & -1 \\ 1 & 0 & -1 \end{bmatrix} \quad \boldsymbol{d}_y = \begin{bmatrix} -1 & -1 & -1 \\ 0 & 0 & 0 \\ 1 & 1 & 1 \end{bmatrix}$$

3) Isotropic 算子

$$I_S(i,j) = \sqrt{d_x^2(i,j) + d_y^2(i,j)}$$

$\boldsymbol{d}_x$ 和 $\boldsymbol{d}_y$ 用模板表示为

$$\boldsymbol{d}_x = \begin{bmatrix} 1 & 0 & -1 \\ \sqrt{2} & 0 & -\sqrt{2} \\ 1 & 0 & -1 \end{bmatrix} \quad \boldsymbol{d}_y = \begin{bmatrix} -1 & -\sqrt{2} & -1 \\ 0 & 0 & 0 \\ 1 & \sqrt{2} & 1 \end{bmatrix}$$

Sober 算子、Prewitt 算子和 Isotropic 算子在求取水平方向和垂直方向的梯度上有所差别,在求取梯度幅度的方式上是一样的。当然,一般也可以采用取绝对值再求和的方式简化计算。

4) Kirsch 算子

凯尔斯(R. Kirsch)提出一种像素邻点顺时针循环平均求梯度的方法来进行边缘增强

和检测。他取图像的如下梯度作为检测结果

$$g(i,j)=\nabla_K f(i,j)=\max\{1,\max[|5S_K-3T_K|]\} \quad K=0,\cdots,7$$

$$S_K=A_K+A_{K+1}+A_{K+2}$$

$$T_K=A_{K+3}+A_{K+4}+A_{K+5}+A_{K+6}+A_{K+7}$$

其中，S_K 和 T_K 分别表示为 $f(i,j)$的 8-邻域像素中，顺时针排列的相邻的 3 个像素和 5 个像素之和，如图 4.42 所示。规定 A_0 为 $f(i,j)$左上角的邻域。A 的下标按模 8 计算。K 按从 0～7 进行循环取值的过程如图 4.43 所示。

A_0	A_1	A_2
A_7	$f(i,j)$	A_3
A_6	A_5	A_4

图 4.42　Kirsch 像素关系

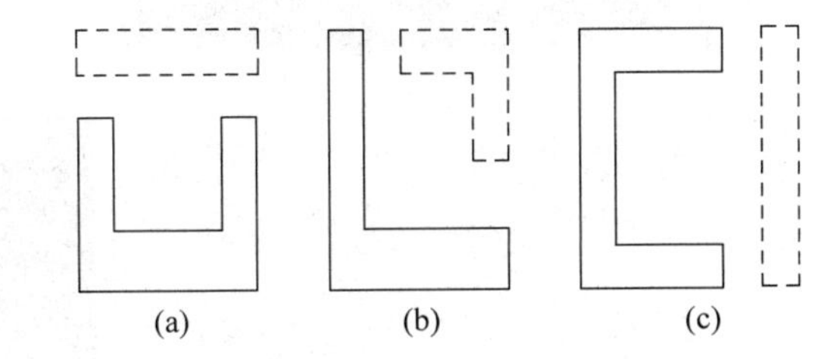

图 4.43　循环取值示意图

不难看出，上式中大括号内的取极大值运算，事实上就是求 $f(i,j)$在 8 个方向上的平均差分的最大值，即 $f(i,j)$梯度幅度的近似值。至于对 1 和梯度幅度极大值，则表明该增强后的图像背景取灰度值为 1。

5) Wallis 算子

这种方法是由沃里斯(R. Wallis)提出来的，他认为像素 $f(i,j)$的对数值和其 4-邻域点灰度对数值的平均值之差，如果超过某一阈值，则存在边界，即

$$g(i,j)=\log[f(i,j)]-\frac{1}{4}[\log A_1+\log A_3+\log A_5+\log A_7]$$

其中，A_1、A_3、A_5、A_7 为 $f(i,j)$的 4-邻域，如图 4.42 所示。用它与某一阈值相比，事实上相当于用

$$\frac{[f(i,j)]^4}{A_1A_3A_5A_7}$$

和某一常数值(阈值)进行比较，因而避免了对数运算。与式(4.40)进行比较发现，$g(i,j)$事实上是各像素取对数后，对 $f(i,j)$所进行的拉普拉斯运算的结果。因此它可看作校正了视觉的指数特性后所进行的拉普拉斯运算，故能增强边缘并用于边缘检测。

图 4.44 给出一个实际图像进行锐化的结果。图 4.44(a)是原图；图 4.44(b)为水平方向的梯度，在结果上加了 128 以达到浮雕效果；图 4.44(c)是增强的水平方向的梯度，其处理方法是先取梯度值的绝对值，再对图像求反，以达到清晰显示的效果；图 4.44(d)和图 4.44(e)是按上述方式处理垂直方向梯度的结果；图 4.44(f)为将水平方向梯度加上垂直方向梯度的结果；图 4.44(g)是 Sobel 算子处理后的结果，图 4.44(h)是用图 4.44(g)叠加到原图上进行增强的效果，为了防止大量的灰度值超过 255，这里将图 4.44(g)中的数据乘以系数0.2 后再进行叠加；图 4.44(i)为 Prewitt 算子处理后的结果；图 4.44(j)是将图 4.44(i)中的数据乘以系数 0.2 进行叠加增强的效果；图 4.44(k)为 Roberts 算子处理后的结果，图 4.44(l)是将图 4.44(k)中的数据乘以系数 0.3 进行叠加增强的效果；图 4.44(m)和图 4.44(n)是 Isotropic 算子处理及增强后的结果，叠加时乘以的系数是 0.3；图 4.44(o)和图 4.44(p)为 Kirsch 算子

处理及增强后的结果，叠加时乘以的系数是 0.1；图 4.44(q)是 Wallis 算子处理后的结果，因为对数运算的原因，Wallis 算子计算后的数值一般都比较小，为了显示的需要这里乘以倍数 700；图 4.44(r)是与 Wallis 算子计算后乘以系数 300 再与原图进行叠加增强的效果。

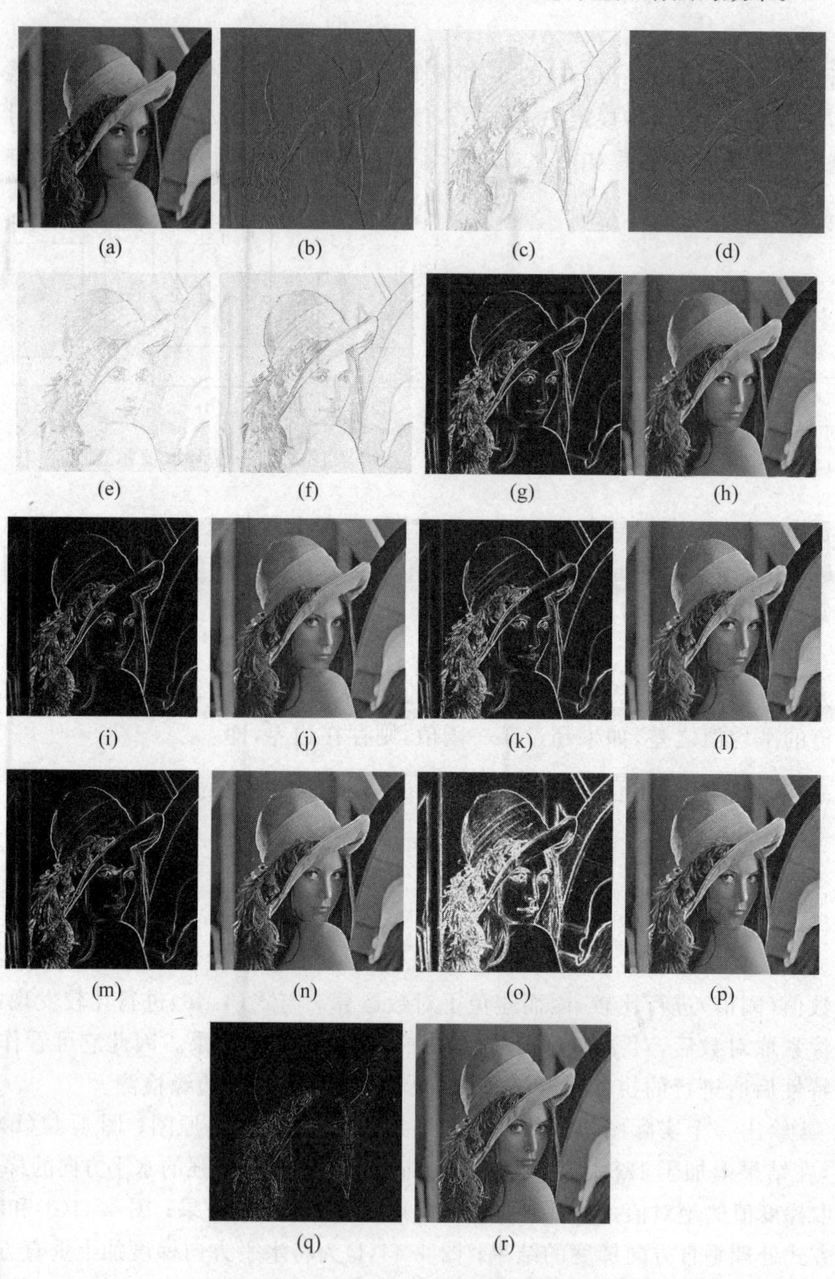

图 4.44　Lena 图像锐化结果

图 4.45 是原图为 Rice 图像时用同样方法进行处理的结果。

从上述图像可以看出梯度算子对边缘的检测效果是简单有效的，梯度水平方向和垂直方向边缘的检测结果区别比较明显。Sobel 算子、Prewitt 算子、Roberts 算子、Isotropic 算子结果较为类似，均能明显检测出边缘位置，只是结果图像尺度上略有不同，即边缘位置

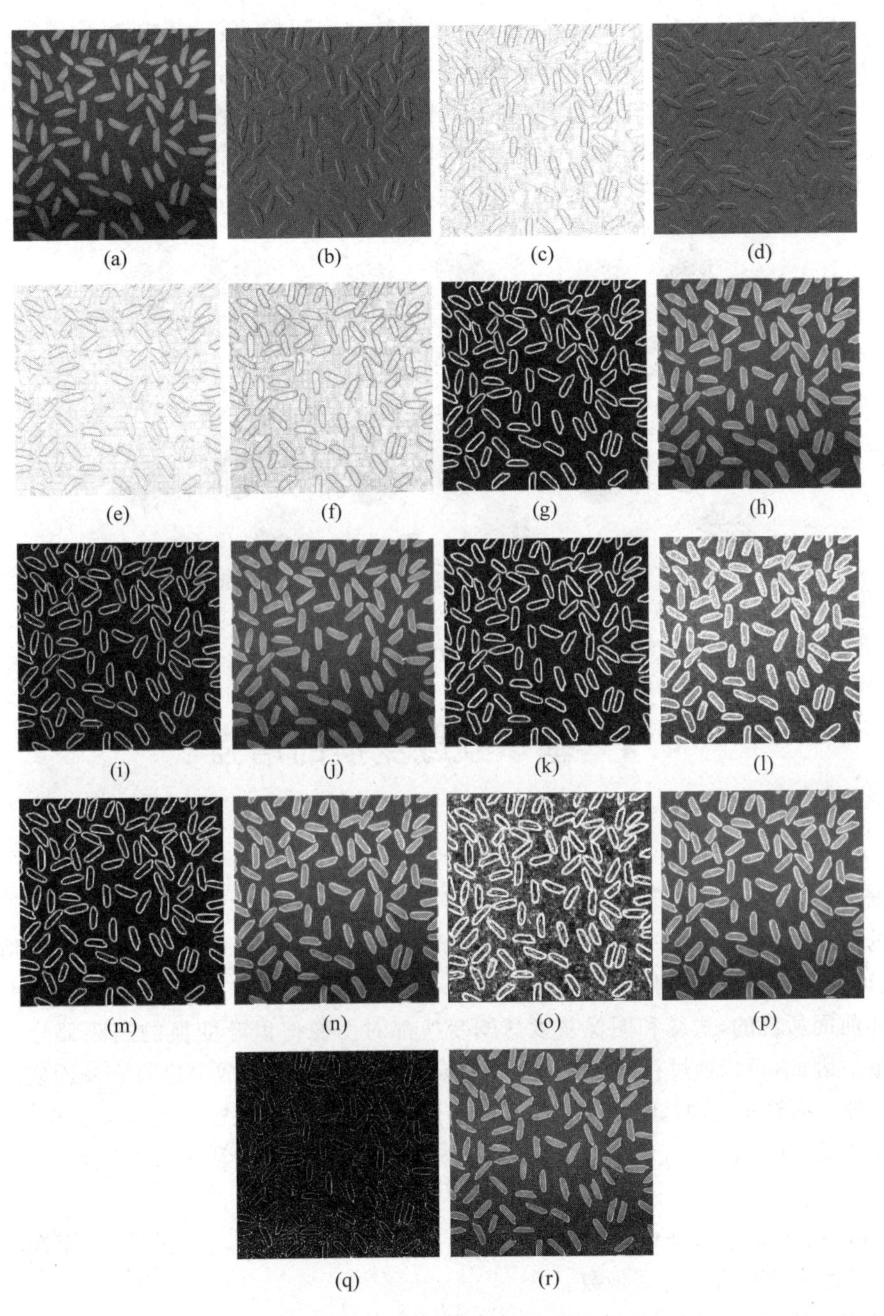

图 4.45 Rice 图像锐化结果

梯度幅度值有所不同。Kirsch 算子处理对边缘的反应最为强烈,因为它的计算公式对灰度差有了数倍的放大,所以背景的梯度也能明显看出。Wallis 算子对细节边缘也很敏感,这与它是增强型拉普拉斯算子有很大的关系。实际上这些算子对明显的边缘都有很好的检测效果,在应用中需要合理地选择合适的边缘检测阈值。从叠加增强后的结果图片也可以看出梯度增强方法有时对噪声也进行了增强,较为明显的图像是图 4.45(l)和图 4.45(r)。

图4.46给出图像锐化与图4.34所示的平滑滤波之间的比较，其中图4.46(a)为原图，图4.46(b)为采用5×5的中值滤波对高斯噪声图像平滑处理的结果，图4.46(c)是采用5×5的中值滤波对椒盐噪声图像平滑处理的结果，图4.46(d)、图4.46(e)和图4.46(f)分别是利用拉普拉斯对原图、高斯噪声图像和椒盐噪声图像进行锐化处理的结果。从实验结果也可以看出，平滑滤波存在模糊现象，而锐化滤波则突出和强调边缘信息。

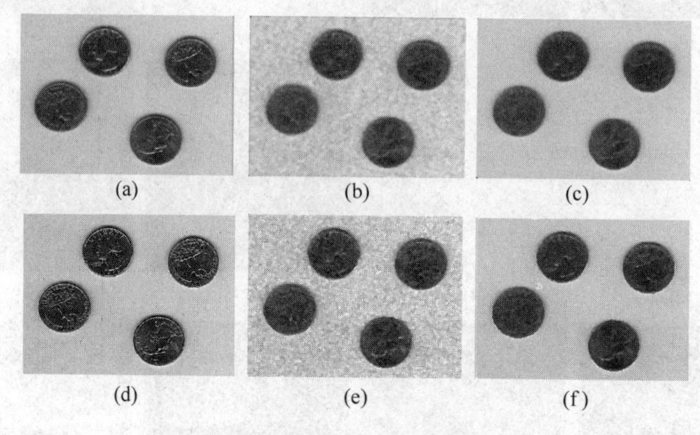

图4.46　锐化与平滑滤波比较

4.4　基于频域变换的增强

4.4.1　概述

根据前面的讨论，从原理上讲，在频域中对图像进行增强是直观的。可以首先计算待增强图像的傅里叶变换，然后用滤波器的传递函数乘以该结果，最后对上述乘积进行傅里叶逆变换，就得到了增强后的图像。

正如前面所说的，边缘和图像灰度急剧变换都对图像傅里叶变换的高频部分产生很重要的贡献。因此，可以通过在频域中对图像待定频率范围的高频成分进行衰减而实现图像的模糊化处理。而卷积定理是频域技术的基础。假设函数 $f(x,y)$ 与线性位不变算子 $h(x,y)$ 的卷积结果是 $g(x,y)$，即 $g(x,y)=f(x,y)*h(x,y)$，则根据卷积定理在频域中有

$$G(u,v) = H(u,v)F(u,v) \tag{4.41}$$

其中，$G(u,v)$、$H(u,v)$ 和 $F(u,v)$ 分别是 $g(x,y)$、$h(x,y)$ 和 $f(x,y)$ 的傅里叶变换。一般也称 $H(u,v)$ 为传递函数或转移函数。

在具体的增强实际应用中，$f(x,y)$ 是实际给定的，即 $F(u,v)$ 直接利用变换得到。需要确定的是 $H(u,v)$。这样最后得到的增强图像为

$$g(x,y) = \mathfrak{F}^{-1}[H(u,v)F(u,v)] \tag{4.42}$$

4.4.2　频域图像平滑滤波

图像中的边缘和噪声对应傅里叶变换中的高频成分，所以要在频域中削弱其影响，就要设法减弱这部分频率的分量。根据式(4.41)，需要选择一个合适的 $H(u,v)$ 以得到削弱 $F(u,v)$ 高频分量的 $G(u,v)$。在下面的讨论中，考虑对 $F(u,v)$ 的实部和虚部影响完全相同

的滤波转移函数，具有这种特性的滤波器称为零相移滤波器。下面介绍几种常用的在频域中实现图像平滑的滤波器。

1. 理想低通滤波器

一个理想的二维低通滤波器(Ideal Low-pass Filter)的传递函数 $H(u,v)$ 表示为

$$H(u,v)=\begin{cases}1 & D(u,v)\leqslant D_0\\ 0 & D(u,v)>D_0\end{cases} \tag{4.43}$$

其中，D_0 是规定的非负量，称为理想低通滤波器的截止频率。$D(u,v)$ 是从频域的原点到 (u,v) 点的距离，即

$$D(u,v)=\sqrt{u^2+v^2}$$

$H(u,v)$ 对 u,v 而言是一幅三维图形，如图 4.47 所示，其中图 4.47(a)是其透视图，图 4.47(b)是其灰度图像，图 4.47(c)是剖面图。

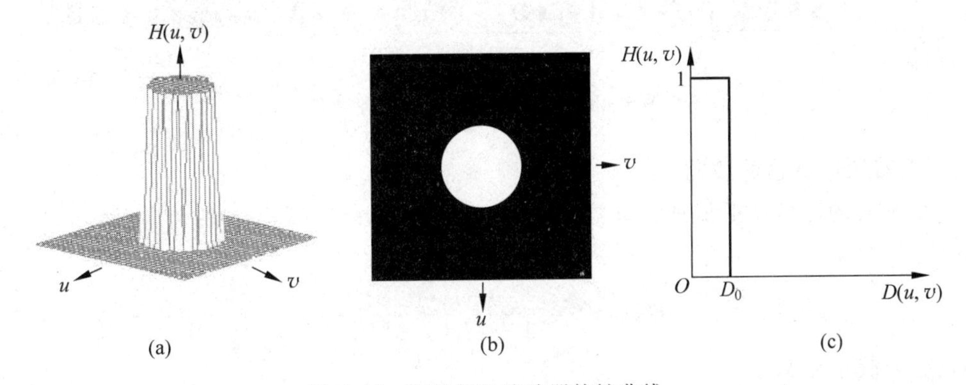

图 4.47　理想低通滤波器特性曲线

这里的理想是指以 D_0 为半径的圆内的所有频率可以完全不受影响地通过滤波器，而在 D_0 外的频率则完全通不过。

理想低通滤波器的概念是清晰的，但当用这种滤波器对图像进行处理时，将会产生严重的模糊和振铃现象。这种现象主要是由傅里叶变换的性质决定的。因为根据滤波过程式(4.41)描述，由卷积定理可知在空间域中则是一种卷积关系，即

$$g(x,y)=f(x,y)*h(x,y)$$

既然 $H(u,v)$ 是理想的矩形特性，则它的逆变换 $h(x,y)$ 的特性必然产生无限的振铃特性。经过与 $f(x,y)$ 卷积后，则给 $g(x,y)$ 带来模糊或振铃现象。D_0 越小，这种现象越严重，当然，其平滑效果也就越差，这是理想低通滤波器不可克服的弱点。如图 4.48 所示，其中图 4.48(a)是原图，图 4.48(b)是其傅里叶谱，其上所迭加圆的半径分别是 5、15、30、80 和 230，这些圆周内分别包含了原图中的 92.0%、94.6%、96.4%、98.0%和 99.5%的能量。图 4.48(c)～图 4.48(g)分别是用截止频率由以上各圆周的半径确定的理想低通滤波器进行处理的结果。由图 4.48(c)可以看出，尽管只有不到 10%的能量被滤除，但图像中绝大多数细节信息都丢失，事实上这幅图像已经没有多少实际用途。图 4.48(d)和 4.48(e)中 5%左右的能量被滤除后，图像中仍有明显的振铃现象。由图 4.48(f)可知，如果滤除 2%左右的能量，图像虽有一定程度的模糊但其视觉效果还可以。由图 4.48(g)可知，滤除 0.5%左右的能量，所得到的图像与原图几乎没有什么差别。

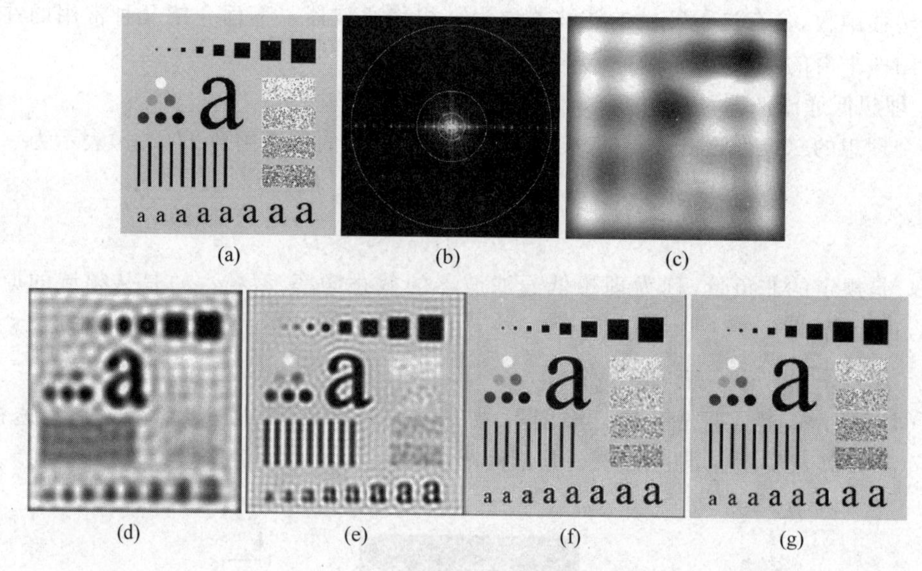

图 4.48 理想低通滤波器处理结果

2. 巴特沃斯低通滤波器

一个 n 阶的巴特沃斯低通滤波器(Butterworth Low pass Filter)的传递函数 $H(u,v)$ 表示为

$$H(u,v)=\frac{1}{1+[D(u,v)/D_0]^{2n}} \tag{4.44}$$

其中,D_0 为截止频率。

巴特沃斯低通滤波器又称最大平坦滤波器,它与理想低通滤波器不同,它的通带与阻带直接没有明显的不连续性。也就是说,在通带和阻带之间有一个平滑的过渡带。如图 4.49 所示,其中图 4.49(a)是其透视图,图 4.49(b)是其灰度图像,图 4.49(c)是其从 1~4 阶的剖面图。

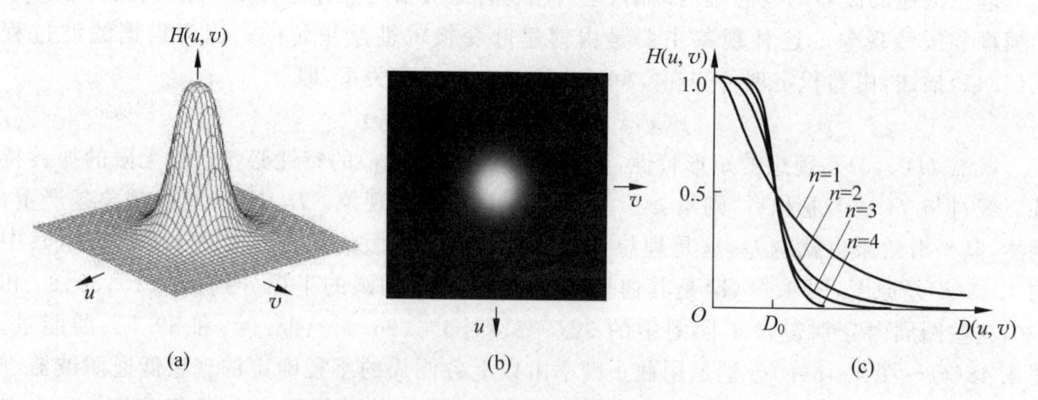

图 4.49 巴特沃斯低通滤波器特性曲线

与理想低通滤波器处理结果相比,经巴特沃斯滤波器处理的图像模糊程度会大大减少,并且没有振铃现象。如图 4.50 所示,其中图 4.50(a)是原图,从图 4.50(b)~图 4.50(f)分别是用 2 阶巴特沃斯低通滤波器,以及图 4.48 所示的 5 个不同的半径圆周处理的结果。

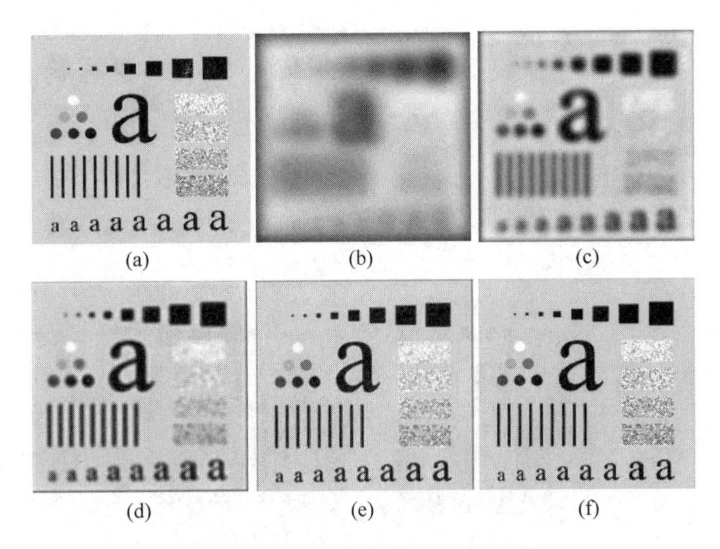

图 4.50　巴特沃斯低通滤波器处理结果

3. 高斯低通滤波器

高斯低通滤波器(Gaussian Low-pass Filter)是一种指数低通滤波器,是图像处理中一种常用的平滑滤波器,它的传递函数 $H(u,v)$表示为

$$H(u,v)=\mathrm{e}^{-\frac{D^2(u,v)}{2D_0^2}} \tag{4.45}$$

其中,D_0 为截止频率。高斯低通滤波器有较好地去除噪声的作用,图像边缘模糊程度比巴特沃斯低通滤波器明显一些,它的优点也是没有明显的振铃效应(Ringing Effect)。

高斯低通滤波器特性曲线如图 4.51 所示,其中图 4.51(a)是其透视图,图 4.51(b)是其灰度图像,图 4.51(c)是其剖面图。

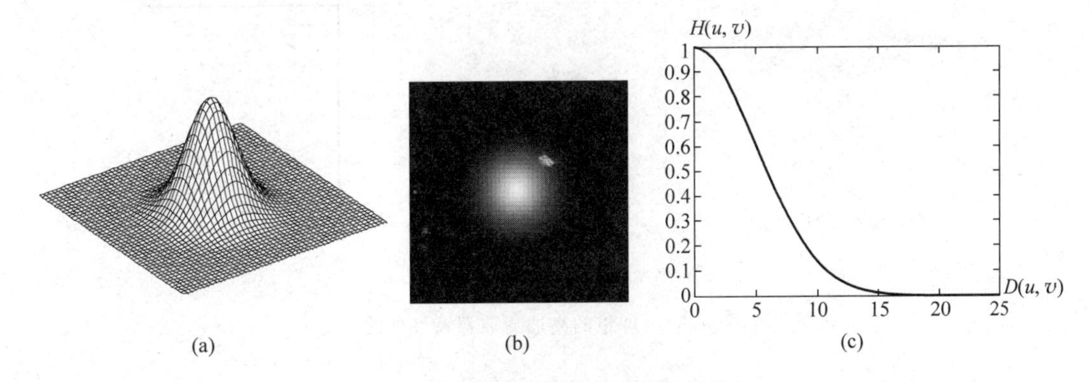

图 4.51　高斯低通滤波器特性曲线

用 5 个不同的半径圆周 5、15、30、80 和 230 处理的高斯低通滤波结果如图 4.52 所示。

4.4.3　频域图像锐化滤波

因为图像中的边缘及急剧变化部分与高频分量有关,所以当利用高通滤波器衰减图像信号中的低频分量时就会相对强调其高频分量,从而加强了图像的边缘和急剧变化的部分,达到图像锐化的目的。高通滤波器的工作原理与低通滤波器相类似。

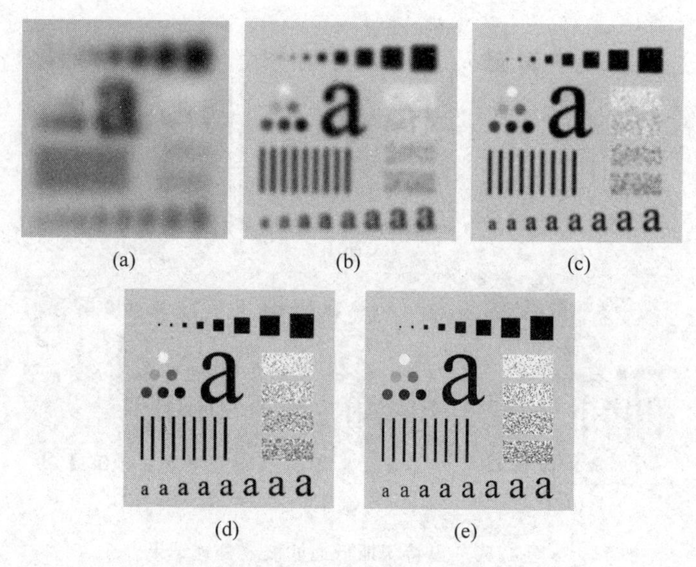

图 4.52　高斯低通滤波结果

1. 理想高通滤波器

一个理想的二维高通滤波器(Ideal High-pass Filter)的传递函数 $H(u,v)$ 表示为

$$H(u,v)=\begin{cases}0 & D(u,v)\leqslant D_0\\1 & D(u,v)>D_0\end{cases}\tag{4.46}$$

其中,D_0 为截止频率。理想的高通滤波器特征曲线如图 4.53 所示,其中图 4.53(a)是其透视图,图 4.53(b)是其灰度图像,图 4.53(c)是其剖面图。

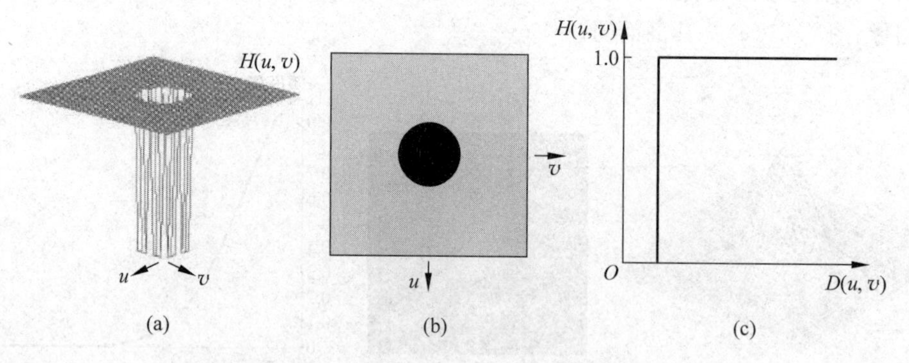

图 4.53　理想的高通滤波器特性曲线

由图 4.53 可知,理想高通滤波器传递函数与理想低通滤波器正好相反。通过高通滤波器正好把以 D_0 为半径的圆内的频率成分衰减掉,圆外的频率成分则无损通过。

2. 巴特沃斯高通滤波器

一个 n 阶的巴特沃斯高通滤波器的传递函数 $H(u,v)$ 表示为

$$H(u,v)=\frac{1}{1+[D_0/D(u,v)]^{2n}}\tag{4.47}$$

其中,D_0 为截止频率。2 阶的巴特沃斯高通滤波器特性曲线如图 4.54 所示,其中图 5.54(a)为其透视图,图 5.54(b)为其灰度图像,图 5.54(c)为其剖面图。

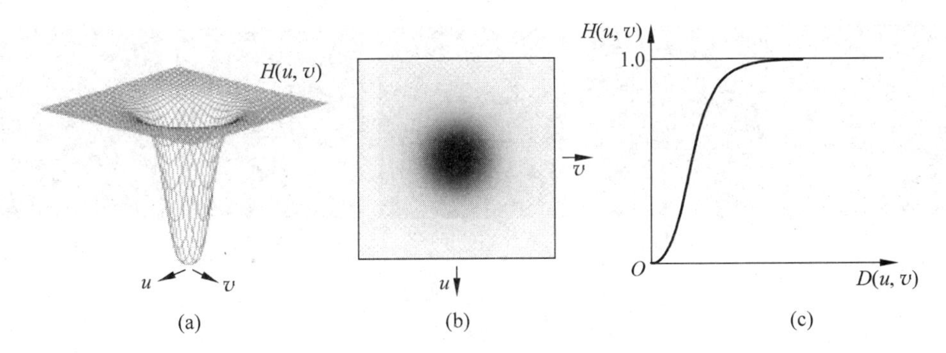

图 4.54　2 阶的巴特沃斯高通滤波器特性曲线

与其低通滤波相似，高通的巴特沃斯滤波器在通过和滤掉的频率之间没有不连续的分界。

下面给出高通滤波处理的实验结果，图 4.48(a)是原图，从图 4.55(a)～图 4.55(c)选取的 D_0 分别为 15、30 和 80。图 4.55 是利用理想高通滤波器进行锐化的结果，图 4.56 是利用 2 阶巴特沃斯高通滤波器处理的结果。从实验结果来看，2 阶巴特沃斯高通滤波器处理的结果比用理想高通滤波处理的结果要平滑。

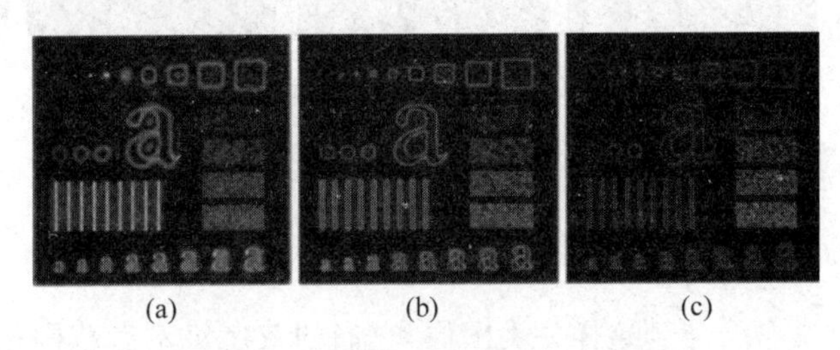

(a)　(b)　(c)

图 4.55　理想高通滤波器处理结果

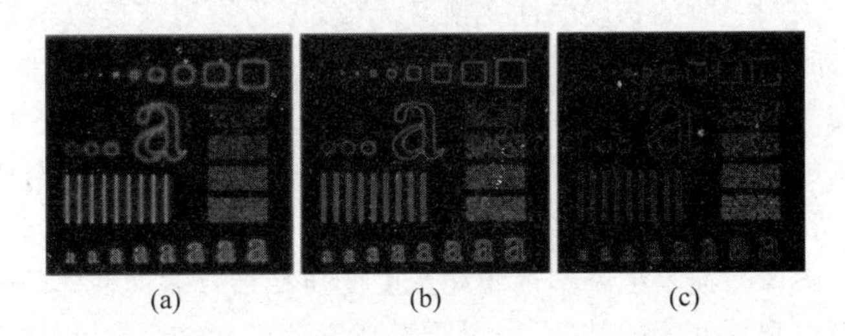

(a)　(b)　(c)

图 4.56　2 阶巴特沃斯高通滤波器处理结果

3. 高斯高通滤波器

高斯高通滤波器(Gaussian High-pass Filter)的传递函数 $H(u,v)$表示为

$$H(u,v) = 1 - e^{-\frac{D^2(u,v)}{2D_0^2}} \tag{4.48}$$

其中，D_0 为截止频率，选取 D_0 分别是 5、15、30、80 和 230，对同样的字符图片进行高通滤波得到的结果如图 4.57(a)～图 4.57(e)所示。

4. 指数高通滤波器

指数滤波器(Exponential Filter)的传递函数 $H(u,v)$表示为

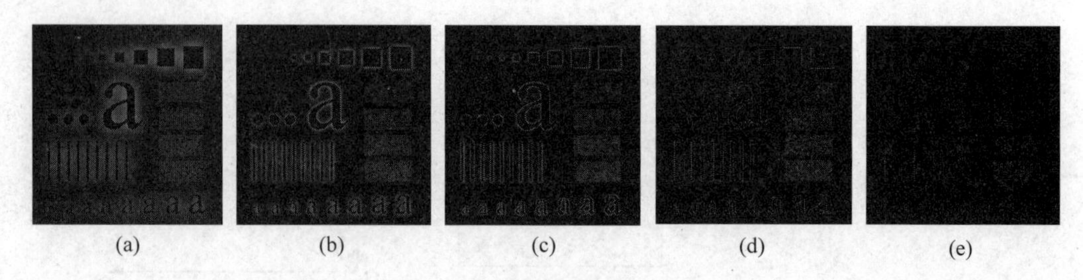

图4.57　高斯高通滤波结果

$$H(u,v)=\mathrm{e}^{-\left[\frac{D_0^2}{D^2(u,v)}\right]^n} \tag{4.49}$$

其中,D_0为截止频率。如果选取D_0分别是5、15、30、80和230,对字符图片进行高通滤波,n取1,得到的结果如图4.58(a)～图4.58(e)所示。

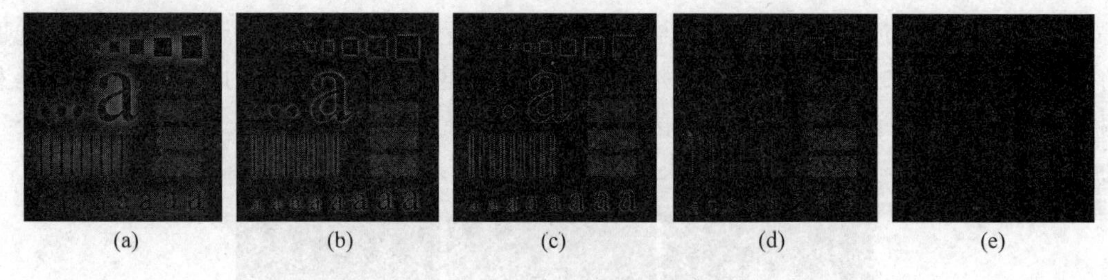

图4.58　指数高通滤波结果

4.4.4　图像的同态滤波

在实际工作中,常常会遇到这样一类图像,它们的灰度级动态范围很大,即黑的部分很黑,白的部分很白,而感兴趣的是图像中的某一部分物体灰度级范围又很小,分不清物体的灰度层次和细节。采用一般的灰度线性变换又无效,因为扩展灰度级虽然可以提高物体图像的反差,但会使动态范围更大。而压缩灰度级,虽然可以减少动态范围,但物体的灰度层次和细节更不清晰。对这种矛盾状态的处理方法就可以采用图像同态滤波方法,只要使用合适的滤波特性函数,可以既能使图像灰度动态范围压缩,又能让感兴趣的物体图像灰度级扩展,从而使图像清晰。这就是图像的同态增晰,进行同态增晰处理的系统称为同态系统。利用同态系统进行图像增强是把频率过滤和灰度变换相结合的一种处理方法。它是把图像的照明反射模型作为频域处理的基础,利用压缩亮度范围和增强对比度来改善图像的一种处理技术。也就是说,同态滤波(Homomorphic Filtering)是一种在频域中同时将图像亮度范围进行压缩和将图像对比度进行增强的方法。

一幅图像$f(x,y)$可以用它的照明分量$i(x,y)$和反射分量$r(x,y)$来表示,即

$$f(x,y)=i(x,y)\cdot r(x,y) \tag{4.50}$$

入射光取决于光源,而反射光才取决于物体的性质。也就是说,景物的亮度特征主要取决于反射光。另外,入射光较均匀,随空间位置变化较小,而对于反射光。由于物体性质和结构特点不同,反射强弱很不相同的光随空间位置变化较剧烈,因此,在频域中,入射光占据低频频段,反射光占据相对高频段比较宽的范围。为此,只要能把入射光和反射光分开,然后分别对它们施加不同的影响,那么,便能使反映物体性质的反射光得到增强,而压缩不必

要的入射光成分。

因为傅里叶变换是线性变换，所以无法将式(4.50)中具有相乘关系的两个分量分开。也就是说

$$\Im\{f(x,y)\} \neq \Im\{i(x,y)\} \cdot \Im\{r(x,y)\}$$

如果首先将式(4.50)两边取对数，就可以将式中的乘性分量变为加性分量，而后再进一步处理，即

$$z(x,y) = \ln f(x,y) = \ln i(x,y) + \ln r(x,y) \tag{4.51}$$

然后对式(4.51)两边取傅里叶变换，则

$$\Im\{z(x,y)\} = \Im\{\ln f(x,y)\} = \Im\{\ln i(x,y)\} + \Im\{\ln r(x,y)\}$$

令 $Z(u,v)=\Im\{z(x,y)\}, I(u,v)=\Im\{\ln i(x,y)\}, R(u,v)=\Im\{\ln r(x,y)\}$

则

$$Z(u,v) = I(u,v) + R(u,v)$$

如果用一个传递函数为 $H(u,v)$ 的滤波器来处理 $Z(u,v)$，如图 4.59 所示，则有

$$\begin{aligned} S(u,v) &= H(u,v) \cdot Z(u,v) \\ &= H(u,v) \cdot I(u,v) + H(u,v) \cdot R(u,v) \end{aligned} \tag{4.52}$$

处理后，将式(4.52)进行傅里叶逆变换，则

$$\begin{aligned} s(x,y) &= \Im^{-1}\{S(u,v)\} \\ &= \Im^{-1}\{H(u,v) \cdot I(u,v)\} + \Im^{-1}\{H(u,v) \cdot R(u,v)\} \end{aligned} \tag{4.53}$$

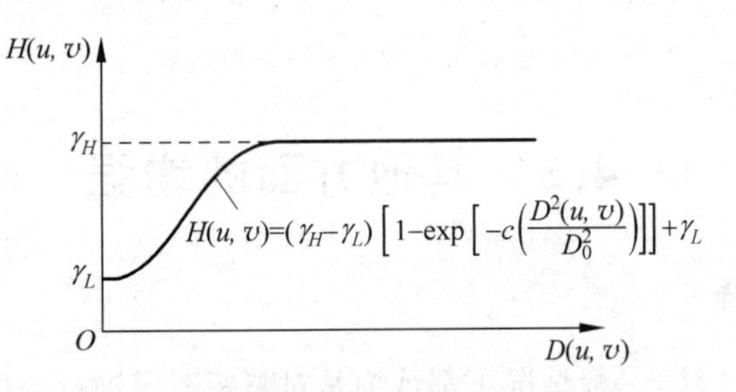

图 4.59　同态滤波传递函数的特性曲线

令 $i'(x,y)=\Im^{-1}\{H(u,v) \cdot I(u,v)\}, r'(x,y)=\Im^{-1}\{H(u,v) \cdot R(u,v)\}$，式(4.53)可写为

$$s(x,y) = i'(x,y) + r'(x,y)$$

因为 $z(x,y)$ 是 $f(x,y)$ 的对数，为了得到所要求的增强图像 $g(x,y)$，还要进行一次相反的运算，即

$$\begin{aligned} g(x,y) &= \exp\{s(x,y)\} = \exp\{i'(x,y) + r'(x,y)\} \\ &= \exp\{i'(x,y)\} \cdot \exp\{r'(x,y)\} \end{aligned}$$

令 $i_0(x,y)=\exp\{i'(x,y)\}, r_0(x,y)=\exp\{r'(x,y)\}$

则

$$g(x,y) = i_0(x,y) \cdot r_0(x,y)$$

式中，$i_0(x,y)$ 是处理后的照射分量，$r_0(x,y)$ 是处理后的反射分量。

这样就获得了增强后的图像。显然,针对图像本身特性以及实用需要选用不同形状的传递函数,就会对整个图像灰度级范围进行不同程度的压缩,而对其中感兴趣的景物灰度级进行不同的扩展,从而得到合适的层次和细节。

上述的处理过程如图4.60所示。

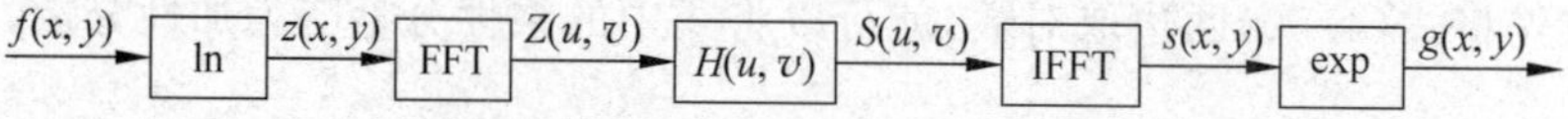

$f(x,y)$ → ln → $z(x,y)$ → FFT → $Z(u,v)$ → $H(u,v)$ → $S(u,v)$ → IFFT → $s(x,y)$ → exp → $g(x,y)$

图4.60　处理过程

这种方法关键在于是用取对数的方法把两个乘积项分开,然后用一个传递函数$H(u,v)$,同时对两部分进行滤波,并施加不同的影响,最后再经指数运算还原出处理结果。图4.61给出经过同态滤波处理的实验结果,其中图4.61(a)为原图,图4.61(b)为采用图4.59中的传递函数,取$\gamma_H=2.0$、$\gamma_L=0.5$处理的结果。

(a)　(b)

图4.61　同态滤波处理结果

4.5　其他方面的增强

4.5.1　局部增强

前面介绍的增强方法,一般情况下都认为是对整幅图像进行处理,而且在确定变换或转移函数时也是基于整个图像的统计量。在实际应用中常常需要对图像某些局部区域的细节进行增强。这些局部区域内的像素数量相对于整幅图像的像素数量而言往往较小,在计算整幅图像的变换或转移函数时其影响常被忽略,而从整幅图像得到的变换或转移函数并不能保证在这些所关心的局部区域得到所需要的增强效果。

为解决这类问题,需要根据所关心的局部区域的特性来计算变换或转移函数,并将这些函数用于所关心的局部区域,以得到所需要的相应的增强效果。由此可见,局部增强(Local Enhancement)方法比全局增强方法在具体进行增强操作前多了一个选择确定局部区域的步骤,而对每个局部区域仍可采用前面所介绍的增强方法进行增强。

局部增强除了可借助将图像分成子图像再对每个子图像具体增强外,对整幅图像增强时还可以直接利用局部信息以达到不同局部不同增强的目的。如局部增强中有一种常用的方法是利用每个像素的邻域内的像素均值和方差这两个特性进行的,这里的均值是一个平均亮度的测度,而方差是一个反差的测度。具体的局部增强,在此不再进行叙述。

4.5.2 光照一致性处理增强

一些图片在采集的过程中，会利用特定的光源以利于拍摄，但是会造成图像的背景光照不一致(Nonuniform Illumination)，如图4.62(a)所示，图片中间亮，而右下角显得偏暗。为了去除这种光照不均匀的效果，需要将带光照的背景图片找出来，然后用图像相减法减去这个背景，这样就得到了光照一致(Uniform Illumination)的图片了。

带光照的图片背景的计算方法是：将图像分成若干图像块，找出这个区块中最亮或者最暗的像素灰度值，然后将它作为此区块的背景像素。但是这样得到的背景是离散的，因为图像中有目标图像存在，区块的大小根据图像中目标的大小而确定。对背景中没有得到灰度值的位置进行图像的三次多项式插值，插值的灰度值与位置有关。插值如式(4.54)所示。

$$B(x,y)=a_0+a_1x+a_2y+a_3x^2+a_4y^2+a_5xy+a_6x^3+a_7y^3+a_8x^2y+a_9xy^2 \tag{4.54}$$

$B(x,y)$表示当前图片的带光照的背景。这里需要计算的参数是$a_0 \sim a_9$，代入上面求得的离散背景灰度值及x,y坐标，可以组成一个线性方程组。一般来说，方程个数远超要求的10个参数，是一个超定方程，用最一般的最小二乘法即可求解。

下面给出一个示例。图4.62(a)是原图，光照有明显的不均匀情况，右下角背景偏暗。图4.62(b)中的规则灰点是在局部每个9×9的图像块中找到最暗的像素，它是插值的基础。图4.62(c)经过多项式插值后的背景，图4.62(d)是原图减去了带光照的背景图4.62(c)的均匀光照结果。注意，图4.62(d)对上述处理结果的灰度值进行了线性调整。

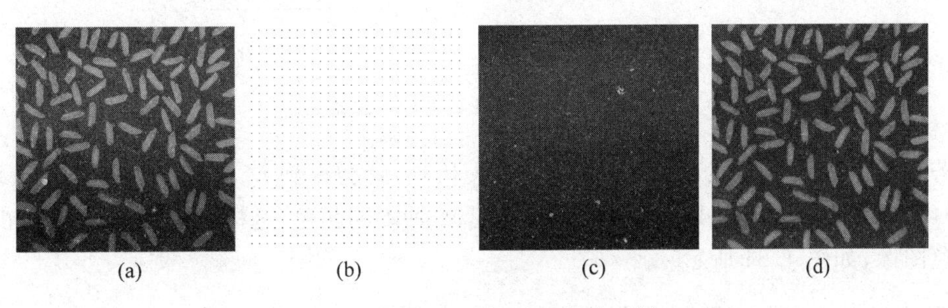

图4.62 光照一致性处理增强示例

4.6 彩色图像增强

前面的章节讨论的都是对单色图像的处理技术，为了更有效地增强图像，在数字图像处理中广泛用了彩色图像处理技术。

虽然人的眼睛只能分辨几十种不同深浅的灰度级，但却能分辨几千种不同的颜色。因此，在图像处理中常可借助彩色来处理图像以得到对人眼来说增强了的视觉效果。一般来说，彩色图像增强有两大类：伪彩色(Pseudocolor)增强和真彩色增强。

伪彩色增强是把一幅黑白图像的不同灰度级映射为一幅彩色图像。伪彩色技术早期在遥感图像处理中得到广泛的应用，后来又大量地应用于医学图像处理中。真彩色增强实际上是映射一幅彩色图像为另一幅彩色图像，从而达到增强对比度的目的。

4.6.1 伪彩色图像增强

一种常用的伪彩色图像增强(Pseudocolor Image Enhancement)方法是对原来灰度图像中不同灰度值的区域赋予不同的颜色以更明显地区分它们。下面主要讨论三种根据图像灰度的特点而赋予伪彩色的方法。

1. 密度切割法

设一幅黑白图像 $f(x,y)$，在某一个灰度级如 $f(x,y)=L_i$ 上设置一个平行于 xoy 平面的切割平面，如图 4.63(a)所示，黑白图像被切割成只有两个灰度级，切割平面下面的即灰度级小于 L_i 的像素分配一种颜色(如蓝色)，相应的切割平面上的即灰度级大于 L_i 的像素分配给另外一种颜色(如红色)，这样切割就可以将黑白图像变为只有两个颜色的伪彩色图像，如图 4.63(b)所示。

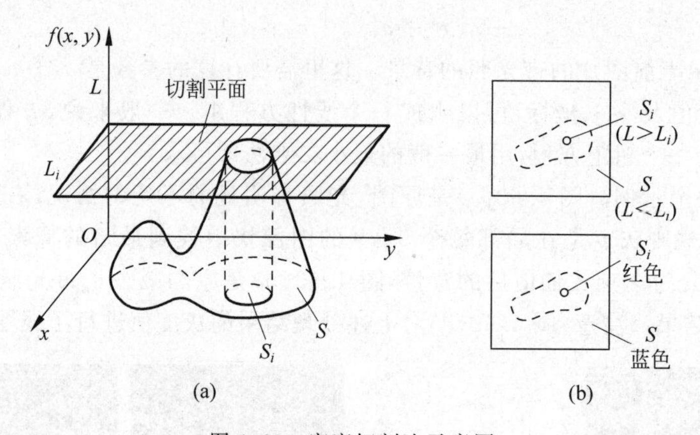

图 4.63 密度切割法示意图

若将黑白图像灰度级用 M 个切割平面去切割，就会得到 M 个不同灰度级的区域 S_1，S_2，…，S_M。将这 M 个区域中的像素人为分配 M 种不同颜色，这样就得到具有 M 种颜色的伪彩色图像，如图 4.64 所示。

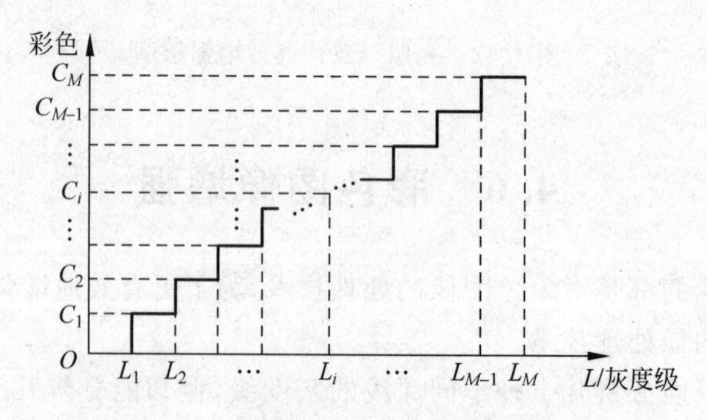

图 4.64 多灰度伪彩色切割平面示意图

利用该方法进行伪彩色处理，非常简单，可以用硬件实现，还可以扩大用途，如计算图像中某灰度级面积等，但视觉效果不理想，彩色生硬，量化噪声大(分割误差)。为了减少量化误差，必须增加分割级数，使得硬件设备变得复杂，而且彩色漂移严重。

2. 灰度级-彩色变换

这种伪彩色变换的方法是先将黑白灰度图像送入具有不同变换特性的红、绿、蓝三个变换器,然后再将三个变换器的不同输出分别送到彩色显像管的红、绿、蓝电子枪。同一灰度由于三个变换器对其实施不同变换,而使三个变换器输出不同,从而在彩色显像管里合成某一种彩色。由此可见,不同大小灰度级的图像一定可以合成为不同彩色的图像,其变换示意图及常用的变换特性如图 4.65 所示。

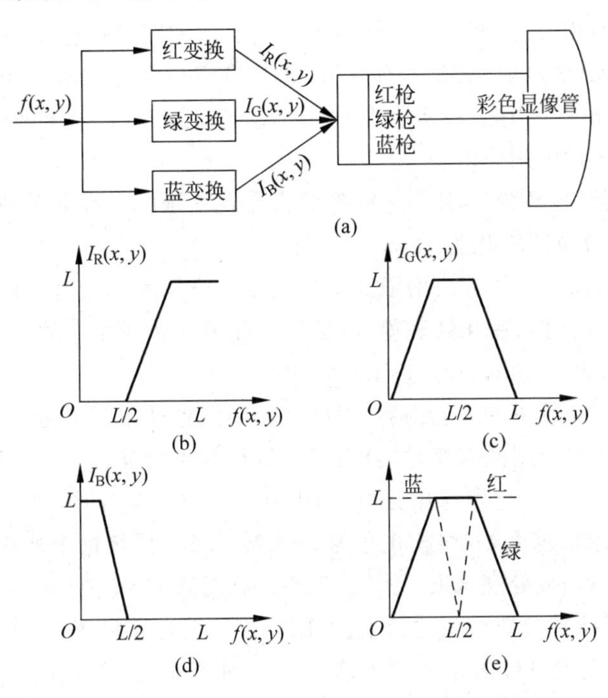

图 4.65　变换示意图及常用的变换特性

从图 4.65 可见,若 $f(x,y)=0$,则 $I_B(x,y)=L$,$I_R(x,y)=I_G(x,y)=0$,从而显示蓝色。

同样,若 $f(x,y)=L/2$,则 $I_G(x,y)=L$,$I_R(x,y)=I_B(x,y)=0$,从而显示绿色。

若 $f(x,y)=L$,则 $I_R(x,y)=L$,$I_B(x,y)=I_G(x,y)=0$,从而显示红色。

3. 滤波法

伪彩色图像增强也可在频域中借助 4.4 节介绍的各种滤波器进行处理。在实际应用中,根据需要针对图像中的不同频率成分加以彩色增强,以更有利于抽取频率信息。也就是说,图像的灰度的不同频率成分被编成不同的彩色,如把图像的低频域、高频域分开,分别赋予不同的三基色,便可得到对频率敏感的伪彩色图像。频域伪彩色处理原理如图 4.66 所示。

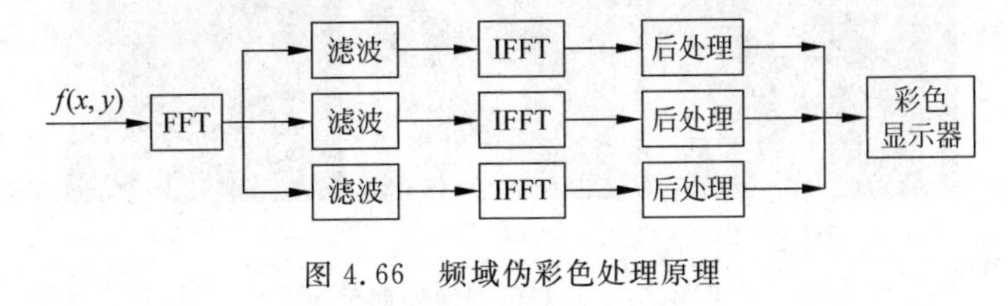

图 4.66　频域伪彩色处理原理

4.6.2 真彩色图像增强

在图像的自动分析中,彩色是一种能简化目标提取和分类的重要参数。在彩色图像处理(Color Image Processing)中,选择合适的彩色模型是很重要的。一般电视摄像机和扫描仪都是分解 RGB 模型工作的,为在屏幕上显示彩色图一定要借助 RGB 模型,但 HSI 模型在许多处理中有独特的优点。如果直接将 RGB 模型的每个颜色分量进行增强,因为这些颜色分量之间有较强的相关性,所以这么做将导致增强后的图像偏色,这在大多数增强应用中是不可接受的。因此,根据应用需要,有时将 RGB 模型转换为 HSI 模型进行处理,这样,亮度和色度分量就分开了。当然,在实际中,根据需要还可以转换为其他彩色模型进行处理。具体转换过程见第2章中相关内容。

将 RGB 彩色模型转换为 HSI 彩色模型的真彩色增强的一种简单处理方法为:

(1) 将 R、G、B 分量图转化为 H、S、I 分量图。

(2) 利用灰度图像增强的方法增强其中的亮度 I 分量图。这里的增强方法可以是直方图均衡化、亮度 I 线性变换、锐化处理等,应根据实际情况选择相应的方法。

(3) 再将结果转换为 R、G、B 分量图显示出来。

上述方法并不改变原图的彩色内容,但增强后的图像从视觉上看起来可能会有些不同。这是因为尽管色调和饱和度没有变化,但亮度分量得到了增强,整个图像会比原来更亮些。

图 4.67 给出一个真彩色图像增强的示例,图 4.67(a)是原图,图 4.67(b)是将原图的 RGB 三个通道分别求取梯度,并将梯度值乘以系数 0.25,再将这个加权的梯度值叠加到原图的相应通道上,最后组成处理结果。图 4.67(c)是原图的 HSV 图像中的 V 通道,图 4.67(d)是将图 4.67(c)进行拉普拉斯增强的结果,即用拉普拉斯运算对图 4.67(d)进行处理后再叠加到原图上,从细节亮度可以看出是明显增强了。图 4.67(e)是用图 4.67(d)的 V 通道再加上未改变的 H、S 两个通道得到的彩色增强的效果,可以看出细节之处的确更加明显;与图 4.67(b)相比,其细节增强得更加自然,图 4.67(b)的部分细节会出现颜色突变,过渡不平滑。

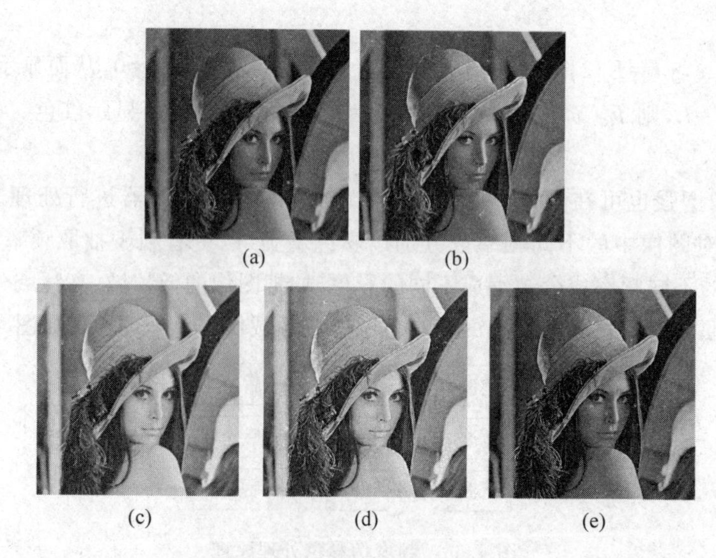

图 4.67 真彩色图像处理示例

扩展阅读

图像增强最典型的应用就是图像去噪，在数字图像中，噪声是无处不在的，程度有大有小，可以根据需求选择相应的方法或甚至可以选择不处理。除了本章中提及的平均值/中值滤波、频域低通滤波等，目前比较流行的去噪方法有小波变换去噪、基于偏微分方程图像去噪方法、基于隐马尔可夫模型的去噪方法、基于神经网络/机器学习的图像去噪和基于图像块自相似性的图像去噪等。

图像增强在数字电视、数字摄像机、数码相机中广泛应用，不同的厂家均采用不同的图像增强方法，所以不同品牌的产品针对同样的信号/图像源，观众对图像颜色亮丽程度、模糊/锐化程度，像素颗粒感等的感觉会略有不同。

有兴趣的读者请按相应关键字自行搜索相关知识。

习　　题

1. 图像增强的目的是什么？

2. 给出把灰度范围(0,10)拉伸为(0,15)，把灰度范围(10,20)移到(15,25)，把灰度范围(20,30)压缩为(25,30)的变换方程。

3. 什么是直方图？如何计算？

4. 一般情况下，离散图像的直方图均衡化并不能产生完全平坦的直方图，为什么？

5. 已知一幅 64×64 大小的图像，灰度级有 8 个，各灰度级出现的频数如表 4.7 所示，用直方图均衡化方法对该图像进行增强处理。

表 4.7　习题 5 图

r_k	0	1	2	3	4	5	6	7
n_k	750	982	568	515	215	647	273	136
n_k/n	0.18	0.24	0.14	0.13	0.05	0.16	0.07	0.03

6. 直方图规定化处理的技术难点是什么？

7. 编写程序将一幅灰度图像进行直方图均衡化处理，该图像每像素只有 1B，并显示出变换前后的直方图。可以使用一些图像处理的开发工具，如 OpenCV 或 Matlab。

8. 多图像平均法为什么能去除噪声？该方法的主要难点是什么？

9. 在邻域平均法增强图像中，如何选取邻域？

10. 中值滤波的特点是什么？它主要用于消除什么类型的噪声？

11. 图像锐化有几种方法？

12. 常用的图像锐化算子有哪几种？

13. 简述用于平滑滤波和锐化处理的滤波器之间的区别和联系。

14. 什么是同态滤波？简述其基本原理。

15. 什么是伪彩色图像增强？其主要目的是什么？

16. 产生伪彩色的方法有哪几种？分析各自的优缺点。

17. 请分析梯度模算子和拉普拉斯算子在性能上的区别。

18. 请证明拉普拉斯是各向同性的。

19. 假设对一幅图像做直方图均衡化处理,但是连续做了两次,即对已经均衡化后的结果又处理了一次,请问效果能提升吗?为什么?

20. 请证明空间域中的邻域平均法滤波算子等同于频域中的低通滤波器。

21. 空间域与频域中的滤波器可以是相互对应的。请证明,如果高斯低通滤波器为 $H(u,v)=Ae^{-(u^2+v^2)/2\sigma^2}$,其在空间域对应的滤波器为 $h(x,y)=A2\pi\sigma^2 e^{-2\pi^2\sigma^2(x^2+y^2)}$。

22. 找一幅单色图像,编写程序。

(1) 用罗伯茨(Roberts)算子处理,求取出该图像的梯度,并显示出来;

(2) 用 Sober 算子处理并显示结果;

(3) 用 Prewitt 算子处理并显示结果;

(4) 用 Isotropic 算子处理并显示结果;

(5) 用 Kirsch 算子处理并显示结果;

(6) 用 Sober 算子处理并显示结果;

(7) 用拉普拉斯算子处理并显示结果;

(8) 将上述处理结果利用起来,去增强原图像。

23. 查阅资料,看看图像增强当前还有哪些新方法及应用。

第5章 图像的复原

5.1 概述和分类

物体经光学成像系统映射后就产生像。由于光学成像系统总存在局限性或缺陷，不能使物体的全部信息反映在其图像上，即造成失真，或者已有的图像经某种方法处理后，丢失部分信息或增加噪声干扰，产生了原图像的近似图像，这一物理事实统称为图像退化。也就是说，景物成像过程中可能出现畸变、模糊、失真或混入噪声，使得所成图像降质。

图像复原就是对退化的图像进行处理，使它趋向于原物体的理想图像，即去除或减轻在图像处理过程中造成的图像质量下降，因此与第4章介绍的图像增强技术有相似之处。图像复原和图像增强一样，都是为了改善图像视觉效果，以及便于后续处理。但它又与图像增强不同，图像增强方法更偏向主观判断，而图像复原则是根据图像畸变或退化原因，进行模型化处理。既然图像复原是将降质了的图像恢复成原来的图像，因此这就要求对图像降质的原因有一定的了解。根据图像降质过程的某些先验知识，建立"降质模型"(或称退化模型)，再针对降质过程，采取某种处理方法，恢复或重建原来的图像。一般地讲，复原的好坏应有一个规定的客观标准，以便能对复原的结果做出某种最佳的估计。

图像复原是根据退化原因，建立相应的数学模型，从被污染或畸变的图像信号中提取所需要的信息，沿着使图像降质的逆过程恢复图像本来面貌。实际的复原过程是设计一个滤波器，使其能从降质图像 $g(x,y)$ 中计算得到真实图像的估值 $\hat{f}(x,y)$，使其根据预先规定的误差准则，最大限度地接近真实图像 $f(x,y)$。从广义上讲，图像复原是一个求逆问题，逆问题经常存在非唯一解，甚至无解。为了得到逆问题的有用解，需要有先验知识以及对解的附加约束条件。

在给定模型的条件下，图像复原技术可分为无约束和有约束两大类。根据是否需要外界干预，图像复原技术又可分为自动和交互的两大类。另外，根据处理所在的域，图像复原技术还可分为频域和空间域两大类。如图5.1给出本章将要介绍的图像恢复模型及方法。

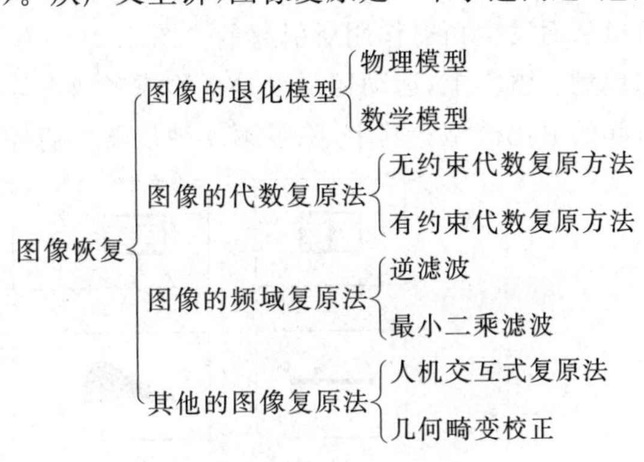

图5.1 图像复原内容

5.2 图像的退化模型

为了给出图像退化的数学模型,首先要清楚图像降质的原因,即成像过程的数学过程。为了方便描述成像系统,通常把成像系统看成一个线性系统。

5.2.1 图像降质因素

产生图像降质的因素很多,如光学系统的像差、成像过程的相对运动、X射线的散布特性、各种外界因素的干扰以及噪声等。典型原因表现为:

(1) 成像系统的像差、畸变、带宽有限等造成图像失真;

(2) 由于成像器件拍摄姿态和扫描非线性引起的图像几何失真;

(3) 运动模糊,成像传感器与被拍摄景物之间的相对运动,引起所成图像的运动模糊;

(4) 灰度失真,光学系统或成像传感器本身特性不均匀,造成同样亮度景物成像灰度不同;

(5) 辐射失真,由于场景能量传输通道中的介质特性如大气湍流效应、大气成分变化引起图像失真;

(6) 图像在成像、数字化、采集和处理过程中引入的噪声等。

产生图像降质的一个复杂因素是随机噪声。在形成数字图像的过程中,噪声会不可避免地加进来。考虑有噪声情况下的图像复原,就必须知道噪声的统计特性以及噪声和图像信号的相关情况,这是非常复杂的。在实际应用中,往往假设噪声是白噪声,即它的频谱密度为常数并且与图像不相关。这种假设是理想情况,因为白噪声的概念是一个数学上的抽象,但只要在噪声带宽比图像带宽大得多的情况下,此假设还是一个比较可行和方便的模型。同时,还应注意不同的复原技术需要不同的有关噪声的先验信息。

5.2.2 图像退化模型

退化的模型一般可分为4种,如图5.2所示。图5.2(a)和图5.2(b)表示一般的点的非线性退化。在拍摄照片时,由于曝光量和感光密度的非线性关系,便引起这种非线性退化。图5.2(c)和图5.2(d)是一种空间模糊退化模型,它可解释成许多物理图像系统中光经有限窗口从而发生衍射作用所引起的。图5.2(e)和图5.2(f)表示了由于旋转运动所引起的退化模型。事实上,运动还可以是平移或者两者均有。图5.2(g)和图5.2(h)表示由随机噪声引起的退化模型。其中,除了第4种是随机的外,其余3种都是确定性的。除第1种仅具有

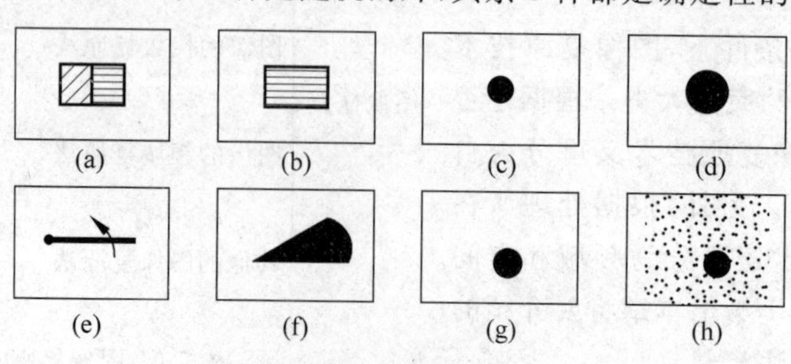

图5.2 退化模型

移不变性(模糊情况不因图像空间位置和作用时间而改变)外，其余3种均是线性(叠加性和齐次性)移不变的。尽管恢复问题具有病态性质，但如果对恢复过程施加某些约束，仍然可以获得在给定某种准则下的最佳解。

如果将图像的降质过程模型化为一个降质系统(或算子)H，并假设输入原图为$f(x,y)$，经降质系统作用后输出的降质图像为$g(x,y)$，同时引进的随机噪声为相加性噪声$n(x,y)$。如果不是加法性噪声，而是乘法性噪声，可以用对数转换方式将其转化为相加的形式。则降质过程的模型如图5.3所示。用公式表示退化模型为

$$g(x,y)=H[f(x,y)]+n(x,y) \tag{5.1}$$

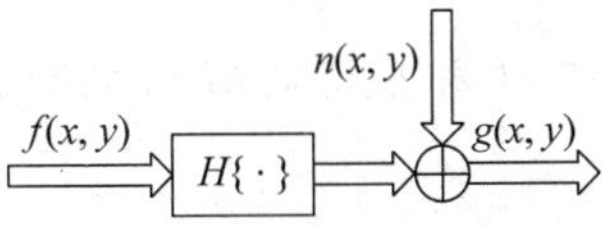

图5.3 降质过程的模型

先假设$n(x,y)=0$，则H具有如下4个性质。

(1) 线性：如果令k_1和k_2为常数，$f_1(x,y)$和$f_2(x,y)$为两幅输入图像，则有

$$H[k_1 f_1(x,y)+k_2 f_2(x,y)]=k_1 H[f_1(x,y)]+k_2 H[f_2(x,y)] \tag{5.2}$$

(2) 相加性：如果式(5.2)中的$k_1=k_2=0$，则有

$$H[f_1(x,y)+f_2(x,y)]=H[f_1(x,y)]+H[f_2(x,y)] \tag{5.3}$$

(3) 一致性：如果假设式(5.2)中的$f_2(x,y)=0$，则有

$$H[k_1 f_1(x,y)]=k_1 H[f_1(x,y)] \tag{5.4}$$

式(5.4)指出线性系统对常数与任意输入乘积的响应等于常数与该输入的响应的乘积。

(4) 位置(空间)不变性：如果对任意的$f(x,y)$以及a和b，则有

$$H[f(x-a,y-b)]=g(x-a,y-b) \tag{5.5}$$

式(5.5)指出线性系统在图像任意位置的响应只与在该位置的输入值有关，而与位置本身无关。

5.2.3 图像退化模型的离散形式

为了便于计算机处理，必须将模型离散化。本节先讨论一维情况，然后再推广到二维情况。

1. 一维离散退化模型

在暂时不考虑噪声项的情况下，设$f(x)$为具有A个采样值的离散输入函数，$h(x)$为具有B个采样值的退化系统冲激响应，则系统的离散输出函数$g(x)$为输入$f(x)$和冲激响应$h(x)$的卷积。即

$$g(x)=f(x)*h(x) \tag{5.6}$$

根据对离散卷积公式的分析，此卷积的结果会产生交叠误差。为了避免交叠误差，应将$f(x)$和$h(x)$用添零延伸的方法扩展成周期为$M=A+B-1$的周期函数$f_e(x)$和$h_e(x)$。即有

$$f_e=\begin{cases}f(x) & 0\leqslant x\leqslant A-1\\ 0 & A\leqslant x\leqslant M-1\end{cases}$$

$$h_e=\begin{cases}h(x) & 0\leqslant x\leqslant B-1\\ 0 & B\leqslant x\leqslant M-1\end{cases}$$

此时，输出为

$$g_e(x) = f_e(x) * h_e(x) = \sum_{m=0}^{M-1} f_e(m) h_e(x-m) \tag{5.7}$$

其中,$x=0,1,2,\cdots,M-1$。因为假设 $f_e(x)$和 $h_e(x)$都是周期性函数,故 $g_e(x)$也是周期性函数。

式(5.7)还可以变为矩阵的形式,具体为

$$\boldsymbol{g} = \boldsymbol{H} \cdot \boldsymbol{f} \tag{5.8}$$

其中,$\boldsymbol{f}$ 和 $\boldsymbol{g}$ 均是 M 维列向量,表示为

$$\boldsymbol{f} = \begin{bmatrix} f_e(0) \\ f_e(1) \\ f_e(2) \\ \vdots \\ f_e(M-1) \end{bmatrix} \quad \boldsymbol{g} = \begin{bmatrix} g_e(0) \\ g_e(1) \\ g_e(2) \\ \vdots \\ g_e(M-1) \end{bmatrix}$$

H 为 $M\times M$ 阶矩阵,表示为

$$\boldsymbol{H} = \begin{bmatrix} h_e(0) & h_e(-1) & h_e(-2) & \cdots & h_e(-M+1) \\ h_e(1) & h_e(0) & h_e(-1) & \cdots & h_e(-M+2) \\ h_e(2) & h_e(1) & h_e(0) & \cdots & h_e(-M+3) \\ \vdots & \vdots & \vdots & & \vdots \\ h_e(M-1) & h_e(M-2) & h_e(M-3) & \cdots & h_e(0) \end{bmatrix}$$

因为 $h_e(x)$是周期性函数,故有 $h_e(x)=h_e(M+x)$。利用此性质,上式可写为

$$\boldsymbol{H} = \begin{bmatrix} h_e(0) & h_e(M-1) & h_e(M-2) & \cdots & h_e(1) \\ h_e(1) & h_e(0) & h_e(M-1) & \cdots & h_e(2) \\ h_e(2) & h_e(1) & h_e(0) & \cdots & h_e(3) \\ \vdots & \vdots & \vdots & & \vdots \\ h_e(M-1) & h_e(M-2) & h_e(M-3) & \cdots & h_e(0) \end{bmatrix}$$

从上式可看出,矩阵的每一行都是前一行向右循环移位的结果。这就是说:在一行中最右端的元素等于下一行中最左端的元素,并且此循环性一直延伸到最末一行之尾,又回到第一行之首,因此,$\boldsymbol{H}$ 的循环是完善的。在方阵中,如果具有这种向右循环移位的性质,则称为循环矩阵。应特别注意的是,$\boldsymbol{H}$ 的循环性质是假设 $h_e(x)$为周期性之后才得到的。

2. 二维离散退化模型

设输入的数字图像 $f(x,y)$和冲激响应 $h(x,y)$分别具有 $A\times B$ 和 $C\times D$ 元素。为避免交叠误差,用添零延伸的方法,将它们扩张为 $M\times N$ 个元素,其中 $M\geqslant A+C-1$,$N\geqslant B+D-1$。则

$$f_e(x,y) = \begin{cases} f(x,y) & 0\leqslant x\leqslant A-1, 0\leqslant y\leqslant B-1 \\ 0 & A\leqslant x\leqslant M-1, B\leqslant y\leqslant N-1 \end{cases}$$

$$h_e(x,y) = \begin{cases} h(x,y) & 0\leqslant x\leqslant C-1, 0\leqslant y\leqslant D-1 \\ 0 & C\leqslant x\leqslant M-1, D\leqslant y\leqslant N-1 \end{cases}$$

如果将扩展函数 $f_e(x,y)$和 $h_e(x,y)$作为二维周期函数处理,即在 x 和 y 方向上,周期分别为 M 和 N,则输出的降质数字图像为

$$g_e(x,y)=\sum_{m=0}^{M-1}\sum_{n=0}^{N-1}f_e(m,n)h_e(x-m,y-n)$$

其中，$x=0,1,2,\cdots,M-1,y=0,1,2,\cdots,N-1$。

$g_e(x,y)$具有与 $f_e(x,y)$和 $h_e(x,y)$相同的周期，如果考虑噪声项，只要在上式的基础上，加上一个 $M\times N$ 的扩展的离散噪声项 $n(x,y)$，就可得到完整的二维离散降质模型

$$g_e(x,y)=\sum_{m=0}^{M-1}\sum_{n=0}^{N-1}f_e(m,n)h_e(x-m,y-n)+n_e(x,y)$$

其中，$x=0,1,2,\cdots,M-1,y=0,1,2,\cdots,N-1$。

同一维情况相似，可用矩阵表达式表示二维离散降质模型。它表示为

$$\boldsymbol{g}=\boldsymbol{Hf}+\boldsymbol{n} \tag{5.9}$$

其中，$\boldsymbol{g}$、$\boldsymbol{f}$、$\boldsymbol{n}$ 为 $M\times N$ 维列向量，这些列向量是由 $M\times N$ 维的函数矩阵，$g_e(x,y)$、$f_e(x,y)$和 $n_e(x,y)$的各个行堆积而成。如

$$\boldsymbol{f}=\begin{bmatrix} f_e(0,0) \\ f_e(0,1) \\ \vdots \\ f_e(0,N-1) \\ f_e(1,0) \\ f_e(1,1) \\ \vdots \\ f_e(1,N-1) \\ \vdots \\ f_e(M-1,0) \\ f_e(M-1,1) \\ \vdots \\ f_e(M-1,N-1) \end{bmatrix}$$

$\boldsymbol{g}$ 和 $\boldsymbol{n}$ 的形式与 $\boldsymbol{f}$ 相似，这里就不重复介绍了。$\boldsymbol{H}$ 为 $MN\times MN$ 维矩阵，此矩阵是一个十分庞大的矩阵，它包括 M^2 个部分，每一部分的大小为 $N\times N$。它可用 $M\times M$ 的分块循环矩阵来表示

$$\boldsymbol{H}=\begin{bmatrix} H_0 & H_{M-1} & H_{M-2} & \cdots & H_1 \\ H_1 & H_0 & H_{M-1} & \cdots & H_2 \\ H_2 & H_1 & H_0 & \cdots & H_3 \\ \vdots & \vdots & \vdots & \vdots & \vdots \\ H_{M-1} & H_{M-2} & H_{M-3} & \cdots & H_0 \end{bmatrix}$$

其中，每个分块 $\boldsymbol{H}_j$ 是由扩展函数 $h_e(x,y)$的第 j 行组成，即

$$\boldsymbol{H}_j=\begin{bmatrix} h_e(j,0) & h_e(j,N-1) & h_e(j,N-2) & \cdots & h_e(j,1) \\ h_e(j,1) & h_e(j,0) & h_e(j,N-1) & \cdots & h_e(j,2) \\ h_e(j,2) & h_e(j,1) & h_e(j,0) & \cdots & H_e(j,3) \\ \vdots & \vdots & \vdots & \vdots & \vdots \\ h_e(j,N-1) & h_e(j,N-2) & h_e(j,N-3) & \cdots & h_e(j,0) \end{bmatrix}$$

5.2.4 运动模糊的退化模型

当成像传感器与被摄景物之间存在足够快的相对运动时，所摄取的图像就会出现“运动模糊”，即运动模糊是成像系统与物体间相对运动所造成的物像模糊。假设这种运动只是物函数 $f(x,y)$相对成像系统的移动，则这种运动模糊的数学模型比较容易建立，且这种模糊具有普遍性。

设 $\Delta x(t)$，$\Delta y(t)$分别表示为 x 和 y 方向的移动分量，感光胶片上任一点的总曝光量是快门开闭时间 T 内的积分，则运动模糊图像可表示为

$$g(x,y)=\int_0^T f[x-\Delta x(t),y-\Delta y(t)]\mathrm{d}t \tag{5.10}$$

为讨论方便，假定物体仅在 x 方向做匀速直线运动，且令在曝光时间 T 内的总移动量为 a，物体沿 x 方向的变化分量为 $\Delta x(t)=at/T$，则式(5.10)可改写为

$$g(x,y)=\int_0^T f\left[x-\frac{a}{T}t\right]\mathrm{d}t=g(x) \tag{5.11}$$

令 $t_1=at/T$，则

$$g(x,y)=g(x)=\int_0^a f(x-t_1)\frac{T}{a}\mathrm{d}t_1=f(x)*h(x) \tag{5.12}$$

从卷积运算式中可以看出

$$h(x)=\frac{T}{a}\quad 0\leqslant x\leqslant a \tag{5.13}$$

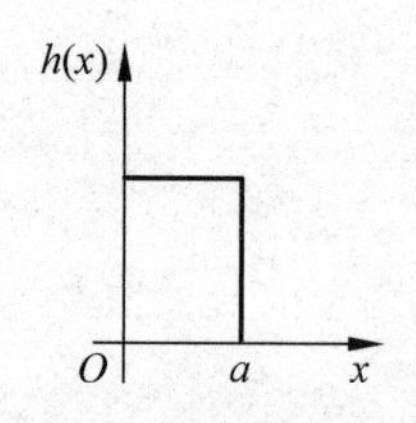

图 5.4 点扩散函数

式(5.13)就是沿 x 方向造成运动模糊的点扩散函数。该扩散函数一个矩形函数，如图 5.4 所示。即

$$h(x)=\begin{cases}\dfrac{T}{a} & 0\leqslant x\leqslant a\\ 0 & \text{其他}\end{cases} \tag{5.14}$$

式(5.14)为运动物体沿 x 方向移动时的图像退化模型。

5.3 图像的代数复原法

图像的代数复原算法是由 Andrews 和 Hunt 等人提出的，它是基于离散退化系统模型，即

$$\boldsymbol{g}=\boldsymbol{Hf}+\boldsymbol{n} \tag{5.15}$$

其中，$\boldsymbol{g}$、$\boldsymbol{f}$ 和 $\boldsymbol{n}$ 都是 N^2 维列向量，$\boldsymbol{H}$ 为 $N^2\times N^2$ 维的矩阵。

5.3.1 无约束代数复原方法

改写式(5.15)，取图像噪声为

$$\boldsymbol{n}=\boldsymbol{g}-\boldsymbol{Hf}$$

如果 $\boldsymbol{n}=0$ 或对噪声一无所知，则可以用下述方法把复原问题当作一个最小二乘问题来解决。

令 $\boldsymbol{e}(\hat{\boldsymbol{f}})$为$\hat{\boldsymbol{f}}$和 $\boldsymbol{f}$ 向量间的差值，则式(5.15)可改写为

$$\boldsymbol{g} = \boldsymbol{H}\boldsymbol{f} = \boldsymbol{H}\hat{\boldsymbol{f}} + \boldsymbol{e}(\hat{\boldsymbol{f}}) \tag{5.16}$$

或

$$\boldsymbol{e}(\hat{\boldsymbol{f}}) = \boldsymbol{g} - \boldsymbol{H}\hat{\boldsymbol{f}}$$

定义 $\boldsymbol{e}(\hat{\boldsymbol{f}})$的范数平方为

$$\| \boldsymbol{e}(\hat{\boldsymbol{f}}) \|^2 = \boldsymbol{e}(\hat{\boldsymbol{f}})^{\mathrm{T}}\boldsymbol{e}(\hat{\boldsymbol{f}}) = (\boldsymbol{g} - \boldsymbol{H}\hat{\boldsymbol{f}})^{\mathrm{T}}(\boldsymbol{g} - \boldsymbol{H}\hat{\boldsymbol{f}}) \tag{5.17}$$

$\| \boldsymbol{e}(\hat{\boldsymbol{f}}) \|^2$ 可以视为误差项 $\boldsymbol{e}(\hat{\boldsymbol{f}})$的一种度量。可以这样来选择$\hat{\boldsymbol{f}}$,使它被 $\boldsymbol{H}$ 模糊(退化)后所得的结果与观察到的图像 $\boldsymbol{g}$ 之差在均方意义下尽可能的小。由于 $\boldsymbol{g}$ 本身是由 $\boldsymbol{f}$ 经过 $\boldsymbol{H}$ 模糊所得到的,可以想象,这是一种令人满意的方法。若 $\boldsymbol{f}$ 和$\hat{\boldsymbol{f}}$这两者被 $\boldsymbol{H}$ 模糊的结果十分近似,则$\hat{\boldsymbol{f}}$很可能就是 $\boldsymbol{f}$ 的最佳估计。

所谓无约束复原就是对式(5.17)求最小二乘解,即求$\hat{\boldsymbol{f}}$,使得对应的误差向量的平方取最小值。

若令目标函数

$$\boldsymbol{T}(\hat{\boldsymbol{f}}) = \| \boldsymbol{e}(\hat{\boldsymbol{f}}) \|^2 = (\boldsymbol{g} - \boldsymbol{H}\hat{\boldsymbol{f}})^{\mathrm{T}}(\boldsymbol{g} - \boldsymbol{H}\hat{\boldsymbol{f}}) \tag{5.18}$$

则无约束复原就是求 $\boldsymbol{T}(\hat{\boldsymbol{f}})$的最小值。由此可见,除了使目标函数最小外,并无其他限制条件,可以称为无约束代数复原方法。

令 $\boldsymbol{T}(\hat{\boldsymbol{f}})$的导数等于零,则

$$\frac{\partial \boldsymbol{T}(\hat{\boldsymbol{f}})}{\partial \boldsymbol{f}} = -2\boldsymbol{H}^{\mathrm{T}}(\boldsymbol{g} - \boldsymbol{H}\hat{\boldsymbol{f}}) = 0 \tag{5.19}$$

求得

$$\hat{\boldsymbol{f}} = (\boldsymbol{H}^{\mathrm{T}}\boldsymbol{H})^{-1}\boldsymbol{H}^{\mathrm{T}}\boldsymbol{g} \tag{5.20}$$

其中,$(\boldsymbol{H}^{\mathrm{T}}\boldsymbol{H})^{-1}\boldsymbol{H}^{\mathrm{T}}$ 称为矩阵 $\boldsymbol{H}$ 的广义逆,由于 $\boldsymbol{H}$ 是 $N \times N$ 的方阵,因此

$$\hat{\boldsymbol{f}} = \boldsymbol{H}^{-1}\boldsymbol{g} \tag{5.21}$$

式(5.21)给出了逆滤波器,即为无约束条件下的代数复原解。

5.3.2 有约束代数复原方法

考察式(5.15)的复原模型,影响图像复原的因素包括噪声干扰 $\boldsymbol{n}$,成像系统的传递函数 $\boldsymbol{H}$。后者包含图像传感器中光学和电子学的影响。如果先抛开噪声,按照式(5.15),要恢复原图像 $\boldsymbol{f}$,需要对矩阵 $\boldsymbol{H}$ 求逆,即

$$\boldsymbol{g} = \boldsymbol{H}^{-1}\boldsymbol{f}$$

数学上要求这个逆矩阵存在并且唯一。但事实上,即使模糊图像上存在非常小的扰动时,在恢复结果图像中,都会产生完全不可忽视的强扰动,可表示为

$$\boldsymbol{H}^{-1}[\boldsymbol{g} + \varepsilon] = \boldsymbol{f} + \delta$$

其中,ε 为任意小的扰动,$\delta \gg \varepsilon$。无论是成像系统,数字化器,还是截断误差,对采集到的数字化图像产生一定扰动,几乎是不可避免的。

至于噪声,由于其随机性,使得模糊图像 $\boldsymbol{g}$ 可以由无限种可能情况,因而也导致了恢复

的病态性。

还存在另外一种可能,即逆矩阵 $\boldsymbol{H}^{-1}$ 不存在,但确实还存在和 $\boldsymbol{f}$ 十分近似的解,这称为恢复问题的奇异性。

为克服复原问题中的病态性质,常需要在恢复过程中对运算施加某种约束,从而在一组可能的结果中选择一种,这就是有约束条件的复原方法。

在一般情况下,考虑噪声存在下的极小化过程需要求式 $\boldsymbol{n}=\boldsymbol{g}-\boldsymbol{H}\boldsymbol{f}$ 两端范数相等的约束,即

$$\|\boldsymbol{n}\|^2 = \|\boldsymbol{g}-\hat{\boldsymbol{f}}\|^2 \tag{5.22}$$

于是,有约束条件的复原可以这样实现:令 $\boldsymbol{Q}$ 为 $\boldsymbol{f}$ 的线性算子,约束复原问题可看成是使形式为 $\|\boldsymbol{Q}\hat{\boldsymbol{f}}\|^2$ 的函数,在式(5.22)的约束条件下求极小值问题。因此,采用拉格朗日乘数法的修正函数(目标函数)$\boldsymbol{T}(\hat{\boldsymbol{f}},\boldsymbol{\lambda})$,其表达式为

$$\begin{aligned}\boldsymbol{T}(\hat{\boldsymbol{f}},\lambda) &= \|\boldsymbol{Q}\hat{\boldsymbol{f}}\|^2+\lambda\|\boldsymbol{g}-\boldsymbol{H}\hat{\boldsymbol{f}}\|^2-\|\boldsymbol{n}\|^2\\ &=(\boldsymbol{Q}\hat{\boldsymbol{f}})^{\mathrm{T}}(\boldsymbol{Q}\hat{\boldsymbol{f}})+\lambda(\boldsymbol{g}-\boldsymbol{H}\hat{\boldsymbol{f}})^{\mathrm{T}}(\boldsymbol{g}-\boldsymbol{H}\hat{\boldsymbol{f}})-\boldsymbol{n}^{\mathrm{T}}\boldsymbol{n}\end{aligned} \tag{5.23}$$

求 $\boldsymbol{T}(\hat{\boldsymbol{f}},\lambda)$ 对 $\hat{\boldsymbol{f}}$ 的偏导数,并令其为零,则有

$$\frac{\partial \boldsymbol{T}(\hat{\boldsymbol{f}},\boldsymbol{\lambda})}{\partial\hat{\boldsymbol{f}}} = 2\boldsymbol{Q}^{\mathrm{T}}\boldsymbol{Q}\hat{\boldsymbol{f}}-2\lambda\boldsymbol{H}^{\mathrm{T}}(\boldsymbol{g}-\boldsymbol{H}\hat{\boldsymbol{f}})=0$$

解得

$$\hat{\boldsymbol{f}}=(\boldsymbol{H}^{\mathrm{T}}\boldsymbol{H}+\gamma\boldsymbol{Q}^{\mathrm{T}}\boldsymbol{Q})^{-1}\boldsymbol{H}^{\mathrm{T}}\boldsymbol{g} \tag{5.24}$$

这就是有约束最小二乘代数复原解的一般公式。例如,如果约束条件是要求复原后的图像 $\hat{\boldsymbol{f}}$ 与模糊后的图像 $\boldsymbol{g}$ 的能量保持不变,即要求

$$\boldsymbol{f}^{\mathrm{T}}\hat{\boldsymbol{f}}=\boldsymbol{g}^{\mathrm{T}}\boldsymbol{g}=\boldsymbol{C}(\text{常量}) \tag{5.25}$$

则求目标函数 $\boldsymbol{T}(\hat{\boldsymbol{f}})$ 的最小值,就是求 $\boldsymbol{T}(\hat{\boldsymbol{f}},\lambda)$ 函数在式(5.25)条件下的最小值,即求辅助函数

$$\begin{aligned}\boldsymbol{T}(\hat{\boldsymbol{f}},\lambda) &= \boldsymbol{T}(\hat{\boldsymbol{f}})+\lambda(\boldsymbol{f}^{\mathrm{T}}\hat{\boldsymbol{f}}-\boldsymbol{C})\\ &=(\boldsymbol{g}-\boldsymbol{H}\hat{\boldsymbol{f}})^{\mathrm{T}}(\boldsymbol{g}-\boldsymbol{H}\hat{\boldsymbol{f}})+\lambda(\boldsymbol{f}^{\mathrm{T}}\hat{\boldsymbol{f}}-\boldsymbol{C})\end{aligned}$$

对 $\hat{\boldsymbol{f}}$ 求导数,令其为零,则有

$$\frac{\partial \boldsymbol{T}(\hat{\boldsymbol{f}},\lambda)}{\partial\hat{\boldsymbol{f}}}=-2\boldsymbol{H}^{\mathrm{T}}\boldsymbol{g}+2\boldsymbol{H}^{\mathrm{T}}\boldsymbol{H}\hat{\boldsymbol{f}}+2\lambda\hat{\boldsymbol{f}}=0$$

解得

$$\hat{\boldsymbol{f}}=(\boldsymbol{H}^{\mathrm{T}}\boldsymbol{H}+\lambda\boldsymbol{I})^{-1}\boldsymbol{H}^{\mathrm{T}}\boldsymbol{g} \tag{5.26}$$

其中,$\boldsymbol{I}$ 为单位方阵。根据式(5.24)和式(5.26)可知,当 $\boldsymbol{Q}=\boldsymbol{I}$ 或 $\boldsymbol{Q}$ 为正交矩阵时,两式相同。运算时,调整常数 λ 直到满意为止。

若令 $\gamma=0$,$\boldsymbol{Q}=\boldsymbol{I}$,则式(5.24)就变为式(5.21),称这种情况为伪逆滤波器。

5.4 图像的频域复原法

5.4.1 逆滤波

逆滤波复原方法也称反向滤波法。根据图像退化模型，其基本原理如下

$$g(x,y)=h(x,y)*f(x,y)+n(x,y)$$

这显然是一个卷积表达式，由傅里叶变换的卷积定理可知式(5.27)成立。

$$G(u,v)=H(u,v)\cdot F(u,v)+N(u,v) \tag{5.27}$$

其中，$G(u,v)$、$H(u,v)$、$N(u,v)$和 $F(u,v)$分别是退化图像 $g(x,y)$、点扩散函数 $h(x,y)$、噪声 $n(x,y)$和原图 $f(x,y)$的傅里叶变换。由式(5.27)可得

$$F(u,v)=\frac{G(u,v)}{H(u,v)}-\frac{N(u,v)}{H(u,v)} \tag{5.28}$$

在噪声未知和不可分离的情况下，可近似取

$$F(u,v)=\frac{G(u,v)}{H(u,v)} \tag{5.29}$$

对式(5.29)取傅里叶逆变换，便可得恢复后的图像，即

$$f(x,y)=\mathfrak{F}^{-1}[F(u,v)]=\mathfrak{F}^{-1}\left[\frac{G(u,v)}{H(u,v)}\right] \tag{5.30}$$

这意味着，如果已知退化图像的傅里叶变换和滤波传递函数，则可以求得原图的傅里叶变换，经逆傅里叶变换就可求得原图 $f(x,y)$。这里，$G(u,v)$除以 $H(u,v)$起到了反向滤波的作用，这就是逆滤波复原的基本原理。

利用式(5.28)和式(5.29)进行复原处理时可能会发生如下情况：在 u,v 平面上有些点或区域会产生 $H(u,v)=0$ 或 $H(u,v)$非常小。在这种情况下，即使没有噪声，也无法精确地恢复 $f(x,y)$。另外，在噪声存在时，在 $H(u,v)$的邻域内，$H(u,v)$的值可能比 $N(u,v)$的值小得多，因此由式(5.28)得到的噪声项可能会非常大，这样也会使 $f(x,y)$不能正确恢复。

一般来说，逆滤波法不能正确地估计 $H(u,v)$的零点，因此必须采用一个折中的方法加以解决。实际上，逆滤波不使用 $1/H(u,v)$，而是采用另外一个关于 u,v 的函数 $M(u,v)$。它的处理框图如图 5.5 所示。

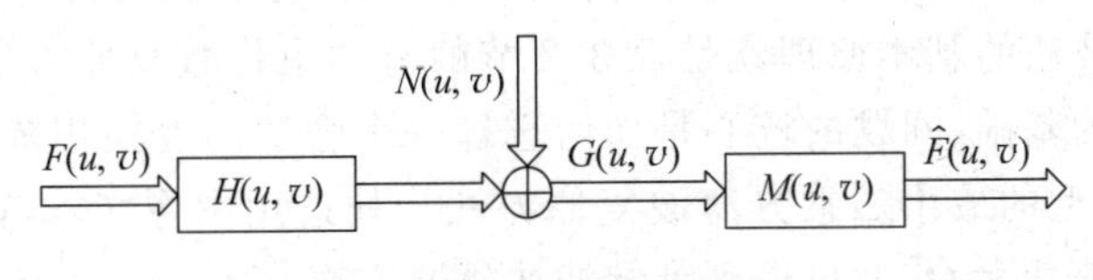

图 5.5 逆滤波处理框图

在没有零点且也不存在噪声的情况下，有

$$M(u,v)=\frac{1}{H(u,v)} \tag{5.31}$$

图 5.5 所示的模型包括退化和恢复运算。退化和恢复总的传递函数可用 $H(u,v)M(u,v)$来表示，此时有

$$\hat{F}(u,v)=[H(u,v)M(u,v)]F(u,v) \tag{5.32}$$

其中,$\hat{f}(x,y)$是$f(x,y)$的估计值,$\hat{F}(u,v)$是$\hat{f}(x,y)$的傅里叶变换。$H(u,v)$称为输入传递函数,$M(u,v)$称为处理传递函数。$H(u,v)M(u,v)$称为输出传递函数。

一般情况下,$H(u,v)$的幅度随着离u,v平面原点的距离的增加而迅速下降,而噪声项$N(u,v)$的幅度变化比较平缓。在远离u,v平面的原点时$N(u,v)/H(u,v)$的值就会变得很大,而对于大多数图像而言$F(u,v)$却很小,在这种情况下,噪声反而占优势,自然无法满意恢复出原图。这一规律说明,应用逆滤波时仅在原点邻域内采用$1/H(u,v)$才能有效。换句话说,$M(u,v)$满足

$$M(u,v)=\begin{cases}\dfrac{1}{H(u,v)} & u^2+v^2\leqslant w_0^2\\ 1 & u^2+v^2>w_0^2\end{cases} \tag{5.33}$$

w_0的选择应该将$H(u,v)$的零点排除在此邻域之外。图5.6给出利用逆滤波恢复的实验结果,其中图5.6(a)为原图,图5.6(b)为降质模糊后的图像,图5.6(c)是在原点附近复原的结果(不包括$H(u,v)$过分小的数值),即利用式(5.33)恢复的结果,而图5.6(d)是离原点较远的区域内复原的结果。从实验结果可以看出,图5.6(d)无法正确恢复出原图“5”的样子,而图5.6(c)尽管有振铃现象,但能恢复出原图“5”的样子。

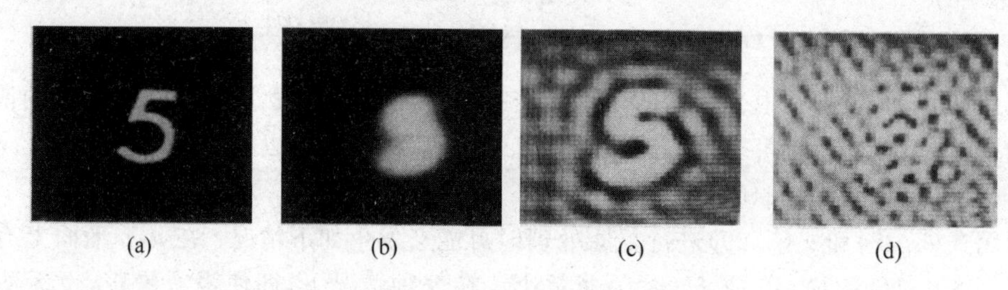

图5.6 利用逆滤波进行图像恢复示例

5.4.2 最小二乘滤波

最小二乘滤波也就是维纳滤波,它是使原图$f(x,y)$及其恢复图像$\hat{f}(x,y)$之间的均方误差最小的复原方法。它是一种约束复原,除了要求了解关于降质模型的传递函数的情况外,还需知道(至少在理论上)噪声的统计特性和噪声与图像的相关情况。

最小二乘方滤波法的基本原理就是5.3.2节的有约束代数复原方法,即式(5.24)是最小二乘方滤波复原的基础,问题的核心是如何选择一个合适的变换矩阵$\boldsymbol{Q}$。选择$\boldsymbol{Q}$类型的不同,可得到不同类型的最小二乘方滤波复原方法。如选用图像$\boldsymbol{f}(\boldsymbol{x},\boldsymbol{y})$和噪声$\boldsymbol{n}(\boldsymbol{x},\boldsymbol{y})$的相关矩阵$\boldsymbol{R}_f$和$\boldsymbol{R}_n$来表示$Q$,就可得到维纳滤波复原方法。

假设$\boldsymbol{R}_f$和$\boldsymbol{R}_n$分别为原图$\boldsymbol{f}(\boldsymbol{x},\boldsymbol{y})$和噪声$\boldsymbol{n}(\boldsymbol{x},\boldsymbol{y})$的相关矩阵,定义为

$$\begin{aligned}\boldsymbol{R}_f&=E\{\boldsymbol{f}\boldsymbol{f}^{\mathrm{T}}\}\\ \boldsymbol{R}_n&=E\{\boldsymbol{n}\boldsymbol{n}^{\mathrm{T}}\}\end{aligned} \tag{5.34}$$

其中,$E\{\cdot\}$表示数学期望运算,$\boldsymbol{R}_f$的第ij个元素用$E\{\boldsymbol{f}_i\boldsymbol{f}_j\}$表示,它是$\boldsymbol{f}$的第$i$个和第$j$个元素之间的相关。同样,$\boldsymbol{R}_n$的第$ij$个元素的$E\{\boldsymbol{n}_i\boldsymbol{n}_j\}$给出了在$\boldsymbol{n}$中相应的第$i$个和第$j$个元素之间的相关。因为$\boldsymbol{f}$和$\boldsymbol{n}$的元素是实数,则

$$E\{\boldsymbol{f}_i\boldsymbol{f}_j\} = E\{\boldsymbol{f}_j\boldsymbol{f}_i\} \quad E\{\boldsymbol{n}_i\boldsymbol{n}_j\} = E\{\boldsymbol{n}_j\boldsymbol{n}_i\}$$

因此，$\boldsymbol{R}_f$ 和 $\boldsymbol{R}_n$ 均为实对称矩阵。对大多数的图像函数，像素之间的相关不会延伸到图像中 20～30 个点的距离之外。因而，典型的相关矩阵在主对角线附近将有一个非零元素带，而在右上角和左下角的区域将为零。

假设任意两像素的相关性，只与像素的距离有关，而和它们所在的位置无关时，可以证明 $\boldsymbol{R}_f$ 和 $\boldsymbol{R}_n$ 近似为分块循环矩阵。因此，可利用一个 $\boldsymbol{H}$ 的特征向量组成的 $\boldsymbol{W}$ 矩阵对它们进行对角线化。设 $\boldsymbol{A}$ 和 $\boldsymbol{B}$ 为 $\boldsymbol{R}_f$ 和 $\boldsymbol{R}_n$ 相应的对角矩阵，则

$$\boldsymbol{R}_f = \boldsymbol{WAW}^{-1} \quad \boldsymbol{R}_n = \boldsymbol{WBW}^{-1} \tag{5.35}$$

如前所述，矩阵 $\boldsymbol{A}$ 和 $\boldsymbol{B}$ 中的诸元素分别为相关矩阵 $\boldsymbol{R}_f$ 和 $\boldsymbol{R}_n$ 中诸元素的傅里叶变换。用 $\boldsymbol{S}_f(u,v)$ 和 $\boldsymbol{S}_n(u,v)$ 表示 $\boldsymbol{A}$ 和 $\boldsymbol{B}$ 矩阵中各元素，而 $\boldsymbol{R}_f$ 和 $\boldsymbol{R}_n$ 中的各元素是 $\boldsymbol{f}$ 和 $\boldsymbol{n}$ 中各元素之间的自相关函数。由信息论可知，随机向量的自相关函数的傅里叶变换是随机向量的功率谱密度。因此 $\boldsymbol{S}_f(u,v)$ 和 $\boldsymbol{S}_n(u,v)$ 分别是 $\boldsymbol{f}(x,y)$ 和 $\boldsymbol{n}(x,y)$ 的谱密度。

如果我们选择线性算子 $\boldsymbol{Q}$ 满足如下关系

$$\boldsymbol{Q}^{\mathrm{T}}\boldsymbol{Q} = \boldsymbol{R}_f^{-1}\boldsymbol{R}_n$$

将此式代入式(5.24)得

$$\hat{\boldsymbol{f}} = (\boldsymbol{H}^{\mathrm{T}}\boldsymbol{H} + \gamma\boldsymbol{R}_f^{-1}\boldsymbol{R}_n)^{-1}\boldsymbol{H}^{\mathrm{T}}\boldsymbol{g}$$

根据循环矩阵对角化以及式(5.35)，可得

$$\hat{\boldsymbol{f}} = (\boldsymbol{WD}^*\boldsymbol{DW}^{-1} + \gamma\boldsymbol{WA}^{-1}\boldsymbol{BW}^{-1})^{-1}\boldsymbol{WD}^*\boldsymbol{W}^{-1}\boldsymbol{g} \tag{5.36}$$

$\boldsymbol{D}$ 中的对角线元素对应 $\boldsymbol{H}$ 中块元素的傅里叶变换。$*$ 表示共轭。

如将式(5.36)两边左乘 $\boldsymbol{W}^{-1}$，并进行某些矩阵变换，则式(5.36)可变为

$$\boldsymbol{W}^{-1}\hat{\boldsymbol{f}} = (\boldsymbol{D}^*\boldsymbol{D} + \gamma\boldsymbol{A}^{-1}\boldsymbol{B})^{-1}\boldsymbol{D}^*\boldsymbol{W}^{-1}\boldsymbol{g} \tag{5.37}$$

式(5.37)中的元素可写成下列形式

$$\begin{aligned}\hat{\boldsymbol{F}}(u,v) &= \left[\frac{\boldsymbol{H}^*(u,v)}{|\boldsymbol{H}(u,v)|^2 + \gamma[\boldsymbol{S}_n(u,v)/\boldsymbol{S}_f(u,v)]}\right]\boldsymbol{G}(u,v) \\ &= \left\{\frac{1}{\boldsymbol{H}(u,v)} \cdot \frac{|\boldsymbol{H}(u,v)|^2}{|\boldsymbol{H}(u,v)|^2 + \gamma[\boldsymbol{S}_n(u,v)/\boldsymbol{S}_f(u,v)]}\right\}\boldsymbol{G}(u,v)\end{aligned} \tag{5.38}$$

当 $\gamma=1$ 时，方括号中的项就是维纳滤波器。当 $\gamma=0$ 是便为前面所说的逆滤波。

如图 5.7 给出逆滤波和维纳滤波处理的结果。图 5.7(a)是一张骨牌在不同信噪比条件下所发生的与水平呈 45°角的直线运动模糊图像，从上到下分别表示最大亮度和噪声振幅之比为 1∶1、1∶10 和 1∶100 的情况。图 5.7(b)是图 5.7(a)的傅里叶变换图像。图 5.7(c)是用逆滤波复原的结果。图 5.7(d)是用维纳滤波复原的结果。图 5.7(e)为图 5.7(d)的傅里叶变换图像。由图 5.7 不难看出，当信噪比比较小时，逆滤波无法复原原图，而当信噪比比较大时，即使逆滤波，也能给出满意的复原结果。但无论在哪种情况下，维纳滤波都比逆滤波效果好。

图 5.8 给出利用无约束条件的滤波即逆滤波以及限制条件的最小二乘方滤波进行处理的实验结果。图 5.8(a)为原图，图 5.8(b)为模糊和加噪后的图像，图 5.8(c)为利用逆滤波恢复的结果，图 5.8(d)为利用限制条件的最小二乘方滤波复原的结果。从实验结果可以看出，利用限制条件的滤波复原效果要好于无约束条件的滤波复原的结果。

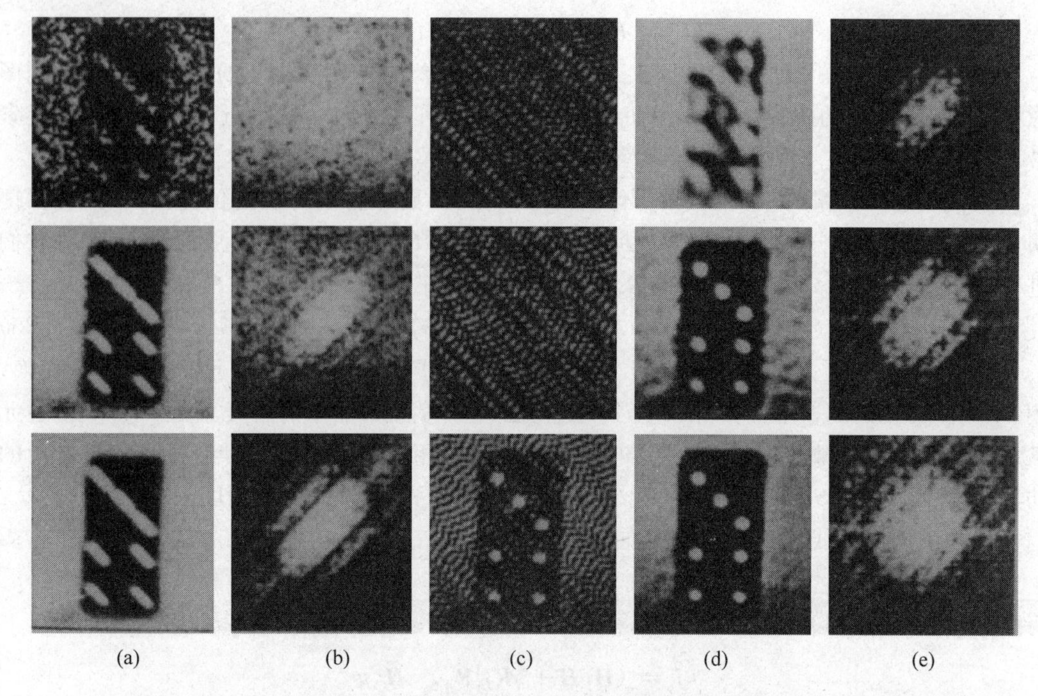

(a) (b) (c) (d) (e)

图5.7　逆滤波和维纳滤波对模糊图像复原的示例

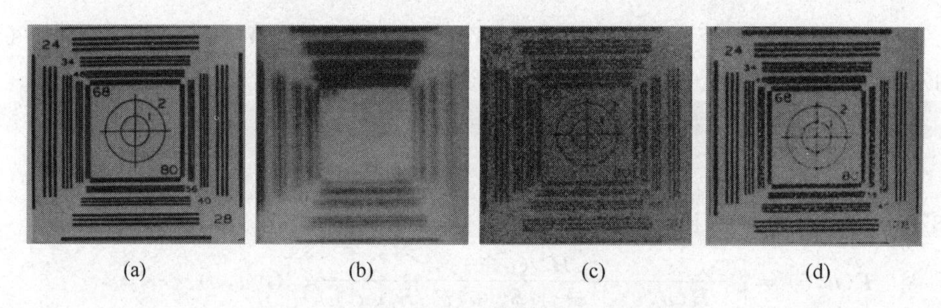

(a) (b) (c) (d)

图5.8　无约束滤波和限制滤波复原实验结果

5.5 其他的图像复原法

本节主要讨论人机交互式复原方法和图像几何畸变校正方法两种复原方法。

5.5.1 人机交互式复原法

除了用严格的分析方法进行图像复原外,在许多实际应用中,常常将人的直观感觉和数字计算机的灵活性进行巧妙的结合,以实现图像复原,这就是人机交互式的复原。对叠加有相干噪声的图像进行交互式复原是其中最简单的一种。所谓相干噪声,即两维正弦干扰噪声,它可以由振幅 A 和两个频率分量 u_0、v_0 加以描述,即

$$n(x,y) = A\sin(u_0 x + v_0 y)$$

其傅里叶变换为

$$N(u,v) = -\frac{\mathrm{j}A}{2}\left[\delta\left(u-\frac{u_0}{2\pi},v-\frac{v_0}{2\pi}\right)-\delta\left(u+\frac{u_0}{2\pi},v+\frac{v_0}{2\pi}\right)\right] \tag{5.39}$$

于是当图像仅由原图像叠加了上述噪声而退化时,即当

$$g(x,y)=f(x,y)+n(x,y)$$

时,模糊图像的傅里叶变换为

$$G(u,v)=F(u,v)+N(u,v)$$

如果噪声幅度足够大,(u_0,v_0)离开频率坐标平面原点较远,而图像信号的变换 $F(u,v)$ 又较小时,变换图像 $G(u,v)$ 将含有两个成镜像对称的亮点。只要在这两点处作用一个带阻滤波器,则对滤波后的频域图像取傅里叶逆变换,便可得到消除相干噪声后的复原图像。

如图 5.9 给出了滤除正弦干扰的示例,图 5.9(a)是含有相干噪声的图像,图 5.9(b)是其傅里叶谱图像,其上有较明显的两个亮点,可以通过交互式的方法即在两个亮点处用半径为 1 的带阻滤波器,然后再取傅里叶逆变换,得到复原图像 5.9(c)。由图 5.9 可以看出,条状噪声已经被消除。

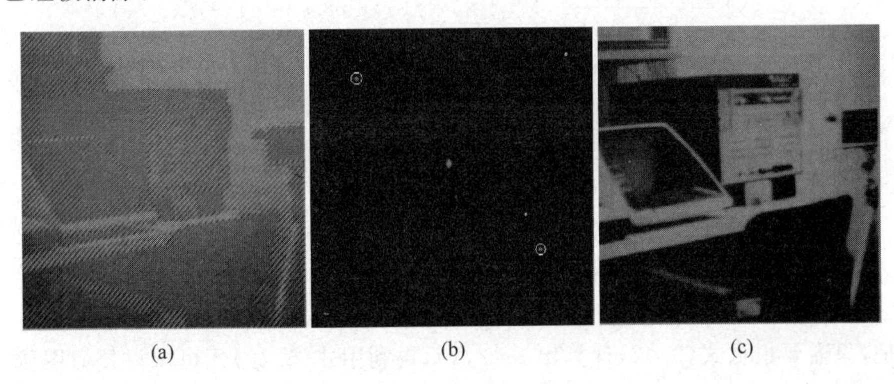

(a) (b) (c)

图 5.9 交互式滤除相干噪声

但在实际中被单一的正弦噪声干扰所模糊的图像毕竟很少。一类常常遇到的模糊图像是通过数据遥测、传输、接收和再现的图像,如航天飞行器的传真照片等。在这类图像中,存在着共同的干扰模式。它们通常是发生在弱信号接收、放大、显示的电子电路中,在显示屏上再现时,往往会夹杂明显的二维周期性干扰信号。如图 5.10 所示,图 5.10(a)是带有二维周期干扰的火星地形图片,可以看出,它的干扰模式和图 5.9(a)非常相似,只是更为精细,因而也更难消除。它的傅里叶谱如图 5.10(b)所示,其中若干对星状分布表示了不止一个正弦干扰。

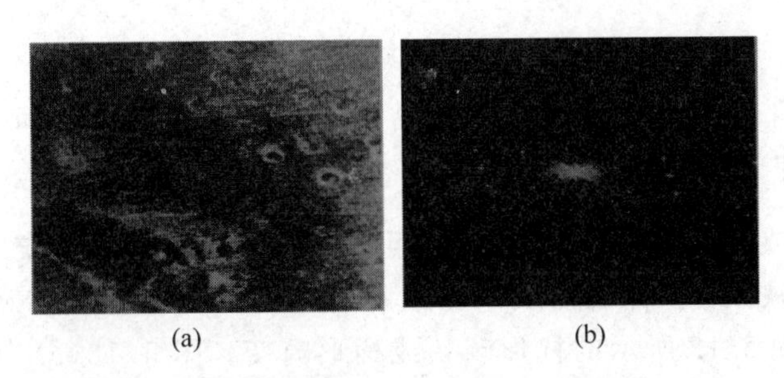

(a) (b)

图 5.10 二维周期性干扰的火星图片及其傅里叶谱

一个实用的方法是:首先孤立并抽取那些主要干扰成分,然后从模糊图像中把经过加权处理的这部分干扰信号减掉。孤立并抽取主要干扰成分可以通过人机交互式完成。首先

根据显示图像的傅里叶变换,判断主要干扰成分所在位置,然后通过键盘等在该处作用一个传递函数为 $H(u,v)$ 的高通滤波器,于是该处抽取的干扰信号的傅里叶变换为

$$P(u,v)=H(u,v)F(u,v)$$

其傅里叶逆变换 $p(x,y)$ 便是空间域的主要干扰成分。

从模糊图像中减去 $p(x,y)$ 便是复原图像 $f(x,y)$。然而,由于所求的干扰只是真实干扰的一种近似,且含有有用的图像信息,因此在实际处理时,将取复原图像为

$$f(x,y)=g(x,y)-w(x,y)p(x,y) \tag{5.40}$$

其中,$w(x,y)$ 是加权函数或调制函数。它的选取在某种意义下使 $f(x,y)$ 为最佳。

一种选择方法是使 $f(x,y)$ 在点 (x,y) 周围的一个指定的邻域内,方差为最小。如取 (x,y) 周围的领域为 $(2X+1)\times(2Y+1)$。$w(x,y)$ 的最佳选取可归结为使局部方差

$$\sigma^2(x,y)=\frac{1}{(2X)(2Y)}\sum_{m=-X}^{X}\sum_{n=-Y}^{Y}\left[f(x+m,y+n)-\bar{f}(x,y)\right]^2 \tag{5.41}$$

为最小。$\bar{f}(x,y)$ 表示 $f(x,y)$ 在该小邻域中的局部均值。如果假设 $w(x,y)$ 在该小邻域内为常数,并令

$$\frac{\partial\sigma^2(x,y)}{\partial w(x,y)}=0$$

可解得

$$w(x,y)=\frac{\overline{g(x,y)p(x,y)}-\overline{g(x,y)}\cdot\overline{p(x,y)}}{\overline{p^2(x,y)}-\bar{p}^2(x,y)} \tag{5.42}$$

于是,只需要根据式(5.42)计算出 $w(x,y)$,再利用式(5.40)便可求得复原图像。

图 5.11(a)为图 5.10(a)中 $P(u,v)$ 的频谱图相应的干扰 $p(x,y)$ 的图像,图 5.11(b)是利用上述方法复原后的图像。

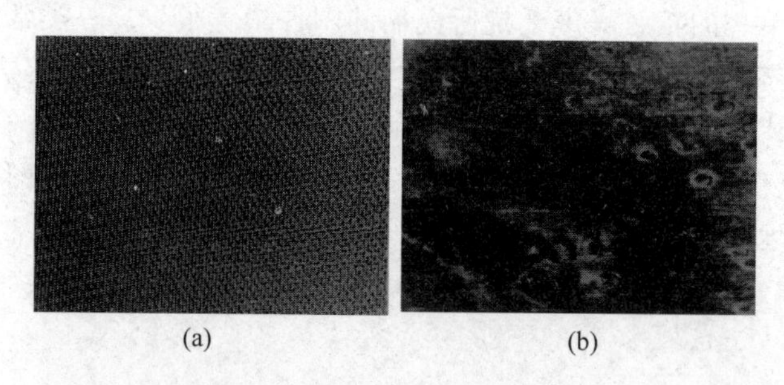

(a) (b)

图 5.11 人机交互复原的示例

5.5.2 几何畸变校正

在图像的获取或显示过程中往往会产生几何畸变,例如,成像系统有一定的几何非线性。这主要是由于视像管摄像机以及阴极射线管显示器的扫描偏转系统有一定的非线性,因此会造成如图 5.12 所示的枕形畸变或桶形畸变。图 5.12(a)为原图,图 5.12(b)和图 5.12(c)为畸变图像。

由成像系统引起的几何畸变的校正有两种方法:一种是预畸变法,这种方法是采用与畸变相反的非线性扫描偏转法,用来抵消预计的图像畸变;另一种是所谓的后验校正方法,

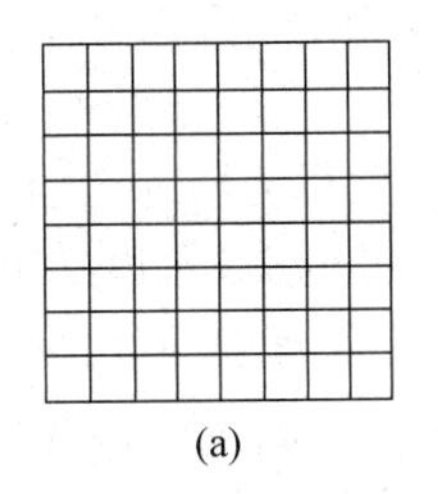
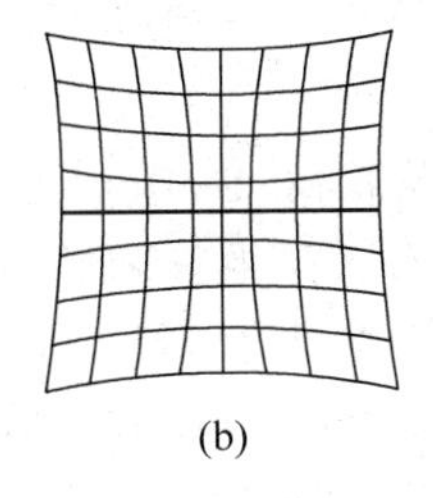
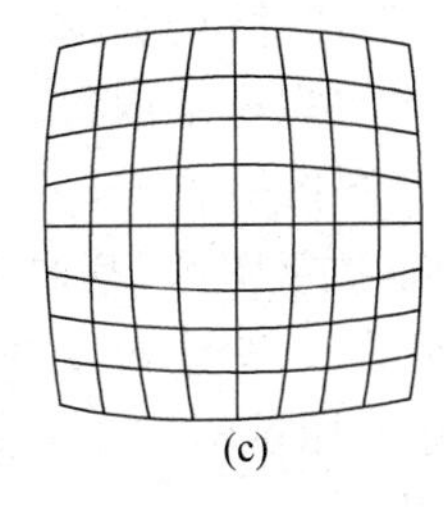

图 5.12　几何畸变

这种方法是用多项式曲线在水平和垂直方向上去拟合每一畸变的网格，然后求得逆变换得到校正函数。用这个校正函数即可校正畸变的图像。图像的空间几何畸变及其校正过程如图 5.13 所示。

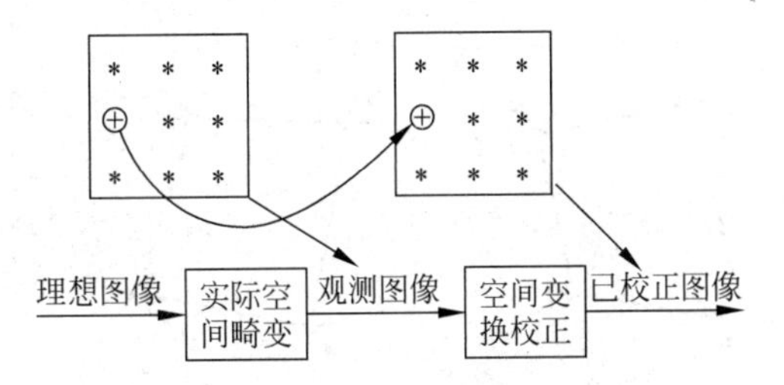

图 5.13　图像的空间几何畸变及校正过程

对图像的几何畸变校正主要包括两步。

(1) 空间变换：对图像平面上的像素进行重新排序以恢复原空间关系。

(2) 灰度插值：对空间变换后的像素赋予相应的灰度值以恢复原位置的灰度值。

设原图像为 $f(x,y)$，受到几何畸变的影响变成 $g(x',y')$。这里 (x',y') 表示畸变图像的坐标，它已不是原坐标 (x,y)。上述变化可表示为

$$x' = s(x,y) \quad y' = t(x,y) \tag{5.43}$$

其中，$s(x,y)$ 和 $t(x,y)$ 代表产生几何畸变图像的两个空间变换。对线性畸变，$s(x,y)$ 和 $t(x,y)$ 可写为

$$\begin{aligned} s(x,y) &= k_1 x + k_2 y + k_3 \\ t(x,y) &= k_4 x + k_5 y + k_6 \end{aligned} \tag{5.44}$$

对一般的(非线性)二次畸变，$s(x,y)$ 和 $t(x,y)$ 可写为

$$\begin{aligned} s(x,y) &= k_1 + k_2 x + k_3 y + k_4 x^2 + k_5 xy + k_6 y^2 \\ t(x,y) &= k_7 + k_8 x + k_9 y + k_{10} x^2 + k_{11} xy + k_{12} y^2 \end{aligned} \tag{5.45}$$

如果知道 $s(x,y)$ 和 $t(x,y)$ 的解析表示，则就可以通过逆变换来恢复图像。在实际中通常是不知道其解析表示的，为此需要在恢复过程的输入图(畸变图)和输出图(校正图)上找一些位置确切、已知的点(约束对应点)，然后再利用这些点建立两幅图像间其他像素空间位置对应关系。如图 5.14 所示，给出了一个畸变图上的四边形区域和在校正图上与其对应的四边形区域。这两个四边形区域的顶点可作为对应点。设在四边形区域内的几何畸变过程可用一对双线性等式表示，即

$$\begin{aligned} s(x,y) &= k_1 x + k_2 y + k_3 xy + k_4 \\ t(x,y) &= k_5 x + k_6 y + k_7 xy + k_8 \end{aligned} \tag{5.46}$$

将式(5.46)代入式(5.43)，得到

$$\begin{aligned} x' &= k_1 x + k_2 y + k_3 xy + k_4 \\ y' &= k_5 x + k_6 y + k_7 xy + k_8 \end{aligned} \tag{5.47}$$

由图5.14可知,2个四边形区域共有4组(8个)已知对应点,所以上面公式中的8个系数$k_i, i=1,2,\cdots,8$可以全部解得。

尽管实际数字图像中的(x,y)总是整数,但由式(5.47)算得的(x',y')值可能不是整数。畸变图$g(x',y')$是数字图像,其像素值仅在坐标为整数处有定义,所以在非整数处的像素值就要用其周围的一些整数处的像素来计算。这就叫灰度插值。如图5.15所示,图5.15(a)是理想的原始不畸变图像,图5.15(b)是实际采集的畸变图。几何校正就是要把畸变图恢复成原始图。由图5.15可知,由于畸变,原图中整数坐标点(x,y)映射到畸变图中的非整数坐标点(x',y'),而g在该点是没有定义的,由前面所讨论的空间变换可将应在原图(x,y)处的点(x',y')变换回原图(x,y)处,根据第2章中所描述的灰度级插值方法估计出点(x',y')的灰度值以赋值给原图(x,y)处的像素。

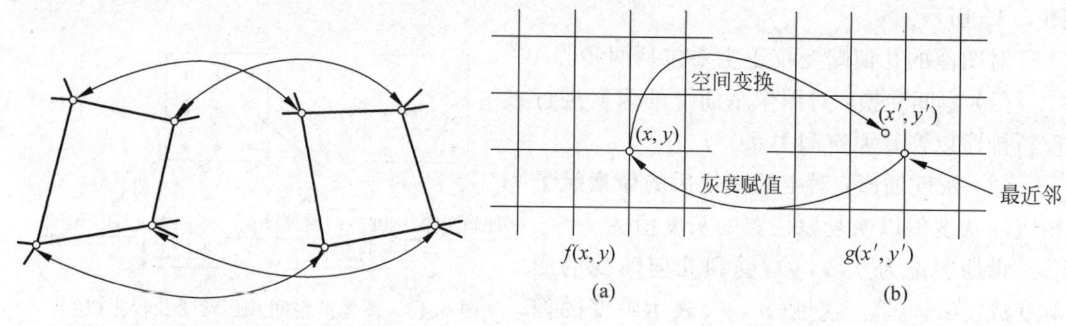

图5.14 畸变图和校正图的对应点

图5.15 灰度插值示意图

如图5.16给出几何畸变校正的实验结果,其中图5.16(a)表示标准正方形网格的桶形畸变图,图5.16(b)则是利用空间变换和灰度插值算法消除几何畸变后的图形。图5.16(c)是一幅发生几何畸变的图像,图5.16(d)是校正后的图像。从图5.16可以看出,校正后的图像从视觉上更真实。

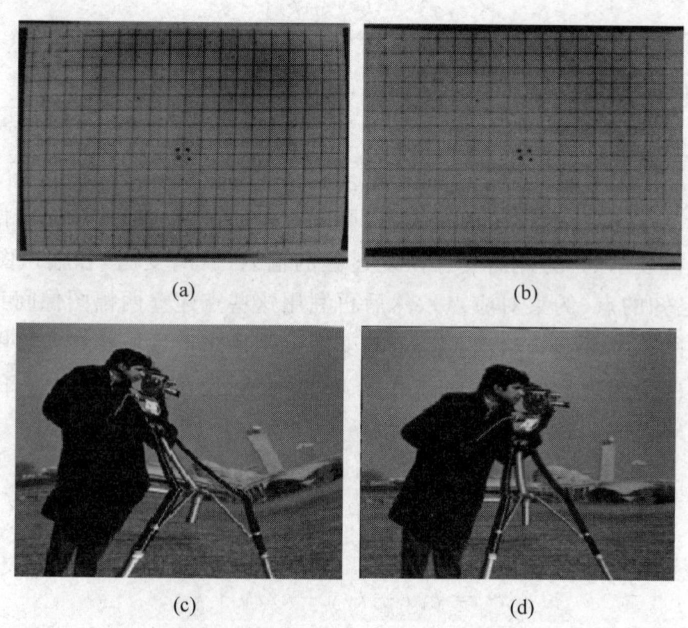

图5.16 几何畸变校正的实验结果

习　　题

1．思考并试述图像复原的基本过程及难点。

2．什么是无约束代数复原？什么是有约束代数复原？

3．逆滤波复原的基本原理是什么？并从网上搜索其主要难点。

4．思考并试描述最小二乘复原法。

5．编写程序实现几何畸变校正。

第6章 图像压缩编码

随着微电子技术和计算机技术日新月异的发展，数字技术在各个领域得到广泛应用，在此基础上网络技术孕育而生。网络的出现使我们进入了全球一体化的信息时代。网络中传递的语音、图形、图像、数据等多种媒体的传输、处理、存储、检索技术成为网络技术的重要组成部分，而压缩编码是网络技术中的基础性技术。

图像压缩(Image Compression)的目的可以是节省图像存储器的容量，也可以是减少传输信道容量，还可以是缩短图像加工处理时间。不同的应用目的和不同的图像内容有不同的压缩方法。本章针对图像压缩编码的方法进行介绍。

6.1 概述和分类

多媒体计算机的主要特性是能处理数字化的声音、图像以及视频信号。而数字化的声音、图像以及视频信号的数据量非常大，例如在VGA分辨率为640×480的256色彩色图像显示模式中，一帧画面所占的数据量约为300kb，如果采用NTSC制式标准视频30f/s，则传输率约为26.4Mb/s，这样大的数据量不仅占用了太多计算机的存储和处理能力，更使当前通信信道的传输能力不堪重负。因此，如果不进行编码压缩处理，则在多媒体信息保存工作中遇到的困难和成本之高是无法估计的。

压缩数据量的重要方法是消除冗余(Redundancy)数据，从数学角度来说是要将原图转化为从统计角度来看尽可能不相关的数据集。编码压缩的方法有许多种，从不同的角度出发有不同的分类方法，如从信息论角度出发可分为两大类：

(1)冗余度压缩方法，也称无损压缩(Lossless Compression)编码、信息保持编码或熵编码。该方法主要利用数据的统计冗余进行压缩，可完全恢复原始数据而不引入任何失真，但压缩率受到数据统计冗余度的理论限制，一般为2∶1～5∶1。无损压缩中经常采用的方法有哈夫曼编码(Huffman Coding)、行程编码(Run-length Encoding，RLE)、算术编码和LZW编码等。

(2)信息量压缩方法，也称有损压缩编码、失真度编码或熵压缩编码。该方法利用了人类视觉对图像中的某些频率成分不敏感的特性，允许压缩过程中损失一定的信息；虽然不能完全恢复原始数据，但是所损失的部分对理解原图的影响较小，却换来了大得多的压缩比。常用的有损压缩方法有预测编码、频域编码或变换编码(离散余弦变换、小波变换等)及其他编码方法。

本章主要从信息论角度来讨论压缩方法，即无损压缩和有损压缩两大类，主要讨论的编码方法如图6.1所示，本章最后将介绍国际标准。

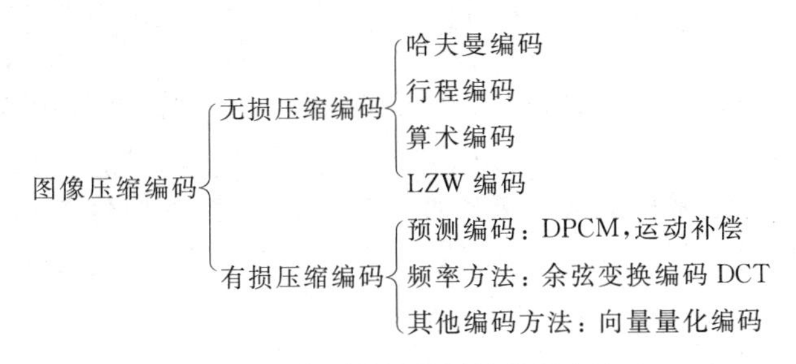

图 6.1 主要的图像压缩编码方法

衡量一个压缩编码方法优良的重要指标是：

(1) 压缩比要高，有几倍、几十倍，也有几百乃至几千倍；

(2) 压缩与解压缩要快，算法要简单，硬件实现容易；

(3) 解压缩的图像质量要好。

图像编码技术具有广阔的应用前景，特别是在网络技术不断涵盖各个领域的今天，发达国家投入大量的资金和人力资源进行开发研究。一些新的压缩编码方法与算法不断出现。最后要说明的是选用编码方法时一定要考虑图像信源本身的统计特征、多媒体系统(硬件和软件产品)的适应能力、应用环境以及技术标准。

6.2 数据压缩与信息论基础

从信息论观点来看，图像作为一个信源，描述信源的数据是信息量(信源熵)和信息冗余量之和。信息冗余(Redundancy)有许多种，如空间冗余、时间冗余、结构冗余、知识冗余、视觉冗余等，数据压缩实质上是减少这些冗余量。可见，冗余量减少可以减少数据量而不减少信源的信息量。压缩数据量的重要方法是消除冗余数据，从而达到用较少的数据量表达较多信息量的目的。

6.2.1 数据冗余

数据是用来表示信息的，如果不同的方法为表示给定的信息使用了不同的数据量，则使用较多数据量的方法中，有些数据必然是代表了无用的信息，或者是重复地表示了其他数据已表示的信息。这就是数据冗余的概念，它是数字图像压缩中的关键概念。

数据冗余可用数学定量地描述。假设 n_1 和 n_2 分别表示两个数据集合中的信息载体单位的个数，则第一个数据集合的相对数据冗余 R_D 定义为

$$R_D = 1 - 1/C_R \tag{6.1}$$

其中，C_R 称为压缩率，其表示为

$$C_R = n_1/n_2 \tag{6.2}$$

在数字图像压缩中，常有 3 种基本的数据冗余：编码冗余、像素间冗余以及心理视觉冗余。

1. 编码冗余

为表达图像数据需要使用一系列符号，用这些符号根据一定的规则来表达图像就是对图像编码。这里对每个信息或事件所赋的符号序列称为码字(Word)，而每个码字里的符号

个数称为码字的长度。

设定义在[0,1]区间的离散随机变量 r_k 代表图像的灰度值，每个 r_k 以概率 $p_r(r_k)$ 出现

$$p_r(r_k) = n_k/n \quad k = 0,1,2,\cdots,L-1 \tag{6.3}$$

其中，L 为灰度级数，n_k 是第 k 个灰度级出现的次数，n 是图像中像素总个数。设用来表示 r_k 的每个数值的比特数是 $l(r_k)$，那么表示每个像素所需的平均比特数为

$$L_{\text{avg}} = \sum_{k=0}^{L-1} l(r_k) p_r(r_k) \tag{6.4}$$

编码所用符号构成的集合称为码本。最简单的二元码本称为自然码，这时对每个信息或事件所赋的码是从 2^m 个 m 比特的二元码中选出来的一个。如果用自然码，它对出现概率大和出现概率小的灰度级都赋予相同数量的比特数，就不能使 L_{avg} 达到最小，从而产生编码冗余。如表6.1给出一幅8灰度级图像的灰度值分布情况，如果用3b的自然码进行编码，则 L_{avg} 为3；如果用表中的变长码进行编码，则 L_{avg} 为2.7。由式(6.2)可知 C_R 为1.11，则相对的数据冗余 R_D 为0.099。从图6.2可以看出，出现概率越高的所用的比特数越少，出现概率越低的所用的比特数越多。

表6.1 自然码和变长码编码例子

r_k	$p_r(r_k)$	自然码	自然码 $l(r_k)$	变长码	变长码 $l(r_k)$
$r_0=0$	0.19	000	3	11	2
$r_1=1/7$	0.25	001	3	01	2
$r_2=2/7$	0.21	010	3	10	2
$r_3=3/7$	0.16	011	3	001	3
$r_4=4/7$	0.08	100	3	0001	4
$r_5=5/7$	0.06	101	3	00001	5
$r_6=6/7$	0.03	110	3	000001	6
$r_7=1$	0.02	111	3	000000	6

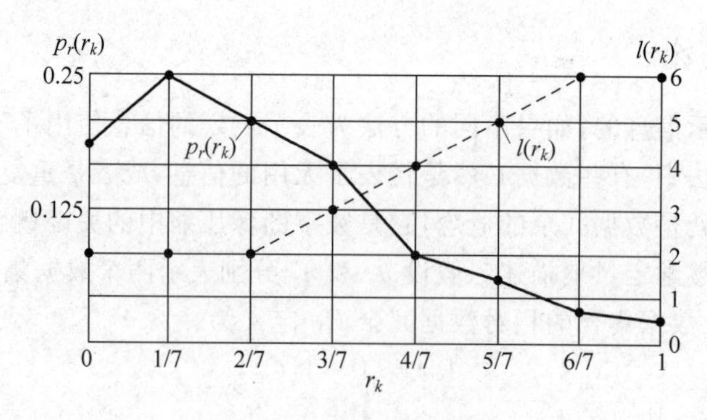

图6.2 概率与比特数表示

2. 像素间冗余

如图6.3(a)和图6.3(b)所示的两幅图像，它们具有相同的目标，也有几乎相同的直方图，如图6.3(c)和图6.3(d)所示，但这两幅图像像素之间的相关性不相同。由于直方图仅仅是一维的，因此它不能反映图像中的几何关系，即不能表现由几何关系产生的像素间的相关性。可利用式(6.5)计算沿图像某行的自相关系数。

$$C(\Delta n)=\frac{1}{N-\Delta n}\sum_{x=0}^{N-1-\Delta n}f(x,y)f(x+\Delta n,y) \tag{6.5}$$

其中，变量 y 表示行的坐标，$\Delta n<N$，图 6.3(e)和图 6.3(f)分别给出图 6.3(a)和图 6.3(b)中两幅图像过图像中心的这一行像素得到的自相关系数作为 Δn 的函数的曲线。由图 6.3(e)和图 6.3(f)可以看出，两曲线形状完全不同，这个区域与图 6.3(a)和图 6.3(b)两幅图像中的目标分布几何结构有关。

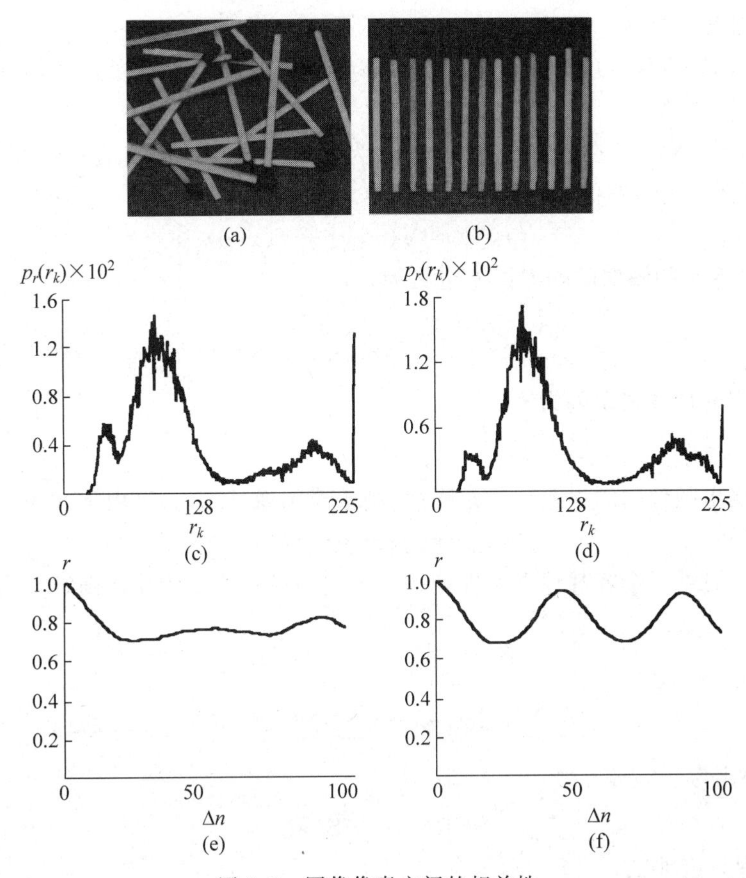

图 6.3　图像像素之间的相关性

由此可知，图像目标的像素之间一般具有相关性。根据相关性，由一个像素的性质往往可获得其邻域像素的性质，即图像中一般存在与像素间相关性直接联系着的数据冗余——像素相关冗余。这种冗余也常称为空间冗余或几何冗余。

3. 心理视觉冗余

人们观察图像是为了获得有用的信息。但眼睛并不是对所有视觉信息有相同的敏感度，在具体应用中，人也不是对所有视觉信息有相同的关心程度。一般来说，有些信息(在特定的场合或时间)与另外一些信息相比来说不那么重要，这些信息可认为是心理视觉冗余的，去除这些信息并不会明显地降低所感受到的图像质量或所期望的图像作用。

心理视觉冗余从本质上说与前面两种冗余不同，它是与实在的视觉信息联系着的。因为去除心理视觉冗余数据能导致定量信息的损失，所以这个过程也常称为量化。考虑到这里视觉信息有损失，所以量化是不可逆转操作，它用于数据压缩会导致有损压缩。

6.2.2 图像保真度

图像信号在编码和传输过程中,允许压缩后的图像具有一定的误差,因此需要某种标准来评价压缩后的图像的质量。保真度准则(Fidelity Criteria)就是这样一种压缩后图像质量评价的标准。保真度准则有两种:客观保真度准则和主观保真度准则。前者是以压缩前后图像的误差来度量的,而后者则是取决于人的主观感觉。

1. 客观保真度准则

通常使用的客观保真度准则有输入图像和输出图像的均方根误差,输入图像和输出图像的均方根信噪比两种。

设 $f(x,y)$ 是 $N\times N$ 的输入图像,$g(x,y)$ 为输入图像经过压缩编码处理后再经过解码处理而重建原图的近似图像,对任意的 x,y,$f(x,y)$ 和 $g(x,y)$ 之间的误差定义为

$$e(x,y)=g(x,y)-f(x,y)$$

而包含 $N\times N$ 像素的图像的均方误差定义为

$$\overline{e}^2=\frac{1}{N^2}\sum_{x=0}^{N-1}\sum_{y=0}^{N-1}e^2(x,y)=\frac{1}{N^2}\sum_{x=0}^{N-1}\sum_{y=0}^{N-1}[g(x,y)-f(x,y)]^2 \tag{6.6}$$

由式(6.6)得到的均方根误差为

$$e_{\mathrm{rms}}=\sqrt{\overline{e}^2} \tag{6.7}$$

如果把输入、输出图像间的误差看作是噪声,则重建图像 $g(x,y)$ 可由下式表示

$$g(x,y)=f(x,y)+e(x,y)$$

在这种情况下,另外一个客观保真度准则——重建图像的均方信噪比则定义为

$$\mathrm{SNR}_{\mathrm{ms}}=\frac{\sum_{x=0}^{N-1}\sum_{y=0}^{N-1}g^2(x,y)}{\sum_{x=0}^{N-1}\sum_{y=0}^{N-1}e^2(x,y)}=\frac{\sum_{x=0}^{N-1}\sum_{y=0}^{N-1}g^2(x,y)}{\sum_{x=0}^{N-1}\sum_{y=0}^{N-1}[g(x,y)-f(x,y)]^2} \tag{6.8}$$

其均方根信噪比为

$$\mathrm{SNR}_{\mathrm{rms}}=\sqrt{\mathrm{SNR}_{\mathrm{ms}}} \tag{6.9}$$

2. 主观保真度准则

图像处理的结果,在绝大多数场合是给人观看的,因此,图像质量的好坏与否,既与图像本身的客观质量有关,也与人的视觉系统的特性有关。有时候,客观保真度完全一样的两幅图像可能会有完全不同的视觉质量,所以又规定了主观保真度准则。这种方法是把图像显示给观察者,然后把评价结果加以平均,以此来评价一幅图像的主观质量,如表6.2所示。

表6.2 图像质量主观评价

评分	评　价	说　明
1	优秀的	具有极高质量的图像
2	好的	可供观赏的高质量的图像,干扰可以接受
3	可通过的	图像质量可以接受,干扰不令人反感
4	边缘的	图像质量较差,希望能加以改善,干扰有些令人反感
5	劣等的	图像质量很差,尚能观看,干扰显著地令人反感
6	不能用	图像质量非常差,无法观看

6.2.3 图像编码模型

图像压缩一般是通过改变图像的表示方式来达到,因此压缩和编码是分不开的。在图像编码系统模型中主要有两种模块:编码器(Encoder)和解码器(Decoder),如图 6.4 所示。当一幅输入图像送入编码器后,编码器根据输入数据进行信源编码产生一组符号。这组符号在进一步被信道编码器编码后进入信道(Information Channel)。通过信道传输后的码被送入解码器,解码器重建输出的图像。一般说来,输出图像可能是但也可能不是输入图像的精确复制。编码器是由一个用来去除输入冗余的信源编码器和一个用来增强信源编码器输出抗噪声能力的信道编码器构成。解码器则由与编码器对应的一个信道解码器接一个信源解码器构成。

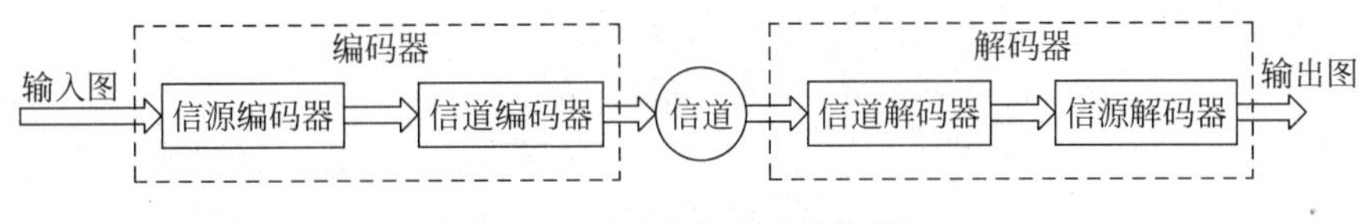

图 6.4　通用图像编码系统模型

1. 信源编码器和信源解码器

信源编码器的作用是减少或消除输入图像中的编码冗余、像素间冗余以及心理视觉冗余。尽管信源编码器的结构与具体的应用和对保真度的要求有关,但一般情况下,信源编码器包括顺序的 3 个独立操作,而对应的信源解码器包含反序的 2 个独立的操作,如图 6.5 所示。

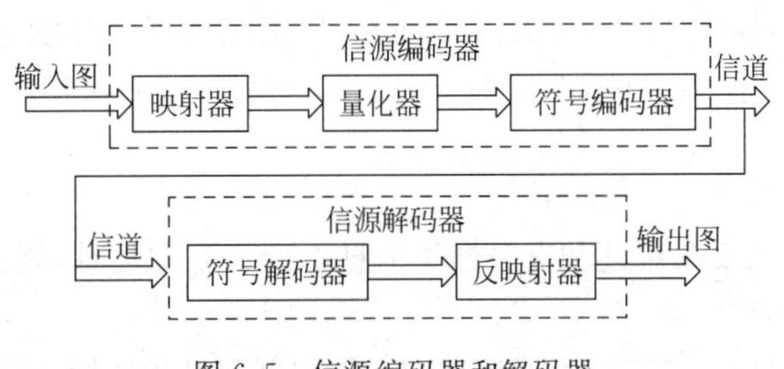

图 6.5　信源编码器和解码器

在信源编码器中,映射器将变换输入数据以减少像素间冗余。这个操作一般是可反转的,它可以直接减少也可以不直接减少表达图像的数据,这与具体编码技术有关。量化器根据给定的保真度准则减少映射器输出的精度。这个操作可以减少心理视觉冗余,但不可反转,所以不可用在无失真压缩信源编码器中。符号编码器产生表达量化器输出的码本,并根据码本映射输出。它通过将最短的码赋给最频繁出现的输出值以减少编码冗余。

2. 信道编码器和信道解码器

当图 6.5 中的信道有噪声或容易产生误差时,信道编码器和解码器对整个编解码过程是非常重要的。由于信源编码器的输出数据一般只有很少的冗余,因此它们对传输噪声很敏感。信道编码器通过把可控制的冗余加入信源编码后的码字以减少信道噪声的影响。

最常用的信道编码技术是由汉明(Hamming)提出的。它的基本原理是在编了码的码字后面增加足够的比特位以保证各个正确的码字之间至少有一定数量的比特位不相同。更严格地说是让正确的码字之间的最小距离大于某个给定值。定义2个码字之间的距离为把一个码字所需改变的位符个数。

例如,101_2 和 110_2 这2个码字之间的距离为2,汉明指出,如果将3个比特位的冗余加到4b的码字上,则任意2个正确的码字之间的距离为3,这样所有单个比特位的错误都可被发现和校正。如,一个与4b二进制数 $b_3b_2b_1b_0$ 相结合的7b的汉明码字 $h_1h_2h_3h_4h_5h_6h_7$ 可由下面的步骤确定。

编码为

$$h_1 = b_3 \oplus b_2 \oplus b_0 \quad h_2 = b_3 \oplus b_1 \oplus b_0$$
$$h_3 = b_3 \quad h_4 = b_2 \oplus b_1 \oplus b_0$$
$$h_5 = b_2 \quad h_6 = b_1 \quad h_7 = b_0$$

解码为

$$c_1 = h_1 \oplus h_3 \oplus h_5 \oplus h_7$$
$$c_2 = h_2 \oplus h_3 \oplus h_6 \oplus h_7$$
$$c_4 = h_4 \oplus h_5 \oplus h_6 \oplus h_7$$

若 $c_4c_2c_1$ 不为零,则表示有错误,即 $h_1 \cdots h_5h_6h_7$ 的第 $c_4c_2c_1$ 位元取补数,再由 $h_3h_5h_6h_7$ 解码得 $b_3b_2b_1b_0$。

6.2.4 信息论基础

香农(Shannon)信息论(Information Theory)以信息为研究对象,随机事件可用随机出现的符号表示,随机符号及其出现概率的空间被称为信源空间,简称信源。信源的具体输出称为消息。

1. 信息公理

如果用某种数量关系来描述和度量同类消息中所含有的信息,则这种数学关系应该满足信息应具有的公理性质,即:

① 事件的信息应该由事件的不确定性的某种程度来度量。若事件本身为确定事件,则该事件所含的信息量为零。

② 确定性小的事件比确定性大的事件应该含有更大的信息量。事件的不确定性越高,事件所含有的信息就越多。

③ 如果两个事件集同时存在,且两个事件集相互独立,它们提供的联合信息等于两个独立事件的信息总和。

1948年,香农第一次用概率对信息做定量的描述和处理。α 事件的概率 $p(\alpha)$ 是事件不确定性的自然量度,彼此独立的两个事件 α 和 β,其联合概率满足 $p(\alpha \cap \beta) = p(\alpha)p(\beta)$,以事件概率为基础定义信息函数为

$$I(\alpha) = -\log p(\alpha)$$

这一信息函数满足信息的公理性质。

2. 图像熵与平均码字长度

确定一个衡量编码方法的优劣,一般通过编码效率和冗余度来度量。

令图像像素灰度级集合为 $D\{d_1,d_2,\cdots,d_m\}$，其对应的概率分别为 $p(d_1),p(d_2),\cdots,p(d_m)$，根据该信源的消息集合，在字母集合 $A=\{a_1,a_2,a_3,\cdots,a_m\}$ 中选取 a_i 进行编码。一般情况下取二元字母集 $A\in\{1,0\}$，则图像熵(Entropy)定义为

$$H(d)=-\sum_{i=1}^{m}p(d_i)\log p(d_i) \tag{6.10}$$

其单位为比特/字符。一般情况下 log 的底数为 2。图像熵表示图像灰度级集合的比特数均值，或者说描述了图像信源的平均信息量。

如果令 $m=2^L$，当灰度级集合 $D\{d_1,d_2,\cdots,d_m\}$ 中 d_i 出现的概率相等(均为 2^{-L})时，熵 $H(d)$ 最大等于 L 比特。只有当 d_i 不相等时，$H(d)$ 才会小于 L。

借助熵的概念可以定义量度任何特定码的性能的准则，即平均码字长度 $\overline{N}$。

$$\overline{N}=\sum_{i=1}^{m}\beta_i p(d_i) \tag{6.11}$$

其中，β_i 为灰度级 d_i 所对应的码字长度。$\overline{N}$ 的单位也是比特/字符。

3. 编码效率

编码符号是在字母集合 $A=\{a_1,a_2,a_3,\cdots,a_m\}$ 中选取的。如果编码后形成一个新的等概率的无记忆信源，字母数为 n，则它的最大熵应为 $\log n$ 比特/符号。因此这是一个极限值。如果 $H(d)/\overline{N}=\log n$，则可以认为编码效率已经达到 100%，如果 $H(d)/\overline{N}<\log n$，则可认为编码效率较低。

编码效率常用下式来表示，即

$$\eta=\frac{H(d)}{\overline{N}\log n} \tag{6.12}$$

如果 $\eta\neq 100\%$，就说明还有冗余，因此冗余度定义为

$$R_d=1-\eta=\frac{\overline{N}\log n-H(d)}{\log n} \tag{6.13}$$

4. 压缩比

压缩比是衡量数据压缩程度的指标之一。目前常用的压缩比定义为

$$P_r=\frac{L_B-L_d}{L_B}\times 100\% \tag{6.14}$$

其中，L_B 为源代码长度，L_d 为压缩后代码长度，P_r 为压缩比。

压缩比的物理意义是被压缩掉的数据占据源数据的百分比。当压缩比 P_r 接近 100% 时压缩效果最理想。

5. 互信息

信源编码输出为 b_k 给出的关于 a_i 的信息量究竟为多少呢？为此将引入另外一个信息量度——互信息(Mutual Information)。

对给定的两个离散信源 X 和 Y，Y 中事件 b_k 的发生给出关于 X 中事件 a_i 的互信息 $I(a_i;b_k)$ 定义为

$$I(a_i;b_k)=I(a_i)-I(a_i\mid b_k)=-\log\frac{p(a_i\mid b_k)}{p(a_i)}$$

其中，$p(a_i|b_k)$ 表示信源编码输出为 b_k，估计信源输入为 a_i 的条件概率。$I(a_i|b_k)$ 称为条件自信息量，表示在发现信源编码输出为 b_k，对信源输入为 a_i 的不确定性的猜测或知道 b_k 后

a_i还保留的信息量。$I(a_i)$表示a_i的不确定性。$I(a_i)-I(a_i|b_k)$即为b_k消除的a_i不确定性的多少。

根据信息论中信源编码理论,可以证明在$\overline{N}\geqslant H(d)$条件下,总可以设计出某种无失真编码方法。当然如编码结果使$\overline{N}$远大于$H(d)$,表明这种编码方法效率很低。占用比特数太多。例如对图像样本量化值直接采用PCM编码,其结果平均码字长度R就远比图像熵$H(d)$大。最好编码结果使R等于或很接近于$H(d)$。这种状态的编码方法,称为最佳编码。它既不丢失信息而引起图像失真,又占用最少的比特数。若要求编码结果$R<H(d)$,则必然丢失信息而引起图像失真。这就是在允许失真条件下的一些失真编码方法。

6.3 部分经典图像压缩编码方法

编码是从消息集到码字集上的一种映射,若要求图像本身全部的信息量能够无失真地保留在处理后的图像中,则这时的图像编码方法就是无失真编码方法;反之,若处理后的图像信息量低于原图的信息量,则该图像编码方法称为有损压缩编码。

6.3.1 哈夫曼编码

哈夫曼编码是一种常用的压缩编码方法,它的基本原理是频繁使用的数据用较短的代码代替,较少使用的数据用较长的代码代替,每个数据的代码各不相同。这些代码都是二进制码,且码的长度是可变的。

在变长编码中,对出现概率大的信息符号赋予短码字,而对于出现概率小的信息符号赋予长码字。如果码字长度严格按照所对应符号出现概率大小逆序排列,则编码结果平均码字长度一定小于任何其他排列方式。这就是变长最佳编码定理。

哈夫曼编码是根据可变长度最佳编码定理,应用哈夫曼算法而产生的一种编码方法。它的平均码字长度在具有相同输入概率集合的前提下,比其他任何一种唯一可译码都小。因此,也常称其为紧凑码。下面以一个具体例子来说明其编码方法。

设有编码输入$X=\{x1,x2,x3,x4,x5,x6,x7,x8\}$,其概率分布分别为$p(x1)=0.40$,$p(x2)=0.18$,$p(x3)=0.07$,$p(x4)=0.04$,$p(x5)=0.10$,$p(x6)=0.06$,$p(x7)=0.10$,$p(x8)=0.05$,如表6.3所示。现在求其最佳哈夫曼编码。

表6.3 初始信源的符号及概率

符号	$x1$	$x2$	$x3$	$x4$	$x5$	$x6$	$x7$	$x8$
概率	0.40	0.18	0.07	0.04	0.10	0.06	0.10	0.05

具体步骤如下。

(1)排序:先将输入灰度级按出现的概率由大到小顺序排列(对概率相同的灰度级可以按任意倒序排列位置)。

(2)相加,再排序:将最小两个概率相加,形成一个新的概率集合。再按第(1)步的方法重排(此时概率集合中概率个数已减少一个)。如此重复进行,直到只有两个概率为止,如表6.4所示。

表 6.4　哈夫曼编码的信源的削减过程

初始信源		信源的削减过程					
符号	概率	1	2	3	4	5	6
$x1$	0.40	0.40	0.40	0.40	0.40	0.40	0.60
$x2$	0.18	0.18	0.18	0.19	0.23	0.37	0.40
$x5$	0.10	0.10	0.13	0.18	0.19	0.23	
$x7$	0.10	0.10	0.10	0.13	0.18		
$x3$	0.07	0.09	0.10	0.10			
$x6$	0.06	0.07	0.09				
$x8$	0.05	0.06					
$x4$	0.04						

(3)分配码字：码字分配从最后一步开始反向进行，对最后两个概率一个赋予“0”码，一个赋予“1”码。如概率 0.40 赋予“0”码，0.18 赋予“1”码。如此反向进行到开始的概率排列。在此过程中，若概率不变仍用原码字。如表 6.5 中第 6 步中概率 0.40 到第 5 步中仍用“1”码。若概率分裂为两个，其码字前几位码元仍用原来的。码字的最后一位码元一个赋予“0”码元，另一个赋予“1”码元。如表 6.5 中第 6 步中概率 0.60 到第 5 步中裂为 0.37 和 0.23，则所得码字分别为“00”和“01”。

表 6.5　哈夫曼编码赋值过程

初始信源		对削减信源的赋值												
符号	概率	码字	1		2		3		4		5		6	
$x1$	0.40	1	0.40	1	0.40	1	0.40	1	0.40	1	0.40	1	0.60	0
$x2$	0.18	001	0.18	001	0.18	001	0.19	000	0.23	01	0.37	00	0.40	1
$x5$	0.10	011	0.10	011	0.13	010	0.18	001	0.19	000	0.23	01		
$x7$	0.10	0000	0.10	0000	0.10	011	0.13	010	0.18	001				
$x3$	0.07	0100	0.09	0001	0.10	0000	0.10	011						
$x6$	0.06	0101	0.07	0100	0.09	0001								
$x8$	0.05	00010	0.06	0101										
$x4$	0.04	00011												

哈夫曼编码过程也可以用如图 6.6 所示的树形表示。

最终得到的哈夫曼编码为 $x1$:1，$x2$:001，$x3$:0100，$x4$:00011，$x5$:011，$x6$:0101，$x7$:0000，$x8$:00010。

一旦哈夫曼码获得以后，编码或解码都可用简单的查表方式实现。这种码有 3 个特点。

(1) 它是一种块(组)码，因为各个信源符号都被映射成一组固定次序的码符号。

(2) 它是一种即时码，因为一串码符号中的每个码字都可不考虑其后的符号解出来。

(3) 它是一种可唯一解开的码，因为任何码符号串只能以一种方式解。

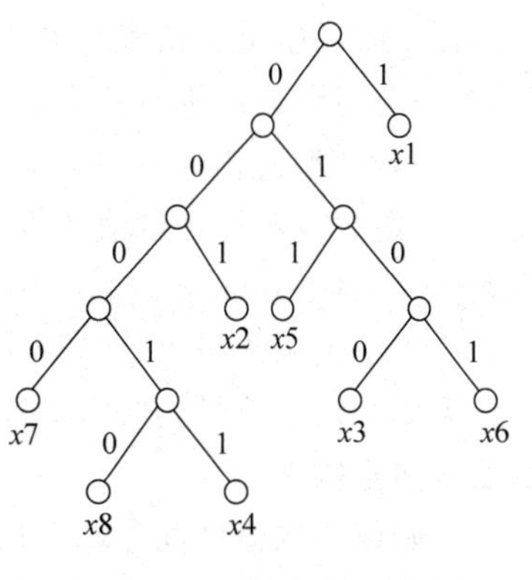

图 6.6　哈夫曼编码的树形图

根据这些特点,任何哈夫曼码串可通过从左到右检查各个符号进行解码。

现在来看哈夫曼编码的效率等。根据式(6.10)可得出信源熵

$$\begin{aligned}H(d)&=-\sum_{i=1}^{8}p_i\log p_i\\&=-(0.4\log 0.4+0.18\log 0.18+2\times 0.1\log 0.1\\&\quad+0.07\log 0.07+0.06\log 0.06+0.05\log 0.05+0.04\log 0.04)\\&=2.55\end{aligned}$$

根据式(6.12)可得平均码长为

$$\begin{aligned}\bar{N}&=\sum_{i=1}^{8}\beta_i p_i=0.4\times 1+0.18\times 3+0.10\times 3+0.10\times 4\\&\quad+0.07\times 4+0.06\times 4+0.05\times 5+0.04\times 5\\&=2.61\end{aligned}$$

根据式(6.12)可得编码效率为

$$\eta=\frac{H(d)}{\bar{N}\log n}=\frac{2.55}{2.61\times\log 2}=0.978=97.8\%$$

则其冗余度为

$$R_d=1-\eta=1-97.8\%=0.022=2.2\%$$

6.3.2 算术编码

算术编码(Arithmetic Coding)的概念最早是由里斯桑内在1976年以“后入先出”的编码形式引入。1981年将其推广用于二值图像编码,对于二元平稳的马尔可夫信源,获得高编码效率。

与哈夫曼编码不同,算术编码是一种从整个符号序列出发,采样递推形式连续编码的方法。它是一种有记忆非分组编码方法,用某个实数区间来表示若干被编码的信息,用该实数区间对应的二进制码作为编码输出。在算术编码中,源符号和码字之间的一一对应关系并不存在。一个算术码字要赋给整个信源符号序列,而码字本身确定0~1的一个实数区间。随着符号序列中的符号数量的增加,用来代表它的区间减小,而用来表示区间所需的信息单位的数量变大。每个符号序列中的符号根据区间的概率减少区间长度。下面举例来说明算术编码的原理。

设4阶马尔可夫信源符号集为{a,b,c,d},其概率分布为{0.2,0.2,0.4,0.2}。

(1)若对该信源进行哈夫曼编码,可得其平均码长为2.0b/字符。

(2)若信源发出序列{b,c,a,b,d},算术编码过程如下:各个数据符号在半封闭实数区间[0,1)内按概率设定赋值范围为

a=[0.0,0.2), b=[0.2,0.4), c=[0.4,0.8), d=[0.8,1.0)

第一个信源符号为“b”,取值区间变为[0.2,0.4)。

第二个信源符号为“c”,对取值区间[0.2,0.4)进行划分找出对应于“c”的区间,计算的取值区间范围。

起始值=取值区间左端+取值区间长度×当前符号的赋值区间左端

结束值=取值区间左端+取值区间长度×当前符号的赋值区间右端

计算得出新的取值区间为[0.2+0.4×0.2,0.2+0.4×0.4)=[0.28,0.36)。以此类推,第三个符号"a"编码后的取值区间为[0.28,0.296)。最终划分结果如表6.6所示。至此,信源序列{b,c,a,b,d}已被映射为一个实数区间[0.291 52,0.2928),或者说任何在[0.291 52,0.2928)内,即二进制的[0.010 010 101,0.010 010 101 1)内的一个小数。考虑到算术编码的码区间均小于1,故二进制码的小数表示可忽略,信源序列{b,c,a,b,d}以最短码010010101表示,平均码字长为1.8b/字符。算术编码的码率低于哈夫曼编码码率。

表6.6 码区间划分结果

数据流	b	c	a	b	d
编码区间	[0.2,0.4)	[0.28,0.36)	[0.28,0.296)	[0.2864,0.2928)	[0.291 52,0.2928)
区间长度	0.2	0.08	0.016	0.016	0.001 28

算术编码的最大优点之一在于它具有自适应性和高编码效率。使用算术编码不必预先定义信源的概率模型,尤其适用于不可能进行概率统计的场合。

6.3.3 行程编码

有些图像,尤其是计算机生成的图形往往有许多颜色相同的图块。在这些图块中,许多连续的扫描行都具有同一种颜色,或者同一扫描行上有许多连续的像素都具有相同的颜色值。在这些情况下就可以不需要存储每一个像素的颜色值,而仅仅存储一个像素值以及具有相同颜色的像素数目。这种编码称为行程编码,或称游程编码。

行程编码的基本原理是:用一个符号值或串长代替具有相同值的连续符号(连续符号构成了一段连续的"行程"。行程编码因此而得名),使符号长度少于原始数据的长度。也就是将一行中颜色值相同的相邻像素用一个计数值和该颜色值来代替。例如aaabccccccddeee可以表示为3a1b6c2d3e。如果一幅图像是由很多块颜色相同的大面积区域组成,那么采用行程编码技术相当直观和经济,运算也相当简单,因此解压缩速度很快,同时压缩效率也是惊人的。然而,该算法也导致了一个致命弱点:如果图像中每两个相邻点的颜色都不同,用这种算法不但不能压缩,数据量反而增加一倍。

行程编码分为两种:一种为一维行程编码,另一种为二维行程编码。下面简单介绍其基本原理。

1. 一维行程编码

一维行程编码已成为对传真图像的标准压缩方法。它的基本思路是对一组从左向右扫描得到的连续的0或1游程用它们的长度来编码。

通过用变长码对游程的长度编码有可能取得更高的压缩率。可将黑和白的游程长度分开,并根据它们的统计特性分别用变长码编码。如令符号a_j代表长度为j的一个黑色游程,用图像中长度为j的黑色游程数去除图像中所有黑色游程的总数就可近似得到符号a_j是由某个黑色游程信源产生出来的概率。将这些概率代入式(6.10)就可得到上述黑色游程源的熵的估计H_0。用类似的方法可得到白色游程信源的熵的估计H_1,这样图像的游程熵就近似为

$$H_{RL} = \frac{H_0 + H_1}{L_0 + L_1} \tag{6.15}$$

其中,L_0 和 L_1 分别代表黑色和白色游程长度的平均值。当用变长码对二值图像的游程进行编码时,可用式(6.15)来估计每个像素所需的平均比特数。

2. 二维行程编码

一维行程编码只考虑了削除每行内像素(或水平分解元素)的相关性而未考虑行间像素(或垂直分解元素)之间的相关性,为此提出了二维行程编码。它的基本原理是考虑相邻行之间的相关性,可以有以下几种方式。

(1) 记录当前行与上一行行程块的起点差和行程长度差,即相对地址,再加上上一行的起点位置就可以记录当前行这一块等灰度行程块。

(2) 将图像分解成四叉树,直到分解为每一图像子块都为相同的灰度或该子块大小已经足够小,这样只需按一定的次序记录每一块的灰度和所在的层数。

(3) CCITT Group3 和 CCITT Group4 标准中采用的是二维的压缩方法,它对每个由黑变白或由白变黑的行程转换的位置是根据位于当前编码行上的参考元素 a_0 的位置来编码的。这里位置 a_0 是根据上一行和当前行黑白像素的位置关系来确定的,这样灵活地设置 a_0 可以让每一块行程的长度变得更小,从而获得更短的行程编码。

正如前面所述,对于仅由0,1组成的二值图像,如打印的文件、工程图、地图等,行程编码很有效。对于二值图像,其压缩比的确定,令相继两个1之间的最多可能的零的个数为 M,即最大行程长,并令 $M=2^{m-1}$,因此,当用等长编码时,行程码可用 mb 表示。再假设零的发生是彼此独立的,以及它在两个单位值1之间发生的概率为 p,则行程长 l 的概率分布是几何分布为

$$f(l)=\begin{cases}p^l(1-p) & 0\leqslant l\leqslant M-1\\ p^M & l=M\end{cases} \tag{6.16}$$

因为行程长 $l\leqslant M-1$ 表示顺序 l 个零后是一个1,共有 $l+1$ 个符号,则平均行程长所包括的符号数为

$$\mu=\sum_{l=0}^{M-1}(l+1)p^l(1-p)+Mp^M=\frac{1-p^M}{1-p} \tag{6.17}$$

于是,得到行程长的压缩比为

$$C=\frac{\mu}{m}=\frac{1-p^M}{m(1-p)} \tag{6.18}$$

行程编码的压缩率的大小取决于图像本身的特点。如果图像中具有相同颜色的横向色块越大,这样的图像块数目越多,压缩比就越大;反之就越小。如果图像中有大量纵向色块,则可先把图像旋转90°,再用行程编码压缩,也可以得到较大的压缩比。行程编码中还需要考虑的问题就是行程的存储空间,行程是用一个字节存储,还是两个?还是更多个字节呢?行程存储是固定长度字节还是变长字节呢?一般的标准中是行程长度存储空间是变长的,而且行程长还可以进行编码。

6.3.4 预测编码

预测编码(Predictive Coding)主要是减少了数据在时间和空间上的相关性,因而对于时间序列数据有着广泛的应用价值。在数字通信系统中,例如语音的分析与合成、图像的编码与解码,预测编码已得到了广泛的实际应用。

预测编码系统把图像按行扫描进行编码。在扫到某一像素前，可以用此像素前面的一些像素值对其进行预测估计，然后与实际像素值进行比较。即用实际值减去预测估计值得到差值信号，再将此差值信号量化、编码和传输。在接收端则用量化的差值信号重建图像信号，其原理如图 6.7 所示，其中图 6.7(a)为编码系统，图 6.7(b)为解码系统。

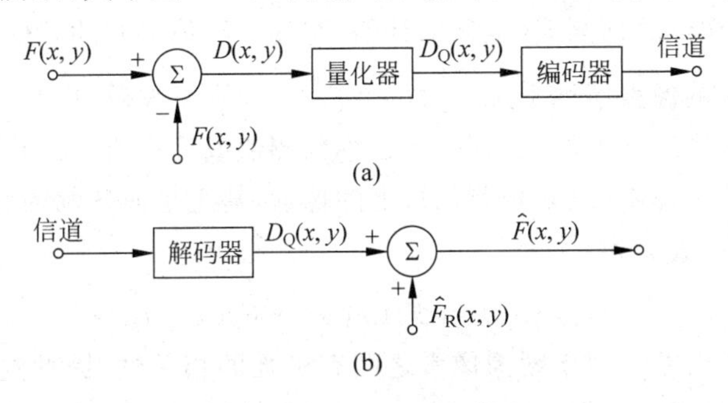

图 6.7　预测编码示意图

预测编码器的最简单形式是 Δ 调制系统，如图 6.8 所示，将视频信号加到差分器的输入端，若差值信号是正的，脉冲发生器便在采样瞬间产生一个正脉冲，否则产生负脉冲，然后将这些正负脉冲表示为二进制码加以传输，同时将这些脉冲反馈到一个积分器上，产生梯级形状的参考输入信号与实际输入信号相比较，产生差值信号，Δ 解调器则依次接收这些图像代码，并重建正负脉冲，然后对这些脉冲积分重建视频信号。Δ 调制编码示例如图 6.9 所示。

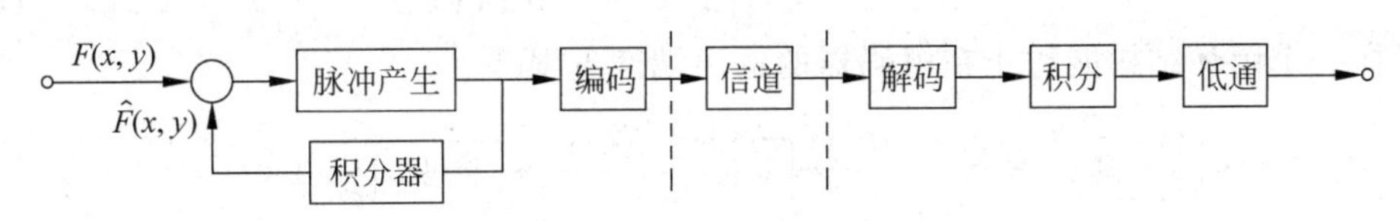

图 6.8　Δ 调制编码系统

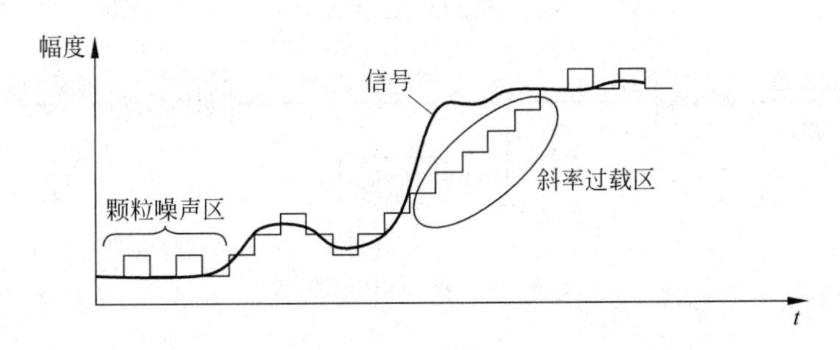

图 6.9　Δ 调制编码示例

从图 6.9 中可以看到 Δ 调制系统的基本问题是：颗粒误差和斜率过载误差现象。由图 6.9 中可以清楚地看到颗粒性误差是信号平坦区来回量化产生的，而如果为了减少量化误差而采取小量化跳步，则不能精确地跟上快速上升的视频信号的斜率变化，除非采用很高的采样频率，否则两者不能兼顾，因此在固定的采样频率下，只能在颗粒误差和斜率过载之间取折中。

对 Δ 调制的改进是差值脉冲编码调制(Differential Pulse Code Modulation，DPCM)，该编码是一种线性预测编码。由于 DPCM 算法简单，硬件容易实现，因此在图像压缩技术中获得较多的应用。

1. DPCM的基本原理

DPCM基本原理是基于图像中相邻像素之间具有较强的相关性。每个像素可以根据以前已知的几个像素值来做预测。因此在预测法中编码中,编码和传输的并不是像素采样值本身,而是这个采样值的预测值(也称估计值)与其实际值之间的差值。

假设对输入图像的像素序列 $F_n(x,y)(n=1,2,\cdots)$ 进行编码,$\hat{F}_n(x,y)$ 是根据以前 m 个已出现的像素点的灰度对该点的预测灰度(也称预测值或估计值),计算预测值的像素,可以是同一扫描行的前几个像素,或者是前几行上的像素,甚至是前几帧的邻近像素。实际值和预测值之间的差值,可表示为

$$\mathrm{e}_n(x,y)=F_n(x,y)-\hat{F}_n(x,y) \tag{6.19}$$

将此差值定义为预测误差。由于图像像素之间有极强的相关性,因此这个预测误差是很小的。编码时,不是对像素点的实际灰度 $F_n(x,y)$ 进行编码,而是对预测误差信号 $e_n(x,y)$ 进行量化、编码、发送。其工作原理如图6.10所示。其中,图6.10(a)为发送端,图6.10(b)为接收端,图中的 $\dot{e}_n(x,y)$ 是预测误差经过量化器后的输出,它确定了有损预测编码中的压缩量和失真量。

为了接纳量化步骤,在图6.10中将有损压缩编码器的预测器放在一个反馈环中。这个环的输入是过去预测和与其相对应的量化误差的函数

$$\dot{F}_n(x,y)=\dot{e}_n(x,y)+\hat{F}_n(x,y) \tag{6.20}$$

这样一个闭环结构能防止在解码器的输出端产生误差。

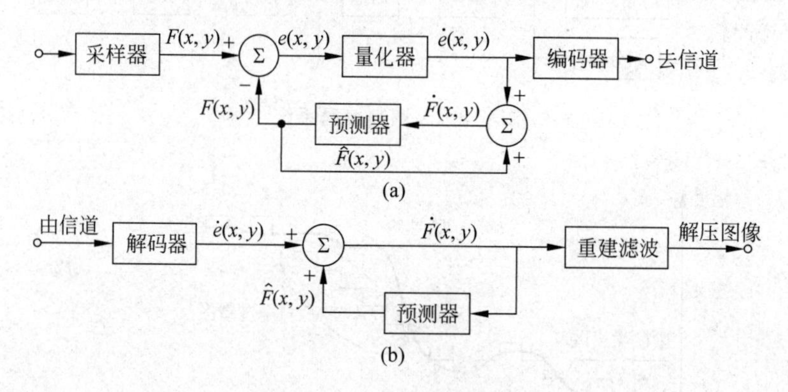

图6.10 DPCM调制系统

2. 最优预测器

在绝大多数预测编码中,用到的最优预测器在满足限制条件

$$\begin{gathered}\dot{F}_n(x,y)=\dot{e}_n(x,y)+\hat{F}_n(x,y)\approx e_n(x,y)+\hat{F}_n(x,y)=F_n(x,y)\\ \hat{F}_n(x,y)=\sum_{i=1}^{m}\alpha_i F_{n-1}(x,y)\end{gathered} \tag{6.21}$$

的情况下,能最小化编码器的均方预测误差

$$E\{e_n^2\}=e\{(F_n-\hat{F}_n)^2\} \tag{6.22}$$

一般要求系数 a_i 之和小于或等于1,即

$$\sum_{i=1}^{m}\alpha_i \leqslant 1$$

这个限制是为了使预测器的输出落入允许的灰度值范围和减少传输噪声的影响。

这里最优准则是最小化均方预测误差。设量化误差可忽略($\dot{e}_n \approx e_n$),并用 m 个先前像素的线性组合进行预测。上述限制并不是必需的,但它们都极大地简化了分析,也减少了预测器的计算复杂性。在满足这些条件时最优预测器设计的问题简化为比较直观的选择 m 个预测系数以最小化下式问题

$$E\{e_n^2\} = E\left\{\left(F_n - \sum_{i=1}^{m}\alpha_i F_{n-1}\right)^2\right\} \tag{6.23}$$

如果对式(6.22)中每个系数求导,使其结果为零,并在设 F_n 均值为零和方差为 σ^2 的条件下解上式,联立方程可得到

$$\boldsymbol{\alpha} = \boldsymbol{R}^{-1}\boldsymbol{r} \tag{6.24}$$

其中,$\boldsymbol{R}$ 是 $m\times m$ 自相关矩阵。$\boldsymbol{r}$ 和 $\boldsymbol{\alpha}$ 都是具有 m 个元素的矩阵,具体为

$$\boldsymbol{r} = [E\{F_nF_{n-1}\}E\{F_nF_{n-2}\}\cdots E\{F_nF_{n-m}\}]^{\mathrm{T}}$$

$$\boldsymbol{\alpha} = [\alpha_1 \quad \alpha_2 \quad \cdots \quad \alpha_m]^{\mathrm{T}}$$

可见,对任意输入图,能最小化式(6.23)的系数仅依赖于原始图中像素的自相关,可通过一系列基本的矩阵操作得到。当使用这些最优系数时,预测误差的方差为

$$\sigma_e^2 = \sigma^2 - \boldsymbol{\alpha}^{\mathrm{T}}\boldsymbol{r} = \sigma^2 - \sum_{i=1}^{m}E\{F_nF_{n-i}\}\alpha_i \tag{6.25}$$

尽管式(6.24)很简单,但为获得 $\boldsymbol{R}$ 和 $\boldsymbol{r}$ 所需的自相关计算很困难。实际中常假设一个简单的图像模型。如假设一个二维马尔可夫源具有可分离自相关函数

$$E\{F(x,y)F(x-i,y-j)\} = \sigma^2\rho_v^i\rho_h^i \tag{6.26}$$

并用一个 4 阶线性预测器

$$\begin{aligned}\hat{F}(x,y) =& \alpha_1F(x,y-1)+\alpha_2F(x-1,y-1)\\ &+\alpha_3F(x-1,y)+\alpha_4F(x-1,y+1)\end{aligned} \tag{6.27}$$

来预测,则所得的最优系数为

$$\alpha_1 = \rho_h \quad \alpha_2 = -\rho_v\rho_h \quad \alpha_3 = \rho_v \quad \alpha_4 = 0 \tag{6.28}$$

其中,ρ_h 和 ρ_v 分别是图像的水平和垂直相关系数。

通过给式(6.27)中的系数赋予不同的值,可得到不同的预测器。4 个例子如下。

$$\hat{F}_1(x,y) = 0.97F(x,y-1)$$

$$\hat{F}_2(x,y) = 0.5F(x,y-1)+0.5F(x-1,y)$$

$$\hat{F}_3(x,y) = 0.75F(x,y-1)+0.75F(x-1,y)-0.5F(x-1,y-1)$$

$$\hat{F}_4(x,y) = \begin{cases}0.97F(x,y-1) & |F(x-1,y)-F(x-1,y-1)|\leqslant \\ & |F(x,y-1)-F(x-1,y-1)| \\ 0.97F(x-1,y) & \text{其他}\end{cases}$$

图 6.11(b)~图 6.11(e)给出利用上面 4 个线性预测器对图 6.11(a)分别进行预测的效果。

3. 最优量化

如图 6.12 给出一个典型的量化函数。这个阶梯状的函数 $t=q(s)$ 是 s 的奇函数。这个

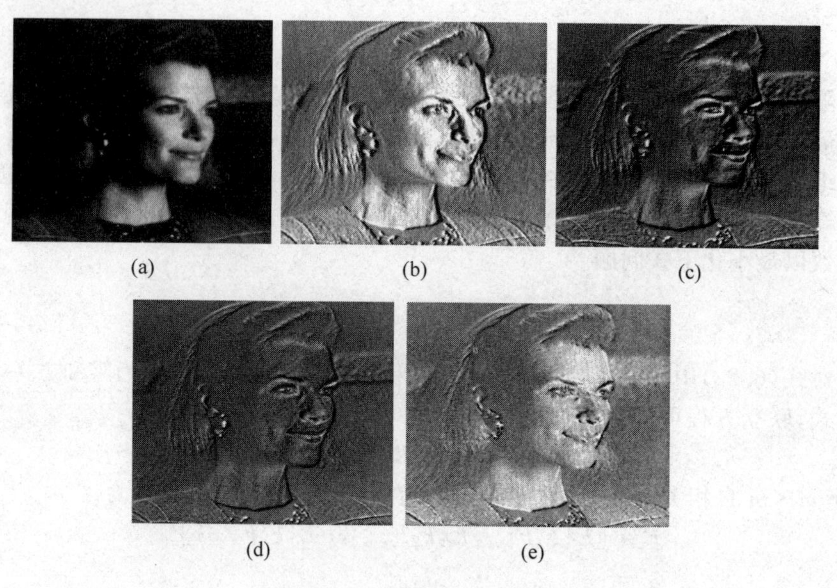

图 6.11　预测器效果图

函数可由在第一象限的 $L/2$ 个 s_i 和 t_i 完全描述。这些值给出的转折点确定了函数的不连续性并被称为量化器的判别和重建电平，将半开区间 $(s_i, s_{i+1}]$ 的 s 映射给 t_i。

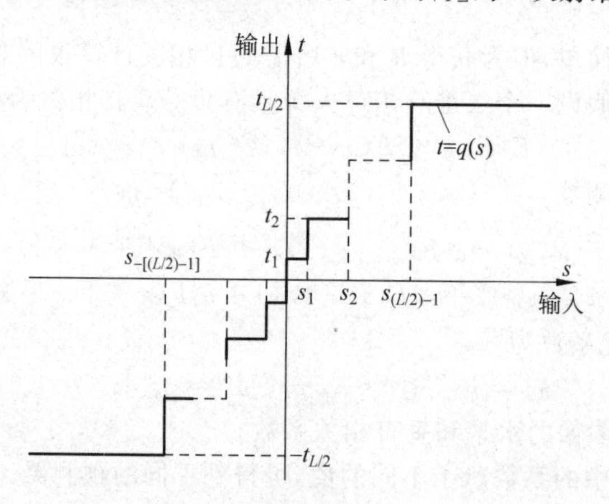

图 6.12　典型的量化函数

根据上面的定义，量化器的设计就是要在给定优化准则和输入概率密度函数 $p(s)$ 的条件下选择最优的 s_i 和 t_i。优化准则可以是统计的或心理视觉的准则。如果用最小均方量化误差作为准则，且 $p(s)$ 为偶函数，则最小误差条件为

$$\int_{s_{i-1}}^{s_i}(s-t_i)p(s)\mathrm{d}s=0 \quad i=1,2,\cdots,L/2$$

$$s_i=\begin{cases}0 & i=0\\(t_i+t_{i+1})/2 & i=1,2,\cdots,L/2-1\\\infty & i=L/2\end{cases} \tag{6.29}$$

$$s_i=-s_{-i} \quad t_i=-t_{-i}$$

式(6.29)表明：重建电平是所给定判别区间的 $p(s)$ 曲线下面积的重心，判别值正好为两个重建值的中值，$p(s)$ 是一个偶函数。对于任意的 L，满足式(6.29)的 s_i 和 t_i 在均方误差意义下最优。与此对应的量化器称为 L 级 Lloyd-Max 量化器。表 6.7 给出单位方差拉普拉斯概率密度函数的 2、4、8 级 Lloyd-Max 判别和重建值。

表 6.7　具有单位方差拉普拉斯概率密度函数的 Lloyd-Max 量化器

级	2		4		8	
i	s_i	t_i	s_i	t_i	s_i	t_i
1	∞	0.707	1.102	0.395	0.504	0.222
2			∞	1.810	1.181	0.785
3					2.285	1.576
4					∞	2.994
θ	1.414		1.087		0.731	

由于对大多数 $p(s)$ 而言，要得到式(6.29)的解很难，因此表 6.7 是由数值计算得到的。对判别和重建值的方差 $\sigma \neq 1$ 的情况，可用表 6.7 给出的数据乘以它们的概率密度函数的标准差，表 6.7 最后一行给出满足式(6.29)和下列附加限制条件的步长 θ

$$\theta = t_i - t_{i-1} = s_i - s_{i-1} \tag{6.30}$$

如果在有损预测编码中的编码器中使用变长码，则具有步长 θ 的最优均匀量化器在具有相同输出可靠性的条件下能提供比固定长度编码的 Lloyd-Max 量化器更低的码率。表 6.8 给出预测器和量化器的不同组合对同一幅图像编码所得的均方根误差。可以看出，2 级自适应量化器与 4 级非自适应量化器的性能差不多，而 4 级自适应量化器比 8 级非自适应量化器性能好。

表 6.8　预测器与量化器不同组合的性能比较

预测器	Lloyd-Max 量化器			自适应量化器		
	2 级	4 级	8 级	2 级	4 级	8 级
$\hat{F}_1(x,y)$	30.88	6.86	4.08	7.49	3.22	1.55
$\hat{F}_2(x,y)$	14.59	6.94	4.09	7.53	2.49	1.12
$\hat{F}_3(x,y)$	9.90	4.30	2.31	4.61	1.70	0.76
$\hat{F}_4(x,y)$	38.18	9.25	3.36	11.46	2.56	1.14
压缩率	8.00∶1	4.00∶1	2.70∶1	7.11∶1	3.77∶1	2.56∶1

图 6.13 给出经过固定输出率及不同级数的量化器而得到的编码解码图，以及对应的误差图像。其中图 6.13(a)、6.13(e)和 6.13(i)分别是采用 2、4、8 量化级，1.0b/像素、2.0b/像素和 3.0b/像素的固定输出率的 Lloyd-Max 量化器处理的结果。图 6.13(b)、图 6.13(f)和图 6.13(g)分别是采样 2、4、8 量化级，1.125b/像素、2.125b/像素和 3.125b/像素的固定输出率的自适应量化器处理的结果。而第三列和第四列分别为第一、二列所对应误差图，即图 6.13(c)、图 6.13(g)、图 6.13(k)、图 6.13(d)、图 6.13(h)和图 6.13(l)分别是图 6.13(a)、图 6.13(e)、图 6.13(i)、图 6.13(b)、图 6.13(f)和图 6.13(j)与原图的误差图。从图 6.13 中

可以看出,对于 Lloyd-Max 量化器,当量化器级数取 8 时,误差几乎看不出。而对于自适应量化器,当量化器级数取 4 时,误差几乎看不出。

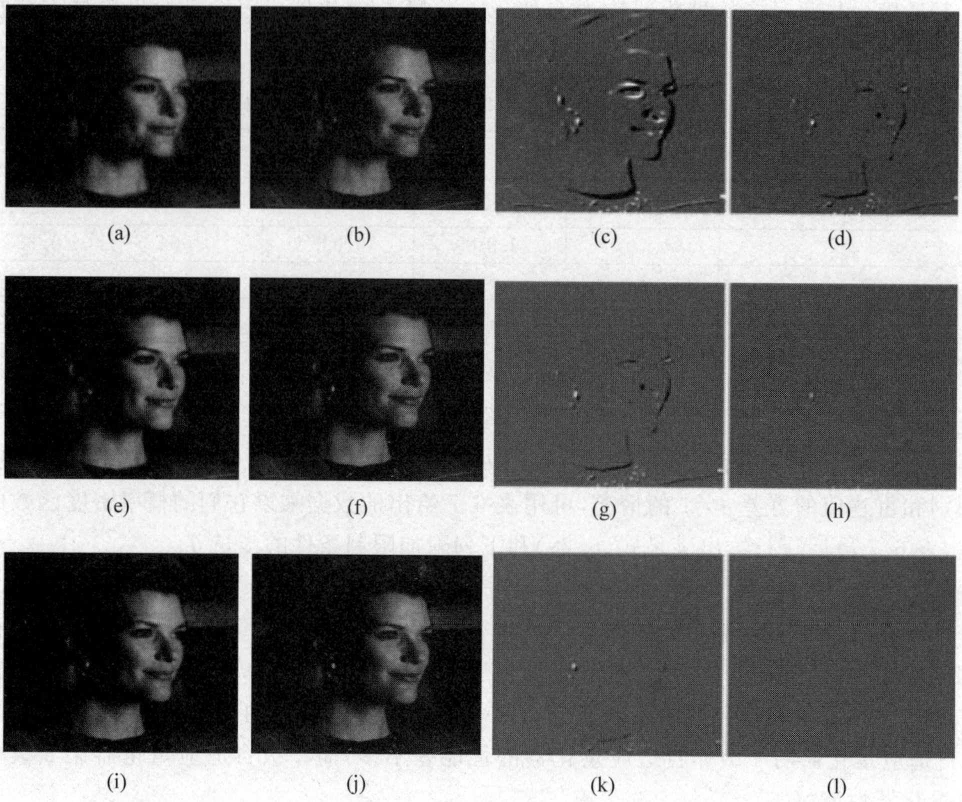

(a) (b) (c) (d)

(e) (f) (g) (h)

(i) (j) (k) (l)

图 6.13 DPCM 编码中不同量化器的效果比较

6.3.5 向量量化编码

向量量化编码(Vector Quantization Coding)利用相邻图像数据间的高度相关性,将输入图像数据序列分组,每一组 m 个数据构成一个 m 维向量,一起进行编码,即一次量化多个点。根据香农率失真理论,对于无记忆信源,向量量化编码总是优于标量量化编码。

编码前,先通过大量样本的训练、学习或自组织特征映射神经网络方法,得到一系列的标准图像模式,每一个图像模式称为码字或码矢,这些码字或码矢合在一起称为码书,码书实际上就是数据库。输入图像块按照一定的方式形成一个输入向量。编码时用这个输入向量与码书中的所有码字计算距离,找到距离最近的码字,即找到最佳匹配图像块。输出其索引(地址)作为编码结果。解码过程与之相反,根据编码结果中的索引从码书中找到索引对应的码字(该码书必须与编码时使用的码书一致),构成解码结果。由此可知,向量量化编码是有损编码。

向量量化编码解码的过程如图 6.14 所示。它分为编码器和解码器,分别如图 6.14(a)和 6.14(b)所示。编码器由码书Ⅰ、最小向量测量部分组成。解码器实质上是个查表器,从码书Ⅱ中找出下标为 i 的码字输出,因此向量编码器的核心是编码器。

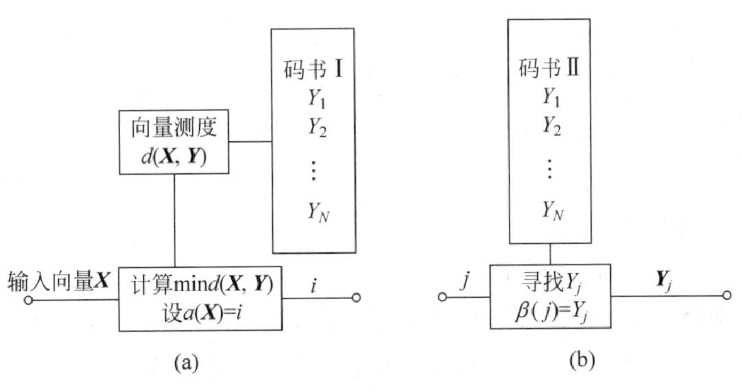

图 6.14　向量量化器结构图

输入端首先把图像信号分解成一系列 K 维向量 $\boldsymbol{X}\in x=\{x_1,x_2,\cdots,x_N\in\mathbf{R}^K\}$，$\mathbf{R}^K$ 表示 K 维欧氏空间，x 表示信源空间，然后，找到一种映射 Q 及量化向量 $\boldsymbol{Y}$，$\boldsymbol{Y}$ 也是一组 K 维向量

$$\boldsymbol{Y}\in Y_N=\{Y_1,Y_2,\cdots,Y_N \mid Y_i\in\mathbf{R}^K\}$$

使 $\boldsymbol{Y}$ 和 $\boldsymbol{X}$ 有一一对应关系，即

$$\boldsymbol{Y}=Q(\boldsymbol{X})$$

Q 表示量化映射。Y_N 表示输出空间，或称为码书。$\boldsymbol{Y}$ 即维量化向量或码字，N 维码书的大小。

向量量化编码的过程是：输入一个向量 $\boldsymbol{X}$，然后在码书Ⅰ中寻找和 X_i 向量测量最小的码字 Y_i，并取它的序号 i。通常用最近邻法求向量测度最小的码字，可用下式表示

$$a(\boldsymbol{X})=i \quad \text{当且仅当} \quad d(\boldsymbol{X},Y_i)\leqslant d(\boldsymbol{X},Y_j)\ j\in I_N$$

其中，$I_N=\{1,2,\cdots,N\}$，d 表示欧氏距离，编码器输出的仅仅是 Y_i 的序号，而不是 Y_i 本身。在接收端，解码器的工作仅仅是据 i 在码书中查出 Y_i 来，可见码书Ⅰ和码书Ⅱ应完全相同。由于下标可以用很少的比特数来表示，且为不等长码，因此可以有较大的压缩比。

从上面的讨论知道，向量量化器设计的关键是码书的设计。常用码书设计方法称为 LBG 算法，LBG 是三个作者 Linde、Buzo 和 Gray 名字的字头组合，他们在 1980 年首次提出了这种算法。这一算法假设已知一个训练序列，算法可描述为如下步骤。

(1) 给定一个初始码书 $Y_N^{(0)}$（$n=0$ 表示第一次迭代初始值），设起始平均失真度 $D^{(-1)}\to\infty$，并设置迭代终止阈值为 $\varepsilon(0<\varepsilon<1)$。

(2) 把 $Y_N^{(0)}$ 作为已知形心，根据最近邻划分原则把训练序列 $\text{TS}=\{X_1,X_2,\cdots,X_m\}$ 划分为 N 个子集

$$S_j^{(n)}=\{X\mid d(X,Y_j)\leqslant d(X,Y_i),i\neq j,Y_i,Y_j\in Y_N^{(n)},X\in\text{TS}\}\quad(j=1,2,\cdots,N)$$

(3) 计算平均失真度 $D^{(n)}$ 与相对失真度 $\widetilde{D}^{(n)}$

$$D^{(n)}=\frac{1}{m}\sum_{r=1}^{m}\min d(X_r,Y)\quad Y\in Y_N^{(n)}$$

$$\widetilde{D}^{(n)}=\left|\frac{D^{(n-1)}-D^{(n)}}{D^{(n)}}\right|$$

(4) 当 $\widetilde{D}^{(n)}\leqslant\varepsilon$ 时，停止计算。此时得到的 $Y_N^{(n)}$ 便是设计好的码书。如果误差没达到要求，计算第(2)步得到的各个形心为

$$Y_i = \frac{1}{|s_i|}\sum_{X\in S_i} X$$

并得到 N 个新形心 $\{Y_1^{(n+1)}, Y_2^{(n+1)}, \cdots, Y_N^{(n+1)}\}$ 构成新的码书 $Y_N^{(n+1)}$，并返回第(2)步运算，直到 $\widetilde{D}^{(n)} \leqslant \varepsilon$ 为止。

向量量化器存在以下优点：

(1) 只传递码字的下标，编码效率高。

(2) 在相同速率下，向量量化比标量量化失真度小。

(3) 在相同向量情况下，向量量化比标量量化所需传输速率低。

当然，它也存在缺点，就是复杂度随向量维数呈指数增加。

6.4 变换域压缩方法

6.4.1 正交变换

图像压缩中经常使用图像变换将图像从空间域变换到频域，这类变换一般是线性变换，而且存在不损失信息的逆变换，同时，这类变换满足一定的正交条件。正交变换有傅里叶变换、离散余弦变换、Walsh-Hadamard 变换、哈尔变换、小波变换等。图像压缩将统计上高度相关的像素所构成的矩阵通过正交变换(Orthogonal Transformation)，变成统计上彼此较为独立、甚至达到完全独立的变换系数矩阵，以达到压缩数据的目的。

假设当前子图像 $g(x,y)$ 大小为 $n\times n$，其离散变换结果 $T(u,v)$ 可以用式(6.31)表示

$$T(u,v) = \sum_{x=0}^{n-1}\sum_{y=0}^{n-1} g(x,y)r(x,y,u,v) \tag{6.31}$$

$T(u,v)$ 被称为变换系数，其中 $u,v=0,1,2,\cdots,n-1$，代表频率，$r(x,y,u,v)$ 是图像变换函数，它可以是上述的傅里叶变换、离散余弦变换、Walsh-Hadamard 变换、哈尔变换、小波变换等正交变换方法。如果 $T(u,v)$ 已经得到，可以使用一般的离散逆变换得到 $g(x,y)$。

$$g(x,y) = \sum_{x=0}^{n-1}\sum_{y=0}^{n-1} T(u,v)s(x,y,u,v) \tag{6.32}$$

$s(x,y,u,v)$ 是对应的图像逆变换函数。如式(6.31)所示，图像变换一般是将原图像变成一组基函数 $r(x,y,u,v)$ 及相应的变换系数 $T(u,v)$，而这组基函数之间是互不相关，即正交的，这样就把图像用一组正交基函数及其系数表示。一般来说，良好的正交基函数可以大大减少图像像素灰度值之间的相关冗余，即变换后大部分变换系数 $T(u,v)$ 都接近 0，保存图像时即可把这部分系数忽略，变换前后图像的信息量没有损失或损失较小，从而达到了节省图像存储空间的目的，实现了图像的压缩。

下面总结一下正交变换的四条适合于压缩的性质。

(1) 熵保持性质。这条性质从理论上说明正交变换可以不损失图像的任何信息。

(2) 能量重新分配与集中。这条性质使图像变换后一部分系数变得很小，甚至为 0，而使少数系数的值很大，集中较多的能量。这条性质正是正交变换可以进行数据压缩的基础。

(3) 去相关性。这条性质可以将图像在空间域的高度相关的像素变成相关性很弱的变换域系数，这样使能量重新进行了分配以实现压缩。

（4）能量保持性。即变换前后信号能量（矩阵中每个元素的平方和）保持不变。

一个典型的正交变换是哈达玛（Hadamard）变换，它也可以说是广义傅里叶变换。哈达玛矩阵是这样一种矩阵：它仅由+1和−1组成，而且它是正交方阵。所谓正交方阵，即它的任意两行（或两列）都彼此正交，或者说它们的正交元素乘积之和为0。最简单的哈达玛矩阵 $\boldsymbol{H}_2$ 是

$$\boldsymbol{H}_2=\begin{bmatrix}+1 & +1\\ +1 & -1\end{bmatrix}$$

阶次为2的整次幂的 $\boldsymbol{H}_4$ 是

$$\boldsymbol{H}_4=\begin{bmatrix}H_2 & H_2\\ H_2 & -H_2\end{bmatrix}=\begin{bmatrix}+1 & +1 & +1 & +1\\ +1 & -1 & +1 & -1\\ +1 & +1 & -1 & -1\\ +1 & -1 & -1 & +1\end{bmatrix}$$

同理，$\boldsymbol{H}_8$ 可以由 $\boldsymbol{H}_4$ 按上述方法组成，$\boldsymbol{H}_{16}$ 又可以由 $\boldsymbol{H}_8$ 按上述方法组成，其余的以此类推。

如果有一个矩阵 $\boldsymbol{g}$，将其进行哈达玛变换，变换方法是

$$\boldsymbol{T}=\boldsymbol{H}_N\times\boldsymbol{g}\times\boldsymbol{H}_N/N$$

其中，N 是矩阵的阶数。其逆变换与变换方法相同，具体为

$$\boldsymbol{g}=\boldsymbol{H}_N\times\boldsymbol{T}\times\boldsymbol{H}_N/N$$

例如

$$\boldsymbol{A}=\begin{bmatrix}0.1909 & 0.5895 & 0.2518 & 0.8244\\ 0.4283 & 0.2262 & 0.2904 & 0.9827\\ 0.4820 & 0.3846 & 0.6171 & 0.7302\\ 0.1206 & 0.5830 & 0.2653 & 0.3439\end{bmatrix}$$

用 $\boldsymbol{H}_4$ 变换，式中的 $N=4$，得到 $\boldsymbol{T}$，其结果如下

$$\boldsymbol{T}=\boldsymbol{H}_4\times\boldsymbol{A}\times\boldsymbol{H}_4/4=\begin{bmatrix}1.8277 & -0.5045 & -0.3252 & 0.2238\\ 0.2076 & 0.0111 & -0.0631 & -0.0315\\ 0.0644 & -0.2261 & -0.1320 & 0.3104\\ -0.2430 & -0.2516 & 0.2245 & -0.3287\end{bmatrix}$$

可以看出，它的能量集中性并没有傅里叶变换好，这是由哈达玛矩阵仅由+1和−1组成决定的。但哈达玛矩阵仅由+1和−1组成且其变换有快速的计算方法，使它的计算非常快，效率很高。

将 $\boldsymbol{T}$ 逆变换后可以得到与 $\boldsymbol{A}$ 完全一样的值。

6.4.2 正交变换实现压缩

图像压缩中使用图像变换进行压缩的一般步骤是：

（1）将输入图像分解成 $n\times n$ 大小的子图像。

（2）分别对每一个子图像进行图像变换。

（3）对每个子图像变换后的块进行量化，将其调整到合适的数值范围。

（4）对量化结果进行符号编码。

(5) 保存编码结果到存储设备,即得到压缩后的图像。

图像压缩中使用图像变换进行解压缩是压缩的逆过程,它的一般步骤是:

(1) 将压缩后的每一块子图像进行解码。

(2) 对解码结果进行反量化。

(3) 分别对每一个子图像进行图像逆变换(逆变换),得到原始的子图像。当然,根据量化编码及变换的具体不同方法,这时得到的子图像可能是无损的,也可能是有损的。

(4) 将得到的所有 $n \times n$ 大小的子图像拼成原始的大图像,即解压缩后结果。

图 6.15 是一个利用傅里叶变换进行图像压缩的示例。图 6.15(a)是原图,该图是 512×512 大小。先将其进行傅里叶变换,得到图 6.15(b)所示的频域幅度谱,未做平移,所以能量集中在四角。图 6.15(c)是去掉图像中心(50,50)至对角(462,462)的频域变换后的数据,即设置为 0,再逆变换后得到结果,以这种简单的方式模拟图像压缩与解压缩。可以看出,图 6.15(c)视觉效果上看与原图并没有太大的差异,而矩阵大小意义上的存储空间只有原来的 18.6%,达到了图像数据压缩的效果。图 6.15(d)~图 6.15(f)分别去掉的是(30,30)至(482,482)、(15,15)至(497,497)、(5,5)至(507,507)区域的数据,所需要的存储空间也变成原来的 11.4%、5.8%、1.9%,随着图像数据的更多压缩,图像逆变换回来后,图像质量逐步降低,图 6.15(d)从视觉效果上看还不错,图 6.15(e)还能保持主要信息,但图 6.15(f)已经非常模糊。

图 6.15 利用傅里叶变换进行图像压缩示意图

6.4.3 离散余弦变换编码

基于离散余弦变换(Discrete Cosine Transform,DCT)的编码方法是 JPEG 算法的核心内容。该算法包括两个不同层次的系统:其一为基本系统(Baseline System),采用顺序工作方式编码,只采用哈夫曼编码,解码只能存储两套哈夫曼表;而另一个增强系统,采用累进工作方式,它是基本系统的扩充和增强,采用了有适应能力的算术编码。图 6.16 给出编码和解码过程。

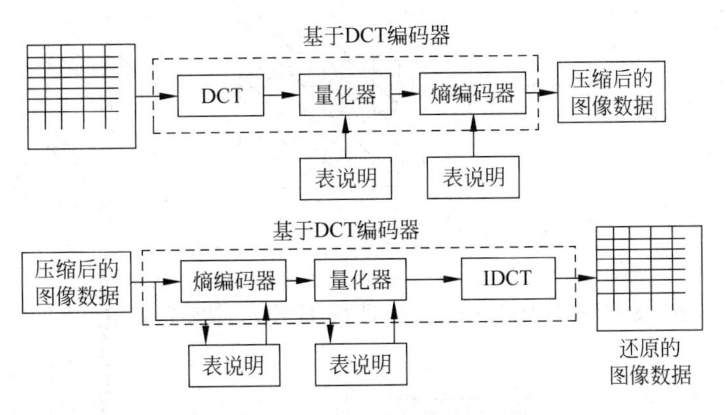

图 6.16　基于 DCT 的编解码过程

1. DCT

JPEG 采样的是 8×8 大小的子块的二维 DCT。在编码器的输入端，首先把原图顺序地分割成一系列 8×8 的子块。设原图的采样精度为 P 位，是无符号整数，然后把$[0,2^p-1]$的无符号整数变成$[-2^{p-1},2^{p-1}-1]$的有符号整数，以此作为 DCT 的输入。在解码器输出端，经 IDCT 后又得到一系列 8×8 块的图像数据块，将其数值范围由$[-2^{p-1},2^{p-1}-1]$再变回$[0,2^p-1]$的无符号整数，即获得重构的图像。

根据第 3 章的定义，则 8×8 的 DCT 和 IDCT 表达式为

$$
\begin{aligned}
F(u,v) &= \frac{1}{4}C(u)C(v)\left[\sum_{x=0}^{7}\sum_{y=0}^{7}f(x,y)\cdot\cos\frac{(2x+1)u\pi}{16}\cos\frac{(2y+1)v\pi}{16}\right] \\
f(x,y) &= \frac{1}{4}\left[\sum_{x=0}^{7}\sum_{y=0}^{7}C(u)C(v)F(u,v)\cdot\cos\frac{(2x+1)u\pi}{16}\cos\frac{(2y+1)v\pi}{16}\right] \qquad (6.33) \\
&\begin{cases} C(u),C(v)=\dfrac{1}{\sqrt{2}} & u,v=0 \\ C(u),C(v)=1 & \text{其他} \end{cases}
\end{aligned}
$$

2. 量化处理

为了达到压缩数据的目的，对 DCT 系数 $F(u,v)$需做量化处理，将其变小到一个合理的区间范围内。量化处理是一个多对一的映射，反量化则又是一个一对一的映射，它是造成 DCT 编解码信息失真的主要根源。量化有均匀量化和非均匀量化等方法。

3. DC 系数的编码和 AC 系数的行程编码

64 个变换系数经量化处理后，坐标 $u=v=0$ 是直流分量(DC)系数，即 64 个空间域图像采样值的平均值，相邻 8×8 块之间的 DC 系数有强的相关性。每一个图像块编码顺序如图 6.17 所示。这样将二维的 8×8 矩阵变成了 64×1 的向量。在 JPEG 中对 DC 系数采样 DPCM 编码，其余 63 个 AC 系数采样行程编码。

4. 熵编码

为了进一步达到压缩数据的目的，需要对 DC 系数的编码和 AC 系数的行程编码的码字再做基于统计特性的熵编码。在 JPEG 中建议采样两种熵编码方法，即哈夫曼编码和自适应二进制算术编码。

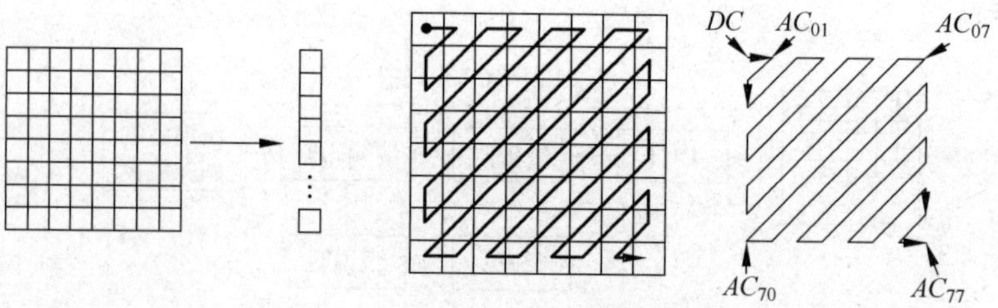

图 6.17 DCT 系数“之”字形编码顺序

例如,对一张 8×8 的灰度图片 $\boldsymbol{g}(x,y)$进行 JPEG 压缩模拟,假设图片 $\boldsymbol{g}(x,y)$灰度值如下:

92	112	144	174	188	178	162	149
109	120	131	136	138	147	163	178
130	142	148	127	108	109	142	180
144	167	178	154	116	99	120	152
149	176	185	175	139	125	137	152
158	154	149	149	153	160	177	185
171	134	104	112	145	182	198	191
191	133	79	87	139	182	185	173

将其平移 128 个灰度级,即 $\boldsymbol{g}'(x,y)=\boldsymbol{g}(x,y)-128$,则图像变成

−36	−16	16	46	60	50	34	21
−19	−8	3	8	10	19	35	50
2	14	20	−1	−20	−19	14	52
16	39	50	26	−12	−29	−8	24
21	48	57	47	11	−3	9	24
30	26	21	21	25	32	49	57
43	6	−24	−16	17	54	70	63
63	5	−49	−41	11	54	57	45

对 $\boldsymbol{g}'(x,y)$采用二维离散余弦变换,变成

159.3	65.6	51.4	14.4	2.8	0.1	2.1	0.4
35.0	0.3	82.9	75.8	0.6	2.9	1.6	1.7
0.8	99.4	0.7	98.3	3.4	0.7	1.1	0.8
53.5	14.8	66.7	1.0	1.4	3.1	3.8	0.7
0.7	44.5	38.6	1.4	0.2	1.9	1.1	2.1
0.1	2.0	4.5	0.4	1.2	1.2	1.2	2.5
2.0	1.9	0.4	0.9	2.9	2.5	0.8	2.5
1.8	0.2	2.2	1.8	1.9	1.4	0.8	1.5

可以看到，上述矩阵的能量已经集中在左上角，即左上角的值很大，右下部分的值都较小。用一个量化矩阵 $\boldsymbol{Z}(x,y)$ 对此结果进行量化，这个矩阵左上角的值较小，右下部分的值较大，因为变换后图像右下部分的值相对值较小，重要程度较低，所以可以通过量化去掉更多的信息。量化矩阵 $\boldsymbol{Z}(x,y)$ 是：

16	11	10	16	24	40	51	61
12	12	14	19	26	58	60	55
14	13	16	24	40	57	69	56
14	17	22	29	51	87	80	62
18	22	37	56	68	109	103	77
24	35	55	64	81	104	113	92
49	64	78	87	103	121	120	101
72	92	95	98	112	100	103	99

量化方法为按图像矩阵和量化矩阵位置对应位置相除后再四舍五入为整数，即 $\boldsymbol{c}(x,y) = \mathrm{round}(\boldsymbol{g}'(x,y)/\boldsymbol{Z}(x,y))$，得到量化后的结果如下：

10	−6	5	−1	0	0	0	0
−3	0	−6	−4	0	0	0	0
0	−8	0	4	0	0	0	0
4	−1	−3	0	0	0	0	0
0	2	−1	0	0	0	0	0
0	0	0	0	0	0	0	0
0	0	0	0	0	0	0	0
0	0	0	0	0	0	0	0

可以看到，结果中按“之”字形排列后，并省略后面大量的 0 得到一维系数数组为 [10 −6 −3 0 0 5 −1 −6 −8 4 0 −1 0 −4 0 0 0 4 −3 2 0 0 0 −1]。对于数据压缩来说，这些 0 都可以省略不必存储。然后再用标准的编码方法对这串整数进行编码，如哈夫曼编码。

这里省略编码这一步直接进行解压缩，先进行反量化，$\boldsymbol{g}''(x,y) = \boldsymbol{c}(x,y) * \boldsymbol{Z}(x,y)$，得到：

160	−66	50	−16	0	0	0	0
−36	0	−84	−76	0	0	0	0
0	−104	0	96	0	0	0	0
56	−17	−66	0	0	0	0	0
0	44	−37	0	0	0	0	0
0	0	0	0	0	0	0	0
0	0	0	0	0	0	0	0
0	0	0	0	0	0	0	0

再进行标准的二维离散余弦逆变换,得到:

−37.8	−16.5	16.1	45.0	58.1	52.4	36.0	22.7
−22.0	−8.7	5.7	11.4	12.1	19.0	35.1	49.7
1.1	14.3	18.3	−0.1	−23.1	−20.0	14.4	49.1
18.3	40.4	51.1	26.8	−13.9	−30.2	−8.2	21.9
23.9	44.6	58.6	44.6	14.0	−3.0	6.8	24.5
28.7	26.3	22.9	21.4	25.1	35.2	48.5	57.9
43.4	9.1	−22.6	−18.3	18.1	54.4	68.0	65.8
59.5	4.3	−46.8	−41.7	10.0	54.8	59.7	44.2

将此结果,得到反平移128个灰度级,即加上128,再四舍五入为整数,得到最后的结果为

90	111	144	173	186	180	164	151
106	119	134	139	140	147	163	178
129	142	146	128	105	108	142	177
146	168	179	155	114	98	120	150
152	173	187	173	142	125	135	152
157	154	151	149	153	163	176	186
171	137	105	110	146	182	196	194
188	132	81	86	138	183	188	172

原图与解压缩后的结果图像差别如下:

−2	−1	0	−1	−2	2	2	2
−3	−1	3	3	2	0	0	0
−1	0	−2	1	−3	−1	0	−3
2	1	1	1	−2	−1	0	−2
3	−3	2	−2	3	0	−2	0
−1	0	2	0	0	3	−1	1
0	3	1	−2	1	0	−2	3
−3	−1	2	−1	−1	1	3	−1

原图与解压缩后的结果图像均方根误差为1.79个灰度级。

6.5 图像压缩编码主要国际标准

6.5.1 静止图像压缩标准

1. JPEG

由国际标准化组织(ISO)和国际电报电话咨询委员会(CCITT)联合成立的JPEG(Joint Photographic Experts Group,静止图像压缩标准)经过5年细致的工作后,于1991年3月提出了ISO CDIO918号建议草案:多灰度静止图像的数字压缩编码(通常简称为JPEG标准)。这是一个适用于彩色和单色多灰度或连续色调静止数字图像的压缩标准。

它包括无损压缩和基于 DCT(离散余弦变换)与哈夫曼编码的有损压缩算法两个部分，JEPG 定义了两种相互独立的基本压缩算法:基于 DCT 的有失真压缩算法和基于空间线性预测技术 DPCM 的无失真压缩算法。

JEPG 算法主要存储颜色变化,尤其是亮度变化,因为人眼对亮度变化要比对颜色变化更为敏感。只要压缩后重建的图像与原来图像在亮度变化、颜色变化上相似,在人眼看来就是同样的图像。其原理是不重建原始画面,而生成与原始画面类似的图像,丢掉那些未被注意到的颜色。

JPEG 是一种压缩效率较高、适用性强而计算复杂度较低的图像压缩方法。由于其采用帧内编码方式,因此在一段时间内,电视节目制作中的非线性编辑系统较多地采用它进行图像的压缩编码。JPEG 由于其算法的局限性,不适应于快速运动图像的实时压缩编码。

JEPG 压缩编码算法的主要计算步骤如下:

(1) 正向 DCT。按序分块,将图像分成 8×8 的图像子块。对每一个子块,进行 DCT 变换,得到 DCT 系数矩阵。

(2) 量化。量化是一种降低整数精度的过程,因此减少了存储整数所需的位数。量化的过程是试图确定什么信息可以安全地消去,而没有任何明显的视觉保真度损失。DCT 系数矩阵被量化以减少系数的精度,因此提高了压缩率。

(3) Z 字形编码。如图 6.17 所示。量化后的 DCT 系数要重新编排,目的是增加连续 0 的个数,右下角的部分接近 0,把这个矩阵中的值重新排列行程,可以使行程中 0 值的长度增加,以此进一步提高压缩率。JPEG 提出用“之”字形序列的方法为量化后的 DCT 系数排序。

(4) 使用 DPCM 对 DC 系数进行编码。8×8 图像块经过 DCT 之后得到的 DC 系数有两个特点:一是系数的数值比较大;二是相邻 8×8 图像块的 DC 系数值变化不大。根据这个特点,JPEG 算法使用了 DPCM 技术,对相邻图像块之间量化 DC 系数的差值 Delta 进行编码。$\text{Delta} = \text{DC}(0,0) - \text{DC}(0,0)_{k-1}$。

(5) 使用行程编码对 AC 系数进行编码。量化 AC 系数的特点是 1×64 向量中包含许多 0 系数,并且许多 0 是连续的,因此用非常简单和直观的行程编码对它们进行编码。JPEG 使用了 1 字节的高 4 位来表示连续 0 的个数,而使用它的低 4 位来表示编码下一个非 0 系数所需要的位数,跟在它后面的是量化 AC 系数的数值。

(6) 熵编码。使用熵编码还可以对 DPCM 编码后的 DC 系数和行程编码后的 AC 系数做进一步的压缩。最后是把各种标记代码和编码后的图像数据组成一帧一帧的数据。这样做的目的是为了便于传输、存储和译码器进行译码,这样组织的数据通常称为 JPEG 位数据流。

JPEG 要求压缩图像应达到的基本要求是:

(1) 达到或接近当前压缩比与图像保真度的技术水平,能覆盖一个较宽的图像质量等级范围,能达到“很好”到“极好”的评估,与原图相比,人的视觉难以分辨。

(2) 能适用于任何种类的连续色调的图像,且长宽比都不受限制,同时也不受限于景物内容、图像的复杂程度和统计特性等。

(3) 计算的复杂性是可控制的,其软件可在各种 CPU 上完成,算法也可用硬件实现。

2. JPEG 2000

随着多媒体应用领域的激增,传统 JPEG 压缩技术已无法满足人们对多媒体影像资料的要求。因此,更高压缩率以及更多新功能的新一代静态影像压缩技术JPEG 2000就诞生了。

JPEG 2000与传统JPEG最大的不同,在于它放弃了JPEG所采用的以DCT为主的区块编码方式,而采用以小波转换为主的多解析编码方式。小波转换的主要目的是要将影像的频率成分抽取出来。

因此相对于JPEG而言,JPEG 2000的优点主要有:

(1)JPEG 2000作为JPEG的升级版,高压缩(低比特速率)是其目标,其压缩率比JPEG高约30%。

(2) JPEG 2000同时支持有损压缩和无损压缩,而JPEG只能支持有损压缩。无损压缩对保存一些重要图片十分有用。

(3) JPEG 2000能实现渐进传输,这是JPEG 2000的一个极其重要的特征。也就是我们对GIF格式影像常说的"渐现"特性。它先传输图像的轮廓,然后逐步传输数据,不断提高图像质量,让图像由朦胧到清晰显示,而不必是像现在的JPEG一样,由上到下慢慢显示。

(4) JPEG 2000支持所谓的"感兴趣区域"特性,可以任意指定影像上感兴趣区域的压缩质量,还可以选择指定的部分先解压缩。这样就可以很方便地突出重点了。

JPEG 2000的应用领域可概括分成两部分:一部分为传统JPEG的市场,像打印机、扫描仪、数码相机等;另一部分为新兴应用领域,像网络传输、无线通信和医疗影像等。但是因为JPEG的效果已经足够应用,而且JPEG 2000的计算复杂度较高,速度比较慢,限制了它的推广,所以JPEG 2000没有JPEG应用那么广泛。

6.5.2 MPEG系列压缩标准

运动图像压缩标准(Moving Picture Experts Group,MPEG)专家组负责开发电视图像数据和声音数据的编码、解码和它们的同步等标准。开发的这个标准称为MPEG标准。到目前为止,已经开发和正在开发的MPEG标准有MPEG-1、MPEG-2、MPEG-4、MPEG-7、MPEG-21等。MPEG技术广泛应用于非线性编辑领域,可精确到帧编辑和多层图像处理,把运动的视频序列作为连续的静止图像来处理。这种压缩方式单独、完整地压缩每一帧,在编辑过程中可随机存储每一帧,可进行精确到帧的编辑,所以它是对序列图像的压缩。此外,MPEG的压缩和解压缩是对称的,可由相同的硬件和软件实现。

1. MPEG-1

MPEG-1标准于1993年8月公布,用于传输1.5Mb/s数据传输率的数字存储媒体运动图像及其伴音的编码。

该标准包括五部分:第一部分说明了如何根据第二部分(视频)以及第三部分(音频)的规定,对音频和视频进行复合编码。第四部分说明了检验解码器或编码器的输出比特流符合前三部分规定的过程。第五部分是一个用完整的C语言实现的编码和解码器。

该标准从颁布的那一刻起,取得了一连串的成功,如VCD和MP3的大量使用。Windows 95以后的版本都带有一个MPEG-1软件解码器。可携式MPEG-1摄像机等。

2. MPEG-2

MPEG组织于1994年推出MPEG-2标准,以实现视频/音频服务与应用互操作的可能性。MPEG-2 标准是针对标准数字电视和高清晰度电视在各种应用下的压缩方案和系统层的详细规定，编码码率为 3～100Mb/s。MPEG-2 不是 MPEG-1 的简单升级，它在系统和传送方面做了更加详细的规定和进一步的完善。

MPEG-2 图像压缩的原理利用图像中的两种特性：空间相关性和时间相关性。这两种相关性使得图像中存在大量的冗余信息。如果能将这些冗余信息去除，只保留少量非相关信息进行传输，就可以大大节省传输频带。而接收机利用这些非相关信息，按照一定的解码算法，可以在保证一定的图像质量的前提下恢复原图。一个好的压缩编码方案就是能够最大限度地去除图像中的冗余信息。

MPEG-2 标准在广播电视领域中的主要应用有视音频资料的保存、电视节目的非线性编辑系统及其网络、卫星传输、电视节目的播出等。

3. MPEG-4

MPEG 专家组于 1999 年 2 月正式公布了 MPEG-4(ISO/IEC 14496)标准的第一版。同年年底 MPEG-4 第二版亦告确定，且于 2000 年年初正式成为国际标准。

MPEG-4 标准同以前标准的最显著的区别在于它是采用基于对象的编码理念，即在编码时将一幅景物分成若干在时间和空间上相互联系的视频和音频对象，分别编码后，再经过复用传输到接收端，然后再对不同的对象分别解码，从而组合成所需要的视频和音频。这样既方便对不同的对象采用不同的编码方法和表示方法，又有利于不同数据类型间的融合，并且这样也可以方便地实现对于各种对象的操作及编辑。

与 MPEG-1、MPEG-2 相比，MPEG-4 具有如下独特的优点：基于内容的交互性；高效的压缩性；通用的访问性。

MPEG-4 主要应用于因特网视音频广播，无线通信，静止图像压缩，电视电话，计算机图形、动画与仿真以及电子游戏。

4. MJPEG-7

MPEG-7 标准被称为多媒体内容描述接口，为各类多媒体信息提供一种标准化的描述。这种描述将与内容本身有关，允许快速和有效地查询用户感兴趣的资料。它将扩展现有内容识别专用解决方案的有限的能力，特别是它还包括了更多的数据类型。换而言之，MPEG-7 规定一个用于描述各种不同类型多媒体信息的描述符的标准集合。该标准于 1998 年 10 月提出。

MPEG-7 标准化的范围包括：一系列的描述子(描述子是特征的表示法，一个描述子就是定义特征的语法和语义学)；一系列的描述结构(详细说明成员之间的结构和语义)；一种详细说明描述结构的语言、描述定义语言(DDL)；一种或多种编码描述方法。

在网络高度发展的今天，MPEG-7 的最终目的是把网上的多媒体内容变成像现在的文本内容一样，具有可搜索性。这使得大众可以接触到大量的多媒体内容。

MPEG-7 标准有非常广泛的应用，具体如下：音视数据库的存储和检索；广播媒体的选择(广播、电视节目)；因特网上的个性化新闻服务；智能多媒体、多媒体编辑；教育领域的应用(如数字多媒体图书馆等)；远程购物；社会和文化服务(历史博物馆、艺术走廊等)；调查服务(人的特征的识别、辩论等)；遥感；监视(交通控制、地面交通等)；生物医学应用；建筑、不动产及内部设计；多媒体目录服务(如黄页、旅游信息、地理信息系统等)；家庭娱乐(个人的多媒体收集管理系统等)。

6.5.3 H.26X 系列压缩标准

1. H.261

H.261 标准是视频图像压缩编码国际标准。由于各个领域对利用综合服务数字网(Integrated Serbices Digital Network,ISDN)提供电视服务的需求不断增长,CCITT 的第XV 研究小组于1984 年组建了一个关于可视电话编码的特别小组,它的目标是建立一个传输率为 $m\times384$kb/s($m=1,2,\cdots,5$)的视频编码标准,后来在该标准的研究过程中又增加了对传输率为 $n\times64$kb/s($n=1,2,\cdots,5$)的视频编码标准的研究。随着在视频编码技术领域的深入研究,他们发现并提出了用 $p\times64$kb/s($p=1,2,\cdots,30$)标准就可以满足 ISDN 信道的全部要求。终于在1990 年12 月完成并予通过,H.261 成为正式的视频图像压缩编码的国际标准。该标准用于视频电话和电视会议,因此,标准中建议的视频编码算法,必须以最小的延迟来实现实时操作。当 $p=1$ 或 2 时,传输率较低,只使用于台式面对面的可视通信(常指可视电话)。当 $p\geqslant6$ 时,由于速率增加,可以以较好的质量来传输更复杂的图像,使用于电视会议。

2. H.263

在 H.261 的基础上,1996 年 ITU-T 推出了 H.263 标准。H.263 在许多方面对 H.261 进行了改进和扩充,如在编码算法复杂度增加很少的基础上,H.263 能提供更好的图像质量、更低的速率,十分适合于 IP 视频会议、可视电话使用。目前,H.263 是 IP 视频通信采用最多的一种编码方法,并已被许多多媒体通信终端标准所吸收,如 ITU-TH.310(B-ISDN)、H.320(ISDN)、H.324(PSTN)、H.323(LAN、WAN、Internet)。

H.263 使用户可以扩展带宽利用率,可以以低达 128kb/s 的速率实现全运动视频(每秒30 帧)。H.263 以其灵活性以及节省带宽和存储空间的特性,具有低总拥有成本并提供了迅速的投资回报。H.263 是为以低达 20kb/s~24kb/s 带宽传送视频流而开发的,基于 H.261 编解码器来实现。但是,原则上它只需要一半的带宽就可取得与 H.261 同样的视频质量。

在 H.263 由于其能够以低带宽传送高质量视频而变得流行的过程中,这项标准扩展和升级了9 次。IT 管理员可以方便地将它安装到他们的数据网络中,无须增加带宽和存储费用或中断已经运行在网络上的其他关键语音和数据应用。

H.263 还可以为开发人员二次开发,以产生更好的结果和更佳的压缩方案,而这反过来为最终用户在选择最适合他们业务应用的 H.263 实现中提供了更多的选择。

3. H.264

视频联合编码组(Joint Video Team,JVT)于2001 年12 月在泰国 Pattaya 成立。它由ITU-T(国际电信联盟电信标准分局)和 ISO(国际标准化组织)的有关视频编码的专家联合组成。JVT 的工作目标是制定一个新的视频编码标准,以实现视频的高压缩比、高图像质量、良好的网络适应性等目标。目前 JVT 的工作已被 ITU-T 接纳,新的视频压缩编码标准称为 H.264 标准,该标准也被 ISO 接纳,称为 AVC(Advanced Video Coding)标准,是MPEG-4 的第10 部分。

H.264 不仅比 H.263 和 MPEG-4 节约了 50%的码率,而且对网络传输具有更好的支持功能。它引入了面向 IP 包的编码机制,有利于网络中的分组传输,支持网络中视频的流媒体传输。H.264具有较强的抗误码特性，可适应丢包率高、干扰严重的无线信道中的视频传输。H.264支持不同网络资源下的分级编码传输，从而获得平稳的图像质量。H.264能适应于不同网络中的视频传输，网络亲和性好。但其性能的改进是以增加复杂度为代价的，其编码的计算复杂度大概是H.263的3倍，解码复杂度是H.263的2倍。

H.264和H.261、H.263一样，也是采用DCT编码加DPCM编码，即混合编码结构。同时，H.264在混合编码的框架下引入了新的编码方式，提高了编码效率，更贴近实际应用。

H.264没有烦琐的选项，而是力求简洁的"回归基本"，它具有比H.263更好的压缩性能，又具有适应多种信道的能力。

H.264的应用目标广泛，可满足各种不同速率、不同场合的视频应用，具有较好的抗误码和抗丢包的处理能力。

H.264的基本系统无须使用版权，具有开放的性质，能很好地适应IP和无线网络的使用，这对目前因特网传输多媒体信息、移动网中传输宽带信息等都具有重要意义。

4. H.265

2013年年初，国际电信联盟(ITU)就正式批准通过了H.265/HEVC标准，标准全称为高效视频编码(High Efficiency Video Coding)，与之前的H.264标准相比有了相当大的改善。H.265已经逐渐开始成为市场中的主流。

H.265可以在有限带宽下传输更高质量的网络视频，仅需原先的一半带宽即可播放相同质量的视频。反复的质量比较测试已经表明，在相同的图像质量下，与H.264相比，通过H.265编码的视频大小将减少大约39%～44%。H.265标准也同时支持4K(4096×2160)和8K(8192×4320)超高清视频。H.265标准支持的视频帧率为30f/s～60f/s，支持120f/s甚至240f/s的超高帧率。为了充分支持现有的并行计算硬件，H.265也采用了多种并行化计算方法。H.265可在高达45%丢包率的不稳定网络环境下稳定传输，适用于各种恶劣环境。但是这些性能的提升付出了数倍于H.264的计算代价，以更高的计算复杂度换得了更小的存储空间。

H.265/HEVC的编码架构大致上和H.264/AVC的架构相似，也包含帧内预测(Intra Prediction)、帧间预测(Inter Prediction)、转换、量化、去区块滤波器(Deblocking Filter)、熵编码等模块，但在HEVC编码架构中，与H.264/AVC相比，H.265/HEVC提供了更多不同的方法来降低码率，在图像编码单元组织、内容自适应算术编码、多方向帧内预测、先进运动向量预测和合并、分像素运动估计与补偿、自适应像素补偿以及环路滤波等方面都做了很大的改进。具体表现在以下几点：

(1) 以编码单位来说，H.264中每个宏块大小为4×4～16×16像素，而H.265的编码单位可以根据场景的具体特点进行自动选择从最小的4×4到最大的64×64。

(2) 变换矩阵大小由最大8×8提高到最大32×32。

(3) H.265的帧内方向预测模式由H.264的8种升级到支持34种方向预测模式，采用了基于DCT的分像素插值滤波器和先进的运动向量预测与合并技术。

(4) 对重建图像进行级联去块斑滤波、像素自适应补偿和自适应环路滤波操作来提升画质。

(5) 插值采用了更多抽头的滤波器并且精度提高到了1/4像素。

(6) 采用了自适应环路滤波器。

(7) 提出了一种低复杂度的熵编码(Low Complexity Entropy Coding)。

(8) 更加精确的运动预测。

6.5.4 中国的音视频编解码标准 AVS

随着数字娱乐时代的到来,我国也制定了具有国际化的但适合中国国情的音视频编解码标准 AVS(Audio Video Standard)。

在数字化音视频产业中,音视频编码压缩技术是整个产业依赖的共性技术,是音视频产业进入数字时代的关键技术,因而成为近20年来数字电视以及整个数字音视频领域国际竞争的热点。直接面向产业的数字音视频编码标准(国际上主要是 ISO 制定的 MPEG 标准)更是热点中的焦点。正是因为其极其重要,国际上很多企业纷纷将自己的专利技术纳入国际标准,也有部分企业借此而提出了越来越苛刻的专利收费条款。比专利费问题更为严重的是,标准作为产业链的最上游,将直接影响芯片、软件、整机和媒体文化产业运营整个产业链条。要培育健康的、能够良性发展的数字化音视频产业,自主标准作为产业源头,具有纲举目张的战略效果。

AVS 标准是我国于2002年开始制定的视频编码国家标准,它包含两部分:一部分是 AVS1-P2,面向高清数字电视广播和高密度存储媒体应用。另一部分是 AVS1-P7,面向低码率、低复杂度、较低图像分辨率的移动媒体应用。AVS 的技术框架和方法与 H.264 类似。

2006年2月22日,数字音视频编解码技术标准工作组(AVS 工作组)收到国家标准化管理委员会发给信息产业部科技司的通知,《信息技术 先进音视频编码 第2部分:视频》已经批准,国家标准号 GB/T 20090.2—2006,于2006年3月1日起实施。

AVS 是我国具备自主知识产权的第二代信源编码标准。顾名思义,“信源”是信息的“源头”,信源编码技术解决的重点问题是数字音视频海量数据(即初始数据、信源)的编码压缩问题,故也称数字音视频编解码技术。显而易见,它是其后数字信息传输、存储、播放等环节的前提,因此是数字音视频产业的共性基础标准。

数字化音视频产业是国民经济与社会发展的重要产业,是信息产业三大组成部分之一,有望在“十一五”期间成长为国民经济第一大产业。

AVS 具有以下特征:

(1) 先进。由我国牵头制定的、技术先进的第二代信源编码标准。

(2) 自主。领导国际潮流的专利池管理方案,完备的标准工作组法律文件。

(3) 开放。制定过程开放、国际化。

目前,AVS 在我国已经逐渐开始推广应用。

扩展阅读

虽然 H.265 已经推出,但不意味着它已经解决了压缩的所有问题,许多图像/视频压缩问题仍在研究发展当中,仍要不断提高图像或视频压缩的质量和效率。新的压缩应用有特殊医学图像压缩、三维立体视频压缩、360°全景视频压缩等。新的压缩方法有图像压缩感知

(Compressive Sensing)技术、基于神经网络的图像压缩、运动信息可分级编码技术(Scalable Motion Coding)、基于感兴趣区域(Region of Interest, ROI)的压缩方法和基于分形编码的压缩等。有兴趣的读者可以按相应关键字进行搜索。

习　　题

1. 图像压缩编码的目的是什么?

2. 简述无损编码和有损编码的原理,讨论两者之间的差异和作用,以及各自应用的主要领域。

3. 图像数据中存在哪几种冗余性?

4. 图像编码的保真度准则是什么?

5. 已知信源 a、b、c、d、e、f、g 和 h 出现的概率分别为 0.20,0.09,0.11,0.13,0.07,0.12,0.08 和 0.20。试将该信源编为哈夫曼码,并计算信源的熵、平均码长、编码效率及冗余度。

6. 已知信源 a、b、c 和 d 出现的概率分别为 0.4,0.2,0.1 和 0.3。试写出$\{b,c,a,b,d\}$的算术编码及解码过程。

7. 简述预测编码的基本原理。

8. 试述 DPCM 的编码原理,并画出原理框图。

9. 在离散余弦变换中,为什么要对图像进行分块?简述该编码的基本原理。

10. 试述向量量化编码的基本原理。

11. 图像编码有哪些国际标准?其基本应用对象分别是什么?

12. 请画出 H.26X 系列的技术框架流程图,再分别整理 H.261 到 H.262、H.262 到 H.263、H.263 到 H.264、H.264 到 H.265 有哪些具体技术的改进和提高。

13. AVS 的制定对国民经济发展有何意义?

14. 请编写程序,实现 6.4.2 节图 6.15 中用傅里叶变换进行图像压缩的实验效果。图像变换可以调用通用的库函数实现;然后再请换熟悉的其他正交变换试验一下效果,如小波变换,Walsh-Hadamard 变换等。

15. 请编写程序,实现对一幅灰度图像(8 位)的离散余弦变换的压缩,将图像分成 8×8 的块,然后只存储最大的 10 个变换后的系数,最后存储的方式可以自行设计。对解压后的图像与原图像进行对比,并计算两个图像的均方根误差。图像变换可以调用通用的库函数实现。

第7章 图像分割

在图像分析过程中，一般首先要对所给的图像进行分割(Segmentation)，再对分割的区域做适当的描述，然后才能对图像做某种分析。可见图像分割是图像分析前的一个重要处理步骤。

7.1 概述和分类

图像分割是图像处理与计算机视觉领域低层次视觉中最为基础和重要的领域之一，它是对图像进行视觉分析和模式识别的基本前提。图像分割一直是图像分析中的一个热点。事实上，尽管对图像分割的研究已取得了许多成果，但还有许多没有解决和需要解决的问题，而且更广泛的研究正在深入开展。同时它也是一个经典难题，到目前为止既不存在一种通用的图像分割方法，也不存在一种判断是否分割成功的客观标准。

所谓图像分割是指根据灰度、彩色、空间纹理、几何形状等各种特征把图像划分成若干个互不相交的区域，使得这些特征在同一区域内表现出一致性或相似性，而在不同区域间表现出明显的不同。简单地讲，就是在一幅图像中，把目标从背景中分离出来，以便于进一步处理。

按照通用的分割定义，分割出的区域需同时满足均匀性和连通性的条件。其中，均匀性是指该区域中的所有像素点都满足基于灰度、彩色、空间纹理等特征的某种相似性准则；连通性是指在该区域内存在连接任意两点的路径。图像分割借助集合概念来进行定义，令集合 R 代表整个图像区域，对 R 的分割可看作将 R 分成若干个满足下列条件的非空子集 R_1，R_2，…，R_n：

(1) $\bigcup_{i=1}^{n} R_i = R$。

该条件表示分割所得到的全部子区域的总和应能包括图像中所有像素，或者说分割应将图像中的每个像素都分进某个子区域中。

(2) 对所有的 i 和 j，$i \neq j$，有 $R_i \cap R_j = \phi$。

该条件说明各个子区域是互相不重叠的，或者说一个像素不能同时属于两个区域中。

上面两个分割准则适用于所有的区域和像素。

(3) 对 $i=1,2,\cdots,n$，有 $P(R_i)=\text{TRUE}$，其中 P 代表逻辑谓词。

该条件说明分割后得到的属于不同区域中的像素应该具有某些相同的特性。

(4) 对 $i \neq j$，有 $P(R_i \cup R_j)=\text{FALSE}$。

该条件说明分割后得到的属于不同区域中的像素应该具有一些不同的特性。

上面两个分割准则能帮助准确地确定各个区域像素有代表性的特性。

(5) 对 $i=1,2,\cdots,n,R_i$ 是连通的区域。

该条件说明同一个子区域内的像素应当是连通的。

符合上述定义的分割计算十分复杂和困难,图像处理和机器视觉界的研究者们为此付出了长期的努力。迄今为止,大部分研究成果都是针对某一类型图像、某一具体应用的分割,通用方法和策略仍面临着巨大的困难。

根据上面的定义可以对图像分割方法进行如下分类,如图 7.1 所示。

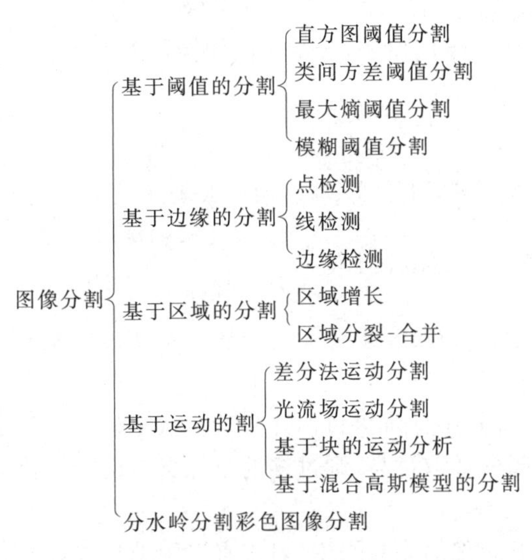

图 7.1　图像分割的分类

图像的分割问题计算量一般都很大,从计算方式来看,可以分成串行计算和并行计算两种方式,如区域增长和分裂-合并就是串行计算,而阈值分割就是并行计算方式。并行计算方式的优势在于可以将算法改为多 CPU 或 GPU 并行计算,大大提高计算效率。

7.2　基于阈值的分割

阈值法(Thresholding)是一种传统的图像分割方法,因其实现简单、计算量小、性能较稳定而成为图像分割中最基本和应用最广泛的分割技术。

图像阈值分割利用了图像中要提取的目标物与其背景在灰度特性上的差异,把图像视为具有不同灰度级的两类区域(目标和背景)的组合,选取一个合适的阈值,以确定图像中每一个像素点应该属于目标还是背景区域,从而产生相应的二值图像。

设原图 $f(x,y)$,以一定的准则在 $f(x,y)$ 中找出一个合适的灰度值作为阈值 t,则按上述方法分割后的图像 $g(x,y)$ 可由式(7.1)表示

$$g(x,y)=\begin{cases}1 & f(x,y)\geqslant t\\0 & f(x,y)<t\end{cases} \tag{7.1}$$

或者

$$g(x,y)=\begin{cases}1 & f(x,y)\leqslant t\\ 0 & f(x,y)>t\end{cases} \tag{7.2}$$

还可以将阈值设置为一个灰度范围$[t_1,t_2]$,凡是灰度在范围内的像素都变为1,否则都变为0,即

$$g(x,y)=\begin{cases}1 & t_1\leqslant f(x,y)\leqslant t_2\\ 0 & \text{其他}\end{cases} \tag{7.3}$$

在某种特殊情况下,通过设置阈值t,凡是灰度级高于t的像素保持原灰度级,其他像素灰度级都变为0,通常称此为半阈值法,分割后的图像可表示为

$$g(x,y)=\begin{cases}f(x,y) & f(x,y)\geqslant t\\ 0 & \text{其他}\end{cases} \tag{7.4}$$

阈值分割图像的基本原理,可用式(7.5)做一般表达式

$$g(x,y)=\begin{cases}Z_E & f(x,y)\in Z\\ Z_B & \text{其他}\end{cases} \tag{7.5}$$

其中,Z为阈值,是图像$f(x,y)$灰度级范围内的任一个灰度级集合,Z_E和Z_B为任意选定的目标和背景灰度级。

由此可见,要从复杂背景中分辨出目标并将其形状完整地提取出来,阈值的选取是阈值分割技术的关键。如果阈值选取过高,则过多的目标点被误归为背景;如果阈值选取过低,则会出现相反的情况。

阈值分割方法不需要图像的先验知识,对于直方图满足波峰波谷明显条件的图像,有较好的效果和较高的计算效率。但是对于波峰波谷不明显的复杂图像,虽然也能通过一些方法进行处理,如求取直方图凸壳的凹性测度,但效果就打折扣了,而且此方法没有考虑空间结构信息,不能保证分割的区域是连续相邻的。

图像阈值化这个看似简单的问题,在过去的40多年里受到国内外学者的广泛关注,产生了数以百计的阈值选取方法,但遗憾的是,如同其他图像分割算法一样,没有一个现有方法对各种各样的图像都能得到令人满意的结果,甚至也没有一个理论指导我们选择特定方法处理特定图像。

本节介绍阈值的分割技术:直方图阈值分割、类间方差阈值分割、最大熵阈值分割和模糊阈值分割。

7.2.1 直方图阈值分割

1. 简单直方图分割

图像灰度级范围为$0,1,\cdots,l-1$,设灰度级i的像素数为n_i,则一幅图像的总像素N为

$$N=\sum_{i=0}^{l-1}n_i$$

灰度级i出现的概率定义为

$$p_i=\frac{n_i}{N}$$

20世纪60年代中期,Prewitt提出了直方图双峰法,即如果灰度级直方图呈明显的双

峰状，则选取两峰之间的谷底所对应的灰度级作为阈值。设 $f(x,y)$ 为待分割图像，其直方图如图 7.2 所示。$f(x,y)$ 的灰度范围是 $[Z_1,Z_K]$，由图 7.2 可知，在灰度级 Z_i 和 Z_j 两处有明显的峰值，而在 Z_t 处是一个谷点。一般情况下，这是一幅在暗的背景上有比较明亮物体的图像。合理选择 Z_t 使 B_1 带内尽可能包含和背景相关的灰度级，而 B_2 带内尽可能包含和物体相关的灰度级。

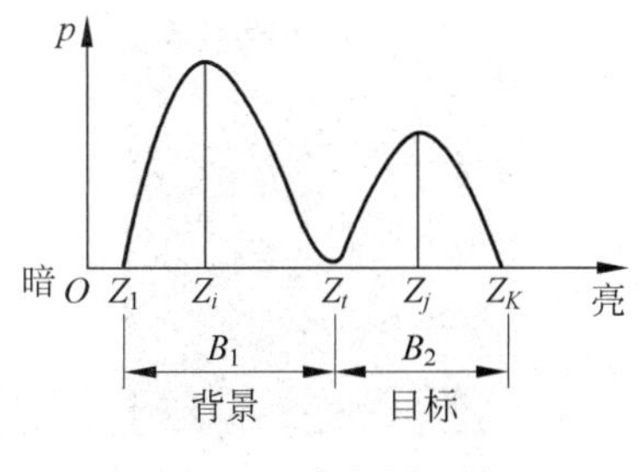

图 7.2　直方图双峰

经试验比较，对于直方图双峰明显、谷底较深的图像，该方法可以较快地获得满意的结果。但是对于直方图双峰不明显或图像目标和背景比例差异悬殊的图像，该方法所选取的阈值分割结果不是很理想。图 7.3 给出该方法分割的结果。其中图 7.3(a)、图 7.3(d)为原图，图 7.3(b)、图 7.3(e)为该直方图，图 7.3(c)、图 7.3(f)为分割结果。图 7.3(a)的分割阈值是 112，图 7.3(d)的分割阈值是 38。从直方图 7.3(e)可以看出，该直方图呈双峰状，利用前面所说的方法进行分割，其分割效果较好。而图 7.3(a)显示出了明显的光照影响，阈值 112 出现了少量的背景目标分割误差的情况，如图 7.3(c)下部部分的米粒被当成了背景，而图像左上部分有少数高亮背景被当成了目标。

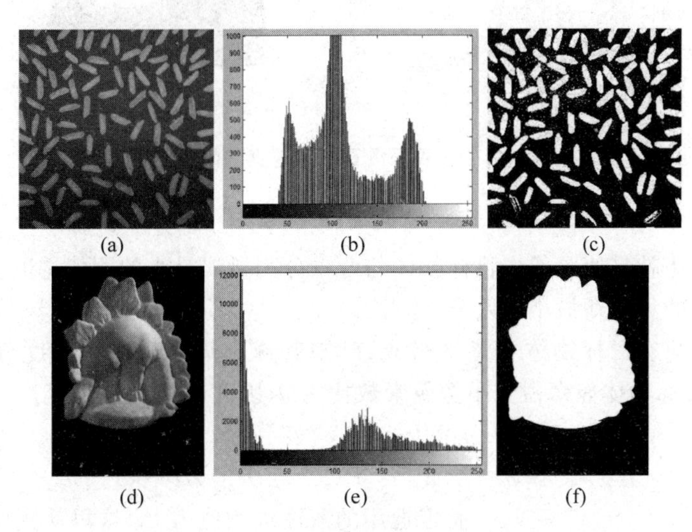

图 7.3　直方图阈值分割结果

从理论上说，直方图的谷底是非常理想的分割阈值，然而在实际应用中，图像常受到噪声等的影响而使其直方图上原本分离的峰之间的谷底被填充，或者目标和背景的峰相距很近或者大小差不多，要检测它们的谷底很难。在前面所描述的直方图阈值分割方法中由于原始的直方图是离散的，而且含噪声，没有考虑利用像素领域的性质。因此有人提出直方图变化法来进行阈值的选取。直方图变化法，就是利用一些像素领域的局部性质，变换原始的直方图为一个新的直方图。这个新的直方图与原始直方图相比，或者峰之间的谷底更深，或者谷转变成峰，从而更易于检测。最简单的直方图变化法就是根据梯度值加权，梯度值小的像素权加大，梯度值大的像素权减小。这样，就可以使直方图的双峰更加突起，谷底更加凹陷。

如图7.4所示,图7.4(a)是原图,图7.4(b)是图7.4(a)的直方图。图7.4(c)是经过9×9的正方形模板进行均值滤波平滑后的结果,波峰和波谷的区别并不明显,图7.4(d)是图7.4(c)的灰度直方图,可以看出双峰已经非常明显。图7.4(e)是用灰度67作为阈值进行分割结果的二值图像。

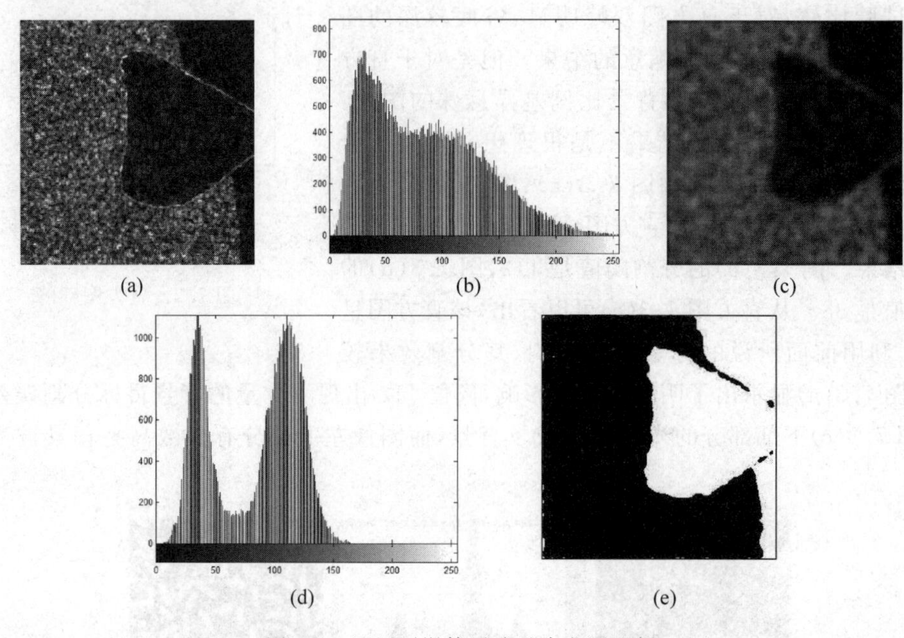

图7.4 运用平滑算子改进直方图示例

2. 最佳阈值

最佳阈值方法就是使图像中目标物体与背景分割错误最小的阈值选取方法。该方法来源于模式识别中的贝叶斯最小误差分类方法。

设一幅图像只有目标物体和背景组成,已知其灰度级分布概率密度分别为 $P_1(Z)$ 和 $P_2(Z)$,且已知目标物体像素占全图像像素数比为 θ,因此该图像总的灰度级概率密度分布 $P(Z)$ 可用式(7.6)表示为

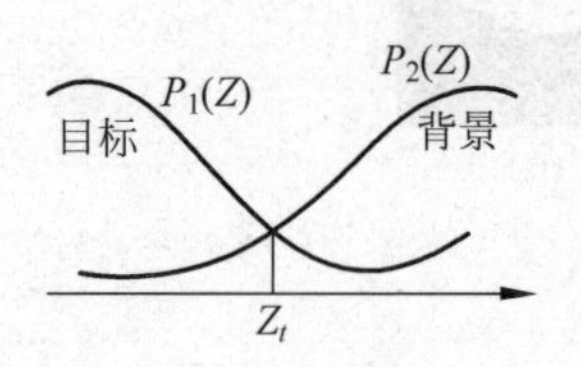

图7.5 最佳阈值的讨论

$$P(Z)=\theta P_1(Z)+(1-\theta)P_2(Z) \tag{7.6}$$

假定选用的灰度级阈值为 Z_t,这里认为图像是由亮背景上的暗物体所组成,因此凡是灰度级小于 Z_t 的像素认为是目标物体,大于 Z_t 的像素认为是背景。如图7.5所示,若选定 Z_t 为分割阈值,则将背景像素错认为是目标像素的概率为

$$E_1(Z_t)=\int_{-\infty}^{z_T}P_2(Z)\mathrm{d}Z \tag{7.7}$$

将目标像素错认为是背景像素的概率为

$$E_2(Z_t)=\int_{Z_t}^{\infty}P_1(Z)\mathrm{d}Z \tag{7.8}$$

因此,总的错误概率 $E(Z_t)$ 为

$$E(Z_t)=(1-\theta)E_1(Z_t)+\theta E_2(Z_t) \tag{7.9}$$

最佳阈值就是使 $E(Z_t)$ 为最小值时的 Z_t，将 $E(Z_t)$ 对 Z_t 求导，并令其等于零，解出其结果为

$$\theta P_1(Z_t) = (1-\theta)P_2(Z_t) \tag{7.10}$$

图 7.6 给出最佳阈值选择示意图。这里设 $P_1(Z)$ 和 $P_2(Z)$ 均为正态分布函数，其灰度均值分别为 μ_1 和 μ_2，对灰度均值的标准偏差分别为 σ_1 和 σ_2，即

$$\begin{aligned} P_1(Z) &= \frac{1}{\sqrt{2}\pi\sigma_1}\exp\left[\frac{-(Z-\mu_1)}{2\sigma_1^2}\right] \\ P_2(Z) &= \frac{1}{\sqrt{2}\pi\sigma_2}\exp\left[\frac{-(Z-\mu_2)}{2\sigma_2^2}\right] \end{aligned} \tag{7.11}$$

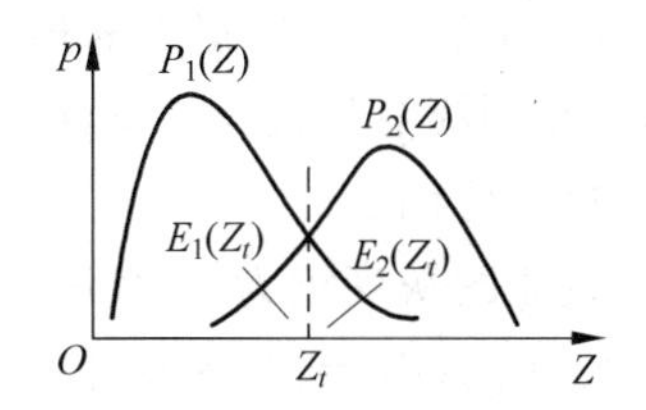

图 7.6 最佳阈值选择示意图

将式(7.11)代入式(7.10)，且两边求对数，得到

$$\ln\sigma_1 + \ln(1-\theta) - \frac{(Z_t-\mu_2)^2}{2\sigma_2^2} = \ln\sigma_2 + \ln\theta - \frac{(Z_t-\mu_1)^2}{2\sigma_1^2} \tag{7.12}$$

将式(7.12)简化表达为

$$AZ_t^2 + BZ_t + C = 0 \tag{7.13}$$

其中

$$\begin{aligned} &A = \sigma_1^2 - \sigma_2^2 \quad B = 2(\mu_1\sigma_2^2 - \mu_2\sigma_1^2) \\ &C = \sigma_1^2\mu_2^2 - \sigma_2^2\mu_1^2 + 2\sigma_1^2\sigma_2^2\ln\left(\frac{\sigma_2 P_1}{\sigma_1 P_2}\right) \\ &P_1 = \theta \quad P_2 = 1-\theta \end{aligned} \tag{7.14}$$

从式(7.13)可以看出该式是一个 Z_t 的二次方程式，应有两个解。因此要使分割误差最小，需要设置两个阈值，即式(7.13)的两个解。如果设 $\sigma^2 = \sigma_1^2 = \sigma_2^2$，则式(7.13)存在唯一解，即

$$Z_t = \frac{\mu_1+\mu_2}{2} + \frac{\sigma^2}{\mu_1-\mu_2}\ln\left(\frac{1-\theta}{\theta}\right) \tag{7.15}$$

再假设 $\theta=1-\theta$，即 $\theta=1/2$ 时

$$Z_t = \frac{\mu_1+\mu_2}{2} \tag{7.16}$$

综上所述，假如图像的目标和背景像素灰度级概率呈正态分布，且偏差相等，背景和目标像素总数也相等，则这个图像的最佳分割阈值就是目标和背景像素灰度级两个均值的平均。也可以看出，这种方法要求较多的先验知识，对模型要求较为苛刻，灵活性不够，应用较少。

以上的直方图分割是经典的直方图分割阈值求取方法，在上述基础上还可以在一些步骤上进行改进，如以下几个方面。

(1) 对图像的每个像素求取梯度，然后对梯度大小求取直方图，对梯度直方图进行阈值分割。

(2) 将灰度直方图与梯度直方图两个信息结合起来，采用这二维信息进行区域分割。

(3) 将图像分成不同的区域，如同样的大小正方形区域，为每个子区域计算一个直方图分割阈值，每个子区域进行直方图阈值分割的结果拼起来就是全图分割的结果。

(4) 对原图的灰度直方图进行一些变换，可以使两个峰之间的谷底更宽，或将求双峰谷

底问题变成求单峰极值问题。

7.2.2 类间方差阈值分割

Otsu 于 1978 年提出的最大类间方差法(Between-class Variance),又称大津阈值分割法,是在判决分析最小二乘法原理的基础上推导得出的。该算法以其计算简单、稳定有效,一直广为使用。

设原图灰度级为 L,灰度级 i 的像素点数为 n_i,则图像的全部像素数为

$$N = n_0 + n_1 + \cdots + n_{L-1}$$

归一化直方图,则

$$p_i = \frac{n_i}{N} \quad \sum_{i=0}^{L-1} p_i = 1$$

按灰度级用阈值 t 划分为两类:$C_0 = (0, 1, 2, \cdots, t)$,$C_1 = (t+1, t+2, \cdots, L-1)$,如图 7.7 所示。因此 C_0 和 C_1 类的出现概率及均值分别由式(7.17)给出

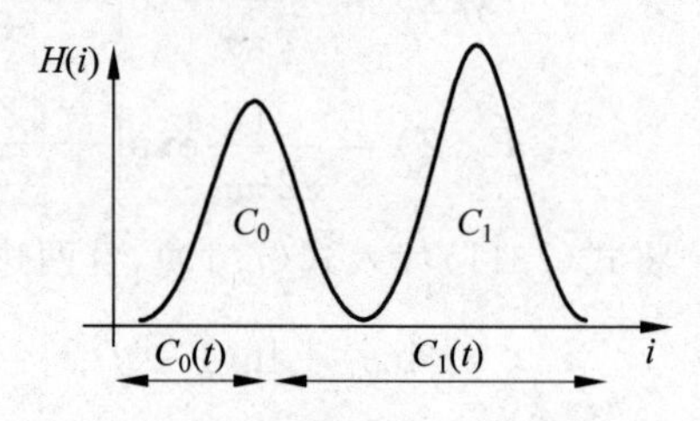

图 7.7 最大类间方差阈值

$$\begin{aligned} w_0 &= P_r(C_0) = \sum_{i=0}^{t} p_i = w(t) \\ w_1 &= P_r(C_1) = \sum_{i=t+1}^{L-1} p_i = 1 - w(t) \\ \mu_0 &= \sum_{i=0}^{t} i p_i / w_0 = \mu(t) / w(t) \\ \mu_1 &= \sum_{i=t+1}^{L-1} i p_i / w_1 = \frac{\mu_T(t) - \mu(t)}{1 - w(t)} \end{aligned} \tag{7.17}$$

其中

$$\mu(t) = \sum_{i=0}^{t} i p_i \quad \mu_T = \mu(L-1) = \sum_{i=0}^{L-1} i p_i$$

对任何 t 值,下式都能成立

$$w_0 \mu_0 + w_1 \mu_1 = \mu_T \quad w_0 + w_1 = 1$$

C_0 和 C_1 类的方差可由下式求得

$$\begin{aligned} \sigma_0^2 &= \sum_{i=0}^{t} (i - \mu_0)^2 p_i / w_0 \\ \sigma_1^2 &= \sum_{i=t+1}^{L-1} (i - \mu_1)^2 p_i / w_1 \end{aligned} \tag{7.18}$$

定义类内方差为

$$\sigma_w^2 = w_0 \sigma_0^2 + w_1 \sigma_1^2 \tag{7.19}$$

类间方差为

$$\sigma_B^2 = w_0 (\mu_0 - \mu_T)^2 + w_1 (\mu_1 - \mu_T)^2 = w_0 w_1 (\mu_1 - \mu_0)^2 \tag{7.20}$$

总体方差为

$$\sigma_T^2 = \sigma_B^2 + \sigma_w^2$$

引入下列关于 t 的等价的判决准则

$$\lambda(t) = \frac{\sigma_B^2}{\sigma_w^2}$$

$$\eta(t) = \frac{\sigma_B^2}{\sigma_T^2}$$

$$\kappa(t) = \frac{\sigma_T^2}{\sigma_w^2}$$

这三个准则是彼此等效的，把使 C_0 和 C_1 两类得到最佳分离的 t 值作为最佳阈值，因此将 $\lambda(t)$、$\eta(t)$ 和 $\kappa(t)$ 定为最大判决准则。由于 σ_w^2 是基于二阶统计特性，而 σ_B^2 是基于一阶统计特性，σ_w^2 和 σ_B^2 是阈值 t 的函数，而 σ_T^2 与 t 值无关，因此三个准则中 $\eta(t)$ 最为简单，所以选用其作为准则可得最佳阈值 t^*

$$t^* = \arg\max_{0 \leqslant t \leqslant L-1} \eta(t) \tag{7.21}$$

图 7.8 是一个最大类间方差法分割的示例，其中图 7.8(a)是 5×5 的原图。

1	1	1	0	1
1	3	3	0	2
1	2	3	2	2
2	2	2	3	0
2	4	2	4	1

(a)

0	0	0	0	0
0	1	1	0	1
0	1	1	1	1
1	1	1	1	0
1	1	1	1	0

(b)

图 7.8　对 5×5 的小图像进行最大类间方差分割

首先计算每个灰度级的直方图，此图中只有灰度级 0～4，其每个灰度级出现的概率分别是[0.12 0.28 0.36 0.16 0.08]，累积的概率分布是[0.12 0.4 0.76 0.92 1]，然后再求得分别以灰度级 0～4 作为分割阈值，其按每个灰度级分成两类的均值分别是[0 0.70 1.32 1.61 1.80]和[2.05 2.53 3.33 4.00 0]，而全图的平均灰度值为 1.8，根据式(7.20)算出分别以灰度级 0～4 为分割阈值的类间方差是[0.44 0.81 0.74 0.42 0]。可以看到，最大类间方差是 0.81，对应的灰度级是 1，则整个图被分成[0 1]和[2 3 4]两类灰度，得到结果二值图像如图 7.8(b)所示。

图 7.9 采用一张实际图片进行最大类间方差分割，图 7.9(a)是原图，图 7.9(b)是直方图，图 7.9(c)是按最大类间方差法分割后的结果，分割的阈值是 50。

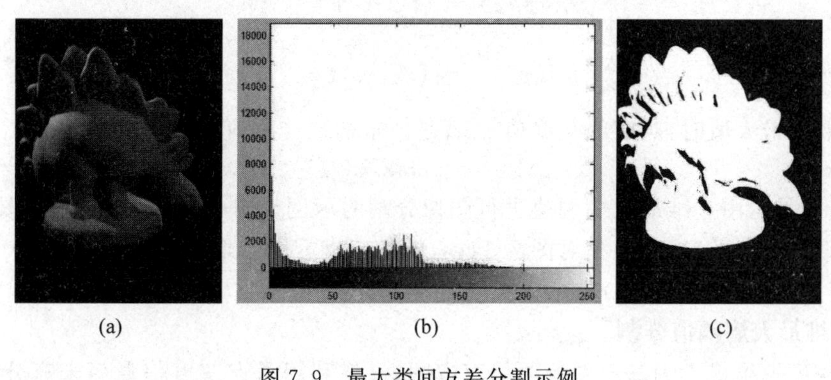

(a)　　(b)　　(c)

图 7.9　最大类间方差分割示例

7.2.3 最大熵阈值分割

20世纪80年代以来,许多学者将香农信息熵(Entropy)的概念应用于图像阈值化,其基本思想都是利用图像的灰度分布密度函数定义图像的信息熵,根据假设的不同或视角的不同提出不同的熵准则,最后通过优化该准则得到阈值。

1. 一维最大熵阈值分割

根据信息论,熵定义为

$$H=-\int_{-\infty}^{+\infty} p(x)\lg(p(x))\mathrm{d}x \tag{7.22}$$

其中,$p(x)$是随机变量x的概率密度函数。对于数字图像而言,这个随机变量x可以是灰度级值、区域灰度、梯度等特征。所谓灰度的一维熵最大,就是选择一个阈值,使图像用这个阈值分割出的两部分的一阶灰度统计的信息量最大。设n_i为数字图像中灰度级i的像素点数,p_i为灰度级i出现的概率,则

$$p_i=\frac{n_i}{N\times N} \quad i=1,2,\cdots,L \tag{7.23}$$

其中,$N\times N$为图像总的像素数,L为图像的总的灰度级数。则图像灰度一维直方图如图7.10所示,假设图中灰度级低于t的像素点构成目标区域A,灰度级高于t的像素构成背景区域B,则各概率在其本区域的分布分别如下。

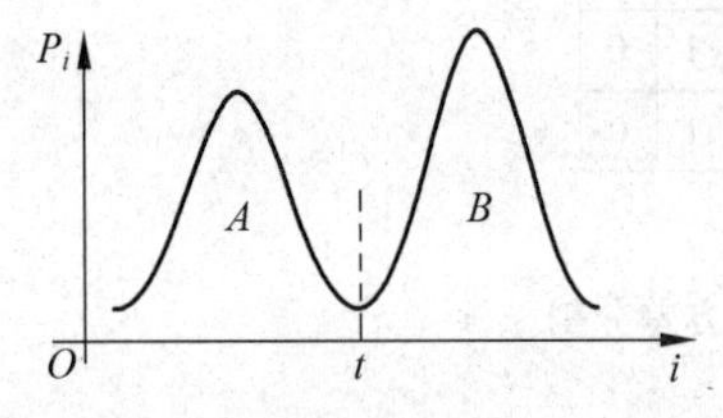

图7.10 图像灰度一维直方图

A区域:$p_i/p_t \quad i=1,2,\cdots,t$

B区域:$p_i/(1-p_t) \quad i=t+1,t+2,\cdots,L$

其中,$p_t=\sum_{i=1}^{t} p_i$。

对于数字图像,目标区域和背景区域的熵分别定义为

$$\begin{aligned} H_A(t)&=-\sum_i (p_i/p_t)\lg(p_i/p_t) \quad i=1,2,\cdots,t \\ H_B(t)&=-\sum_i [p_i/(1-p_t)]\lg[p_i/(1-p_t)] \quad i=t+1,t+2,\cdots,L \end{aligned} \tag{7.24}$$

则熵函数定义为

$$\begin{aligned} \varphi(t)&=H_A+H_B=\lg p_t(1-p_t)+\frac{H_t}{p_t}+\frac{H_L-H_t}{1-p_t} \\ H_t&=-\sum_i p_i\lg p_i \quad i=1,2,\cdots,t \\ H_L&=-\sum_i p_i\lg p_i \quad i=1,2,\cdots,L \end{aligned} \tag{7.25}$$

当熵函数取得最大值时,对应的灰度值t^*就是所求的最佳阈值,即

$$t^*=\operatorname{argmax}\{\varphi(t)\} \tag{7.26}$$

图7.11是运用一维最大熵阈值进行图像分割的示例。图7.11(a)是原图;图7.11(b)是对应的直方图;图7.11(c)是对图7.11(a)的灰度直方图求取熵函数值,按最大值分割的结果,阈值是120;图7.11(d)是每个灰度值对应的熵值。

2. 二维最大熵阈值分割

由于灰度一维最大熵基于图像原始直方图,仅仅利用了点灰度信息而未充分利用图像

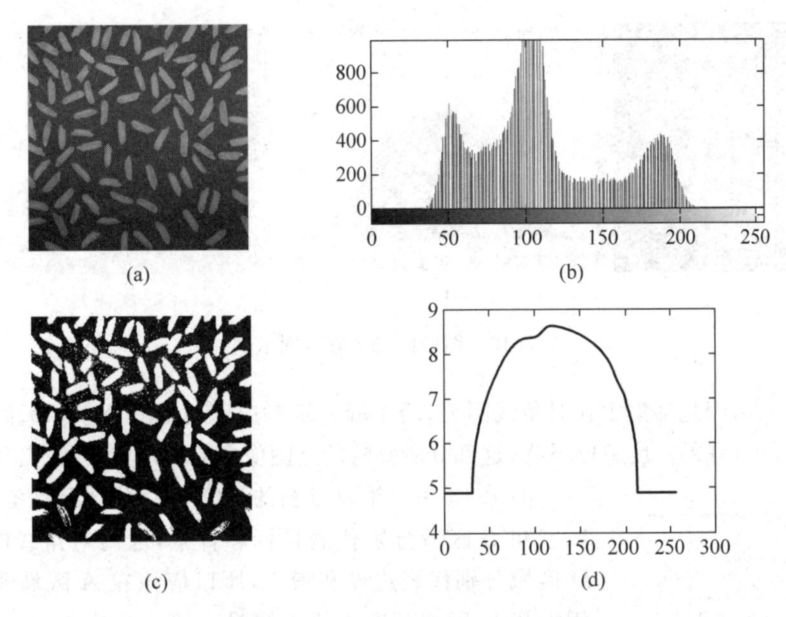

图 7.11　一维最大熵阈值分割示例

的空间信息，因此当信噪比降低时，分割效果并不理想。在图像的特征中，点灰度无疑是最基本的特征，但它对噪声比较敏感，区域灰度特征包含了图像的部分空间信息，且对噪声的敏感程度要低于点灰度特征。

综合利用点灰度特征和区域灰度特征就可以较好地表征图像的信息，因此可采用图像点灰度和区域灰度均值的二维最大熵阈值法，其具体方法如下：首先以原始灰度图像（L 个灰度级）中各像素及其 4-邻域的 4 个像素为一个区域，计算出区域灰度均值图像（L 个灰度级），这样原图中的每一个像素都对应于一个点灰度-区域灰度均值对，这样的数据对存在 $L \times L$ 种可能的取值。设 $n_{i,j}$ 为图像中点灰度为 i 及其区域灰度均值为 j 的像素点数，$p_{i,j}$ 为点灰度-区域灰度均值对 (i,j) 发生的概率，则

$$p_{i,j} = \frac{n_{i,j}}{N \times N} \tag{7.27}$$

其中，$N \times N$ 为图像的大小。则 $\{p_{i,j}, i,j=1,2,\cdots,L\}$ 为该图像关于点灰度-区域灰度均值的二维直方图。

图 7.12 给出一个图像的二维直方图示例。其中图 7.12(a) 是一幅 180×180 的人造图像，它是由物体和背景两部分组成，其中背景灰度为 100，物体灰度为 160，在此基础上叠加了一个独立的高斯噪声 $N(0,\delta^2)(\delta=13)$ 的图像。图 7.12(b) 和 7.12(c) 分别是图 7.12(a) 的一维和二维直方图。可以看出，在强噪声干扰下，一维直方图是单峰的，二维直方图由于利用了图像邻域的相关信息，物体和背景的双峰分布仍明显得到保留。

通常情况下，图像都要受到不同程度的噪声干扰，为了抑止噪声，应利用如图 7.12(c) 所示的二维直方图进行分割。

从 7.12(c) 可以看出，点灰度-区域灰度均值的概率高峰主要分布在 XOY 平面的对角线附近，并且在总体上呈现初双峰和一谷的状态。这是由于图像的所有像素中，目标点和背景点所占比例最大，而目标区域和背景区域内部的像素灰度级比较均匀，点灰度及其区域灰

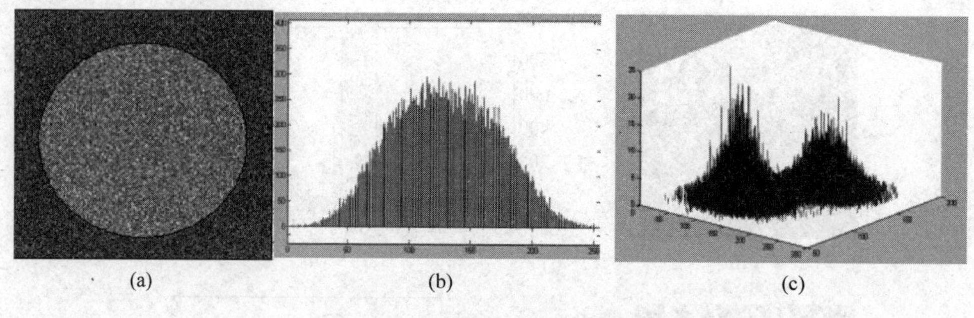
(a) (b) (c)

图 7.12　图像的二维直方图示例

度均值相差不大,因此都集中在对角线附近,两个峰分别对应于目标和背景。远离 XOY 平面对角线的坐标处,峰的高度急剧下降,这部分所反映的是图像中的噪声点、边缘点和杂散点。

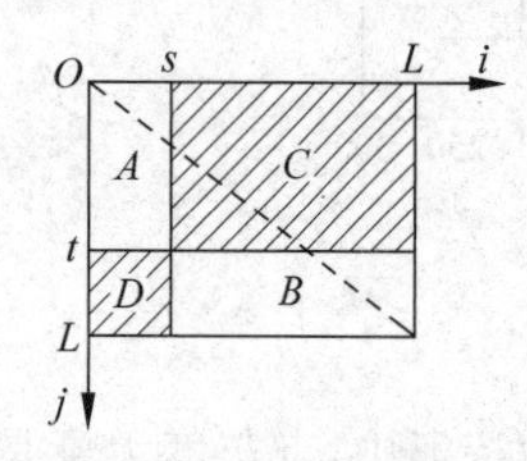

图 7.13　二维直方图的 XOY 平面图

图 7.13 为二维直方图的 XOY 平面图,沿对角线分布的 A 区域和 B 区域分别代表目标和背景,远离对角线的 C 区域和 D 区域分别代表边界和噪声,所以应该在 A 区域和 B 区域上用点灰度-区域灰度均值二维最大熵法确定最佳阈值,使真正代表目标和背景的信息量最大。

设 A 区域和 B 区域各自具有不同的概率分布,用 A 区域和 B 区域的后验概率对各区域的概率 $p_{i,j}$ 进行归一化处理,以使分区熵之间具有可加性。如果阈值设在 (s,t),则

$$\begin{aligned} P_A &= \sum_i \sum_j p_{i,j} \quad i = 1,2,\cdots,s, j = 1,2,\cdots,t \\ P_B &= \sum_i \sum_j p_{i,j} \quad i = s+1,s+2,\cdots,L, j = t+1,t+2,\cdots,L \end{aligned} \tag{7.28}$$

定义离散二维熵为

$$H = -\sum_i \sum_j p_{i,j} \lg p_{i,j} \tag{7.29}$$

则 A 区域和 B 区域的二维熵分别为

$$\begin{aligned} H(A) &= -\sum_i \sum_j (p_{i,j}/P_A) \lg (p_{i,j}/P_A) \\ &= -(1/P_A) \sum_i \sum_j (p_{i,j} \lg p_{i,j} - p_{i,j} \lg P_A) \\ &= (1/P_A) \lg P_A \sum_i \sum_j p_{i,j} - (1/P_A) \sum_i \sum_j p_{i,j} \lg p_{i,j} \\ &= \lg P_A + H_A/P_A \end{aligned} \tag{7.30}$$

其中,$H_A = -\sum_i \sum_j p_{i,j} \lg p_{i,j} \quad i=1,2,\cdots,s, j=1,2,\cdots,t$

$$\begin{aligned} H(B) &= -\sum_i \sum_j (p_{i,j}/P_B) \lg (p_{i,j}/P_B) \\ &= -(1/P_B) \sum_i \sum_j (p_{i,j} \lg p_{i,j} - p_{i,j} \lg P_B) \\ &= (1/P_B) \lg P_B \sum_i \sum_j p_{i,j} - (1/P_B) \sum_i \sum_j p_{i,j} \lg p_{i,j} \\ &= \lg P_B + H_B/P_B \end{aligned} \tag{7.31}$$

其中，$H_B=-\sum_i\sum_j p_{i,j}\lg p_{i,j}$，$i=s+1,s+2,\cdots,L,j=t+1,t+2,\cdots,L$。

由于C区域和D区域包含的是关于噪声和边缘的信息，因此将其忽略不计，即假设C区域和D区域的$p_{i,j}\approx 0$，C区域：$I=s+1,s+2,\cdots L,j=1,2,\cdots t$，$D$区域：$I=1,2,\cdots,s$，$j=t+1,t+2,\cdots,L$。可以得到

$$\begin{aligned}P_B&=1-P_A\\H_B&=H_L-H_A\end{aligned}\tag{7.32}$$

其中，$H_L=-\sum_i\sum_j p_{i,j}\lg p_{i,j}$，$i=1,2,\cdots,L,j=1,2,\cdots,L$。

则

$$H(B)=\lg(1-P_A)+(H_L-H_A)/(1-P_A)\tag{7.33}$$

熵的判别函数定义为

$$\begin{aligned}\phi(s,t)&=H(A)+H(B)\\&=H_A/P_A+\lg P_A+(H_L-H_A)/(1-P_A)+\lg(1-P_A)\\&=\lg[P_A(1-P_A)]+H_A/P_A+(H_L-H_A)/(1-P_A)\end{aligned}\tag{7.34}$$

选取最佳阈值向量(s^*,t^*)满足

$$\phi(s^*,t^*)=\max\{\phi(s,t)\}\tag{7.35}$$

按上述方法对图7.12进行最大熵值分割处理后，得到的结果如图7.14(a)所示，其分割阈值为[103 119]，由于噪声过于明显，这里只能将大部分像素分割正确。图7.14(b)是该由原图计算出的二维最大熵值。图7.14(c)是按理想的阈值130进行分割的结果，可以明显看出用二维最大熵分割法的效果要好一些。

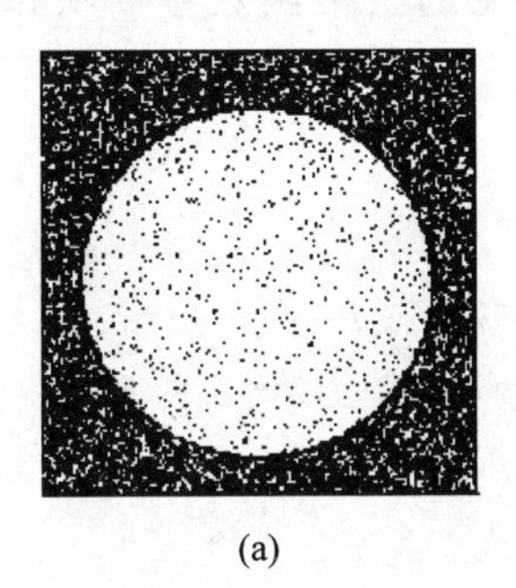

(a)

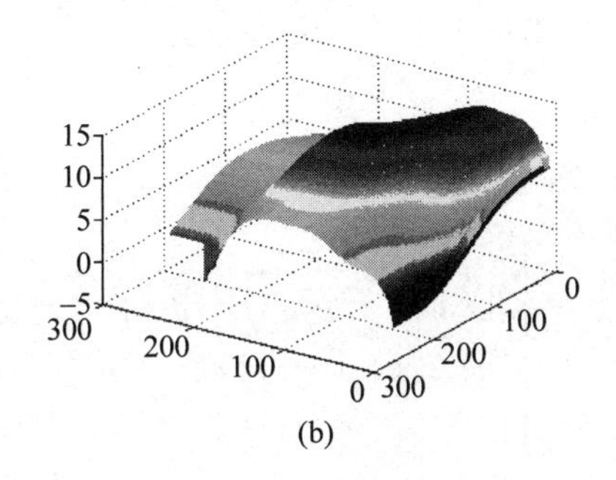

(b)

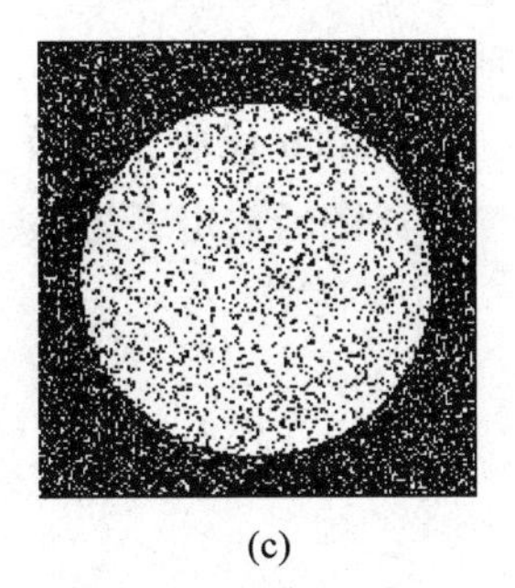

(c)

图7.14　二维最大熵阈值分割结果

7.2.4　模糊阈值分割

近年来，一些学者将模糊(Fuzzy)数学的方法引入到图像处理中，在一些场合取得了比传统方法更好的效果。

模糊集(Fuzzy Set)理论较好地描述了人类视觉中的模糊性和随机性，因此在图像阈值化领域受到了广泛的关注。模糊集阈值化方法的基本思想是，选择一种S状的隶属度函数定义模糊集，隶属度为0.5的灰度级对应了阈值，当然在上述隶属度函数的表达式中阈值是一个未知的参数；然后在此模糊集上定义某种准则函数(例如整个图像的总体模糊度)，通过优化准则函数来确定最佳阈值。也就是说，先将一幅图像看作一个模糊阵列，然后通过计算图像的模糊率或模糊熵来确定阈值。

按照模糊子集的概念,可以将一幅 $M\times N$ 大小、具有 L 个灰度级的数字图像 X 看作一个模糊点阵,μ 定义为在该 L 个灰度级熵的资格函数,像素(m,n)灰度值为 $x_{m,n}$。根据信息论的基本理论,可得到图像 X 的模糊率 $V(x)$ 和模糊熵 $E(x)$。

$$\begin{aligned} V(x) &= \frac{2}{MN}\sum_m\sum_n \min[\mu(x_{m,n}),1-\mu(x_{m,n})] \\ E(x) &= \frac{1}{MN\ln 2}\sum_m\sum_n S_n[\mu(x_{m,n})] \end{aligned} \tag{7.36}$$

其中,香农函数定义为

$$S_n[\mu(x_{m,n})] = -\mu(x_{m,n})\ln\mu(x_{m,n}) - (1-\mu(x_{m,n}))\ln(1-\mu(x_{m,n})$$

$$m=1,2,\cdots,M,n=1,2,\cdots,N$$

模糊率 $V(x)$ 从数量上定义了图像 X 在 μ 资格函数下所呈现的模糊性的大小。直观地看,当 $\mu(x_{m,n})=0.5$ 时,$V(x)$ 和 $E(x)$ 都取得了最大值,偏离该值时,$V(x)$ 和 $E(x)$ 将下降。

若直接从数字图像的直方图考虑,式(7.36)可改写为

$$\begin{aligned} V(x) &= \frac{2}{MN}\sum_l T(l)f(l) \\ E(x) &= \frac{1}{MN\ln 2}\sum_l S_n[\mu(l)]f(l) \\ T(l) &= \min[\mu(l),1-\mu(l)] \end{aligned} \tag{7.37}$$

其中,$f(l)$ 表示灰度取值 l 的像素点之和。

在模糊阈值算法中,以模糊率 $V(x)$ 进行阈值选择,采用模糊熵 $E(x)$ 也能得到同样的结论。在模糊阈值算法中,资格函数对分割结果影响较大,常见的资格函数主要有以下几种。

1. Zadeh 标准 S 函数

该资格函数定义为

$$\mu(x_{m,n},p,q,r) = \begin{cases} 0 & x_{m,n}\leqslant p \\ 2[(x_{m,n}-p)/(r-p)]^2 & p< x_{m,n}\leqslant q \\ 1-2[(x_{m,n}-r)/(r-p)]^2 & q< x_{m,n}\leqslant r \\ 1 & x_{m,n}> r \end{cases} \tag{7.38}$$

其中,$q=1/2(p+r)$,$\Delta q=r-q=q-p$,定义 $c=r-p=2\Delta q$ 为窗口长度。

该资格函数的形状如图 7.15(a)所示。

2. 具有升半哥西分布形式的资格函数

该资格函数定义为

$$\mu(x_{m,n},p,q) = \begin{cases} 0 & x_{m,n}\leqslant p \\ \dfrac{K(x_{m,n}-p)^2}{1+K(x_{m,n}-p)^2} & p< x_{m,n}\leqslant q \\ 1 & x_{m,n}> q \end{cases} \tag{7.39}$$

其中,$K>0$。该资格函数的形状如图 7.15(b)所示。

3. 线性资格函数

该资格函数定义为

$$\mu(x_{m,n},p,q)=\begin{cases}0 & x_{m,n}\leqslant p \\ \dfrac{1}{q-p}(x_{m,n}-p) & p< x_{m,n}\leqslant q \\ 1 & x_{m,n}>q\end{cases} \tag{7.40}$$

该资格函数的形状如图 7.15(c)所示。

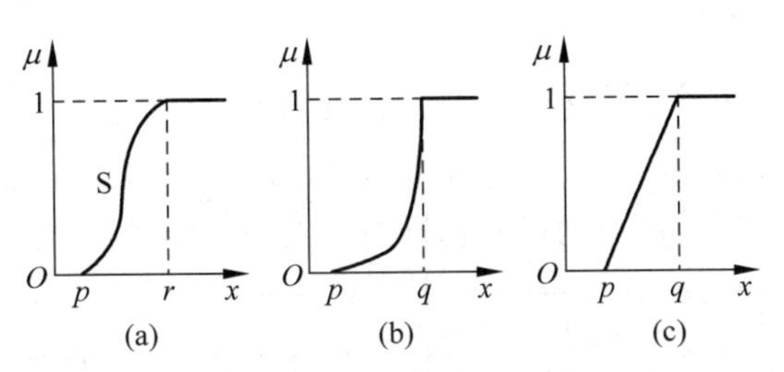

图 7.15　常见的资格函数

资格函数使原图模糊化,如选用 S 函数作为资格函数,对每一个 q 值,通过资格函数 μ 计算出相应的图像模糊率 $V(q)$。图像的模糊率反映了该图像与一个二值图像的相似性。

7.3　基于边缘的分割

图像的边缘是图像最基本的特征。所谓边缘(或边沿)是指其周围像素灰度有阶跃变化或“屋顶”变化的那些像素的集合。边缘广泛存在于物体与背景之间、物体与物体之间、基元与基元之间,因此,它是图像分割依赖的重要特征。如果一个小区域的灰度幅值和它的邻域值相比有明显的差异,则称这个小区域为一图像点,如图 7.16(a)所示。图 7.16(b)为两平滑区域被边界分割开的情况,图 7.16(c)表示一对相邻边缘中间存在一个窄区域,在该区域中灰度具有相同的振幅特性,称此区域为线或条,图 7.16(d)表示被一封闭边缘包围的有限面积,称为图像区域。

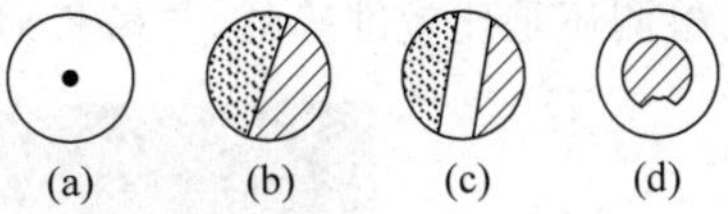

因此,在图像的分割中,有基于边缘的分割,有基于区域的分割。在基于边缘的分割中则主要有基于点的检测、基于线的检测以及基于边缘检测等几种方法。

(a)　(b)　(c)　(d)

图 7.16　点、线和边缘的情况

7.3.1　点检测

点检测先检测出离散的点,然后再将点连接成封闭的边界。其处理过程就是用一个模板对待检测的区域进行离散点的检测,如图 7.17 所示。这种方法在第 4 章的边缘检测中有详细介绍,此处不再赘述。

W_1	W_2	W_3
W_4	W_5	W_6
W_7	W_8	W_9

$$R=W_1Z_1+W_2Z_2+\cdots+W_9Z_9=\sum_{i=1}^{9}W_iZ_i$$

图 7.17　点检测模板及计算

其中,Z_k 是与模板系数 W_k 相联系的灰度级像素,R 代表模板中心像素的值。

7.3.2 线检测

在线检测中,有两种方式:一种是利用线检测模板进行线检测;另一种是利用哈夫变换进行直线检测。首先简单介绍利用模板的线检测,然后介绍哈夫(Hough)变换的基本原理。

1. 模板的线检测

设 R_1、R_2、R_3 和 R_4 为图 7.18(a)～图 7.18(d)的模板中心的像素值。其中图 7.18(a)表示模板的水平方向,7.18(b)表示模板的 45°方向,7.18(c)表示模板的垂直方向,7.18(d)表示模板的−45°方向。假设所有的模板都同时对同一幅图像进行操作。

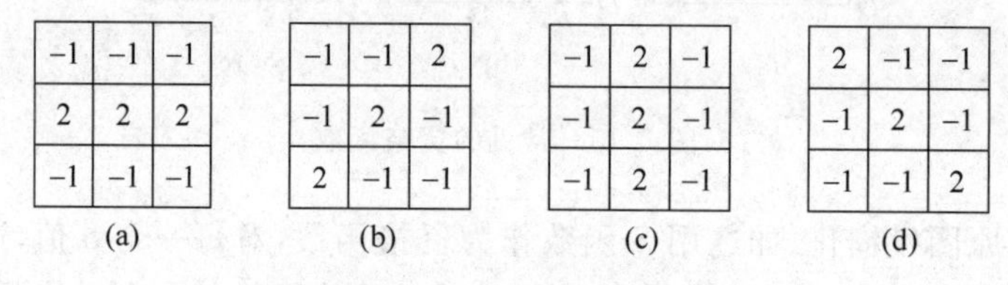

图 7.18 模板的线检测

$R_i(i=1,2,3,4)$的计算如图 7.17 中所示。如果在图像中某个像素点存在,且$|R_i|>|R_j|$,对所有的 $j\neq i$,则可以说该点与模板 I 的方向最接近,将模板 I 的方向赋值给该中心点的方向。

图 7.19 是用上述模板进行边缘方向检测的结果。图 7.19(a)是原图。图 7.19(b)～图 7.19(e)分别是用图 7.18 中的模板比较后得到的最大值所在的位置,但梯度绝对值小于阈值 80 的最大值未显示,每幅图像中黑点位置表示该像素方向是该图对应的方向,如图 7.19(b)～图 7.19(e)分别对应的是图 7.18(a)中模板的水平方向、图 7.18(b)中模板的 45°方向、图 7.18(c)中模板的垂直方向和图 7.18(d)中模板的−45°方向。可以看出,线方向的检测还是比较准确的,与模板对应方向是基本一致的。

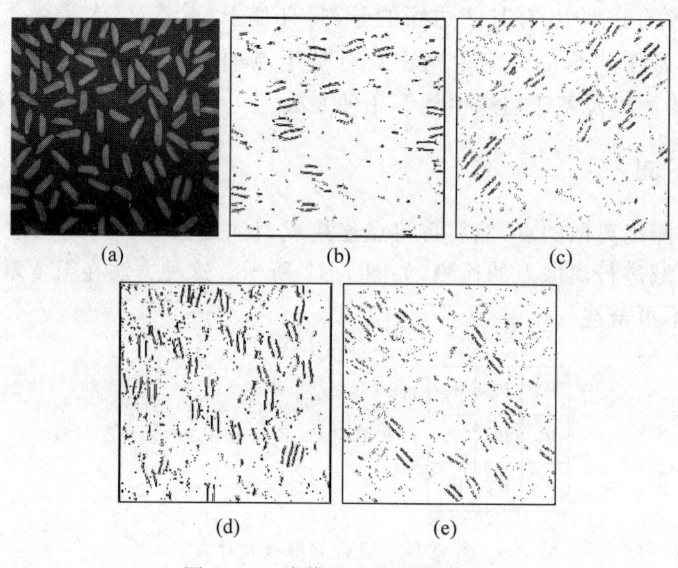

图 7.19 线模板方向检测示例

2. 哈夫变换

哈夫变换是利用图像全局特性而将边缘像素连接起来组成区域封闭边界的一种方法。在预先知道区域形状的条件下，利用哈夫变换可以方便地得到边界曲线而将不连续的边缘像素点连接起来。哈夫变换的实质是对图像进行某种形式的坐标变换，即将原图中给定形状的曲线或直线变换成变换空间中的一个点。也就是说，原图中给定形状的曲线和直线上的所有点都集中到变换空间的某个点上形成峰点。这样，将原图中给定形状曲线或直线的检测问题，变成寻找变换空间中的峰点问题。

设在原图空间(x,y)，直线方程为

$$y = ux + v \tag{7.41}$$

其中，u为斜率，v为截距。而对于这个直线上的任意点$p_i=(x_i,y_i)$来说，它在由斜率和截距组成的变换空间(u,v)中应满足方程式

$$v = -x_i u + y_i \tag{7.42}$$

从而可以看出，图像空间的一个点(x_i,y_i)对应于变换空间(u,v)中的一条直线，而变换空间中的一个点(u_0,v_0)对应于图像空间中的一条斜率为u_0，截距为v_0的直线$y=u_0x+v_0$。如图7.20所示，其直线的点$P_1,P_2,\cdots,P_n$对应于变换空间所有直线的交点(u_0,v_0)。

对于任意方向和任意位置直线的检测，为了避免垂直直线的无限大斜率问题，往往采用极坐标(ρ,θ)作为变换空间，其极坐标方程可写为

$$\rho = x\cos\theta + y\sin\theta \tag{7.43}$$

参量ρ和θ可以唯一确定一条直线，ρ表示原点到直线的距离，θ表示该直线的法线于x轴的夹角，如图7.21(a)所示。

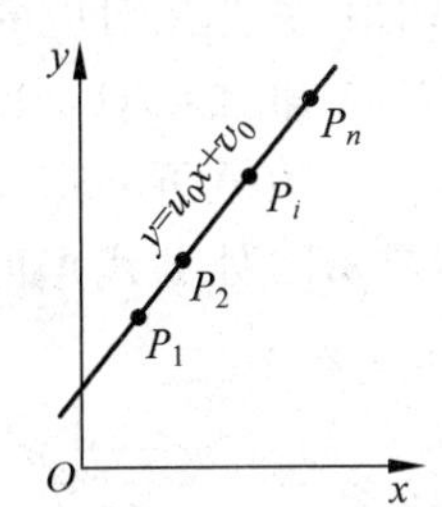

图7.20　直线的哈夫变换

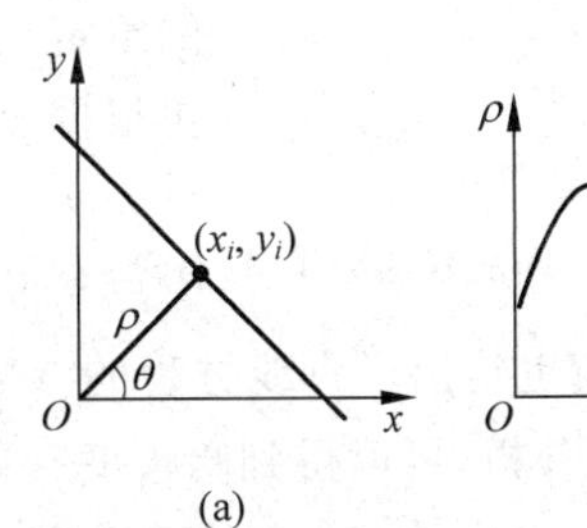

图7.21　直线的极坐标表示

对于图像空间(x,y)的任一点(x_i,y_i)采用极坐标(ρ,θ)作为变换空间，其变换方程为

$$\rho = x_i\cos\theta + y_i\sin\theta \tag{7.44}$$

这表明原图像空间中的一点(x_i,y_i)对应于(ρ,θ)空间中的一条正弦曲线，其初始角和幅值随x_i和y_i的值而变，如图7.21(b)所示。若将(x,y)空间中在同一条直线上的一个点序列变换到(ρ,θ)空间，则所有的正弦曲线都经过一个点(ρ_0,θ_0)，ρ_0为这条直线到原点的距离，θ_0为法线与x轴的夹角，如图7.22(a)、图7.22(b)所示，图7.22(c)和7.22(d)是图像中的各个端点都可看作它们在参数空间中的曲线，图像中其他任意点的哈夫变换都应在这些曲线之间。前面指出参数空间中相交的正弦曲线所对应的图像空间中的点是连在同一条直线上的。在图7.22(d)中，曲线上的1、3、5都过S点，这表明图7.22(c)中图像空间的点1、3、5处于同一条直线上，同理图7.22(c)中图像空间中的点2、4、6处于同一条直线上，这是因为在图7.22(d)中，曲线2、3、4都过T点，又由于ρ在θ为$\pm90°$时变换符号，由式(7.43)

算出,哈夫变换在参数空间的左右两边具有反射相连的关系,如曲线4和5在$\theta=\theta_{\min}$和$\theta=\theta_{\max}$处各有一个交点,这些交点关于$\rho=0$的直线是对称的。

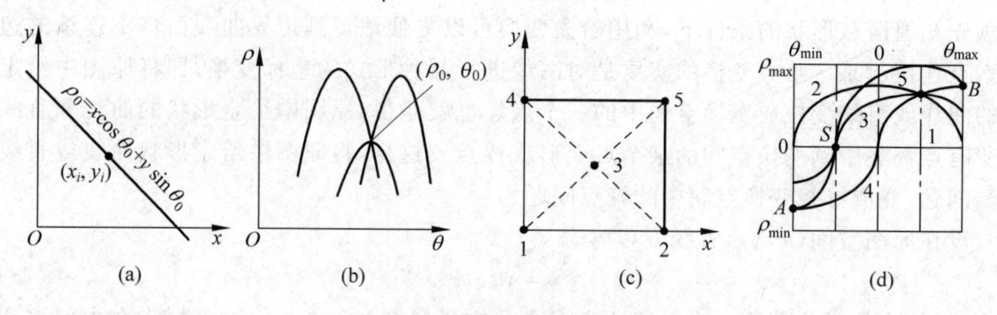

图7.22　共线点的哈夫变换

通过上面的讨论,很容易得到哈夫变换的方法是将(ρ,θ)空间量化为许多小格,每一个格是一个累加器,对每一个点(x_i,y_i),将θ的量化值逐一代入式(7.44),计算出对应的ρ,所得结果值(经量化后)落在某个小格内,便使该小格得累加器加1。当完成全部(x_i,y_i)变换后,对所有累加器的值进行检验,峰值的小格对应于参数空间(ρ,θ)的共线点,其(ρ,θ)是图像空间的直线拟合参数。数值小的各小格一般反映非共线点,丢弃不用。

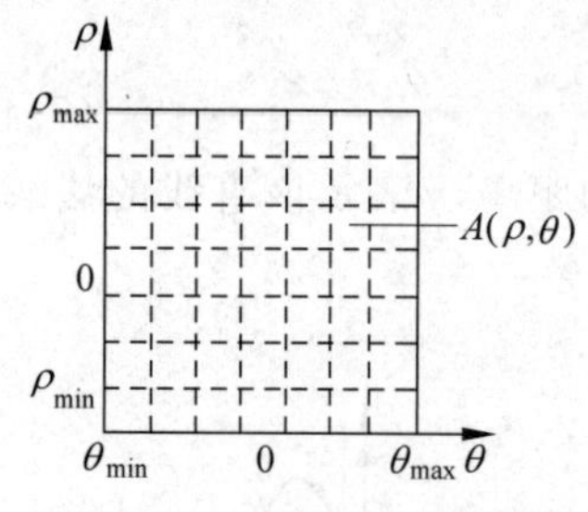

图7.23　参数空间的累加数组

在具体计算时需要在参数空间(ρ,θ)中建立一个二维的累加数组。设这个累加数组为$A(\rho,\theta)$,如图7.23所示,其中$[\rho_{\min},\rho_{\max}]$和$[\theta_{\min},\theta_{\max}]$分别为预期的斜率和截距的取值范围。开始时置数组$A$为零,然后对每一个图像空间中的给定点,让$\rho$取遍$\rho$轴上所有可能的值,并算出对应的$\theta$。再根据$\rho$和$\theta$的值(设都已经取整)对$A$累加:$A(\rho,\theta)=A(\rho,\theta)+1$。累加结束后,根据$A(\rho,\theta)$的值就可知道有多少点是共线的,即$A(\rho,\theta)$的值就是在$(\rho,\theta)$处共线点的个数。同时$(\rho,\theta)$值也给出了直线方程的参数,得到了点所在的线。

根据上面的分析,可以得到哈夫变换的几个性质:

(1) 空间(x,y)中的一点对应于变换空间(ρ,θ)中的一条正弦曲线。

(2) 变换空间中的一点对应于空间(x,y)中的一条直线。

(3) 空间(x,y)中的一条直线上的n个点对应于变换空间中经过一个公共点的n条直线。

(4) 变换空间中一条曲线上的n点对应于空间(x,y)中过一公共点的n条直线。

这些性质如图7.24所示。其中图7.24(a)是xoy坐标系下的一条直线,图7.24(b)是其经过哈夫变换后在参数空间中的一个点,图7.24(c)是经过一个公共点的直线簇,图7.24(d)是哈夫变换后在参数空间中的点集,图7.24(e)是在xoy坐标系下共线的点,图7.24(f)是其经过哈夫变换后在参数空间中的共点的一簇曲线。

哈夫变换不仅可以检测直线,还可以用来检测圆、椭圆和抛物线等形状的线条。

图7.25给出哈夫变换检测的试验结果。图7.25(a)是一幅256级灰度的合成图,其中一个灰度值为160的八边形,并叠加了一个随机噪声;图7.25(b)是该灰度图像进行边缘检测后得到的二值图像;图7.25(c)是按图7.25(b)边缘所在位置向哈夫变换间进

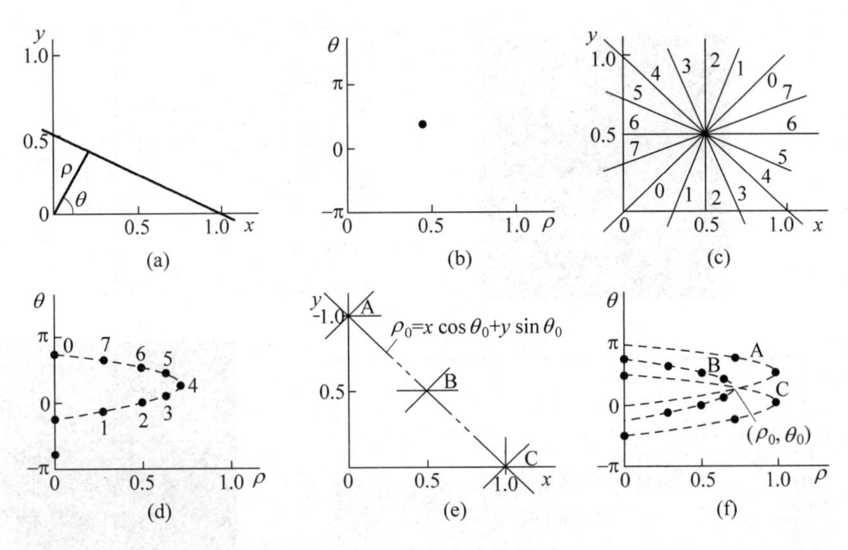

图 7.24　哈夫变换的性质

行投影累加后的结果，黑色方块标示了 8 个最大值点，对应的坐标位置就是变换空间中对应的 8 条直线的截距斜率(ρ,θ)；图 7.25(d)是 8 条线段的检测结果，* 号标示了线段的起止位置。

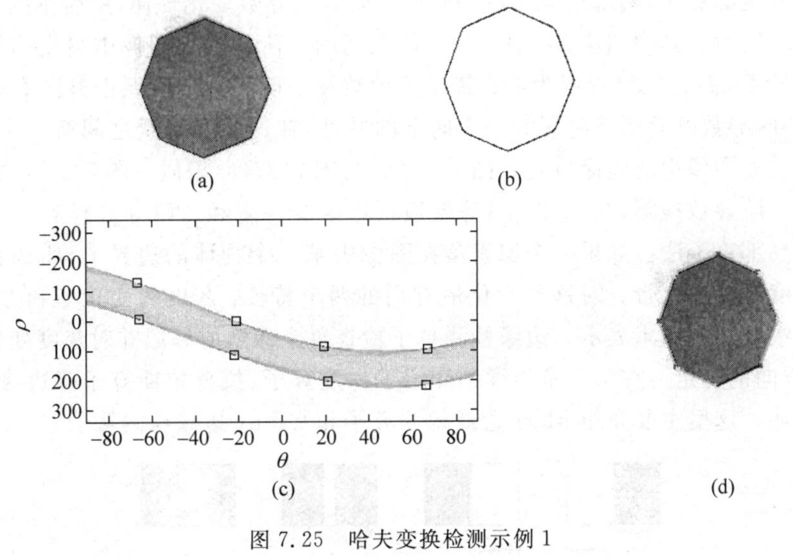

图 7.25　哈夫变换检测示例 1

图 7.26 是另一幅图像进行哈夫变换检测直线的示例。图 7.26(b)是首先用边缘检测方法检测出来的边缘，图 7.26(d)从图 7.26(b)边缘的结果中检测了 8 条最长的直线。可以看出，不连续有间断的直线也被认为是同一条直线检测出来了。从图 7.26(c)所示的变换投影矩阵中可以看到，这些直线的方向都非常接近 0°或±90°。

7.3.3　边缘检测

物体的边缘是由灰度不连续性形成的。经典的边缘提取方法是考查图像的每个像素在

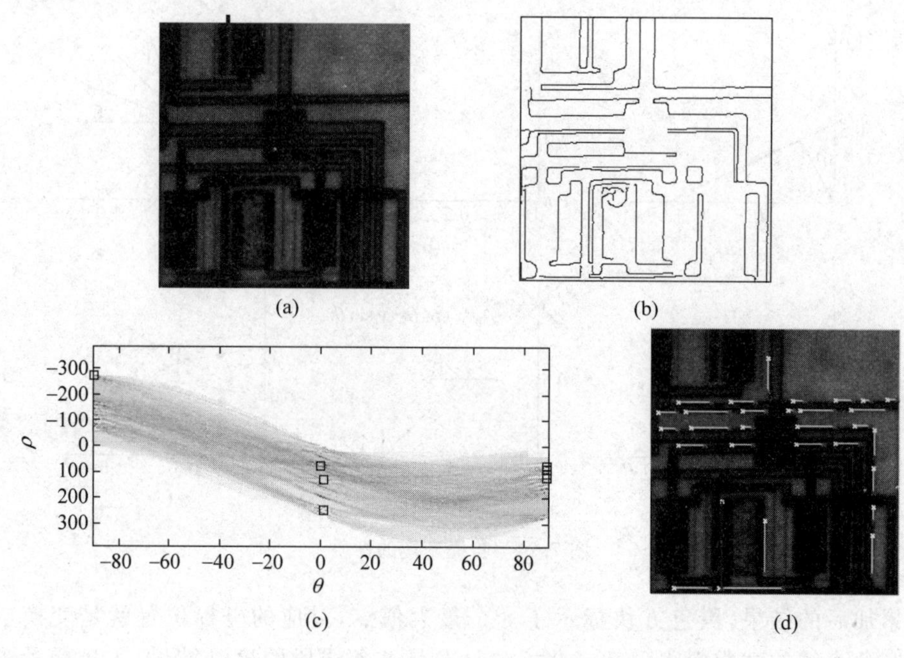

图 7.26　哈夫变换检测示例 2

某个邻域内灰度的变化,利用边缘邻近一阶或二阶方向导数变化规律,用简单的方法检测边缘,如图 7.27 所示。其中图 7.27(a)是灰度值剖面的一阶导数在图像由暗变明的位置处有一个向上的阶跃,而其他位置都为零;其二阶导数在一阶导数的阶跃上升区有一个向上的脉冲,而在一阶导数的阶跃下降区有一个向下的脉冲,在这两个阶跃之间有一个过零点,它的位置正对应原图像中的边缘位置。图 7.27(b)与图 7.27(a)相似。图 7.27(c)是脉冲状的边缘一阶和二阶导数检测,图 7.27(d)是屋顶状边缘的一阶和二阶导数检测。这种方法称为边缘检测局部算子法。如果一个像素落在图像中某一个物体的边界上,那么它的邻域将成为一个灰度级的变化带。对这种变化最有用的两个特征:灰度的变化率和方向,分别以梯度向量的幅度和方向来表示。边缘检测算子检查每个像素的邻域并对灰度变化率进行量化,也包括方向的确定。在第 4 章中详细介绍了梯度算子、拉普拉斯算子等边缘检测算法,本章不再赘述。这里主要介绍 Marr 边缘检测算子和 Canny 边缘检测算子。

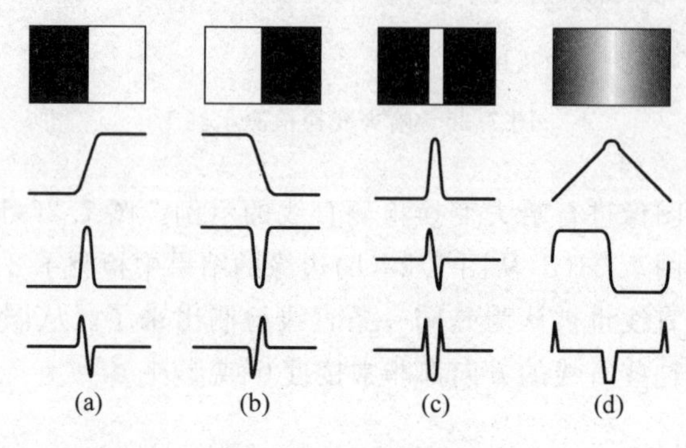

图 7.27　边缘和导数

1. Marr 边缘检测算子

存在较大噪声的场合，由于微分运算会起到放大噪声的作用，因此，梯度算子和拉普拉斯算子对噪声比较敏感。一种改进的方法是对图像先进行适当的平滑，以抑制噪声，然后再进行求微分；或者先对图像进行局部线性拟合，然后再以拟合所得的光滑函数的导数来替代直接的数值导数。

虽然边缘检测的基本思想很简单，但在实际实现时却遇到很大的困难，其根本原因是实际信号都是有噪声的。如图 7.28 所示，图 7.28(a)所示的信号是一种理想边缘信号，图 7.28(b)所示为有噪声的边缘信号，因此如果用一般的梯度算子等方法检测边缘点，在噪声的前沿或后沿，噪声信号的导数一般要高于边缘点处信号的导数。解决这一问题的方法是先对信号进行平滑滤波，以滤去噪声。假如平滑滤波器的冲激响应函数用 $h(x)$ 表示，可对信号先滤波，滤波后的信号为 $g(x)=f(x)*h(x)$，然后再对 $g(x)$ 求一阶导数以检测边缘点。由于滤波运算与卷积运算次序有以下互换关系

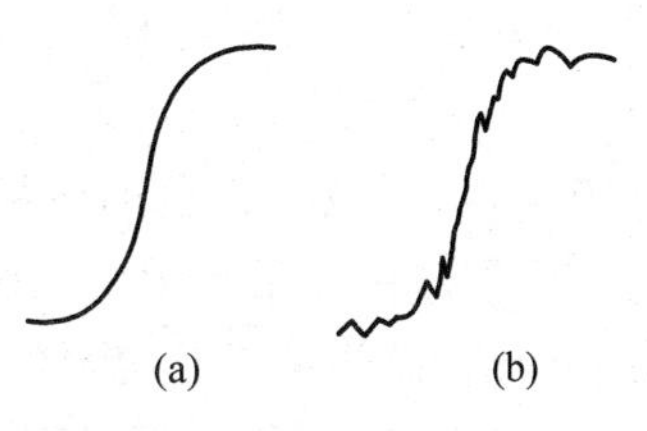

图 7.28　实际边缘信号分析

$$g'(x)=\frac{\mathrm{d}f(x)*h(x)}{\mathrm{d}x}=\frac{\mathrm{d}}{\mathrm{d}x}\int_{-\infty}^{+\infty}f(s)h(x-s)\mathrm{d}s$$
$$=\int_{-\infty}^{+\infty}f(s)h'(x-s)\mathrm{d}s=f(x)*h'(x) \tag{7.45}$$

因此，可以将先平滑、后微分的两步运算合并，并将平滑滤波器的导数 $h'(x)$ 称为一阶微分滤波器，将 $h''(x)$ 称为二阶微分滤波器。因此，边缘检测的基本方法是：设计平滑滤波器 $h(x)$，检测 $f(x)*h'(x)$ 的局部最大值或 $f(x)*h''(x)$ 的过零点。

平滑滤波器 $h(x)$ 应满足以下条件：

(1) 当 $|x|\to\infty$，$h(x)\to 0$，$h(x)$ 为偶函数。

(2) $\int_{-\infty}^{+\infty}h(x)\mathrm{d}x=1$。

(3) $h(x)$ 的一阶及二阶可微。

上述第二个条件保证了信号经平滑滤波器 $h(x)$ 滤波后，其均值不变。

常用的平滑滤波器为高斯函数，如图 7.29 所示。图 7.29 中的 g_0、g_1 和 g_2 分别表示式(7.46)中的 $h(x)$、$h'(x)$ 和 $h''(x)$ 函数图形。

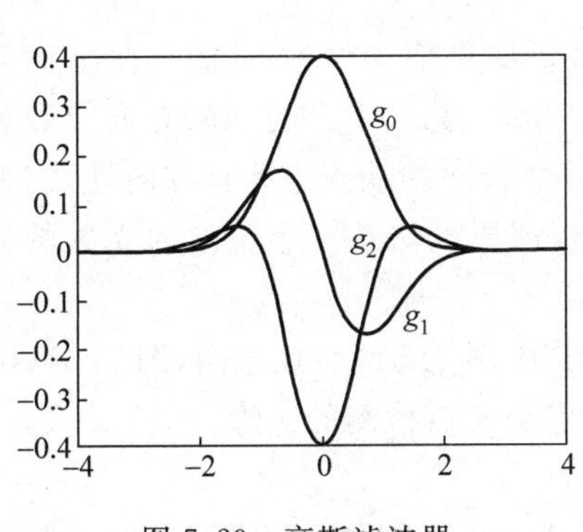

图 7.29　高斯滤波器

$$\begin{aligned}h(x)&=\frac{1}{\sqrt{2\pi}\sigma}\mathrm{e}^{-\frac{x^2}{2\sigma^2}}\\h'(x)&=\frac{-x}{\sqrt{2\pi}\sigma^3}\mathrm{e}^{-\frac{x^2}{2\sigma^2}}\\h''(x)&=\frac{1}{\sqrt{2\pi}\sigma^3}\mathrm{e}^{-\frac{x^2}{2\sigma^2}}\left(\frac{x^2}{\sigma^2}-1\right)\end{aligned} \tag{7.46}$$

其中，σ 为高斯函数的方差，称为高斯分布的空间尺度因子。σ 小，则函数越“集中”，即仅在一个很小的局部范围内平滑；随着 σ 的增大，平滑的范围也相应增大。若 σ 太大，噪声虽然被平滑了，但信号的突变部分(即

边缘点处的信号)也被平滑了。

对于二维图像信号,Marr 提出先用下列高斯函数来进行平滑

$$G(x,y,\sigma)=\frac{1}{2\pi\sigma^2}\exp\left[-\frac{1}{2\sigma^2}(x^2+y^2)\right] \tag{7.47}$$

$G(x,y,\sigma)$是一个圆对称函数,其平滑的作用可通过 σ 来控制。由于对图像进行线性平滑,在数学上是进行卷积,令 $g(x,y)$为平滑后的图像,得到

$$g(x,y)=G(x,y,\sigma)*f(x,y) \tag{7.48}$$

其中,$f(x,y)$为平滑前的图像。

由于边缘点是图像中灰度值变换剧烈的地方,这种图像强度的突变将在一阶导数中产生一个峰,或等价于二阶导数中产生一个零交叉点,而沿梯度方向的二阶导数是非线性的,计算较为复杂。Marr 提出用拉普拉斯算子来代替,即用

$$\nabla^2 g(x,y)=\nabla^2[G(x,y)*f(x,y)]=[\nabla^2 G(x,y,\sigma)]*f(x,y) \tag{7.49}$$

的零交叉点作为边缘点。式(7.49)中的$\nabla^2 G$ 为 LOG(Laplacian of Gaussian)滤波器

$$\nabla^2 G(x,y,\sigma)=\frac{\partial^2 G}{\partial x^2}+\frac{\partial^2 G}{\partial y^2}=\frac{1}{\pi\sigma^4}\left(\frac{x^2+y^2}{2\sigma^2}-1\right)\exp\left[-\frac{1}{2\sigma^2}(x^2+y^2)\right] \tag{7.50}$$

式(7.50)就是 Marr 所提出的边缘检测算子。

图 7.30 给出 LOG 函数在空间(x,y)中的图形,它是以原点为中心旋转对称的。其中 7.30(a)为其剖面图,图 7.30(b)为其二维图。

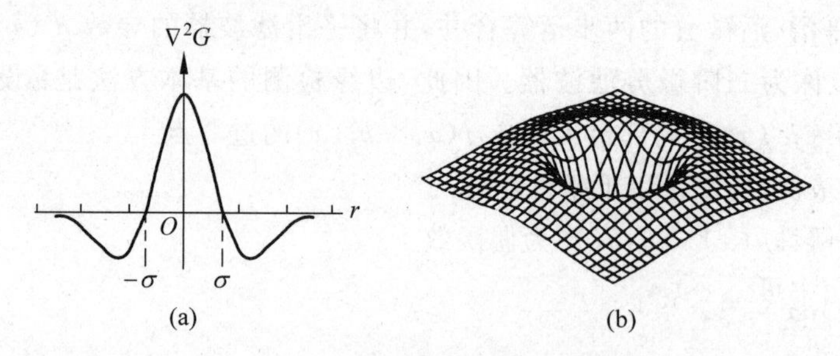

图 7.30 LOG 算子剖面及二维

LOG 滤波器具有如下两个显著的特点。

(1) 该滤波器中的高斯函数部分 G 能把图像平滑,有效地消除一切尺度远小于高斯分布因子 σ 的图像强度变化。选择高斯函数来平滑图像是因为它在空间域和频域中都是平滑的。

(2) 该滤波器采用拉普拉斯算子∇^2可以减少计算量。如果使用像$\partial/\partial y$ 的一阶方向导数,就必须沿每个取向找出它们的峰、谷值;如果使用$\partial^2/\partial x^2$ 或$\partial^2/\partial y^2$ 的二阶方向导数就必须检测它们的零交叉点。但是所有的这些算子都有一个共同的缺点:具有方向性,它们全部与取向有关,为避免由于方向性而造成的计算负担,需要设法选一个与取向无关的算子,最低阶各向同性的微分算子正好就是拉普拉斯算子。

图 7.31 给出利用 Marr 算子进行边缘检测的结果,其中图 7.31(a)是原图,图 7.31(b)是与高斯核卷积的结果,图 7.31(c)是利用 LOG 算子求零交叉点检测的边缘。

2. Canny 边缘检测算子

边缘检测的基本问题是检测精度与抗噪性能间的矛盾。由于图像边缘和噪声均为频域

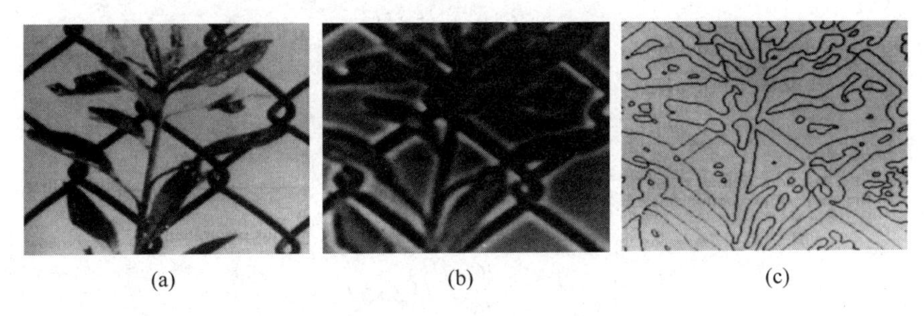

(a) (b) (c)

图 7.31 Marr 算子边缘检测实验结果

中的高频分量，简单的微分运算会增加图像中的噪声，因此，在微分运算之前应采取适当的平滑滤波以减少高频分量中噪声的影响。Canny 应用严格的数学方法对此问题进行了分析，提出了由 4 个指数函数线性组合形成的最佳边缘检测算子，其实质是用一个准高斯函数做平滑运算，然后以带方向的一阶微分定位导数最大值，用高斯函数的梯度来近似，属于具有平滑功能的一阶微分算子。

Canny 给出了评价边缘检测性能优劣的 3 个指标：好的信噪比，即将非边缘点判为边缘点的概率要低，将边缘点判为非边缘点的概率要低；好的定位性能，即检测出的边缘点要尽可能在实际边缘的中心；对单一边缘仅有唯一响应，即单个边缘产生多个响应的概率要低，并且虚假边缘响应应得到最大抑制。

Canny 首次将上述判据用数学的形式表示出来，然后采用最优化数值方法，得到了对应给定边缘类型的最佳边缘模板。对于二维图像，需要使用若干方向的模板分别对图像进行卷积处理，再取最可能的边缘方向。Canny 的分析针对的是一维边缘，对于阶跃形的边缘，Canny 推导出的最优边缘检测器的形状与高斯函数的一阶导数类似，利用二维高斯函数的圆对称性和可分解性，可以很容易计算出高斯函数在任一方向上的方向导数与图像的卷积。因此，在实际应用中可以选取高斯函数的一阶导数作为阶跃形边缘的次最优检测算子。

设二维高斯函数为

$$G(x,y)=\frac{1}{2\pi\sigma^2}\exp\left[-\frac{1}{2\sigma^2}(x^2+y^2)\right] \tag{7.51}$$

在某一方向 $\boldsymbol{n}$ 上 $G(x,y)$ 的一阶方向导数为

$$G_n=\frac{\partial G}{\partial \boldsymbol{n}}=\boldsymbol{n}\boldsymbol{\nabla G} \tag{7.52}$$

其中

$$\boldsymbol{n}=\begin{bmatrix}\cos\theta\\ \sin\theta\end{bmatrix} \quad \boldsymbol{\nabla G}=\begin{bmatrix}\partial G/\partial x\\ \partial G/\partial y\end{bmatrix} \tag{7.53}$$

$\boldsymbol{n}$ 是方向向量，$\boldsymbol{\nabla G}$ 是梯度向量。将图像 $f(x,y)$ 与 G_n 做卷积，同时改变 $\boldsymbol{n}$ 的方向，$G_n * f(x,y)$ 取得最大值时的 n（即 $\partial(G_n * f(x,y))/\partial n=0$ 对应的方向）就是正交于检测边缘的方向。由

$$\frac{\partial[G_n * f(x,y)]}{\partial \boldsymbol{n}}=\frac{\partial\left[\left(\cos\theta\cdot\frac{\partial G}{\partial x}\right) * f(x,y)+\left(\sin\theta\cdot\frac{\partial G}{\partial y}\right) * f(x,y)\right]}{\partial\theta}=0 \tag{7.54}$$

得

$$\begin{aligned}
\operatorname{tg}\theta &= \frac{\dfrac{\partial G}{\partial y} * f(x,y)}{\dfrac{\partial G}{\partial x} * f(x,y)} \\
\cos\theta &= \frac{\dfrac{\partial G}{\partial x} * f(x,y)}{|\boldsymbol{\nabla G} * f(x,y)|} \\
\sin\theta &= \frac{\dfrac{\partial G}{\partial y} * f(x,y)}{|\boldsymbol{\nabla G} * f(x,y)|}
\end{aligned} \tag{7.55}$$

因此,对应于$\partial(G_n * f(x,y))/\partial n=0$的方向为

$$\boldsymbol{n} = \frac{\boldsymbol{\nabla G} * f(x,y)}{|\boldsymbol{\nabla G} * f(x,y)|} \tag{7.56}$$

在该方向上$G_n * f(x,y)$有最大输出响应,此时

$$\begin{aligned}
|G_n * f(x,y)| &= \left|\cos\theta\left(\frac{\partial G}{\partial x}\right) * f(x,y) + \sin\theta\left(\frac{\partial G}{\partial y}\right) * f(x,y)\right| \\
&= |\boldsymbol{\nabla G} * f(x,y)|
\end{aligned} \tag{7.57}$$

二维次最优阶跃边缘算子是以卷积$\boldsymbol{\nabla G} * f(x,y)$为基础的,边缘强度由$|G_n * f(x,y)| = |\boldsymbol{\nabla G} * f(x,y)|$决定,而边缘方向为式(7.56)。

在实际中,将原始模板截断到有限尺寸N。实验表明,当$N=b\sqrt{2}\sigma+1N$时,能够得到较好的检测效果。

一般情况下,Canny算子的计算,可通过分解的方法来提高速度。即把$\boldsymbol{\nabla G}$的两个滤波卷积模板分解为两个一维的行列滤波器

$$\begin{aligned}
&\frac{\partial G}{\partial x} = kx\exp\left(-\frac{x^2}{2\sigma^2}\right)\exp\left(-\frac{y^2}{2\sigma^2}\right) = h_1(x)h_2(y) \\
&\frac{\partial G}{\partial y} = ky\exp\left(-\frac{y^2}{2\sigma^2}\right)\exp\left(-\frac{x^2}{2\sigma^2}\right) = h_1(y)h_2(x) \\
&h_1(x) = \sqrt{k}x\exp\left(-\frac{x^2}{2\sigma^2}\right) \quad h_2(x) = \sqrt{k}\exp\left(-\frac{x^2}{2\sigma^2}\right) \\
&h_1(y) = \sqrt{k}y\exp\left(-\frac{y^2}{2\sigma^2}\right) \quad h_2(y) = \sqrt{k}\exp\left(-\frac{y^2}{2\sigma^2}\right) \\
&h_1(x) = xh_2(x) \quad h_1(y) = yh_2(y)
\end{aligned} \tag{7.58}$$

将式(7.58)分别与图像$f(x,y)$卷积,得到输出

$$E_x = \frac{\partial G}{\partial x} * f(x,y) \quad E_y = \frac{\partial G}{\partial y} * f(x,y) \tag{7.59}$$

令

$$\begin{aligned}
A(i,j) &= \sqrt{E_x^2(i,j) + E_y^2(i,j)} \\
\alpha(i,j) &= \arctan\left[\frac{E_y(i,j)}{E_x(i,j)}\right]
\end{aligned} \tag{7.60}$$

则$A(i,j)$反映了图像上点(i,j)处的边缘强度,$\alpha(i,j)$是图像的点(i,j)处的法向向量。

根据Canny的定义,中心边缘点为算子G_n与图像$f(x,y)$的卷积在边缘梯度方向上的区域中的最大值,这样,就可以在每一点和梯度方向上判断此点强度是否为其邻域的最大值

来确定该点是否为边缘点。当一个像素满足以下3个条件时，则被认为是图像的边缘点：

(1) 该点的边缘强度大于沿该点梯度方向的两个相邻像素点的边缘强度。

(2) 与该点梯度方向上相邻两点的方向差小于45°。

(3) 以该点为中心的3×3邻域中的边缘强度极大值小于某个阈值。

此外，如果条件(1)和(2)同时满足，则在梯度方向上的两相邻像素就从候选边缘点中取消，条件(3)相当于用区域梯度最大值组成的阈值图像与边缘点进行匹配，这一过程消除了许多虚假的边缘点。

图7.32给出应用Canny边缘检测算子与其他边缘检测算子的比较结果。其中图7.32(a)为原始灰度图像，图7.32(b)为Sober边缘检测算子的结果，图7.32(c)为LOG边缘检测算子的结果，图7.32(d)为Canny检测算子的结果。从图7.32可以看出，Canny边缘检测算子的效果优于传统的Sober边缘检测算子和LOG边缘检测算子。

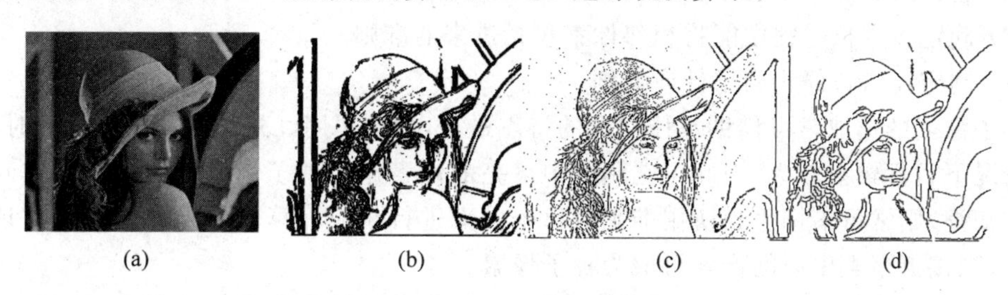

图7.32　Canny边缘检测算子结果比

上述边缘检测的方法在各个区域间有明显灰度差别时有较好的效果，但是在边缘不连续而且小区域过多时效果不佳，若对于未封闭边界要进行区域分割，还要做进一步的后续处理，噪声对分割结果的影响是比较明显的。

7.4　基于区域的分割

7.4.1　区域增长

区域增长有时也称区域生长(Region Growing)。该算法的基本思想是将具有相似性质的像素集合起来构成区域。具体是先对每个需要分割的区域找一个种子像素作为生长的起点，然后将种子像素周围邻域中与种子像素有相同或相似性质的像素(根据某种事先确定的生长或相似准则来判定)合并到种子像素所在的区域中。将这些新像素当作新的种子像素继续进行上面的过程，直到再没有满足条件的像素可被包括进来。这样一个区域就长成了，直到将整幅图像分割成满足条件的不同子区域，如图7.33所示。

图7.34给出区域增长的一个示例，图7.34(a)给出需要分割的图像，设已知有两个种子像素(通过不同颜色标记)，现对其进行区域增长。采用的准则是如果所考虑的像素与种子像素灰度值差的绝对值小于某个阈值T，则将该像素包括进种子像素所在的区域。图7.34(b)给出$T=3$时的区域增长结果，整幅图像能被较好地分割成两个区域；图7.34(c)给出$T=1$时的区域增长结果，有些像素无法判定；图7.34(d)给出

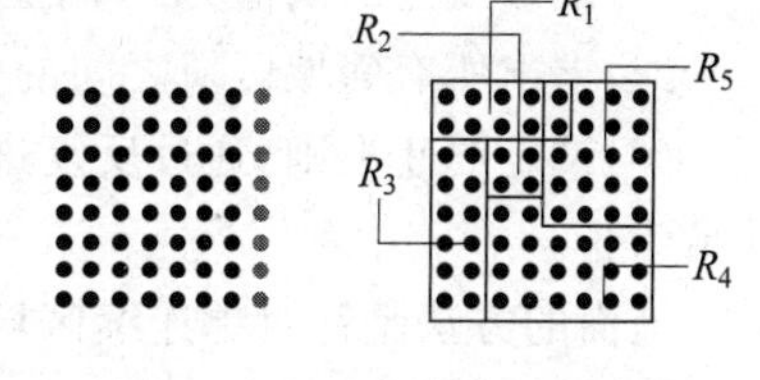

图7.33　区域增长分割图示

$T=8$ 时区域增长的结果,整幅图像都被分在一个区域中。由此可见,阈值的选取是很重要的。

(a)

1	0	4	7	5
1	0	4	7	7
0	1	5	5	5
2	0	5	6	5
2	2	5	6	4

(b)

1	1	5	5	5
1	1	5	5	5
1	1	5	5	5
1	1	5	5	5
1	1	5	5	5

(c)

1	1	5	7	5
1	1	5	7	7
1	1	5	5	5
2	1	5	5	5
2	2	5	5	5

(d)

1	1	1	1	1
1	1	1	1	1
1	1	1	1	1
1	1	1	1	1
1	1	1	1	1

图 7.34 区域增长示例

从上面的示例可以看出,在实际应用中区域增长法需要解决 3 个基本问题:

(1) 选择或确定一组能正确代表所需区域的种子像素。

(2) 确定在生长过程中能将相邻像素包括进来的准则。

(3) 制定让增长停止的条件或规则。

种子像素的选取常可借助具体问题的特点进行,如在军用红外图像中检测目标时,由于一般情况下目标辐射较大,因此可选用图中最亮的像素作为种子像素。如果对具体问题没有先验知识,则常可借助生长所用准则对每个像素进行相应计算。如果计算结果出现聚类的情况,则接近聚类中心的像素可取为种子像素。

生长准则的选取不仅依赖于具体问题本身,也和所用图像数据的种类有关。如当图像是彩色的,仅用单色的准则,效果就会受到影响。另外还需要考虑像素间的连通性和邻近性,否则会出现无意义的分割结果。区域增长的一个关键是选择合适的生长或相似准则,大部分区域生长准则使用图像的局部性质。生长准则可根据不同的原则制定,而使用不同的生长准则会影响区域生长的过程。下面主要介绍 3 种常用的生长准则和方法。

1. 基于区域灰度差

区域增长方法将图像以像素为基本单位进行操作,基于区域灰度差的方法主要有以下步骤。

(1) 对图像进行逐行扫描,找出尚没有归属的像素。

(2) 以该像素为中心检查它的邻域像素,即将邻域中的像素逐个与它比较,如果灰度差小于预先确定的阈值,将它们合并。

(3) 以新合并的像素为中心,返回到步骤(2),检查新像素的邻域,直到区域不能进一步扩张。

(4)返回到步骤(1),继续扫描直到不能发现没有归属的像素,则结束整个生长过程。

采用上述方法得到的结果,对区域生长起点的选择有较大依赖性,为克服这个问题,可采用下面的改进方法。

(1)设灰度差的阈值为 0,用上述方法进行区域扩张,使灰度相同像素合并。

(2)求出所有邻域区域之间的平均灰度差,并合并具有最小灰度差的邻接区域。

(3)设定终止准则,通过反复进行上述步骤(2)中的操作将区域依次合并,直到终止准则满足为止。

上面的方法是针对单连续区域增长。这种方法简单,但由于仅考虑了从一个像素到另一个像素的特性是否相似,因此对于有噪声的或复杂的图像,使用这种方法会引起不希望的区域出现。另外,如果区域间边缘的灰度变化很平缓,如图 7.35(a)所示,或者两个相交区域对比度弱,如图 7.35(b)所示,采用这种方法,区域 1 和区域 2 将会合并起来,从而产生错误。

为了避免出现这个问题,可不用新像素的灰度值去和邻域像素的灰度值比较,而用新像素所在区域的平均灰度值去和各邻域像素的灰度值进行比较。

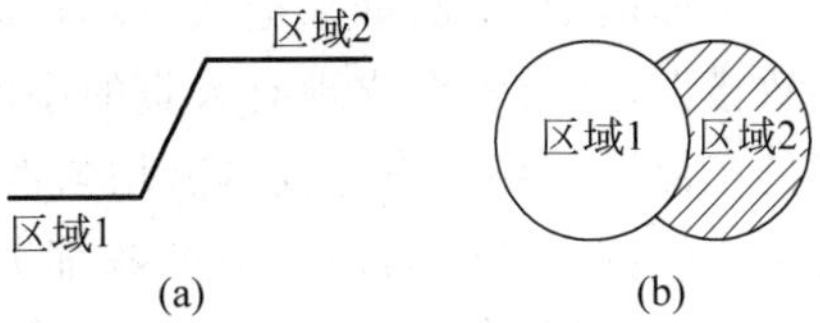

区域2
区域1
(a)
区域1 区域2
(b)

图 7.35 边缘对区域增长的影响

对于一个含 N 个像素的图像区域 R,其均值为

$$m=\frac{1}{N}\sum_{(x,y)\in R}f(x,y) \tag{7.61}$$

对像素的比较测试可表示为

$$\max_{(x,y)\in R}|f(x,y)-m|<T \tag{7.62}$$

其中,T 为给定阈值。

有两种情况:

(1) 设区域 R 为均匀的,各像素灰度值为均值 m 与一个零均值高斯噪声的叠加,当用式(7.62)测试某个像素时,条件不成立的概率为

$$p(T)=\frac{2}{\sqrt{2\pi\sigma}}\int_{T}^{\infty}\exp\left(-\frac{z^2}{2\sigma^2}\right)\mathrm{d}z \tag{7.63}$$

这就是误差函数,当 T 取 3 倍方差时,误判概率为 $1-(99.74\%)N$。这表明,当考虑灰度均值时,区域内的灰度变化应尽量小。

(2) 设区域为非均匀的,且由两部分像素构成。这两部分像素在 R 中所占的比例分别为 q_1 和 q_2,灰度值分别为 m_1 和 m_2,则区域均值为 $q_1m_1+q_2m_2$。对灰度值为 m_1 的像素,它与区域均值的差为

$$S_m=m_1-(q_1m_1+q_2m_2) \tag{7.64}$$

根据式(7.62)可知,正确判决的概率为

$$P(T)=\frac{1}{2}[P(|T-S_m|)+P(|T+S_m|)] \tag{7.65}$$

这表明,当考虑灰度均值时,不同部分像素间的灰度差应尽量大。

如图 7.36 给出区域增长分割的示例。设有一数字图像,如图 7.36(a)所示,检测灰度为 9 和 7,平均灰度均匀测度度量中阈值 T 取 2,分别进行区域增长。

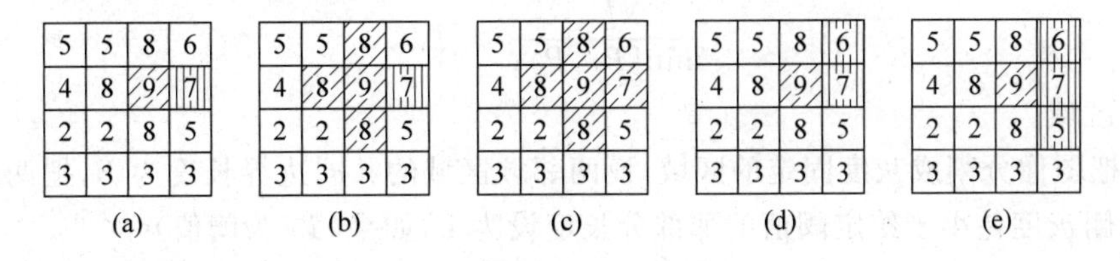

图 7.36 区域增长示例

图 7.36(a)中只有一个像素点灰度值为 9,因此以该点为起点开始区域增长,该点称为种子点或种子点集。第一次区域增长得到 3 个灰度值为 8 的邻点,灰度级差值为 1,如图 7.36(b)所示。此时这 4 个已接受点的平均灰度为(8+8+8+9)/4=8.25。由于阈值 T 取 2,第二次区域增长灰度值为 7 的邻点被接受,如图 7.36(c)所示,此时这 5 个已接受点的平均灰度级为(8+8+8+9+7)/5=8。在该区域的周围已无灰度值大于 6 的邻点,即均匀

测度为假,停止区域增长。图7.36(d)和7.36(e)是以灰度值7为起点的区域增长的结果。

2. 基于区域内灰度统计特性

正如前面所说,如果把式(7.61)的均匀性准则用在将一个区域当作非均匀区域可能会导致错误,如常常会出现有大量的小区域似乎在图像中并没有任何真实的对应物。利用区域的相似统计特性来寻找具有均匀性的区域可避免出现这种问题,这种方法是通过将一个区域上的统计特性与该区域的各部分上所计算出的统计特性进行比较来判定区域的均匀性。如果它们相互很接近,则这个区域可能是均匀的。这种方法对于纹理分割而言很有用。具体步骤为:

(1) 把图像分成互不重叠的小区域。

(2) 比较邻接区域的累积灰度直方图,根据灰度分布的相似性进行区域合并。

(3) 设定终止准则,通过反复进行步骤(2)中的操作将各个区域依次合并,直到终止准则满足。

这里对灰度分布的相似性常用两种方法进行检测(设 $h_1(z)$、$h_2(z)$ 分别为相邻接区域的累积灰度直方图)。

(1) Kolmogorov-Smirnov 检测(K-S 检测)。

$$\max_{z} \mid h_1(z) - h_2(z) \mid \tag{7.66}$$

(2) Smoothed-Difference 检测(S-D 检测)。

$$\sum_{z} \mid h_1(z) - h_2(z) \mid \tag{7.67}$$

如果检测结果小于某个给定的阈值,则将两区域合并。对上述方法有两点说明:

(1) 小区域的尺寸对结果可能有较大的影响,尺寸太小时检测的可靠性降低,尺寸太大时则得到的区域形状不理想,小的目标也可能漏掉。

(2) K-S 检测和 S-D 检测方法在检测直方图相似性方面较优,因为它们考虑了所有灰度值。

3. 基于区域形状

在决定对区域的合并时,也可以利用对目标形状的检测结果,常用的方法有两种。

(1) 把图像分割成灰度固定的区域,设两邻接区域的周长分别为 P_1 和 P_2,把两区域共同的边界线两侧灰度差小于给定阈值的那部分长度设为 L,如果(T_1 为阈值)

$$\frac{L}{\min\{P_1, P_2\}} > T_1 \tag{7.68}$$

则合并两区域。

(2) 把图像分割成灰度固定的区域,设两邻域区域的共同边界长度为 B,把两区域共同边界线两侧灰度差小于给定阈值的那部分长度设为 L,如果(T_2 为阈值)

$$\frac{L}{B} > T_2 \tag{7.69}$$

则合并两区域。

上述两种方法的区别是:第一种方法是合并两邻接区域的共同边界中对比度较低部分占整个区域边界份额较大的区域,而第二种方法是合并两邻接区域的共同边界中对比度较低部分比较多的区域。

图7.37给出区域增长的示例。其中7.37(a)是一幅给定种子像素的原始灰度图像,

图 7.37(b)为区域增长的早期阶段,图 7.37(c)为区域增长的中间阶段,图 7.37(d)为最后区域增长的结果。

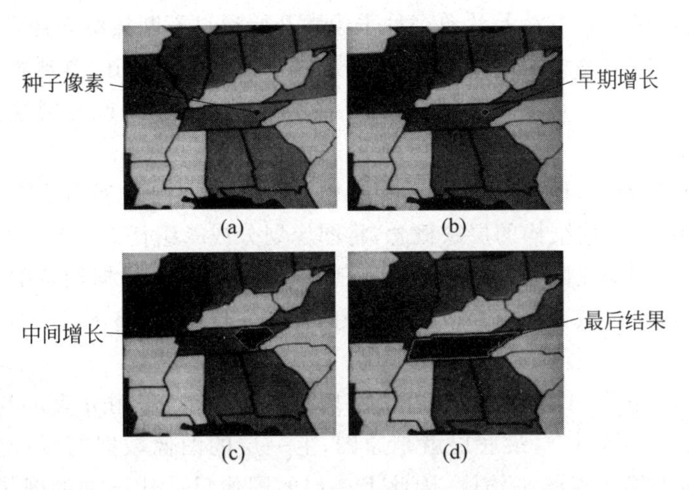

图 7.37 区域增长示例 1

图 7.38 演示的是:若选择另外一个种子起点,像素坐标为(280,280),生长准则是最简单的准则——相邻像素间灰度差 T 小于 8,则可以得到另一个区域增长分割的结果,得到另一个区域。遍历种子领域的顺序是左、右、上、下、左上、右下、右上、左下,采用广度优先搜索,种子到达此区域右下边界后,不再朝此方向生长,而向左上方向发展。最后一幅图中是此区域的最终生长结果。采用这种最简单的生长准则需注意的是,有些图像区域间存在很细的灰度渐变线,可以通过这个灰度渐变逐渐生长到另外一个区域去,造成区域分割错误。同时,如果像素间灰度差选择过小,就会产生部分邻近像素无法包含到此区域中来,因为它们之间的灰度差可能刚刚大于阈值 T,图中分割区域中的高灰度值的点状区域显示了这种结果。图 7.38(a)～图 7.38(d)分别是这个区域生长的中间过程,图 7.38(e)是这个区域生长到最后的结果。

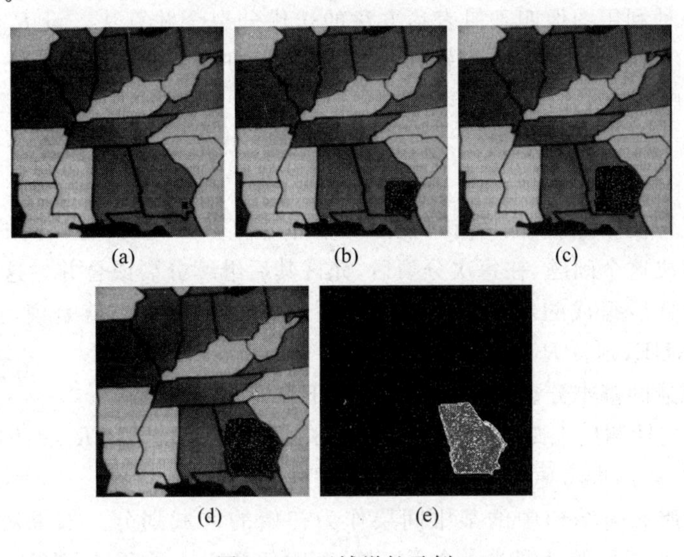

图 7.38 区域增长示例 2

7.4.2 区域分裂-合并

前面介绍的区域增长方法是从单个种子像素开始通过不断接纳新像素最后得到整个区域。而另外一种分割方法是从整幅图像开始通过不断分裂(Split)得到各个区域。实际中常先把图像分成任意大小且不重叠的区域,然后再合并(Merge)或分裂这些区域以满足分割的要求。

这种区域分裂-合并(Region Splitting and Merging)方法是利用了图像数据的金字塔或四叉树(Quadtree)数据结构的层次概念,将图像划分成一组任意不相交的初始区域,即可以从图像的这种金字塔或四叉树数据结构的任一中间层开始,根据给定的均匀性检测准则进行分裂和合并这些区域,逐步改善区域划分的性能,直到最后将图像分成数量最少的均匀区域为止。

设原图 $f(x,y)$的尺寸为 $2^N\times 2^N$,在金字塔数据结构中,若用 n 表示其层次,则第 n 层上图像的大小为 $2^{N-n}\times 2^{N-n}$,最底层就是原图,上一层的图像数据的每一个像素灰度值就是该层图像数据相邻 4 点的平均值,因此上一层的图像尺寸比下层的图像尺寸小,分辨率低,但上层图像所包含的信息更具有概括性。当然,最顶层只有一个点,图像数据的金字塔数据结构也可以用四叉树来表示,如图 7.39 所示,其中图 7.39(a)表示图像的金字塔数据结构,图 7.39(b)表示图像的四叉树表示方法。

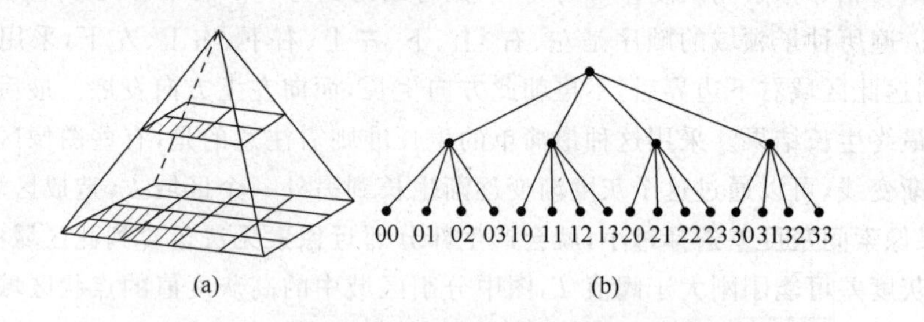

图 7.39　4×4 图像的金字塔数据结构及其四叉树表示

下面介绍一种利用图像四叉树表达方法的迭代分裂合并算法。设 R 代表正方形图像区域,如图 7.40(a)所示。P 代表逻辑谓词。从最高层开始,把 R 连续地分裂成越来越小的 1/4 的正方形子区域 R_i,并且始终使 $P(R_i)=\text{TRUE}$。换句话说,如果 $P(R)=\text{FALSE}$,那么就将图像分成 4 等分。如果 $P(R_i)=\text{FALSE}$,那么就将 R_i 分成 4 等分,以此类推,直到 R_i 为单个像素。

如果仅仅允许使用分裂,最后有可能出现相邻的两个区域,具有相同的性质,但并没有合成一体。为解决这个问题,在每次分裂后,允许其后继续分裂或合并。这里的合并是只合并那些相邻且合并后组成的新区域满足逻辑谓词 P 的区域。也就是说,如果能满足条件 $P(R_i\cup R_j)=\text{TRUE}$,则将 R_i 和 R_j 合并。

总结前面所述的基本分裂合并算法步骤如下:

(1) 确定均匀性测度准则 P,对原图中的任一区域 R_i,如果 $P(R_i)=\text{FALSE}$,就将其分裂成不重叠的 4 等分,即将原图构造成四叉树数据结构。

(2) 将图像四叉树结构中的某中间层作为初始的区域划分。如果对任何区域 R,有 $P(R)=\text{FALSE}$,则把区域分裂成 4 个子区域,若对任意 1/4 子区域,$P(R_i)=\text{FALSE}$,则再

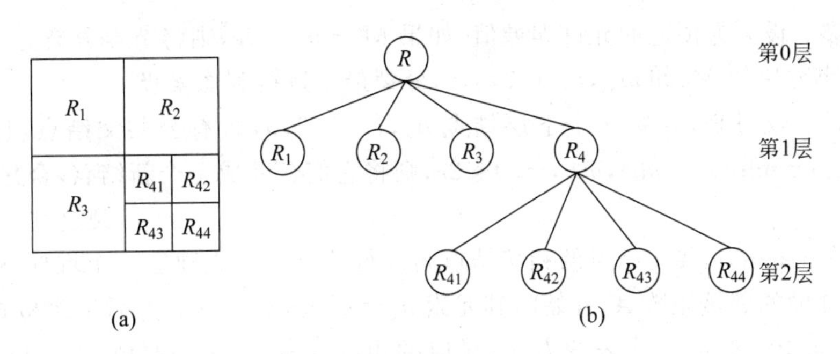

图 7.40 图像的四叉树表达法

将该子区域一分为 4,如果对任一恰当的 4 个子区域有 $P(R_{a1} \cup R_{a2} \cup R_{a3} \cup R_{a4}) = \text{TRUE}$。则再把 4 个子区域合并成一个区域。重复上操作,直到不可能再合并或再分裂为止。

(3) 若有不同大小的两个相邻区域 R_i 和 R_j,满足 $P(R_i \cup R_j) = \text{TRUE}$,则合并这两个区域。

(4) 如果进一步的分裂或合并都不可能了,则结束。

如图 7.41 给出使用分裂-合并算法分割图像各步骤的一个简单例子。设图中阴影区域为目标,白色区域为背景,它们具有常数灰度值。对整个图像 R,$P(R) = \text{FALSE}$(令 $P(R) = \text{TRUE}$ 代表在 R 中的所有像素都具有相同的灰度值),所以将其分裂成如图 7.41(a)所示的 4 个正方形区域,由于左上角区域满足 P,因此不必继续分裂。其他 3 个区域继续分裂而得到如图 7.41(b)所示的图形。此时除包括目标下部的 2 个子区域外,其他区域都可以将分目标和背景合并。对那 2 个区域继续分裂可得到如图 7.41(c)所示的结果,因为此时所有区域都已满足 P,所以最后 1 次合并就可得到如图 7.41(d)所示的分割结果。

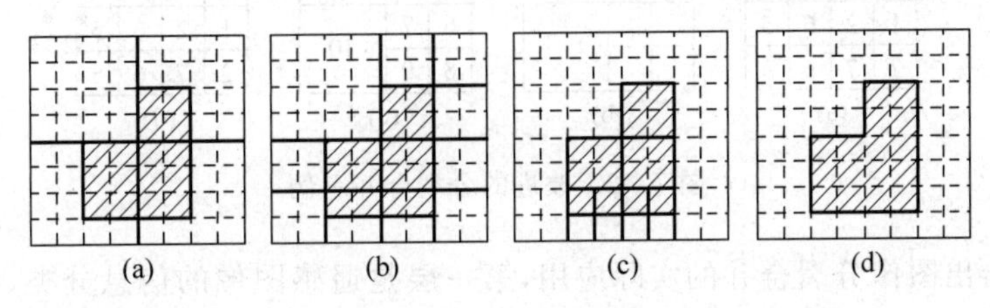

图 7.41 分裂合并分割图像

在上面的基本分裂-合并算法中,有一些改进算法,如可将原图先分裂成一组正方块,进一步的分裂仍按上述方法进行,但先仅合并在四叉树表达中属于同一父节点且满足逻辑谓词 P 的 4 个区域,如果这种类型的合并不再可能,在整个分割过程结束前,再最后按满足上述第(2)步条件进行一次合并。这种方法的主要优点:在最后一步合并前,分裂和合并用的都是同一四叉树。

设图像的尺寸为 $N \times N$,将 4 个像素一组合成小方块,再将 4 个小方块组合成一大方块,如此,直到合成整幅图像,就得到图像的金字塔数据结构表达。数据的总层数为 $l_N + 1$,这里 $l_N = \text{lb}N$,在第 l 层($0 \leqslant l \leqslant l_N$),方块的边长为 $n = N/2^l$。在分割时,从金字塔结构的中间层开始可节约计算时间。具体计算步骤为:

(1) 初始化。从中间层 k 开始,方块的边长为 $n = N/2^k$,求出块内最大灰度 M_k 和最小灰度 m_k。

(2) 分裂。设e为预定的允许误差值,如果$M_k - m_k > 2e$,则将节点分裂为4个小方块,并计算各个小方块的M_{ki}和m_{ki},$i=1,2,3,4$,分裂最多进行到像素级。

(3) 合并。反过来,如果4个下层结点b_{ki},$i=1,2,3,4$,有公共父结点,且$\max(M_{k1}, M_{k2}, M_{k3}, M_{k4}) - \min(m_{k1}, m_{k2}, m_{k3}, m_{k4}) < 2e$,则将它们合并成一个新结点,合并最多进行到图像级。

(4) 组合。指在非共父结点的相接结点间进行的合并。先建立一个堆栈S,开始为空,再建立一个辅助的邻接矩阵$\mathbf{A}$,开始时其元素$a_{ij} = a(x_k, y_k) = k$。然后依次检查每个像素,如果像素f_{ij}属于结点b_k所代表的方块,对应的矩阵元素a_{ij}保持原值,组合以标记方法实现,对结点b_k,在标记过程中有3种情况:

① 未标记过和未扫描到的,用标记$F_k > 0$表示。

② 标记过,但未扫描到,用标记$F_k < 0$表示,并将结点b_k放入S。

③ 既标记过也扫描到,用标记$F_k > 0$表示,但结点b_k不在S中。

用标记法将已标记过的结点顺序放入区域表R中,并给区域表加上一个终了标记。根据以下算法进行组合(u,v为暂存器)。令S为空,若$F_k > 0$,则压b_k到S中,$u \leftarrow m_k$;如果S非空,则从S中弹出b_i,将b_i装入R中,再对所有的$b_k \in \mathbf{A}$(b_j同b_i邻接),判断$\max(M_{k1}, M_{k2}, M_{k3}, M_{k4}) - \min(m_{k1}, m_{k2}, m_{k3}, m_{k4})$,如果结果小于$2e$,将$b_j$装入$S$,$u \leftarrow \max(u, M_j)$,$v \leftarrow \min(v, m_j)$。循环上述步骤,最后将0装入$R$,停止。

图7.42给出这种算法的一个示例。图7.42(a)为待分割图像,图7.42(b)为图7.42(a)的分裂结果,图7.42(c)为邻接矩阵$\mathbf{A}$,图7.42(d)为最后分裂合并的结果。

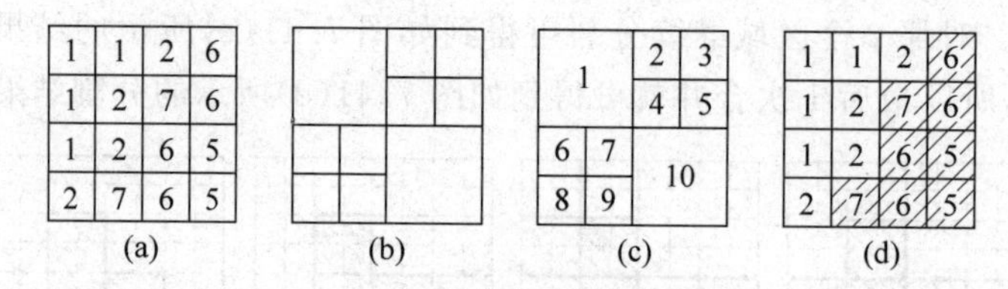

图7.42　改进的分裂合并示例

图7.43给出图像分裂合并的实际应用,第一层是遥感图像的信息分类,第二层是人为纹理的分割结果。其中图7.43(a)为原图,图7.43(b)为预处理后的结果,图7.43(c)为分裂

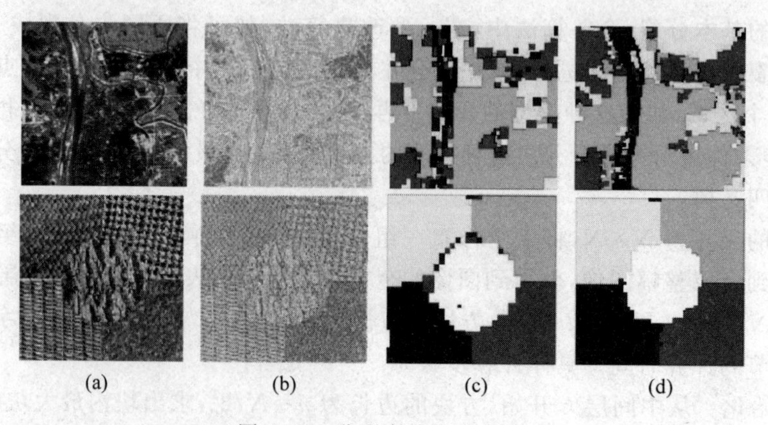

图7.43　分裂合并算法应用

结果,图 7.43(d)为分裂合并的最终结果。

基于区域的分割方法在区域的性质比较好定义,单个区域内各像素的性质差别不大时会有较好的效果,对噪声也不是那么敏感。但是,这种方法因为要逐个对像素选择其相邻像素,还要判定周边像素是否已经被判定过,所以比较费时,也需要一定的内存空间。在区域生长方法中,生长种子的选取、像素比较的顺序对结果是有一定影响的,不同的方法得到的结果可能会不一样;区域分裂-合并的方法得到的结果可能会使有些图像显示为方块形状。

7.5 基于运动的分割

运动目标检测(Moving Object Detection)的目的是从序列图像中将变化区域从背景中分割出来。由于光照的变化、背景混乱运动的干扰、运动目标的影子、摄像机的抖动以及运动目标的自遮挡和互遮挡现象的存在,这些都给运动目标的正确检测带来了极大的挑战,同时由于运动目标的检测准确率与分割影响后续的目标跟踪和目标分类准确率,因此它成为计算机视觉研究中一项重要的、具有现实意义的课题,此外,目标的运动图像序列为低信噪比情况下的目标检测提供了比目标静止时更多的信息,使得可以利用图像序列检测出单帧图像中很难检测的目标。

总结关于运动目标检测的研究,大致可分为以下两类。

(1) 摄像头随着运动目标移动,始终保持目标在图像的中心附近,如装在卫星或飞机上的监视系统。

(2) 摄像头相对处于静止状态,只对视场内的目标进行检测、定位,如监视某一路口车流量等的监控系统。

运动图像的分割可直接利用时-空图像的灰度和梯度信息进行分割,也可采用在两帧视频图像间估计光流场,然后基于光流场进行。前者称为直接方法,后者称为间接方法。本节将介绍这几种运动目标的分割方法。

7.5.1 差分法运动分割

在序列图像中,通过逐像素比较可直接求取前后两帧图像之间的差别。假设照明条件在多帧图像间基本不变化,那么差图像的不为 0 处表明该处的像素发生了移动。也就是说,对时间上相邻的两幅图像求差,可以将图像中目标的位置和形状变化突出出来。如图 7.44(a)所示,设目标的灰度比背景亮,则在差分的图像中,可以得到在运动前方为正值的区域和在运动后方为负值的区域,这样可以获得目标的运动向量,也可以得到目标上一定部分的形状。如果对一系列图像两两求差,并把差分图像中值为正或负的区域逻辑和起来,就可以得到整个目标的形状。图 7.44(b)给出一个示例,将长方形区域逐渐下移,依次划过椭圆目标的不同部分,将各次结果组合起来,就得到完整的椭圆目标。

图像运动意味着图像变化。运动估计算法中一个基本依据是图像强度的变化,可以用序列中相邻时间的一对图像的差来表示强度的相对变化。检测图像序列相邻两帧之间变化的最简单方法是直接比较两帧图像对应像素点的灰度值。在这种最简单的形式下,帧 $f(x,y,j)$ 与帧 $f(x,y,k)$ 之间的变化可用一个二值差分图像 $D_f(x,y)$ 表示

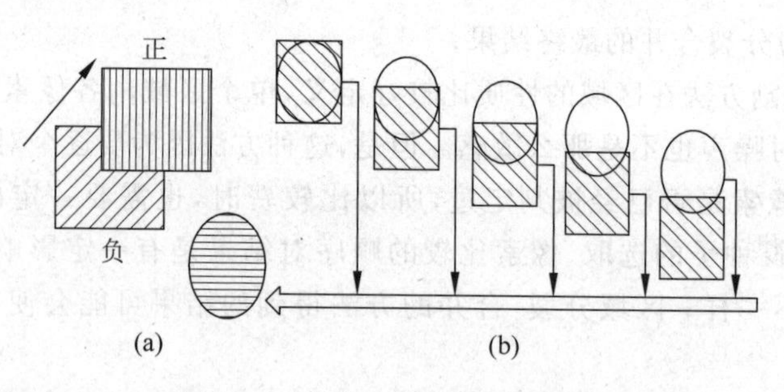

图 7.44 差分法运动检测的原理

$$D_f(x,y)=\begin{cases}1 & |f(x,y,j)-f(x,y,k)|>T \\ 0 & \text{其他}\end{cases} \tag{7.70}$$

其中,T 为阈值。

在应用视觉系统中,检测运动目标常用差分图像的方法,一般有两种情况:一是当前图像与固定背景图像之间的差分,称为减背景差分法(Background Subtraction);二是当前连续两幅图像(时间间隔 Δt)之间的差分,称为相邻帧差分法(Frame Difference)。图 7.45 给出减背景差分法和相邻差分法的结果。图 7.45(a)~图 7.45(d)为减背景差分法得出的实验结果,图 7.45(f)~图 7.45(h)为相邻帧差分法的实验结果。其中,图 7.45(a)和图 7.45(e)为原图,图 7.45(b)和图 7.45(f)为背景图像或相邻帧图像,图 7.45(c)和图 7.45(g)为差分结果,图 7.45(d)和图 7.45(h)为二值化的结果。

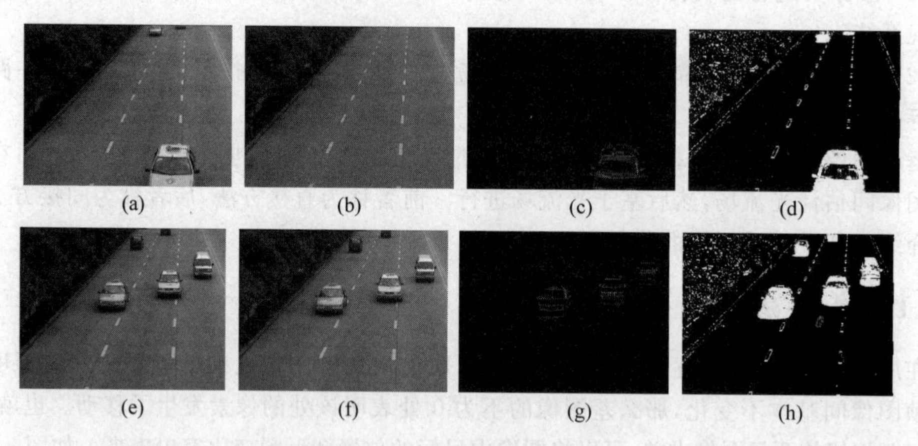

图 7.45 差分运动分割实验结果

从实验结果可以看出,减背景差分法能很好地检测出来运动目标,然而自然景物环境永远不会很静止(例如,风吹动树枝和树叶,太阳位置改变导致阴影的变化,下雨天的背景),因此该方法抑制噪声能力较差。这种目标检测方法的优点是计算简单、易于实时、位置准确,但它要求背景绝对静止或基本无变化(噪声较小),不适用于摄像头运动或者背景灰度变化很大的情况,因而适用场合有限。另外,其不足之处还在于受环境光线变化的影响较大,在非受控环境下需要加入背景图像更新机制。而相邻帧差分法对运动目标很敏感,但检测出的物体的位置不精确,其外接矩形在运动方向上被拉伸,这实际上是由相对运动与物体位置并非完全一致引起的。

7.5.2 光流场运动分割

从光流场(Optical Flow Field)计算方法可知,在光流场中,不同的物体会有不同的速度,大面积背景的运动会在图像上产生较为均匀的速度向量区域,这为具有不同速度的其他运动物体的分割提供了方便。

给图像中的每一像素点赋予一个速度向量,就形成了图像运动场(Motion Field)。在运动的一个特定时刻,图像上某一点 p_i 对应三维物体上某一点 P_0,这种对应关系可以由投影方程得到。在透视投影情况下,图像上一点与物体上对应一点的连线经过光学中心,该连线称为图像点连线(Point Ray),如图 7.46 所示。

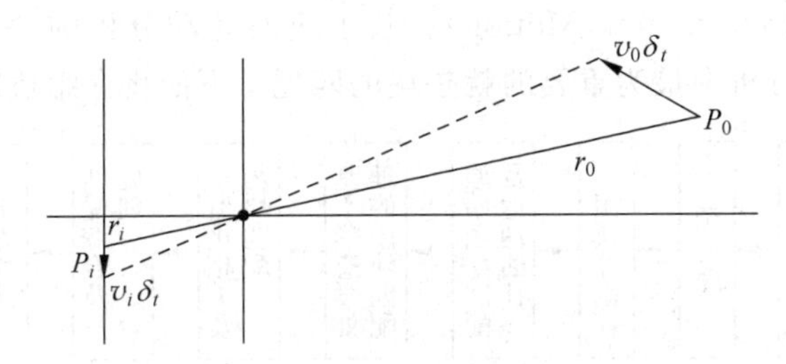

图 7.46 三维物体上一点运动的二维投影

设物体上一点 P_0 相对于摄像机具有速度 $\boldsymbol{v}_0$,从而在图像平面上对应的投影点 P_i 具有速度 $\boldsymbol{v}_i$。在时间间隔 δ_t 时,点 P_0 运动了 $\boldsymbol{v}_0\delta_t$,图像点 P_i 运动了 $\boldsymbol{v}_i\delta_t$。速度可由式(7.71)表示

$$\boldsymbol{v}_0 = \frac{\mathrm{d}\boldsymbol{r}_0}{\mathrm{d}t} \quad \boldsymbol{v}_i = \frac{\mathrm{d}\boldsymbol{r}_i}{\mathrm{d}t} \tag{7.71}$$

式中 $\boldsymbol{r}_0$ 和 $\boldsymbol{r}_i$ 之间的关系为

$$\frac{1}{f'}\boldsymbol{r}_i = \frac{1}{\boldsymbol{r}_0 \cdot \hat{z}}\boldsymbol{r}_0 \tag{7.72}$$

其中,f' 表示图像平面到光学中心的距离,$\hat{z}$ 表示 z 轴的单位向量。

式(7.72)只是用来说明三维物体运动与在图像平面投影之间的关系,但我们关心的是图像亮度的变化,以便从中得到关于场景的信息。

当物体运动时,在图像上对应物体的亮度模式也在运动。光流(Optical Flow)是指图像亮度模式的表观(或视在)运动 (Apparent Motion)。使用“表观运动”这个概念的主要原因是光流无法由运动图像的局部信息唯一地确定,例如,亮度比较均匀的区域或亮度等值线上的点都无法唯一地确定其点的运动对应性,但运动是可以观察到的。

在理想情况下,光流对应于运动场,但这一命题不总是对的。如图 7.47 所示的是一个非常均匀的球体,由于球体表面是曲面,因此在某一光源照射下,亮度呈现一定的空间分布或称明暗模式。当球体在摄像机前面绕中心轴旋转时,明暗模式并不随着表面运动,所以图像也没有变化,此时光流在任意地方都等于零,然而,运动场却不等于零。如果球体不动,而光源运动,明暗模式运动将随着光源运动。此时光流不等于零,但运动场为零,因为物体没有运动。一般情况下,可以认为光流与运动场没

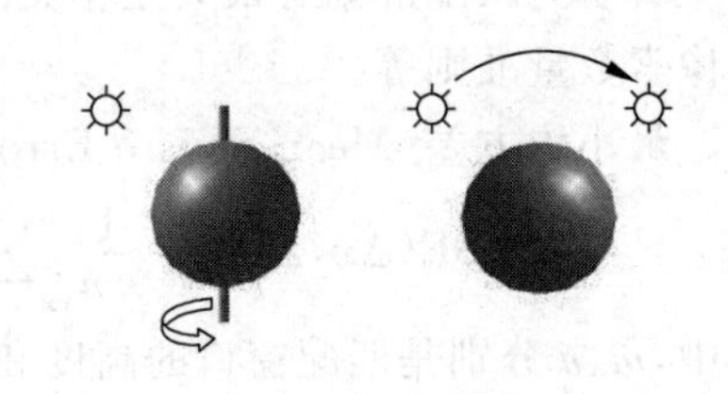

图 7.47 光流与运动场差别示意图

有太大的区别,因此允许我们根据图像运动来估计相对运动。

7.5.3 基于块的运动分析

基于块(Block-based)的运动分析在图像运动估计和其他图像处理和分析中得到了广泛的应用,例如在数字视频压缩技术中,国际标准 MPEG1-2 采用了基于块的运动分析和补偿算法。块运动估计与光流计算不同,它无须计算每一个像素的运动,而只是计算由若干像素组成的像素块的运动,对于许多图像分析和估计应用来说,块运动分析是一种很好的近似。

块运动通常分为平移、旋转、仿射、透视等运动形式。一般情况下,块运动是这些运动的组合,称为变形运动(Deformation Motion)。基于块的运动分析的一般步骤如图 7.48 所示。在基于块的运动分析中最为重要的就是块的匹配。下面将介绍块匹配的方法。

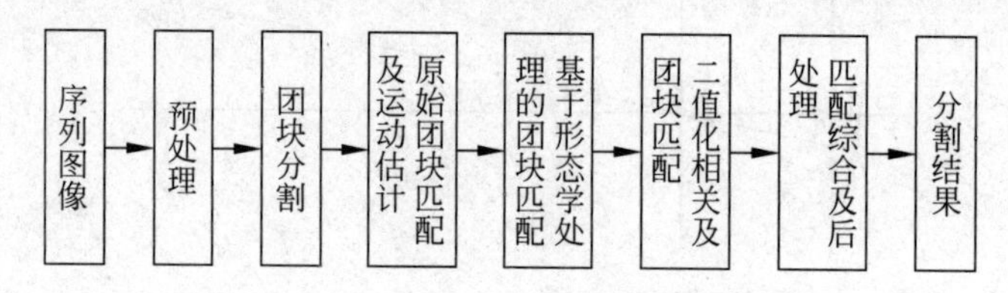

图 7.48 基于块的运动分析步骤

块匹配算法的基本思想如图 7.49 所示。在第 k 帧中选择以(x,y)为中心、大小为 $m\times n$ 的块 W,然后在第 $k+1$ 帧中的一个较大的搜索窗口内寻找与块 W 尺寸相同的最佳匹配块的中心的位移向量 $\boldsymbol{r}=(\Delta x,\Delta y)$。搜索窗口一般是以第 k 帧中的块 W 为中心的一个对称窗口,其大小常常根据先验知识或经验来确定。各种块匹配算法的差异主要体现在匹配准则、搜索策略和块尺寸选择方法。

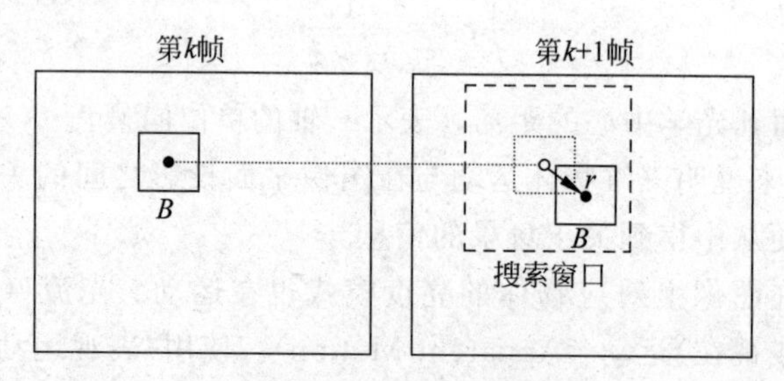

图 7.49 块匹配示意图

下面从匹配准则和搜索策略来将块匹配算法。

1. 匹配准则

典型的匹配准则有最大互相关准则、最小均方差准则、最小平均绝对值差准则和最大匹配像素数量准则等。

最小均方差(Mean Square Error,MSE)准则定义如下

$$\mathrm{MSE}(\Delta x,\Delta y)=\frac{1}{mn}\sum_{(x,y)\in W}[I(x,y,k)-I(x+\Delta x,y+\Delta y,k+1)]^2 \tag{7.73}$$

其中,m、n 分别是匹配窗口的高度和宽度。通过求式(7.73)的极小化可以估计出位移向量 $\boldsymbol{r}=(\Delta x,\Delta y)$,即

$$[\Delta x, \Delta y]^{\mathrm{T}} = \arg \min_{(\Delta x, \Delta y)} \mathrm{MSE}(\Delta x, \Delta y) \tag{7.74}$$

对 MSE 求极小化的准则可以认为是给窗口内的所有像素强加一个光流约束。最小均方差准则很少通过超大规模集成电路(VLSI)来实现,主要原因是用硬件实现平方运算相当困难。通过超大规模集成电路来实现的准则是最小平均绝对差准则。

最小平均绝对差(Mean Absolute Difference,MAD)准则定义如下

$$\mathrm{MAD}(\Delta x, \Delta y) = \frac{1}{mn} \sum_{(x,y) \in W} | I(x,y,k) - I(x+\Delta x, y+\Delta y, k+1) | \tag{7.75}$$

位移向量 $\boldsymbol{r}=(\Delta x, \Delta y)$ 的估计值为

$$[\Delta x, \Delta y]^{\mathrm{T}} = \arg \min_{(\Delta x, \Delta y)} \mathrm{MAD}(\Delta x, \Delta y) \tag{7.76}$$

众所周知,随着搜索区域的扩大,出现多个局部极小值的可能性也增大,此时,最小平均绝对差准则性能将恶化。

还有一种匹配准则是最大匹配像素数量(Matching Pel Count,MPC)准则。这种准则是将窗口内的匹配像素和非匹配像素根据下式分类

$$T(x,y,\Delta x,\Delta y) = \begin{cases} 1 & | I(x,y,k) - I(x+\Delta x, y+\Delta y, k+1) | \leqslant T \\ 0 & \text{其他} \end{cases} \tag{7.77}$$

其中,T 是预先确定的阈值。这样,最大匹配像素数量准则为

$$\mathrm{MPC}(\Delta x, \Delta y) = \sum_{(x,y) \in W} T(x+\Delta x, y+\Delta y) \tag{7.78}$$

$$[\Delta x, \Delta y]^{\mathrm{T}} = \arg \min_{(\Delta x, \Delta y)} \mathrm{MPC}(\Delta x, \Delta y) \tag{7.79}$$

运动估计值 $\boldsymbol{r}=(\Delta x, \Delta y)$ 对应匹配像素的最大数量准则需要一个阈值比较器和 $\mathrm{lb}(m \times n)$ 计数器。

2. 搜索策略

为了求得最佳位移估计,可以计算所有可能的位移向量对应的匹配误差,然后选择最小匹配误差对应的向量就是最佳位移估计值,这就是全搜索策略。这种策略的最大优点是可以找到全局最优值,但十分浪费时间。因此,人们提出了各种快速搜索策略。尽管快速搜索策略得到的可能是局部最优值,但由于其快速计算的实用性,在实际中得到了广泛的应用。下面讨论一种快速搜索方法:n 步搜索或对数搜索。

设窗口大小为 15×15,当前像素值位于窗口中心,用 0 来标记,如图 7.50(a)所示。第一步,选择标记为 0 和 1 的 9 个像素计算匹配准则函数,如果最佳匹配仍在 0 处,则无运动。第二步,以第一步最佳匹配对应的像素点为中心选择 8 个点(图中用标记 2 表示),计算这 8 个点的匹配准则函数值。第三步,以第二步最佳匹配对应的像素点为中心选择 8 个点(图中用标记 3 表示),计算这 8 个点的匹配准则函数值,最佳匹配值即为最后的最佳运动估计。由图 7.50(a)可知,每进行一步,搜索距离减小一半,并且愈来愈接近精确解。人们将上述搜索过程称为 3 步搜索。当然可以继续在子像素级上进行搜索,以得到更精确的估计值,这样就需要大于 3 步的搜索,称为 n 步搜索。由于搜索步数与窗口内像素个数是对数关系,因此,常将这种搜索称为对数搜索。另一种对数搜索策略是在每一步有 4 个搜索位置,它们以十字形或交叉形布置,如图 7.50(b)所示。

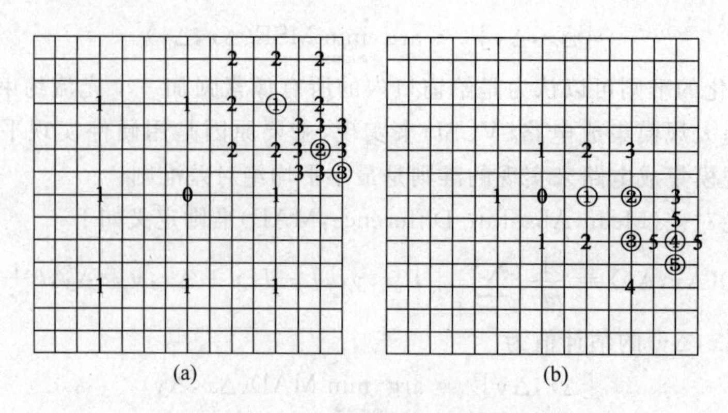

图 7.50 搜索策略示意图

7.5.4 基于混合高斯模型的分割

混合高斯模型(Gaussian Mixture Model)是运动目标分割中减背景法的背景估计的经典方法。它按帧更新每个像素的目标/背景的灰度分布模型,从而能处理视频中光照变化、背景随机的小扰动等特殊情况。若(x,y)是像素坐标,混合高斯模型思想是认为视频中的背景的每一个像素灰度$f(x,y)$变化总是缓慢的、不容易变化的。即在一个均值周围变化的概率大,而过于偏离这个均值的概率小,这就是单个的高斯模型。如果这时$f(x,y)$变化很大,离背景均值过远,就认为这个像素灰度变化过于明显,它是一个属于目标的像素点。以上是单个高斯模型判定目标/背景的方法,问题是单个高斯模型的拟合能力较弱,如果背景点有一些幅度较大的扰动或者变化就产生较大的错分率。所以用多个高斯模型来模拟一个背景像素灰度的变化会更合理、准确。这就是混合高斯模型。

假设一个背景像素点灰度$f(x,y)$符合均值为$u(x,y)$、方差为$\delta(x,y)$的高斯模型分布,该像素是背景的概率是$p(f(x,y))$,则公式如下

$$p(f(x,y))=\frac{1}{\sqrt{2\pi}\sigma(x,y)}\exp\left\{-\frac{(f(x,y)-u(x,y))^2}{2\sigma^2(x,y)}\right\} \tag{7.80}$$

根据这个单个的高斯模型,目标/背景的判断标准是:当$p(f(x,y))>T$时,像素$f(x,y)$是背景,当$p(f(x,y))\leqslant T$时,像素$f(x,y)$是运动目标。这里的T是个阈值,表示目标背景的概率分界线。如果把阈值T设置得比较大,那么说明$f(x,y)$要离$u(x,y)$较近才能被认为是背景,虽然这样背景判定的准确率增加了,这时就会有较多微小灰度变化的背景像素会被误认为是运动目标,运动目标的误检率又会提高。

到这里还没有考虑一个背景灰度正常变化的问题,如背景中有一盏灯打开了,或者背景中有一件家具移动了,这就需要上述高斯模型应随着时间而进行更新,以适应场景的变化来提高背景/目标分割准确率。一个简单的更新方法如下

$$u_{t+1}(x,y)=(1-\alpha)u_t(x,y)+\alpha f(x,y) \tag{7.81}$$

$$\sigma_{t+1}^2(x,y)=(1-\alpha)\sigma_t^2(x,y)+\alpha(f(x,y)-u_t(x,y))^2 \tag{7.82}$$

其中,t表示模型参数的当前时刻,$t+1$表示下一帧图像的时刻。α表示高斯模型的更新率,α取值越大,模型更新越快,即模型的均值方差变化越快,则变化的光照能更快地被更新为新的背景。

现在把单个高斯模型扩展到多个高斯模型，即混合高斯模型。其原理也比较简单，即将 $p(f)$ 表示为多个高斯模型 $p_i(f)$ 的加权和模式，每个高斯模型有不同的均值 $u_{t,i}(x,y)$ 和方差 $\sigma_{t,i}^2(x,y)$。$p_i(f)$ 如式(7.83)所示，它的形式与式(7.80)相同。

$$p_i(f)=\frac{1}{\sqrt{2\pi}\sigma_i(x,y)}\exp\left\{-\frac{(f(x,y)-u_i(x,y))^2}{2\sigma_i^2(x,y)}\right\} \tag{7.83}$$

$$p(f)=\sum_{i=1}^{K}w_i p_i(f) \tag{7.84}$$

其中，K 是高斯模型的总个数。在视频运动目标检测中，一般用的是 3～7 个高斯模型，如果模型个数太多，虽然拟合的准确率提高了但是计算量也大大增加了。w_i 是每个高斯模型的权重，它满足约束条件

$$\sum_{i=1}^{K}w_i=1$$

混合高斯模型提出后，又引出新的要求，就是 w_i 是否也要更新呢？多个模型该如何更新呢？这里有一种简单的处理方法，即混合高斯模型中的每个模型按照单个模型的方式进行更新；w_i 按照 $f(x,y)$ 能否被单个高斯模型匹配进行更新；如果每一个单独的高斯模型都无法匹配 $f(x,y)$，则要生成一个新的高斯模型替代 w_i 最小的那个高斯模型。

每一个高斯模型按照单个模型的方式进行更新，公式如下

$$u_{t+1,i}(x,y)=(1-\gamma_i)u_{t,i}(x,y)+\gamma_i f(x,y) \tag{7.85}$$

$$\sigma_{t+1,i}^2(x,y)=(1-\gamma_i)\sigma_{t,i}^2(x,y)+\gamma_i(f(x,y)-u_{t,i}(x,y))^2 \tag{7.86}$$

这里需要注意的是，每一个模型的参数 γ_i 更新率也可以随之更新，即按正态分布调整更新率，以提升分割的准确率。γ_i 的更新规则是

$$\gamma_i(f(x,y))=\frac{\lambda}{\sqrt{2\pi}\sigma_{t,i}(x,y)}\exp\left\{-\frac{(f(x,y)-u_{t,i}(x,y))^2}{2\sigma_{t,i}^2(x,y)}\right\} \tag{7.87}$$

其中，λ 是一个用于量化调整更新率的常数。这个更新规则意味着如果 $f(x,y)$ 离 $u_{t,i}(x,y)$ 较近，那么它的更新率会更大。

w_i 的更新策略是：如果 $f(x,y)$ 能被第 i 个高斯模型匹配，则保持这个模型的权重 w_i 不变；如果第 i 个高斯模型与 $f(x,y)$ 不能匹配，则 $w_{t+1,i}=(1-\beta)w_{t,i}$，其中 β 是权重 w_i 的更新率。那么又如何判定 $f(x,y)$ 能否被第 i 个高斯模型匹配呢？一个简单的方法就是看 $f(x,y)$ 是否在该模型的 $[u_{t,i}(x,y)-2.5\sigma_{t,i}(x,y),u_{t,i}(x,y)+2.5\sigma_{t,i}(x,y)]$ 内，如果在此范围内，则认为 $f(x,y)$ 与该模型匹配，反之不匹配。当然，权重更新后还要重新做归一化处理。

如果每一个单独的高斯模型都无法匹配 $f(x,y)$，这时要将最小权重 w_i 对应的那个模型去掉，重新生成一个新的高斯模型，这个模型的均值就是 $f(x,y)$，但是方差会比较大，权重会比较小；可以将新模型的方差设成其他模型中最大方差的 2 倍，权重设置成其他模型中最小权重的 0.5 倍。这样这个模型一定会被当前的 $f(x,y)$ 匹配，但是如果这时 $f(x,y)$ 一直能保持当前的近似值，这个 $f(x,y)$ 的新模型就能一直被匹配，从而增加了 $f(x,y)$ 变成背景的机会。在权重更新策略中，这个权重就会保持不变，其他的权重就会逐渐减小，但重新归一化后，这个新模型的权重就会越变越大。这样新光照或者变化的背景就逐渐变成了新背景。

在混合高斯模型满足上述的更新过程后，再来叙述一下每个高斯模型的初始值设置。权重可以按模型个数平均设置，如有3个模型，则每个模型的初始权重是1/3。它的更新率β一般为0.01～0.1，常被设置成0.05。均值可以设置成与当前灰度值比较接近的K个值，方差可以设置成30。或者根据具体场景进行相应的修改。因为均值和方差均会随着时间的推移而越来越准确，其初始化可以略随意一些。

最后就要设置一些法则来判定$f(x,y)$到底是目标还是背景。这里提供两个准则：

(1) 按权重加权的$p_b(f(x,y))=\sum_{i=1}^{K}p_i(f(x,y))$，如果$p_b(f(x,y))>T_p$，则认为该像素属于背景，反之属于目标。

(2) 模型权重和大于阈值T_n时包含的模型个数N，$N=\underset{n}{\operatorname{argmin}}\left(\sum_{i=1}^{n}w_i>T_n\right)$，这里模型先要按权重从大到小进行排序，权重大的先进行求和。如N足够大，说明较多的模型的以较大概率认为此像素$f(x,y)$是背景，反之是运动目标。

混合高斯模型因为各像素都要按上述模型更新方法进行计算，所以计算量较大。为了提高效率，可以将一些复杂的计算过程简化，如将$p(f)$简化为式(7.88)等方法。

$$p(f(x,y))=-\frac{f(x,y)-u(x,y)}{\sigma(x,y)} \tag{7.88}$$

用多个高斯模型来拟合数据可以用期望最大化(Expectation-Maximization，EM)方法来计算，EM的基础是参数最大似然估计一整套的理论体系，其步骤与本节提出的计算方法有些类似。有兴趣的读者可以参考相关资料。

7.6 分水岭分割

分水岭分割(Segmentation Using Watersheds)方法是一种比较特殊的分割方法，所以将它单独列为一节，它以数字图像形态学处理为手段，通过膨胀和图像交运算，求取不同区域的交集，即分割边缘。分水岭分割可以处理边缘模糊的图片，得到较合理的分割结果，它也可以处理一些物体互相重叠的图片，达到上述阈值分割、边缘检测等方法无法达到的效果。

此方法首先要把原图像转换成距离图像(Distance Image)，这个距离一般是指到图像分割的区域中心的距离，图像区域中心像素的距离值很小，到边缘处距离变得最大，这样的距离图转换成三维图形，类似于盆地/山岭地形，每一个区域都是一个盆地。分水岭算法模拟从盆地(区域)中心(最低点)处开始注水，直到水漫过山岭流向另一个相邻的盆地，判定出现这种情况时，就标记此山岭为区域之间的边缘，这就是分水岭的来由。这里漫水的过程是用图像形态学处理中的膨胀方法进行模拟的。

将原二值图像转换成距离图D，一个可行的方法是对原二值图像进行迭代腐蚀，直到腐蚀到每个区域仅剩下一个像素点，这个像素点就是距离图区域的局部极值点，再来一轮腐蚀这个局部极值点就会消失。这里就记录每个灰度为1像素的被腐蚀掉时迭代的轮数，直到所有灰度为1像素都变成0，即全部被腐蚀掉。这时得到的距离图像的每个区域中心是局部最大值，用一个足够大的正数减去它，再缩放到[0 255]就得到了类似于盆地/山岭地形的距离图像，每个区域中心的像素位于距离图中的局部最小值，而灰度为 0 的背景则处于最大值位置。

从距离图 D 的最小值开始漫水，求取 $D \leqslant n$ 的二值图像 D_n，n 是距离图中的灰度值，n 的初始值就是 D 的最小值。一般说来 D_n 中就包含有互不相交的多个连通体 C_i，这里每一个 C_i 最后会生长成一个图像中的区域。随着 n 值的逐渐增大，C_i 面积也逐渐增大，当不同的 C_i 之间开始有相交部分的时候，C_i 之间的边缘就被找到了。这个 n 逐渐增大的过程就是漫水的过程，n 增大表示水位增高；当不同的 C_i 之间有交集时，这就表示水位已经漫过了两个山谷之间的山岭，即如算法名称的分水岭，这个分水岭就是图像区域的边界。标记这个边缘(把它设成最大值)，继续增大 n，直到 n 值变大到 255，即距离图像的最大值，这时所有的像素都已经被处理过了，分水岭算法就结束了。

从这里可以看出，每一个局部最小点就是一个区域 C_i 的中心位置，有多少个局部最小点就有多少个区域。

图 7.51 演示了一个两个圆形物体重叠应用分水岭算法进行分割的例子。图 7.51(a)是重叠的两个圆形物体原图，图 7.51(b)是将这个二值图像转换成距离图像的结果，图 7.51(c)是距离图像的 3D 显示结果，最低的两个谷底点就是漫水开始的地方。图 7.51(d)是最终分割出来的两个区域，中间的黑线是区域分割线，可以看出，不仅把两重叠物体分割开了，还将相互交叠的背景也分割开了，这是分水岭算法的特点，而传统的阈值或边缘分割算法是无法达到这样的效果的。图 7.51(e)是将分割线与原图重叠在一起的效果，这里分割线并不是一条理想中的两个凹点之间的直线，因为距离图中这个山岭的方向是沿着两个区域中心点的方向，这与距离图的计算方法有很大的关系。

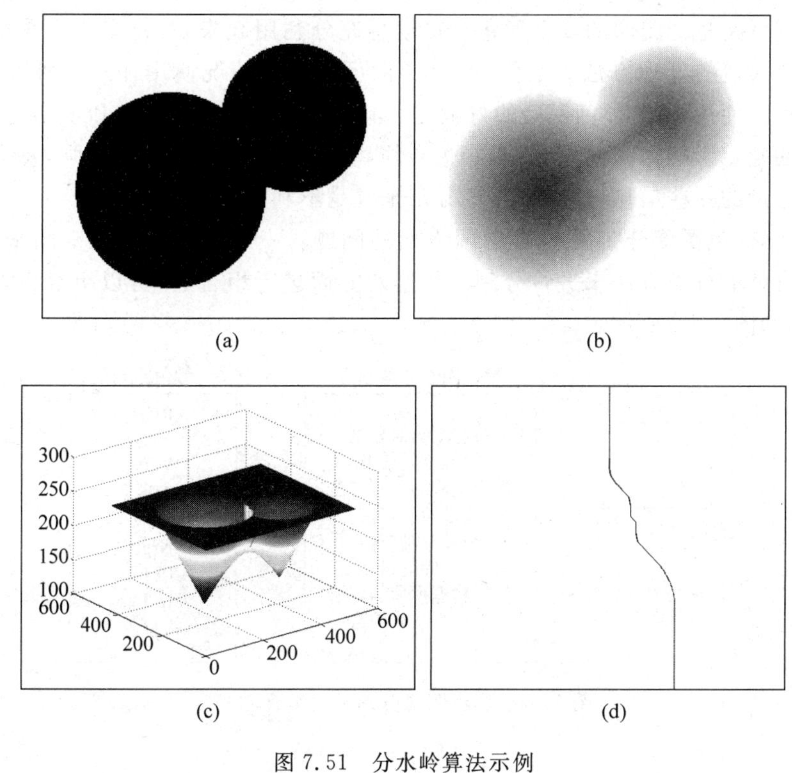

图 7.51　分水岭算法示例

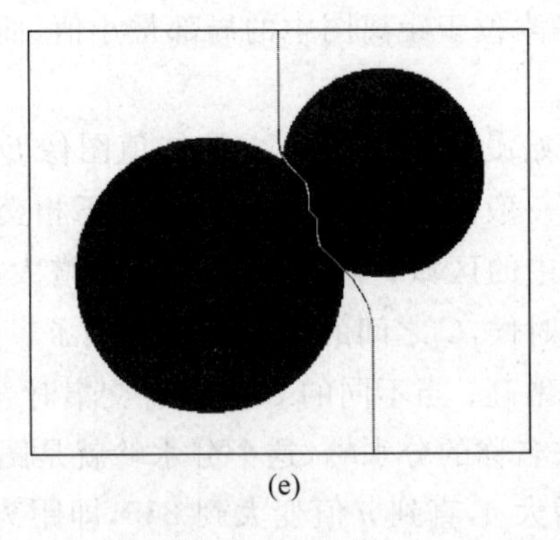

图 7.51 (续)

以上经典的分水岭算法有一个问题或缺点：过分割，即把图像分成了过多碎小的区域。原因就是距离图生成后，里面局部最小值点过多，按照漫水的方式就会把每一个局部最小值点分割成一个区域。要解决这个问题就要改变距离图的生成方式，有效减少局部最小值点的个数，如对原灰度图像进行平滑，将明显是属于一个区域的像素(灰度差很小的相邻像素)都认为是局部最小值点，即山谷的底不再是个尖点，而是一个平底。

7.7 彩色图像分割

众所周知，彩色图像(Color Image)相对于灰度图像(Gray-scale Image)是3个通道R、G、B对一个亮度通道。这样彩色图像包含更多的信息，从而有可能在分割上更为准确。彩色图像的分割思路是把图像的3个颜色分量信息充分利用起来，对每个通道采用的基本是灰度图像单个通道的处理方法。当然，彩色图像可以根据情况使用任意一种颜色模型，如HSI彩色模型。使用HSI彩色模型的好处是可以将颜色中的色度、饱和度与亮度分开，去除它们之间的互相影响。而使用RGB彩色空间，它的3个分量相关性很强，每一个分量都包含的其他分量的一些信息，这对于彩色分割来说是不利的。

综上所述，彩色图像分割需要考虑两方面的问题：一是用哪种颜色空间来表示图像；二是用哪种具体的分类方法来进行分割。将这两方面进行组合后，可以组合出多种彩色图像分割方法，如图7.52所示。

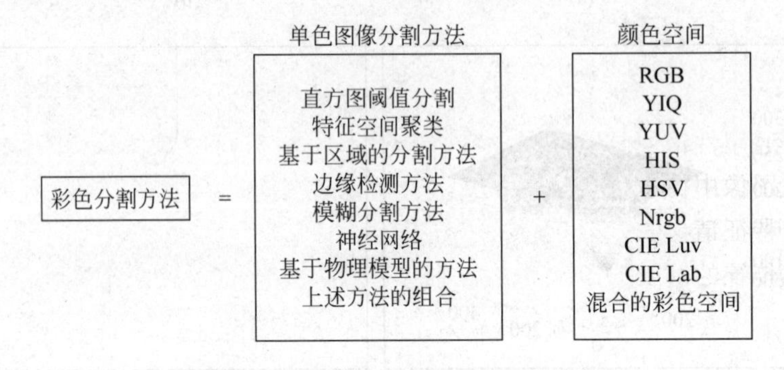

图 7.52 彩色图像分割方法组合方式

下面给出两个简单的彩色图像分割的例子。

图 7.53 是一个对彩色图像的 RGB 颜色通道进行分割的示例,图 7.53(a)是原图。本例旨在求出图像中的黄色部分,即将图像分成黄色/非黄色两类。既然原图的主要部分是黄色和蓝色,我们可以通过蓝色通道设置一个阈值进行分割。如将阈值设置成 180,即蓝色通道值大于 180 的判定为非黄色区域,蓝色通道值小于 180 的判定为黄色区域,可以得到如图 7.53(b)和图 7.53(c)所示的结果,图 7.53(b)中将黄色部分标记成了黑色以便观察,图 7.53(c)中将黄色部分标记为黑色,非黄色部分标记为白色。也可以看到原图中有少量的白色和紫色像素,因为这两种颜色的蓝色分量值较大,被当成了非黄色区域。阈值 180 确定黄色部分占整个图像的 10.6%。如果这里将阈值改成 150 或 210,则黄色部分占整个图像的比例变成了 10.2%和 11.5%,整个黄色区域的形状并没有发生什么大的变化。当然通过设置 RG 通道的阈值来分割黄色部分也是可以的,因为本图像内容比较单一,容易分割。

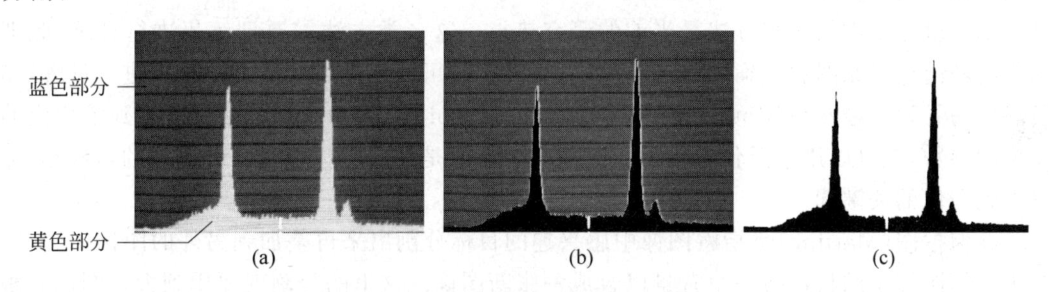

图 7.53 对彩色图像的 RGB 通道进行分割

另一个例子是,同人种的人脸肤色的颜色值一般符合高斯分布,所以人脸检测中可用高斯模型来进行最初始步骤的人脸位置检测,以获得人脸在图像中的可能位置,再通过一些后续方法进行细筛,再得到准确的人脸位置。既然是高斯模型,一般先通过统计方法获得人脸颜色的均值 u 和方差 σ,再将图像中的每一个像素按高斯模型 (u,σ) 算出该像素颜色对应的概率,大于阈值 T 的就认为是人脸候选区域。人脸检测中常用的彩色空间是 YCrCb 空间,它提取出了光照信息和红蓝分量,高斯模型仅针对 CrCb 建模,去除了光照的影响,比 RGB 颜色更准确、健壮。

扩展阅读

图像分割是一个已经被深入研究但在复杂场景又很难达到 100%正确率的课题。目前也不存在一种通用性很强的方法可以解决所有类型的图片的分割问题。图像分割的一个重要的步骤就是图像中像素特征的选取,每个像素选用不同的特征可以获得不同的处理效果,有哪些基本的特征请参考第 8 章的内容。

除了上述传统的基础图像分割方法,还有一些更复杂的分割方法。如基于边缘的分割方法还有基于图搜索的边缘跟踪和基于动态规划的边缘跟踪。如基于区域的分割方法还有分水岭分割、MeanShift(均值移位)分割、活动轮廓模型(蛇行)分割、水平集分割、图割分割、条件随机场(Conditional Random Field,CDF)分割、超像素图像分割和基于机器学习的分割等。每一种分割方法均有大量的文献。

蛇行分割、水平集分割是基于偏微分方程组的分割方法,需要读者具备一定的基础知识,如基本的偏微分方程的解法及其数值解法。

图割(Graphcut)分割是基于图模型分割方法中的一种,它将图像像素转换成图模型中的结点,再用图论中的最大流/最小割方法求最优分割面的方法,其分割的准则一般也是图像内像素之间的灰度差,即同一区域内灰度差的和较小,而区域间边缘的灰度差之和较大。读者可先学习一些图论的相关知识后再研究图割方法。

条件随机场分割也是将图像看成一个相邻像素之间互相连接的网络模型,像素属于不同区域有不同的概率值,像素属于某个区域的概率还受到周围相邻像素的影响。一般通过循环信念传播 (Loopy Belief Propagation,LBP) 算法求解到全局最优解。

超像素图像分割,是指具有相似纹理、颜色、亮度等特征的相邻像素构成的很小的图像块。它利用像素之间特征的相似程度将像素分组,可以消除图像的冗余信息,在很大程度上降低了后续图像处理任务的复杂度。

基于机器学习的分割方法是当前的研究热点。这一类方法需要训练集进行训练,此训练集已经给出了原图和正确的分割结果,然后计算机可以根据相应的学习模型进行训练,如最热门的卷积神经网络(Convolutional Neural Network,CNN)。训练结束后得到了相应的模型的参数,就可以用于泛化分割了。这类方法一般是在区域标识时一起进行的,分类后可以得到图像的关键词。

图像抠图(Matting)是指将图像中感兴趣的目标分割出来再叠加到另外的图像中去,即是为一幅图像中的目标换一个背景以合成一张新图像。这里的分割就要用到大量图像分割的技巧。另一部分工作则集中在将两幅图像中的光照调整一致,使合成效果生动逼真。

当前的分割方法有时不仅靠图像的灰度/颜色信息,还可以加入图像的深度信息进行分割,如通过 Kinect、Realsense 等设备获得的深度信息,或者是光场(Light Field)数据信息。加上一维信息后可以大大提高分割的准确率,这也是图像分割的一个发展方向。

图像分割有专门进行分割方法比较的图像数据库及分割结果比较排名,如 Berkeley segmentation data set,Weizmann segmentation evaluation database。这些数据库既有原始图片也有人工分割的标准结果,大家可以查看其他研究者做的分割效果及相应文章,也可以使用数据库中的图片并运用自己的算法进行分割,再与标准结果比较得到准确率进行排名比较。

协同分割(Co-segmentation)是指同时对一组类似的图片进行分割,如图像中包含有相同或相似的目标物体,背景可以不同。这里的一组一般指两幅及以上。通过两幅图像中目标的相似性,相当于图像间互相增加了一个约束,这样可以提高每幅图像中目标分割的准确率。它常采用基于马尔可夫随机场(Markov Random Field,MRF)定义一个目标函数,然后对它进行优化求解;当然也有用基于判别聚类等其他方法进行协同分割的。

习 题

1. 什么是阈值分割?常见的阈值分割有哪些?

2. 找一幅二值图像,试着自己完成哈夫(Hough)变换函数,检测图像中的直线,检测图像中的圆形。

3. 边缘检测算子有哪些？它们各自有什么优缺点？并编程实现。

4. 设一幅图像中含有水平、垂直、方向为45°和135°的各种线段，请设计一组模板，大小为3×3，可以检测这些线段，也可以检测出这些属于同一直线的线段间的间断长度。

5. 试述区域增长算法的基本原理。

6. 试述分裂-合并算法的基本原理。

7. 运动序列图像分割的方法有哪些？各自的主要特点是什么？

8. 请找一幅图像，如Lena或Cameraman，对此图用直方图阈值法及类间方差阈值法进行分割，比较它们的效果，并分析错误分割区域的原因。可以调用现有的库函数，如OpenCV或Matlab中的函数。

9. 请自行实现类间方差阈值法进行分割的算法，不能调用现有的库函数。

10. 找一段包含运动目标的视频，调用现有的库函数运行处理后查看混合高斯模型的运动分割的效果。对于其中阴影当成运动目标的错误分割，请查阅资料寻找方法去掉，并分析部分阴影无法去掉的原因。

11. 找一幅图像，试用开源的图像分割方法进行处理，如Matlab和OPENCV中的方法，直接调用已有的分割函数如分水岭算法、蛇行分割、MeanShift方法、图割方法等进行分割，并检查分割后的结果，哪些正确及哪些不正确，并思考其原因；并观察它与本章中讲述的基本方法有何不同的效果。

12. 找一幅单色图像，编写程序。

(1) 用罗伯茨算子处理，求取出该图像的梯度，并用此梯度来检测出边缘位置。

(2) 用Sober算子处理并显示边缘检测结果。

(3) 用Prewitt算子处理并显示边缘检测结果。

(4) 用Isotropic算子处理并显示边缘检测结果。

(5) 用Kirsch算子处理并显示边缘检测结果。

(6) 用拉普拉斯算子处理并显示边缘检测结果。

请思考它们的结果的相似或不同的原因。

13. 调用现有开源代码中的Marr边缘检测算子和Canny边缘检测算子检测图像中的边缘，并比较与上题中的边缘检测的效果。

14. 调用现有开源代码中的分水岭分割算法分别对二值图像、灰度图像和彩色图像进行分割，查看并分析其分割效果。

15. 针对扩展阅读中感兴趣的方法搜索，了解它的原理及实现过程。

16. 查阅资料，看看图像分割当前还有哪些新方法及应用。

第8章 图像分析与描述

图像处理的另一个主要分支就是图像分析或景物分析，这类处理的输入仍然是图像，但是所要求的输出是已知图像或景物的描述。因此，本章所介绍的图像分析就是用一组数量或符号来表征图像中被描述物体的某些特征，可以是对图像中各组成部分的性质的描述，也可以是各部分之间关系的描述。

8.1 概述和分类

图像分割只能把图像中具有不同平均灰度或组织特征的区域分离开。特征提取则进一步把分割开的区域的特征抽取出来。在这些特征中，有一部分已经是用数字表示的量，但更多的只是一些几何图形。为此，希望对这些特征进一步用文字、数字、数学式或者某些符号加以描述或说明。这些描述或说明可以直接作为图像处理系统的输出。但是一般来说，不会为了仅仅求取图像特征而分析图像，而是将其作为图像中目标物体的分割、识别、匹配、分类或作为语义学解释用，图像特征作为它们的输入，从而提高识别/匹配/分类的效率。

由于图像中的景物或者对象的性质并不因图像的移动、旋转、比例尺不同或者透视而变化，因此，希望所选择的表达和描述算子也不随着上述因素改变而变化。此外，和特征选择一样，所选择的表达和描述算子对不同性质的区域或边界有良好的分辨能力，计算简单且数量比原图数据大大减少。

选定了表达方法，还需要对目标进行描述，使计算机能充分利用所获取的分割结果。表达是直接具体地表示目标。好的表达方法应具有节省存储空间、易于特征计算等优点。描述是较抽象地表示目标。好的描述应在尽可能区别不同目标的基础上对目标的尺度、平移、旋转等不敏感，这样的描述比较通用。对目标的描述常借助一些称为目标特征的描述符来进行，它们代表了目标区域的特性。图像分析的一个主要工作就是要从图像中获取目标特征的量值，这些量值的获取常借助于对图像分割后得到的分割结果。图8.1给出本章将要介绍的内容。

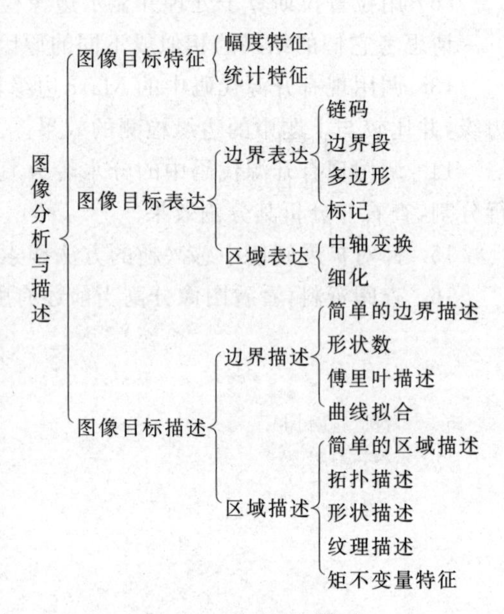

图8.1 本章主要内容

8.2 图像目标特征

图像目标特征是用于区分一个图像内部的最基本属性或特征的，它们可以是原景物中人类视觉可以鉴别的自然特征，如颜色，也可以是通过对图像进行测量和处理从而人为定义的某些特性或参数，如直方图统计特性等，它们称为人工特征。对于有些特征，如边缘特征、点和线特征等在前面的章节中有所介绍，在此不再详细叙述，而对于变换系数特征、拓扑特征以及纹理特征等在后面的表达和描述中进行介绍，这里将主要介绍幅度特征和统计特征。

8.2.1 幅度特征

图像特征一般应具备以下几个特点：可区分性；可靠性；独立性；数量要少。

图像像素灰度值、三色值、频谱值等表示的幅度特征是最基本的图像特征。也可以取确定邻域(如含有$(2W+1)\times(2W+1)$个像素)中的平均灰度幅度

$$\overline{f(x,y)}=\frac{1}{(2W+1)^2}\sum_{i=-W}^{W}\sum_{j=-W}^{W}f(i+x,j+y) \tag{8.1}$$

作为一种相对于所取邻域的灰度特征。

8.2.2 统计特征

在第5章中，曾讨论过图像的随机模型。在那里，我们把一幅图像看成一个二维随机过程的一次实现。基于这种理解，不难得到有关图像统计特征的描述。

1. 直方图特征

图像灰度的一维概率密度可定义为

$$P(b)=P_R\{f(i,j)=b\}\quad 0\leqslant b\leqslant L-1 \tag{8.2}$$

相应的一阶直方图为

$$P(b)=\frac{N(b)}{M}\quad b=0,1,\cdots,L-1 \tag{8.3}$$

其中，M表示以(i,j)为中心的测量窗内像素的总数，$N(b)$表示该窗内灰度值为b的像素数。对于一幅平稳图像而言，测量窗可取为整幅图像。

类似地，二维直方图是基于像素的二维联合分布密度定义得到的。设两任意像素点(i,j)，(k,l)上的灰度值分别为$f(i,j)$，$f(k,l)$，则图像灰度值的联合分布密度可表示为

$$P(a,b)=P_R\{f(i,j)=a,f(k,l)=b\}\quad 0\leqslant a,b<L-1 \tag{8.4}$$

相应的二维直方图可表示为

$$P(a,b)=\frac{N(a,b)}{M(M-1)} \tag{8.5}$$

其中，M为测量窗口中像素的总数，$N(a,b)$表示两事件$f(i,j)=a$，$f(k,l)=b$同时发生的概率。

2. 统计示性数特征

1) 一维图像的统计特征

(1) 均值。

$$\bar{b}=\sum_{b=0}^{L-1}bP(b) \tag{8.6}$$

(2) 方差。

$$\sigma_b^2 = \sum_{b=0}^{L-1}(b-\bar{b})^2 P(b) \tag{8.7}$$

(3) 偏度。

$$b_K = \frac{1}{\sigma_b^3}\sum_{b=0}^{L-1}(b-\bar{b})^3 P(b) \tag{8.8}$$

(4) 峰度。

$$b_K = \frac{1}{\sigma_b^4}\sum_{b=0}^{L-1}(b-\bar{b})^4 P(b) - 3 \tag{8.9}$$

(5) 能量。

$$b_N = \sum_{b=0}^{L-1}[P(b)]^2 \tag{8.10}$$

(6) 熵。

$$b_K = -\sum_{b=0}^{L-1}P(b)\log[P(b)] \tag{8.11}$$

2) 二维图像数组的统计特征

当图像中像素间有较强的相关性时,$P(a,b)$矩阵将沿对角线密集排列。可以用二维分布示性数来描述二维图像数组的统计特征。

(1) 自相关。

$$B_A = \sum_{a=0}^{L-1}\sum_{b=0}^{L-1}abP(a,b) \tag{8.12}$$

(2) 协方差。

$$B_C = \sum_{a=0}^{L-1}\sum_{b=0}^{L-1}(a-\bar{a})(b-\bar{b})P(a,b) \tag{8.13}$$

(3) 惯性矩。

$$B_I = \sum_{a=0}^{L-1}\sum_{b=0}^{L-1}(a-b)^2 P(a,b) \tag{8.14}$$

(4) 绝对值。

$$B_V = \sum_{a=0}^{L-1}\sum_{b=0}^{L-1}|a-b|P(a,b) \tag{8.15}$$

(5) 反差分。

$$B_D = \sum_{a=0}^{L-1}\sum_{b=0}^{L-1}\frac{P(a,b)}{1+(a-b)^2} \tag{8.16}$$

(6) 能量。

$$B_N = \sum_{a=0}^{L-1}\sum_{b=0}^{L-1}[P(a,b)]^2 \tag{8.17}$$

(7) 熵。

$$B_E = -\sum_{a=0}^{L-1}\sum_{b=0}^{L-1}P(a,b)\log[P(a,b)] \tag{8.18}$$

8.3 图像目标表达

8.3.1 边界表达

利用前面章节介绍的基于边界的分割方法对图像进行分割可得到沿目标边界的一系列像素点,边界表达就是基于这些边界点对边界进行表示。当一个目标物区域边界上的点已被确定时,就可利用这些边界点来区别不同区域的形状。这样做既可以节省存储信息,又可以准确地确定物体。本节主要介绍几种常用的表达形式,如链码、边界段、多边形以及标记。

1. 链码

在数字图像中,边界或曲线是由一系列离散的像素点组成的,其最简单的表达方法是美国学者 Freeman 提出的链码(Chain Code)方法。其特点是利用一系列具有特定长度和方向的相连的直线段来表示目标的边界。因为每条线段的长度固定而方向数目取为有限,所以只有边界的起点需要用绝对坐标表示,其余点都可只用方向来代表偏移量。由于表示一个方向数比表示一个坐标值所需的比特数少,而且对每一个点仅需一个方向数就可代替两个坐标值,因此链码表达可大大减少边界表示所需的数据量。常见的链码有 4-方向和 8-方向链码,其定义如图 8.2(a)、图 8.2(c) 所示。图 8.2(b)和图 8.2(d)给出分别利用 4-方向和 8-方向链码表示区域边界的例子。

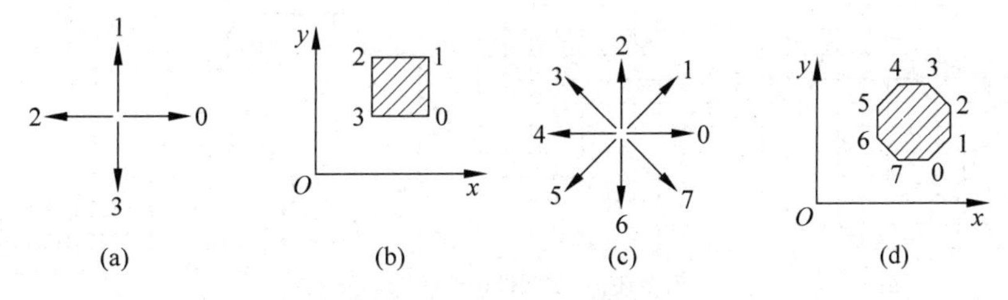

图 8.2　4-方向和 8-方向链码

对同一个边界,如果用不同的边界点作为链码的起始点,得到的链码是不同的。所以为了确定链码所表示的曲线在图像中的位置,并能由链码准确地重建曲线,需要标出起点的坐标。但当用链码来描述闭合边界时,由于起点和终点重合,因此往往不关心起点的具体位置,起点位置的变化只引起链码的循环位移。为了解决这个问题,必须将链码进行归一化处理。

给定一个从任意点开始而产生的链码,可把它看作一个由各个方向数构成的自然数,将这些方向数依一个方向循环以使它们所构成的自然数的值最小,将转换后所对应的链码起点作为这个边界的归一化链码的起点。以 4-方向链码为例给出的归一化处理方法如图 8.3 所示。

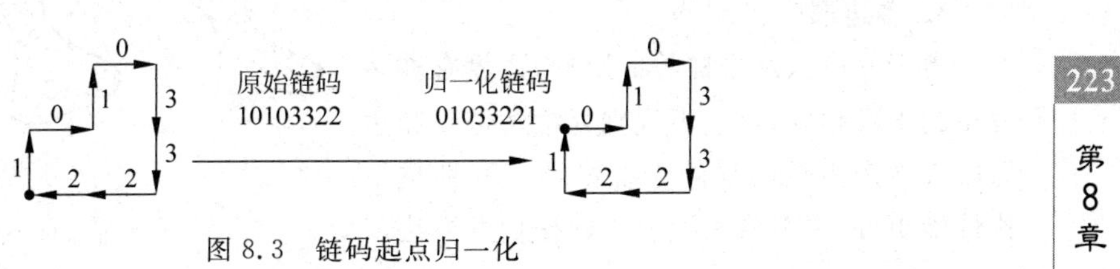

图 8.3　链码起点归一化

用链码表示给定目标的边界时,如果目标平移,链码不会发生变化,而如果目标旋转则链码会发生变化。

利用链码的一阶差分来重新构造一个序列(一个表示原链码各段之间方向变化的新序列),这相当于把链码进行旋转归一化。这个差分可用相邻两个方向数(按反方向)相减得到,如图8.4所示。

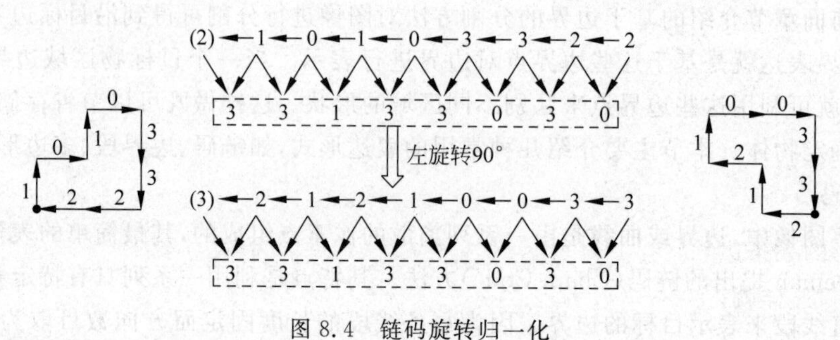

图8.4 链码旋转归一化

其中,上面一行为原链码(括号中为最右一个方向数循环到左边),下一行为两两相减得到的差分码。左边的目标在逆时针旋转90°后成为右边的形状,原链码发生了变化,但差分码并没有变化。图8.5给出一个链码表示的示例,其中图8.5(a)为一个图形,图8.5(b)为图8.5(a)的网格化表示,图8.5(c)为4-方向链码。

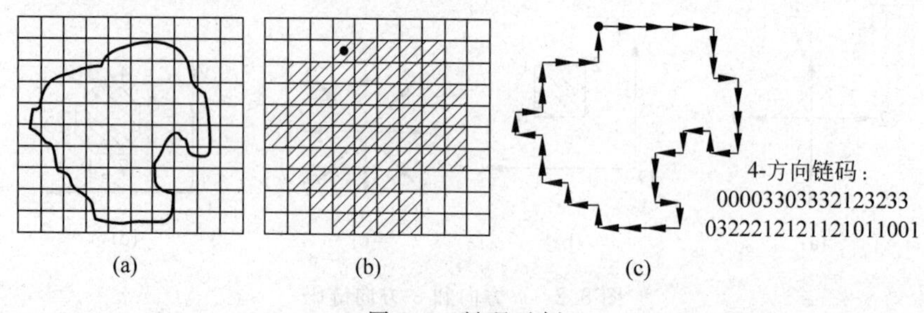

图8.5 链码示例

2. 边界段

将边界分解为多个边界段(Boundary Segment)的思路可以借助凸包的概念。如图8.6(a)所示,对于任意集合S,它的逼近凸包H是包含S的最小凸形,如图8.6(a)所示的黑框内部为其逼近凸包H。通常又把$H-S$称为S的凸残差,用D表示,如图8.6(b)所示的黑框内各白色部分。当把S的边界分解为边界段时,能分开D的各部分的点就是合适的边界分段点,也就是说,这些分段点可借助D来唯一确定。跟踪H的边界,每个进入D或从D出来的点就是一个分段点,如图8.6(c)所示。这种方法不受区域尺度和取向的影响。

3. 多边形

由于噪声以及采样等的影响,边界有许多较小的不规则处,这些不规则处常对链码和边界段表达产生较明显的干扰影响。一种抗干扰性能更好、更节省表达所需数据量的方法就

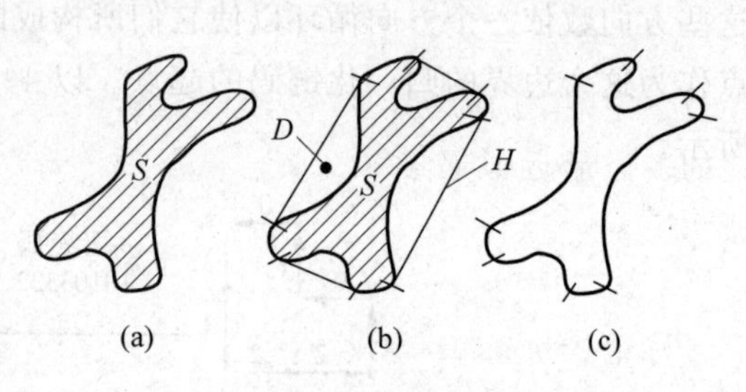

图8.6 边界段

是用多边形去近似逼近边界。

多边形是一系列线段的封闭集合，它可用来逼近大多数常用的曲线到任意的精度。实际中，多边形表达的目的是用尽可能少的线段来代表边界并保持边界的基本形状，这样就可以用较少的数据和简洁的形式来表达和描述边界。常用的多边形表达方法主要有3种：基于收缩的最小周长多边形法、基于聚合的最小均方误差线段逼近法和基于分裂的最小均方误差线段逼近法。

第一种方法是将边界看成是有弹性的线，将组成边界的像素序列的内外边各看成一堵墙，如图8.7(a)所示。如果将线拉紧则可得到如图8.7(b)所示的最小周长多边形。

第二种方法是沿边界依次将像素连接起来。先选一个边界点为起点，用直线依次连接该点与相邻的边界点，分别计算各直线与边界的拟合误差，把误差超过某个限度前的线段确定为多边形的一条边并将误差置为零，然后以线段另一个端点为起点继续连接边界点，直到绕边界一周，这样就得到一个边界的近似多边形。图8.8给出基于聚合多边形逼近的例子，原始边界点由点a、b、c、d、e、f、g、h等表示的多边形。从点a出发，依次做直线ab、ac、ad、ae等，对从ac开始的每条线段计算前一边界点与线段的距离作为拟合误差，如图8.8中bi和cj没有超过预定的误差限度，而dk超过限度，所以选d为紧接点a的多边形顶点，再从点d出发继续如上所述进行，最终得到的近似多边形的顶点为$adgh$。

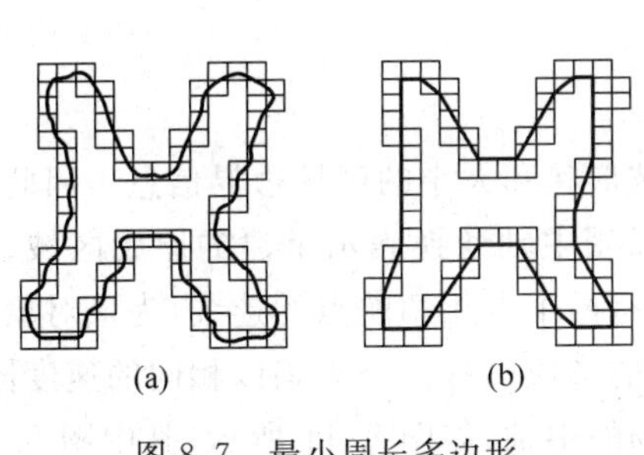

图8.7 最小周长多边形

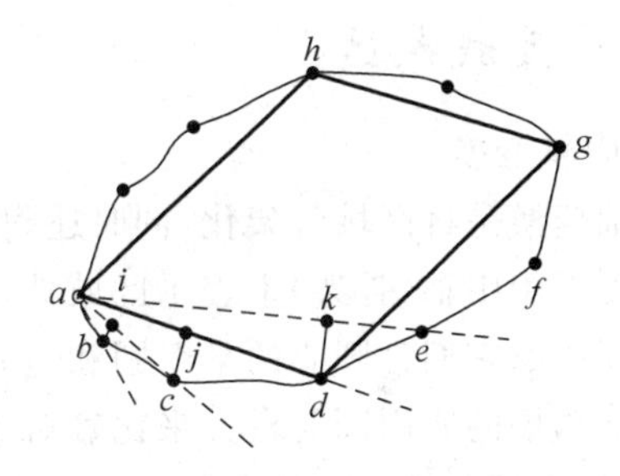

图8.8 基于聚合逼近多边形

第三种方法是先连接边界上相距最远的两个像素，然后根据一定的准则进一步分解边界，构成多边形逼近边界，直到拟合误差满足一定限度。图8.9给出一个边界点与现有多边形的最大距离准则分裂边界的例子。原始边界点由点a、b、c、d、e、f、g、h等表示的多边形，如图8.9(a)所示。先做ag，近似其垂直距离di和hj(点d和点h分别在直线ag两边且距直线ag最远)，如图8.9(b)所示。假设距离均超过预定限度，所以分解边界为4段：ad、dg、gh和ha。进一步计算b、c、e和f等各边界点与各相应直线的距离，设没有超过预定限度的为fk，如图8.9(c)所示，则最终的多边形近似逼近为$adgh$，如图8.9(d)所示。

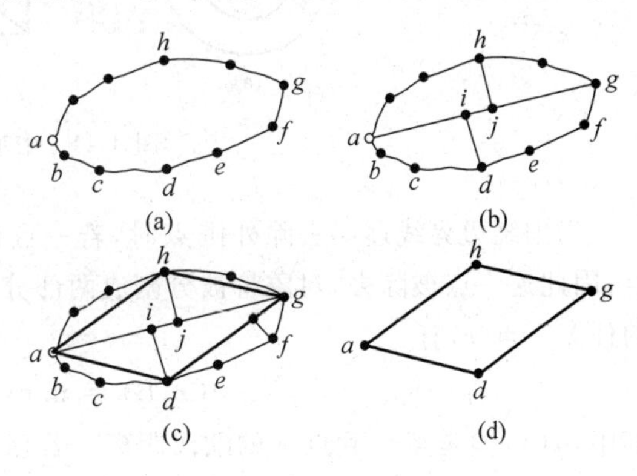

图8.9 基于分裂逼近多边形

4. 标记

标记(Signature)是边界的一维泛函表达。产生标记的方式有很多，不管用何种方法产生标记,其基本思想都是把二维的边界用一维的较易描述的函数形式表示,也就是将二维形状描述问题转化为对一维波形分析的问题。如图 8.10 所示,在图 8.10(a)中 $r(\theta)$是常数,而图 8.10(b)中,对于 $0\leqslant\theta\leqslant\pi/4$,有 $r(\theta)=A\sec\theta$,对于 $\pi/4<\theta\leqslant\pi/2$,有 $r(\theta)=A\csc\theta$。

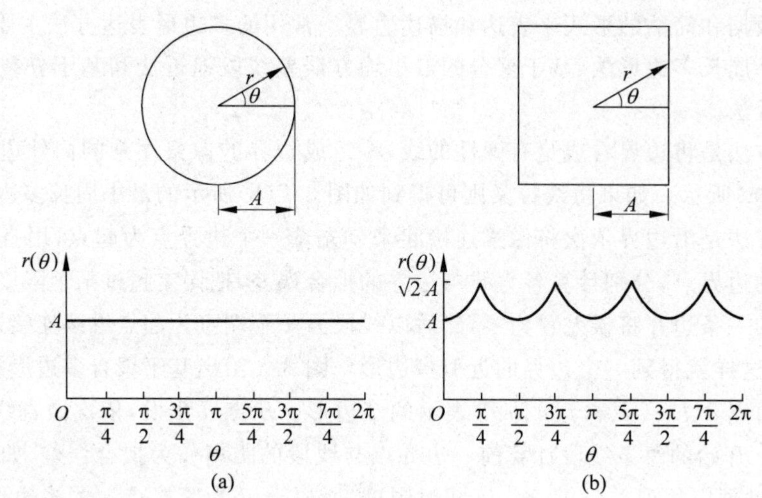

图 8.10 标记产生

8.3.2 区域表达

1. 中轴变换

中轴变换是将区域骨架化,同时还附带区域形状和大小的区域边界信息。因此,中轴变换除了可以用中轴(骨架)来表示区域外,还可以用中轴变换表示重建的原始区域。我们称对象中那些以它们为圆心的某个圆和边界至少有两个点相切的点的连线,为该对象的中轴。可以用从草场的四周同时点火来比喻对象中轴的形成过程。当火焰以相同的速度同时向中心燃烧时,火焰前端相遇的位置恰好就是该草场的中轴,如图 8.11 所示,其中图 8.11(a)给出圆形中轴的形成过程,图 8.11(b)给出矩形中轴的形成过程。

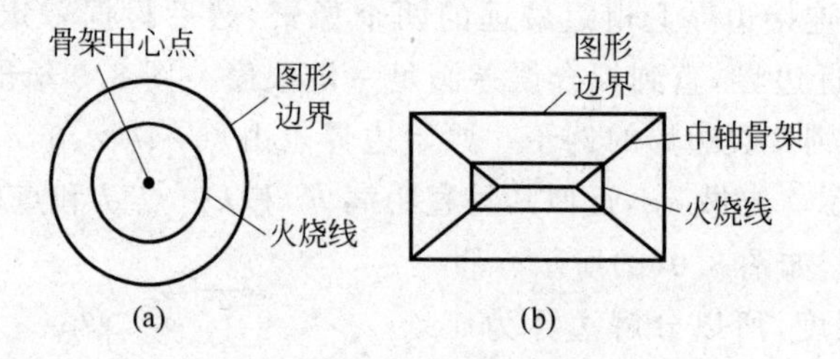

图 8.11 中轴形成过程

当围绕边界线逐层去除外围点时,若一点被一次剥皮中遇到两次,则该点是中轴上的点,因此这一点被除去,对象将被分割成两部分。设某个区域 S 的边界为 B,对于该区域内的任意一点 x,有

$$q(x,B)=\min\{d(x,y)\}\big|_{y\in B} \tag{8.19}$$

其中,$d(x,y)$是点 x 到点 y 的欧氏距离。若存在两个以上的点 $y\in B$,得到相等的 $q(x,B)$,则 x 点位于区域 S 的中轴上。这就是说,边界 B 上有两个以上点,它们距离中轴上 x 点都

为相等的最小距离，因此，区域 S 的中轴可以看成是一系列大小不同的与边界 B 相切的接触圆圆心的集合。

另外一种生成中轴的方法是以某种方式对对象中的全部内点进行试验，逐个以它们为圆心，做半径逐渐增大的圆，当圆增大到和目标边界至少有两个不相邻的点同时相切时，则该点是中轴上的点。图 8.12 给出了这种中轴生成方法，其中 $x1$ 点、$x3$ 点是中轴点，因为以它们为圆心的圆是最大的或与 S 的边界具有两个或两个以上的切点，而 $x2$ 点不属于中轴点，因为有包含它的在 S 中的更大的圆存在或以 $x2$ 为圆心的圆与 S 的边界只有一个切点。

也可以用点到边界的距离来定义骨架和中轴。骨架 $S*$ 是目标 S 中到边界 B 有局部最大距离的点集合，即若 (u,v) 是点 (i,j) 的全部邻点，当且仅当

$$d(i,j,B) \geqslant d(u,v,B) \tag{8.20}$$

时，称 S 中的点 (i,j) 为骨架 $S*$ 上的点，其中 $d(i,j,B)$ 和 $d(u,v,B)$ 分别表示点 (i,j) 和 (u,v) 到边界 B 的距离。显然，若 (i,j) 在边界 B 上，则 $d(i,j,B)=0$；在其他情况下，$d(i,j,B)>0$。

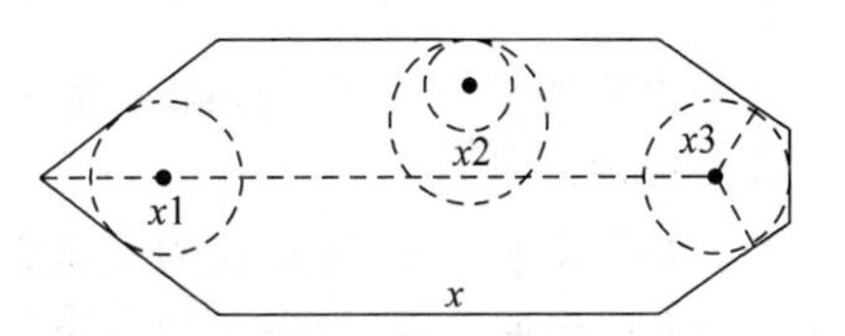

图 8.12　内接圆定义中轴

为了由骨架还原原图，引入一个新的定义：把离点 (i,j) 的距离小于等于 t 的点的集合，称为盘，并记作 $D_t(i,j)$。据此定义，按 4-方向距离，$D_t(i,j)$ 为一个菱形；按 8-方向距离，$D_t(i,j)$ 为一个正方形。于是可以得到下列结论：

(1) 如果对于 S 中的点 (i,j) 的全部集合有 $d(i,j,B)>t$，则 $D_t(i,j)$ 必在 S 中。

(2) 如果 (u,v) 是 (i,j) 的邻域，则对任意 t，$D_t(i,j)$ 都一定包含在 $D_{t+1}(u,v)$ 中。

中轴变换计算量较大，而且对边界噪声或区域内的小孔敏感。如图 8.13 所示，其中图 8.13(a) 和图 8.13(b) 对较细长的物体其骨架常能提供较多的形状信息，而对较粗短的物体，则骨架提供的信息较少；图 8.13(d) 是图 8.13(c) 中的区域受到噪声的影响，它们之间存在很小的差别，但它们的骨架相差很大。

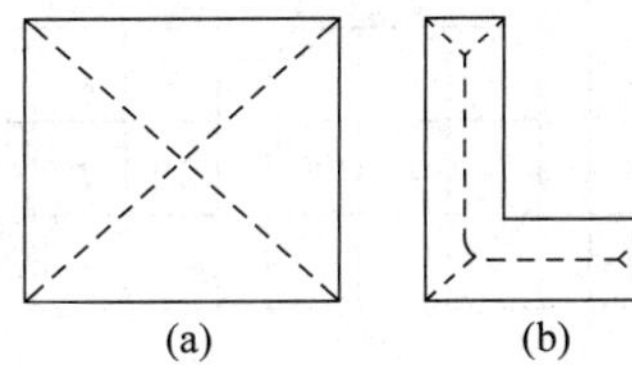
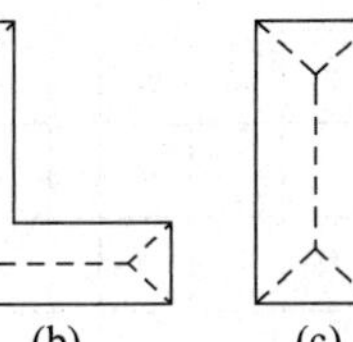
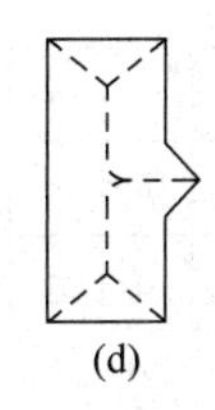

图 8.13　骨架生成示例

2. 细化

在图像处理中，形状信息是很重要的，为了便于描述和抽取特征，对那些细长的区域常用它的“细化骨架”表示。这些细化线处于图形的中轴附近，而且从视觉上来说仍然保持原来的形状，这种处理就是细化。

细化算法多用于二值图像，它不能简单地消除所有的边界点，否则将破坏图形的连通性。因此，在每次迭代中，必须消去 S 的边界点而不破坏它的连通性，而且不能消去那些只有一个邻点的边界点，以防止弧的端点被消去。对可以消去的边界点增加 3 个限制条件：不消去线段端点；不中断原来连通的点；不过多侵蚀区域。设 p 为 S 中的一个边界点，如果它的 8-邻域中属于 S 的点只有一个与 p 相连通的连通分量，则 p 点为 S 的简单边界点。

细化算法可以归纳为：消去S中那些不是端点的简单边界点，并按S的上、下、左、右的顺序反复进行，直到不存在可以消去的简单边界点。

下面介绍一种由纳克卡赫欣格尔提出的细化算法，这种算法不仅速度快，而且容易实现。

首先假定分析的是二值图像；1表示区域点，称为暗点；0表示背景点，称为亮点；边界是一个暗点，且该暗点至少有一个亮的4-连通点；端点是一个暗点，该暗点有且只有一个暗的8-连通点；转折点是一个暗点，如果删除该暗点，则破坏连通性；在进行细化算法之前，对所有域的边界进行了平滑处理，这是因为沿边界的噪声或其他意外的干扰会影响细化的结果。

细化算法采用的邻接点配置如图8.14所示，认定p为边界点，应符合下述4种类型之一或几种情况，即：

(1) 左连通点n_4为亮点的左边界点；

(2) 右连通点n_0为亮点的右边界点；

(3) 上连通点n_2为亮点的上边界点；

(4) 下连通点n_6为亮点的下边界点。

n_3	n_2	n_1
n_4	p	n_0
n_5	n_6	n_7

图8.14　细化算法中p的邻接点

同时，p有可能是多种类型的边界点，如p是暗点，而n_0和n_4均为亮点，则p既是右边界点，也是左边界点。下面首先讨论哪些左边界点应当删除，也即讨论如何识别、标记、判断应删除的左边界点。同理，可标记除应删除的右边界点、上边界点和下边界点。

若p点不是端点，也不是转折点，或删除它不会引起过分侵蚀，在此情况下，对p进行标记。判断上述条件是否满足采用的方法是比较法。即与如图8.15所示的各个窗口进行比较，图8.15中p和$*$为暗点，d和e是无所谓点，即既可以是暗点，也可以是亮点。若p的连通点配置与窗口图8.15中(a)～(c)相匹配，则有两种可能情况：

(1) 所有d均为亮点，则p为端点；

(2) 至少有一个d为暗点，则p为转折点。

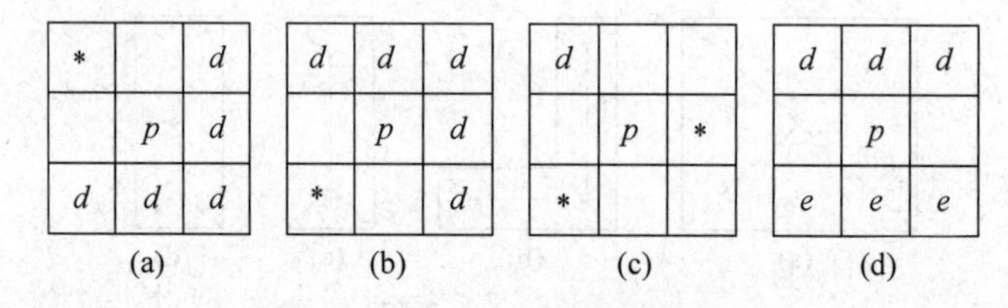

图8.15　暗点p的不同类型匹配窗口

在这两种情况下，p不应标记，也即p点不能被删除。

下面分析如图8.15(d)窗口的情况。若至少有一个d和e是暗点，则p是转折点，不标记。假如所有的d均为亮点，而e是无所谓点，则得到如图8.16所示的8种情况。分析图8.16可知，配置如图8.16(a)～图8.16(c)所示，p是端点；配置如图8.16(d)所示，p是转折点；若删除配置图8.16(e)、图8.16(f)中的p点，会引起在倾斜宽度为2的域中产生不应有的侵蚀；配置图8.16(g)中，p称为突角，是形状的重要描述，不应删除；配置图8.16(h)所示表明域被简化成一个点，若删除该点，则表明将域侵蚀掉。若将图8.15(d)中的d、e值与上述值互换，或d、e值可是亮点和暗点，仍能得出上述结论。因此，若左边界点p的8连通点与图8.15中任一窗口相匹配，则对p不做标记，即p不能被删除。

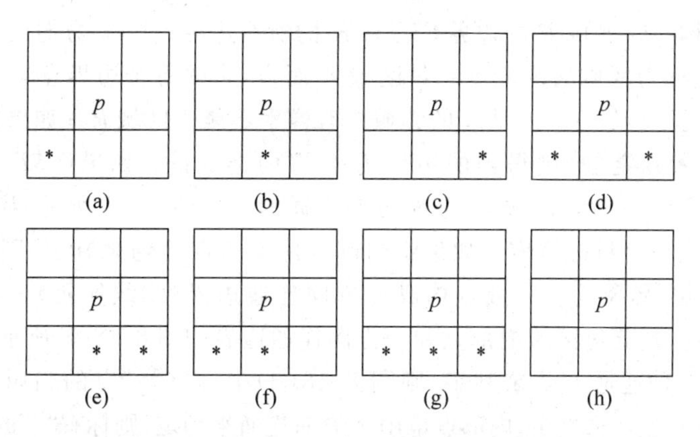

图 8.16　图 8.15(d)中 d 是亮点的匹配窗口

利用如图 8.15 的 4 个窗口检验 p 的 8 个连通点时,可用一个简单的逻辑表达式表示,即

$$B_4 = n_0 \cdot (n_1 + n_2 + n_6 + n_7) \cdot (n_2 + \overline{n_3}) \cdot (\overline{n_5} + n_6) \tag{8.21}$$

其中,B 的下角标表示 n_4 是亮点,即 p 是一左边界点;逻辑符号"·""+""−"分别表示逻辑与、或、非;n 的定义如图 8.14 所示。同理可推出右边界点、上边界点和下边界点的逻辑表达式为

$$\begin{aligned} B_0 &= n_4 \cdot (n_2 + n_3 + n_5 + n_6) \cdot (n_6 + \overline{n_7}) \cdot (\overline{n_1} + n_2) \\ B_2 &= n_6 \cdot (n_0 + n_4 + n_5 + n_7) \cdot (n_0 + \overline{n_1}) \cdot (\overline{n_3} + n_4) \\ B_6 &= n_2 \cdot (n_0 + n_1 + n_3 + n_4) \cdot (n_4 + \overline{n_5}) \cdot (\overline{n_7} + n_0) \end{aligned} \tag{8.22}$$

图 8.17 给出细化算法的示例。其中图 8.17(a)是原图,图 8.17(b)为图 8.17(a)细化的中间结果,图 8.17(c)为图 8.17(a)的最后细化结果。

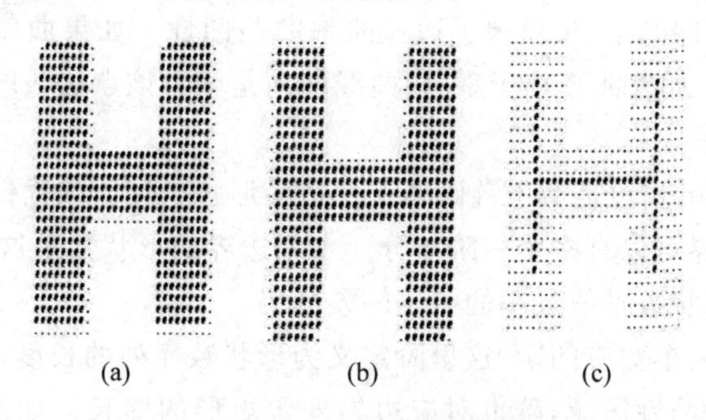

图 8.17　细化算法示例

8.4　图像目标描述

8.4.1　边界描述

1. 简单的边界描述

1) 边界的长度

边界的长度是一种简单的边界全局特征,它是边界所包围区域的轮廓的周长。区域由

内部点和边界点构成。区域 R 的边界 B 是由 R 的所有边界点按4-方向或8-方向连通组成的,区域的其他点称为区域的内部点。对区域 R 而言,它的每个边界点 p 都应满足两个条件:一是 p 本身属于区域 R;二是 p 的邻域中有像素不属于区域 R。如果区域 R 的内部点是用8-方向连通来判定的,则得到的边界为4-方向连通的;如果区域 R 的内部点是用4-方向连通来判定的,则得到的边界为8-方向连通的。如图8.18所示,其中图8.18(a)中的阴影像素点组成一个目标区域。如果将内部点用8-方向连通来判定,则图8.18(b)中深色区域点为内部点,其余浅色区域点构成4-方向连通边界(实线所示)。如果将内部点用4-方向连通来判定,则此时区域内部点和8-方向连通边界如图8.18(c)所示。但如果边界点和内部点都用同一种连通方式来判定,则图8.18(d)中标有"?"点的归属就会有问题。例如,边界点用4-方向连通来判定,内部点也用4-方向连通来判定,则标有"?"的点既应判定为内部点(邻域中所有像素均属于区域)又能判定为边界点(否则图8.18(b)中边界不连通了)。

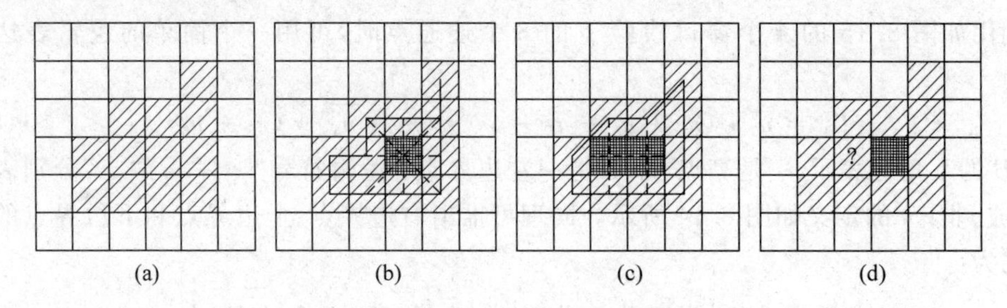

图8.18 边界点和内部点的连通性

2)曲率

定义某个像素点两边斜率的差分为曲线在该点的曲率(Curvature)。它反映了目标边界的曲率变化。在多边形边界线的每个拐点处,均对应一个脉冲,大的脉冲幅度对应着较大的曲率变化。此外,脉冲的正、负反映了边界曲率的凸凹性。如果曲率大于零,则曲线凹向朝着该点法线的正向;如果曲率小于零,则曲线凹向是朝着该点法线的负方向。

2. 形状数

形状数(Shape Number)是基于链码的一种边界形状描述。根据链码的起点位置不同,一个用链码表达的边界可以有多个一阶差分。一个边界的形状数是这些差分中值最小的一个序列。也就是说,形状数是值最小的链码的差分码。

每个形状数都有一个对应的阶,这里阶定义为形状数序列的长度,即码的个数。对闭合曲线,阶总是偶数。对凸性区域,阶也对应边界外包矩形的周长。如图8.19所示,用4-方向链码表示法来表示形状数。

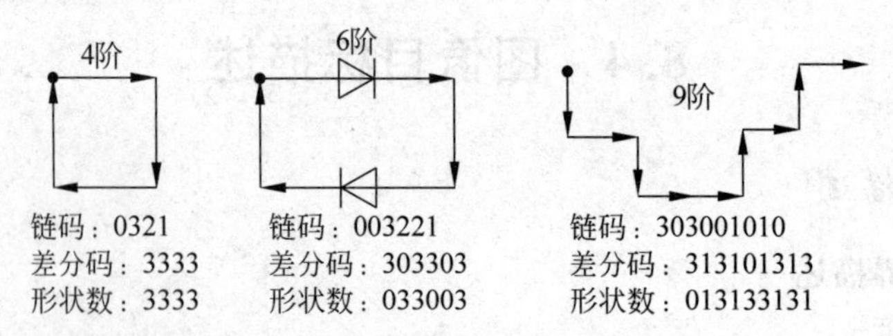

图8.19 形状数表示

在实际中对已给边界由给定阶计算边界形状数有以下几个步骤：

(1) 从所有满足给定阶要求的矩形中选取其长短轴比例最接近如图 8.20(a)所示的边界的矩形，如图 8.20(b)所示。

(2) 根据给定阶将选出的矩形划分为图 8.20(c)所示的多个等边正方形。

(3) 求出与边界最吻合的多边形，如图 8.20(d)所示。

(4) 根据选出的多边形，以图 8.20(d)中的黑点为起点计算其链码。

(5) 求出链码的差分码。

(6) 循环差分码使其数串值最小，从而得到已给边界的形状数。

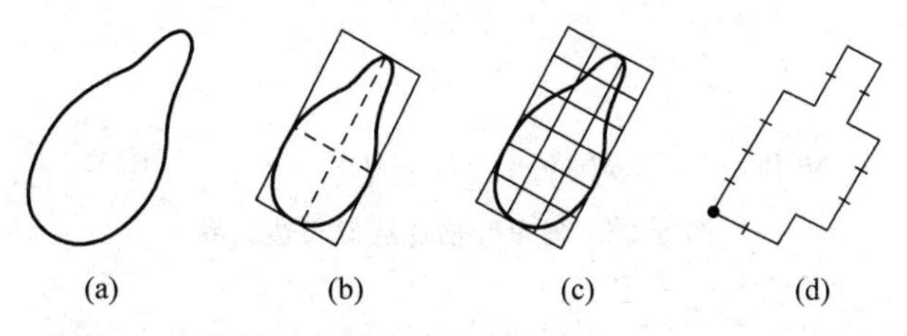

链码：　00003003223222121211
差分码：30003103301300313 0
形状数：00031033013003130 3

图 8.20　求形状数示例

形状数提供了一种有用的形状度量方法。它对每阶都是唯一的，不随边界的旋转和尺度的变化而改变。对两个区域边界而言，它们之间形状上的相似性可借助它们的形状数矩形描述。

3. 傅里叶描述符

傅里叶描述符(Fourier Descriptor)也是描述闭合边界的一种方法，它是通过一系列傅里叶系数来表示闭合曲线的形状特征的，仅适用于单封闭曲线，而不能描述复合封闭曲线。采用傅里叶描述的优点是将二维的问题简化为一维的问题。

假定某个目标区域边界由 N 个像素点组成，可以把这个区域看作是在复平面内，纵坐标为虚轴，横坐标为实轴，如图 8.21 所示。这个区域边界上的点可定义为一复数 $x+\mathrm{j}y$。由边界上任意一点开始，按逆时针方向沿线逐点可写出一复数虚部 $f(i)$，其中 $0\leqslant i\leqslant N-1$。对此序列进行离散傅里叶变换，即得到该边界在频域的唯一表示式 $F(k)$，此处 $0\leqslant k\leqslant N-1$。这些傅里叶系数称为边界的傅里叶描述符。

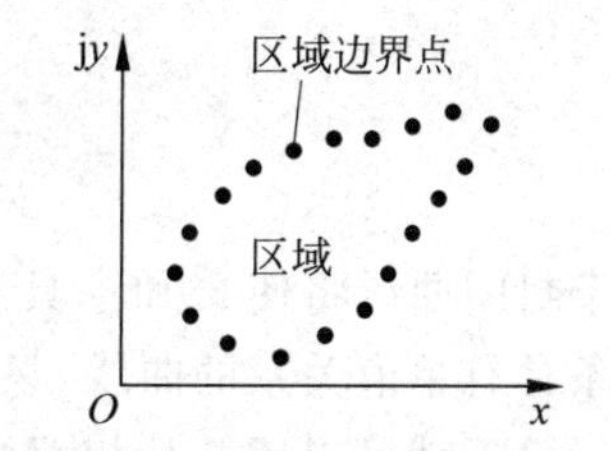

图 8.21　复平面上区域边界的表示

如图 8.22 给出借助傅里叶描述近似表达边界，利用边界傅里叶描述的前 M 个系数可用较少的数据量表达边界的基本形状。给出一个由 $N=64$ 个点组成的正方形边界以及取不同的 M 值重建这个边界得到的结果。对很小的 M 值，重建的边界是圆形的，当 M 增加到 8 时，重建的边界才开始变得像一个圆角正方形。随 M 的增加，重建的边界基本没有大的变化，只有到 $M=56$ 时，4 个角点才比较明显。增加到 $M=61$ 时，边界由 4 条边变成由 8 条较直的线条拟合而成。当 $M=62$ 时，重建的边界就与原边界一致。

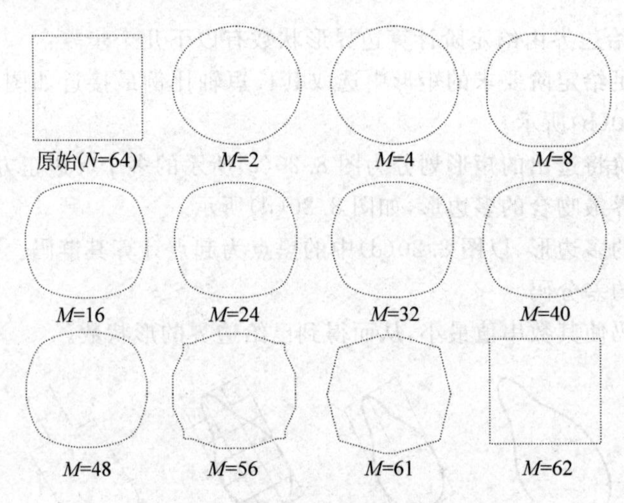

图 8.22 傅里叶描述近似表达边界

4. 曲线拟合

任何一个感兴趣的二维图像目标或对象的边界,都是平面中的一条曲线。如果能对该曲线拟合一个函数,则这一函数便可以用于描述该目标的边界形状。

设$(x_i,y_i)(i=0,1,2,\cdots,M)$为目标边界上的一组点。如图 8.23 所示,其中图 8.23(a)是封闭曲线,图 8.23(b)是不封闭的曲线。把 y 看成是 x 的函数,并且找到某个拟合函数 $\hat{y}=g(x)$,使得由它所确定的一组数据点$(x_i,g(x_i))$和已知一组数据点(x_i,y_i)之间有最小的误差,因此该拟合函数可用于描述边界。

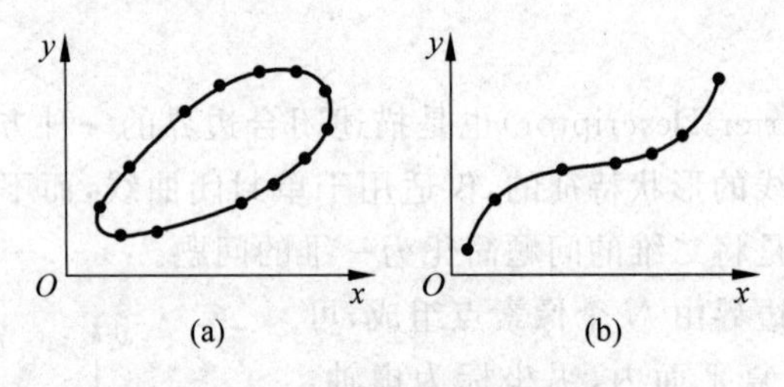

图 8.23 曲线拟合示意图

由于封闭曲线将使 x 和 y 具有非单值的关系,因此,为使问题简单,可以把它分解成两条或多条具有单值关系的曲线,只需研究这些由具有因果关系的点所组成的函数关系曲线如何进行逼近就可以了。凡相邻两点满足

$$x_{i+1} \geqslant x_i \tag{8.23}$$

的关系,称它们是因果的。由具有因果关系的点所组成的函数关系曲线如图 8.23(b)所示。对于这种曲线,拟合误差将用 y 轴坐标值进行度量,常用的误差度量有:

(1) 幅度误差。

$$\varepsilon = \sum_{i=0}^{M} | y_i - g(x_i) | \tag{8.24}$$

(2) 最小二乘方误差。

$$\varepsilon = \sum_{i=0}^{M} [y_i - g(x_i)]^2 \tag{8.25}$$

(3) 峰值误差。

$$\varepsilon = \max | y_i - g(x_i) | \tag{8.26}$$

常用的曲线拟合(Curve Fitting)方法是分段多项式曲线拟合方法。

设拟合曲线具有如下多项形式

$$\hat{y} = a_0 + a_1 x + \cdots + a_N x^N \tag{8.27}$$

其中,$a_0, a_1, \cdots, a_N$ 为待定的加权系数。

把 $M+1$ 个观测数据代入式(8.27)可得 $M+1$ 个联立方程组,即

$$\begin{bmatrix} 1 & x_0 & x_0^2 & \cdots & x_0^N \\ 1 & x_1 & x_1^2 & \cdots & x_1^N \\ 1 & x_2 & x_2^2 & \cdots & x_2^N \\ \vdots & \vdots & \vdots & \cdots & \vdots \\ 1 & x_M & x_M^2 & \cdots & x_M^N \end{bmatrix} \begin{bmatrix} a_0 \\ a_1 \\ a_2 \\ \vdots \\ a_N \end{bmatrix} = \begin{bmatrix} \hat{y}_0 \\ \hat{y}_1 \\ \hat{y}_2 \\ \vdots \\ \hat{y}_M \end{bmatrix} \tag{8.28}$$

或者写成

$$\boldsymbol{Xa} = \hat{\boldsymbol{Y}} \tag{8.29}$$

其中,$\boldsymbol{X}$ 为(8.28)中观测值 x 的$(M+1)\times(N+1)$维矩阵。如果用$(M+1)\times 1$ 维向量 $\boldsymbol{Y}$ 表示实测数据的 $M+1$ 个 y 坐标分量,则利用使最小二乘方误差

$$\boldsymbol{\varepsilon} = (\boldsymbol{Y} - \hat{\boldsymbol{Y}})^{\mathrm{T}} (\boldsymbol{Y} - \hat{\boldsymbol{Y}}) \tag{8.30}$$

为最小,可确定最佳拟合曲线的权系数向量 $\boldsymbol{a}$。

令

$$\frac{\partial \boldsymbol{\varepsilon}}{\partial \boldsymbol{a}} = \frac{\partial}{\partial a} (\boldsymbol{Y} - \hat{\boldsymbol{Y}})^{\mathrm{T}} (\boldsymbol{Y} - \hat{\boldsymbol{Y}}) = -2\boldsymbol{X}^{\mathrm{T}} (\boldsymbol{Y} - \boldsymbol{Xa}) = 0 \tag{8.31}$$

可求得

$$\boldsymbol{a} = (\boldsymbol{X}^{\mathrm{T}} \boldsymbol{X})^{-1} \boldsymbol{X}^{\mathrm{T}} \boldsymbol{Y} \tag{8.32}$$

显然,只需要数据点数 M 不少于待定系数的数目 N,即只要 $M \geqslant N$,便可解出系数向量 $\boldsymbol{a}$。

8.4.2 区域描述

1. 简单的区域描述

1) 区域面积

区域面积是区域的一个基本特征,它描述区域的大小。对区域 R,设正方形像素的边长为单位长,则区域 R 的面积 A 的计算公式为

$$A = \sum_{(x,y) \in R} 1 \tag{8.33}$$

可见计算区域面积就是对属于区域的像素计数。图 8.24 给出同一区域采用不同的面积计算方法得到的不同结果。其中 8.24(a)是利用公式(8.33)计算的结果,图 8.24(b)和图 8.24(c)所示的两种方法从直观上看也可以,但误差都较大。可以看出,利用像素计数的方法来求区域面积,不仅简单,而且也是对原始模拟区域面积的无偏和一致的最好估计。

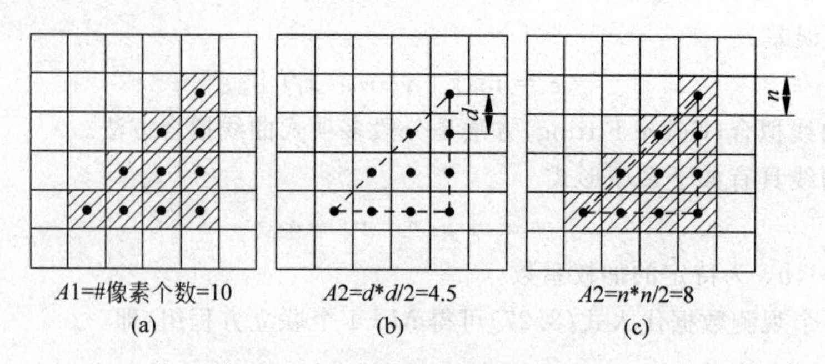

图 8.24　几种区域面积计算的方法

2）区域重心

定义目标面积中心就是该目标物在图像中的位置,面积中心就是单位面积质量恒定的相同形状图形的重心。

区域重心是一种全局描述符,区域重心的坐标是根据所有属于区域的点计算出来的。对 $M\times N$ 的数字图像 $f(x,y)$,其重心定义为

$$\begin{aligned}\bar{X}&=\frac{1}{MN}\sum_{x=1}^{M}\sum_{y=1}^{N}xf(x,y)\\ \bar{Y}&=\frac{1}{MN}\sum_{x=1}^{M}\sum_{y=1}^{N}yf(x,y)\end{aligned}\tag{8.34}$$

尽管区域中各点的坐标总是整数,但区域重心的坐标常不为整数。在区域本身的尺寸与各区域的距离相对很小时,可将区域用位于其重心坐标的质点来近似表示。

如图 8.25 所示,每个白色形状的区域重心由黑点标记出来,与物理意义中的重心是相符的。

2. 拓扑描述

拓扑学是研究图形性质的理论。只要图形不撕裂或折叠,这些性质将不受图形变形的影响。显然,拓扑描述(Topological Descriptor)也是描述图形总体特征的一种理想描绘符。常用的拓扑特征如下。

(1) 孔(洞,Hole)。如果在被封闭边缘包围的区域中不包含我们感兴趣的像素,则称此区域为图形的孔或洞,用字母 H 表示。如图 8.26(a)所示,在区域中有两个孔洞,即 $H=2$。如果把区域中孔洞数作为拓扑描述符,则这个性质将不受伸长或旋转变换的影响,但是,如果撕裂或折叠时,孔洞数将发生变化。

图 8.25　区域重心示例

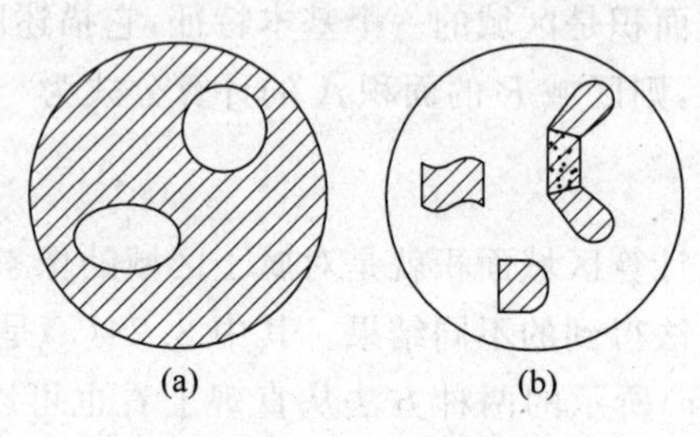

图 8.26　孔和连接成分

(2) 连接部分(Connected Component)。一个集合的连接部分就是它的最大子集,在此子集中,任何两点都可以用一条完全处于子集中的曲线加以连接。图形的连接部分数用字母 C 表示,如图 8.26(b)中包含有 3 个连接成分,即 $C=3$。

(3) 欧拉数(Euler Number)。图形中连接部分数和孔洞数之差,定义为欧拉数,用字母 E 表示,即

$$E = C - H \tag{8.35}$$

图 8.27 给出一个欧拉数的例子,其中图 8.27(a)中有一个连接部分和一个孔洞,所以它的欧拉数为 0,图 8.27(b)有一个连接部分和两个孔洞,所以它的欧拉数为 −1。

事实上,H、C 和 E 都可以作为图形的特征。它们的共同特点是,只要图形不撕裂、不折叠,则它们的数值将不随图形变形而改变。因此,拓扑特性将不同于距离或基于距离测度所建立起来的其他任何性质。

当图形是由一些直线所组成的多角网格时,欧拉数和组成多角网络的各特征元素有简单的关系,称为欧拉公式,即如图 8.28 所示的多角网络,把这样的网络内部区域分成面和孔,如果设顶点数为 W,边缘数为 Q,面数为 F,将得到下面的欧拉公式

$$W - Q + F = C - H \tag{8.36}$$

即

$$W - Q + F = C - H = E$$

在图 8.28 所示的多角网络中,有 7 个顶点、11 条边、2 个面、1 个连接区和 3 个孔,因此,对于该多角网络区域,则有 $7-11+2=1-3=-2$。

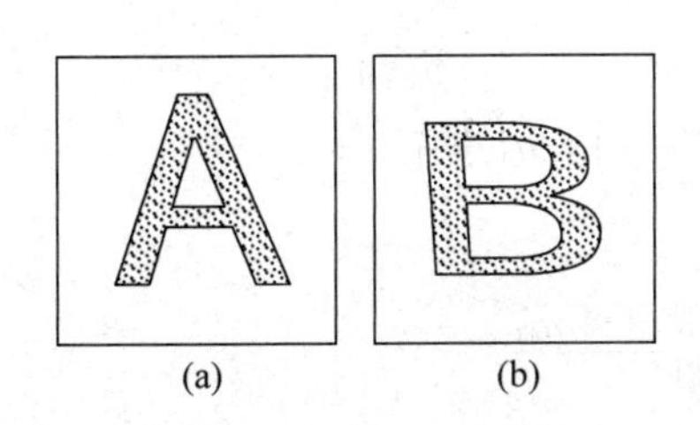

图 8.27 图形的欧拉数

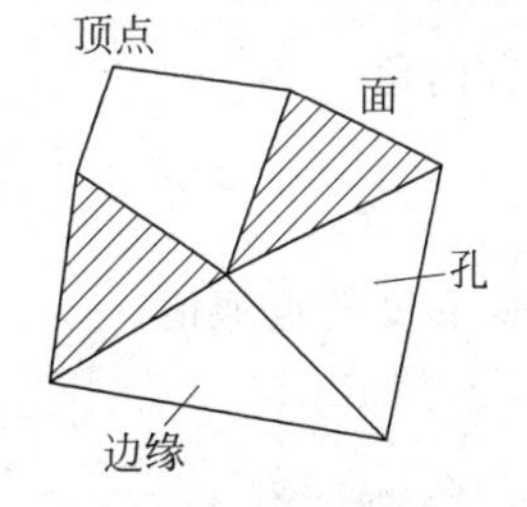

图 8.28 包含多角网络的区域

3. 形状描述

1) 形状参数

形状参数 F 是根据区域的周长和区域的面积计算出来的

$$F = \frac{B^2}{4\pi A} \tag{8.37}$$

其中,B 表示区域的周长,A 表示区域的面积。

由式(8.37)可见,一个连续区域为圆形时,F 为 1;当区域为其他形状时,F 大于 1。即 F 的值当区域为圆时达到最小。对数字图像而言,如果边界长度是按 4-连通计算的,则对正八边形区域 F 取最小值;如果边界长度是按 8-连通计算的,则对正菱形区域 F 取最小值。

形状参数在一定程度上描述了区域的紧凑性,它没有量纲,所以对尺度变化不敏感。除了由于离散区域旋转带来的误差,它对旋转也不敏感。需要注意的是,在有的情况下,仅仅

靠形状参数 F 并不能把不同形状的区域分开。如图 8.29 所示,图中 3 个区域的周长和面积都相同,因而它们具有相同的形状参数,但它们的形状明显不同。

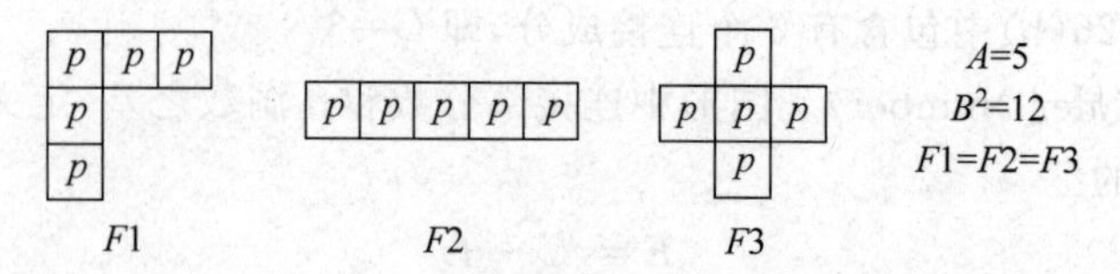

图 8.29　形状参数相同但形状不同

2) 偏心度

区域的偏心度(Eccentricity)是区域形状的重要描述,度量偏心度常用的一种方法是采区域主轴和辅轴的比。图 8.30 中即为 A/B。图中主轴与辅轴相互垂直,且是两方向上的最长值。

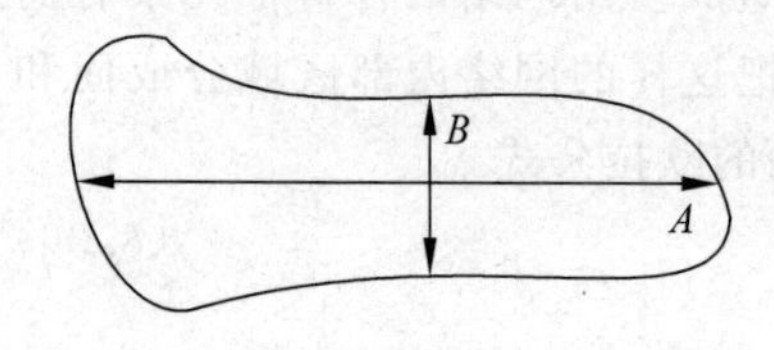

图 8.30　偏心度的度量: A/B

另外一种方法是计算惯性主轴比,它基于边界线点或整个区域来计算质量。Tenenbaum 提出了计算任意点集 R 偏心度的近似公式。

(1) 计算平均向量。

$$x_0 = \frac{1}{n}\sum_{x\in R} x \quad y_0 = \frac{1}{n}\sum_{y\in R} y$$

(2) 计算 ij 矩。

$$m_{ij} = \sum_{(x,y)\in R} (x - x_0)^i (y - y_0)^i \tag{8.38}$$

(3) 计算方向角。

$$\theta = \frac{1}{2}\arctan\left(\frac{2m_{11}}{m_{20} - m_{02}}\right) + n\left(\frac{\pi}{2}\right) \tag{8.39}$$

(4) 计算偏心度的近似值。

$$e = \frac{(m_{20} - m_{02})^2 + 4m_{11}}{\text{面积}} \tag{8.40}$$

偏心度也可以按式(8.41)计算,该式仍然表示出了长短轴的差异程度。

$$e = \frac{\sqrt{A^2 - B^2}}{A} \tag{8.41}$$

对图 8.25 按式(8.41)进行偏心度的计算,其偏心度从左到右、从上到下的值分别是:0.4050(类矩形)、0.7577(箭头)、0.4719(心形),详细数据见表 8.1。

表 8.1　区域偏心度示例

区　域	A	B	B/A	e
类矩形	86.1751	94.2522	0.9143	0.4050
箭头	102.7402	67.0443	0.6526	0.7577
心形	107.5977	94.8638	0.8817	0.4719

4. 纹理描述

纹理(Texture)是图像中一个重要而又难以描述的特征,关于图像纹理至今还没有为众人所公认的严格定义。但图像纹理反映了物体表面颜色和灰度的某种变化,而这些变化又与物体本身的属性相关。虽然纹理没有准确的定义，但一般采用的说法是“纹理是由紧密地交织在一起的单元组成的某种结构”。图 8.31 给出几种典型的纹理，图 8.31(a)是一种均匀的纹理，而图 8.31(b)是一种粗糙的纹理，图 8.31(c)是一种规则的纹理。从图 8.31 中可以发现，这些图像在局部区域内呈现不规则性，但在整体上表现出某种规律性。因此，纹理是由一个具有一定的不变性的视觉基元(统称纹理基元)，在给定区域内的不同位置上，以不同的形变及不同的方向重复地出现的一种图纹。研究纹理能够提供更多的图像的特征信息，因纹理不仅包含了像素点的灰度信息及其统计信息，而且它还包含了相邻像素间或邻近像素块之间的灰度变化规律，特征更为丰富，所以按纹理分割在图像分割中可以达到更高的准确度。

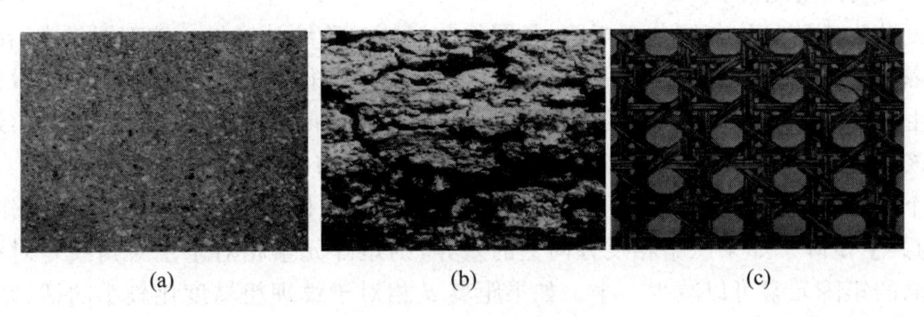

图 8.31　几种纹理结构

为了定量描述纹理，需要研究纹理本身可能具有的特征，即根据某种能够描述纹理空间分布的模型，给出纹理特征的定量估计。目前纹理算法大体上可以分为两大类：一类是从图像有关属性的统计分析出发的统计分析方法；另一类是力求找出纹理基元，再从结构所组成上探索纹理的规律或直接去探求纹理构成的结构规律的结构分析方法。

1) 纹理的统计分析方法

描述纹理特征的量有很多，主要介绍一些统计纹理特征技术：自相关函数、灰度共生矩阵、灰度级行程长等。

(1) 纹理自相关函数描述。

纹理与纹理基元的空间尺寸有关，大尺寸的纹理基元将对应于较粗的纹理，反之，小尺寸的纹理基元将对应于较细的纹理。如图 8.32 所示，其中图 8.32(a)为远距离观察时的纹理，图 8.32(b)为近距离观察时的纹理。由于纹理是由纹理基元在空间的重复排列组成的，因此，自相关函数将能表示纹理基元的尺寸特征。如果纹理基元较大，则自相关函数随相关距离增大而缓慢下降；如果纹理基元相对较小，则自相关函数随相关距离增大而迅速下降。

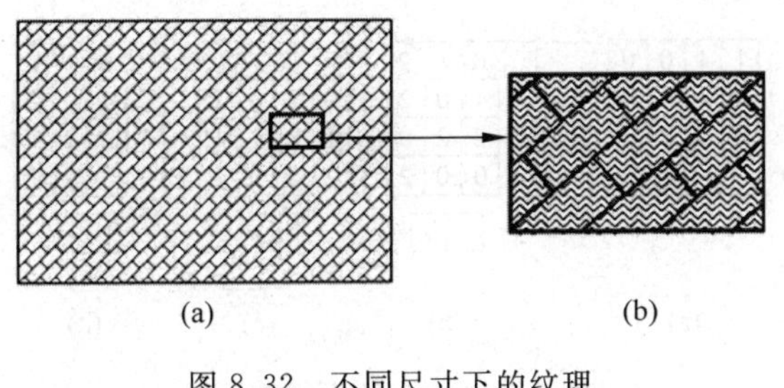

图 8.32　不同尺寸下的纹理

设灰度图像 $I(u,v)$ 在矩形区域 $0\leqslant u\leqslant L_x, 0\leqslant v\leqslant L_y$ 之外为零，则其归一化自相关函数为

$$\rho(x,y)=\frac{\dfrac{1}{(L_x-|x|)(L_y-|y|)}\iint I(u,v)I(u+x,v+y)\mathrm{d}u\mathrm{d}v}{\dfrac{1}{L_xL_y}\iint I^2(u,v)\mathrm{d}u\mathrm{d}v} \tag{8.42}$$

对于含有重复纹理模式的图像，自相关函数表现出一定的周期性，其周期等于相邻纹理基元的距离。当纹理粗糙时，自相关函数缓慢下降，而细纹理下降迅速。自相关函数被用来测量纹理的周期性以及纹理基元的大小。

(2) 灰度共生矩阵。

灰度共生矩阵又称灰度共现矩阵，是图像灰度的二阶统计度量。纹理图像中，在某个角度上相隔一定距离的一对像素灰度出现的统计规律，应当能具体反应这个图像的纹理特征。灰度共生矩阵是建立在估计图像的二阶组合条件概率密度函数基础上的一种重要的纹理分析方法。该方法是基于一个二阶联合条件概率密度函数 $f(i,j|d,\theta)$ 的估计，函数 $f(i,j|d,\theta)$ 表示两个相距 d 个像素，方向相差 θ 角的像素同时出现的概率，它的估值可以写成矩阵的形式，称为共生矩阵。如果忽略相反方向上的差异，则矩阵元素相对于主对角线是对称的，这样需存储的矩阵元素可以减少一半。如果距离 d 相对于纹理粗糙度比较小的话，则矩阵值将集中在主对角线两侧，反之，将分布较分散。

通常，角度以45°量化的非归一化共同事件的统计概率可定义为

$$\begin{aligned}
p(i,j\mid d,0^\circ)&=\#\left\{\begin{array}{l}((k,l),(m,n))\in(L_r\times L_c)\times(L_r\times L_c)\mid\\ k-m=0,\ |l-m|=d, I(k,l)=i, I(m,n)=j\end{array}\right\}\\
p(i,j\mid d,45^\circ)&=\#\left\{\begin{array}{l}((k,l),(m,n))\in(L_r\times L_c)\times(L_r\times L_c)\mid\\ (k-m=d,l-n=-d),\text{或者}(k-m=-d,l-n=d),\\ I(k,l)=i,I(m,n)=j\end{array}\right\}\\
p(i,j\mid d,90^\circ)&=\#\left\{\begin{array}{l}((k,l),(m,n))\in(L_r\times L_c)\times(L_r\times L_c)\mid\\ (|k-m|=d,l-n=0),I(k,l)=i,I(m,n)=j\end{array}\right\}\\
p(i,j\mid d,135^\circ)&=\#\left\{\begin{array}{l}((k,l),(m,n))\in(L_r\times L_c)\times(L_r\times L_c)\mid\\ (k-m=d,l-n=d),\text{或者}(k-m=-d,l-n=-d),\\ I(k,l)=i,I(m,n)=j\end{array}\right\}
\end{aligned} \tag{8.43}$$

其中，#号表示集合中元素的数目。如图8.33给出灰度共生矩阵的示例。其中图8.33(a)是原图，共有3个灰度级；图8.33(b)、图8.33(c)和图8.33(d)分别是距离为1，角度为0°、45°和90°时的共生矩阵。

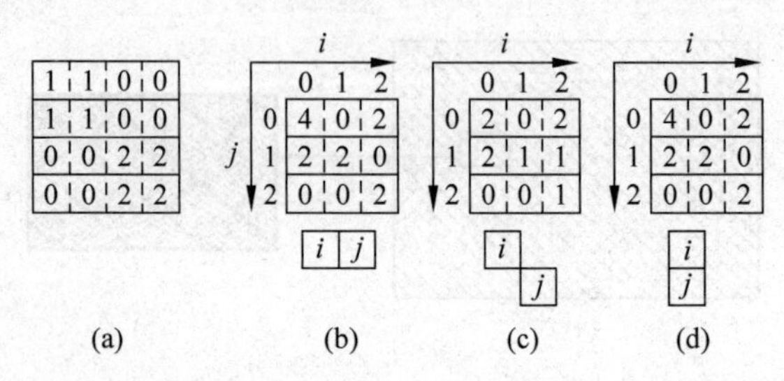

图8.33 灰度共生矩阵示例

如果黑色像素随机地分布在整幅图像上，没有一个固定的模式，则灰度共生矩阵不具有任何灰度级对的优先集合，预计此时的矩阵是均匀分布的。用于测量灰度级分布随机性的一种特征参数叫作熵，定义为

$$熵=-\sum_{i}\sum_{j}p(i,j)\lg p(i,j) \tag{8.44}$$

注意：当矩阵 $p(i,j)$ 的所有项皆为零时，其熵值为零；当所有 $p(i,j)$ 项相等时，熵最大。这样的矩阵对应的图像不存在任何规定位移向量的优先灰度级。

使用灰度共生矩阵也可以定义能量特征、对比度特征和均匀度特征。

$$能量=-\sum_{i}\sum_{j}p^2(i,j) \tag{8.45}$$

$$对比度=-\sum_{i}\sum_{j}(i-j)^2p(i,j) \tag{8.46}$$

$$均匀度=-\sum_{i}\sum_{j}\frac{p(i,j)}{1+|i-j|} \tag{8.47}$$

(3) 灰度级行程长。

灰度级行程长方法是基于各种不同长度的灰度级行程数的计算。所谓灰度级行程长是指具有相同灰度级的相邻像素点的线性集合，行程长即在行程中像素点的个数。灰度级行程长矩阵元素 $r'(i,j|\theta)$ 表示在角度 θ 方向上，灰度级为 i，行程长为 j 的像素数。这些矩阵通常对若干 θ 值进行计算，然后再依据它们计算一些特征。

令 $p(i,j)$ 为灰度级为 i、长为 j 的行程出现的次数，N_g 是灰度级数，N_r 是行程数，则用 $p(i,j)$ 表示的有用的统计学参数包括：

① 强调短行程的逆矩。

$$\frac{\sum_{i=1}^{N_g}\sum_{j=1}^{N_r}\frac{p(i,j)}{j^2}}{\sum_{i=1}^{N_g}\sum_{j=1}^{N_r}p(i,j)} \tag{8.48}$$

② 强调长行程的矩。

$$\frac{\sum_{i=1}^{N_g}\sum_{j=1}^{N_r}j^2p(i,j)}{\sum_{i=1}^{N_g}\sum_{j=1}^{N_r}p(i,j)} \tag{8.49}$$

③ 灰度级非均匀性。

$$\frac{\sum_{i=1}^{N_g}\left(\sum_{j=1}^{N_r}p(i,j)\right)^2}{\sum_{i=1}^{N_g}\sum_{j=1}^{N_r}p(i,j)} \tag{8.50}$$

④ 行程长非均匀性。

$$\frac{\sum_{i=1}^{N_r}\left(\sum_{j=1}^{N_g}p(i,j)\right)^2}{\sum_{i=1}^{N_g}\sum_{j=1}^{N_r}p(i,j)} \tag{8.51}$$

⑤ 以行程表示的图像分类。

$$\frac{\sum_{i=1}^{N_r}\sum_{j=1}^{N_g} p(i,j)}{\sum_{i=1}^{N_g}\sum_{j=1}^{N_r} jp(i,j)} \tag{8.52}$$

2）纹理的结构分析方法

纹理的统计分析方法是基于像素(或包括其邻域)或某个区域,通过研究灰度或属性的统计规律去描述纹理,而纹理结构分析的方法认为纹理是由许多纹理基元组成的某种"重复性"的分布规则。因此在纹理的结构分析中,不仅要确定与提取基本的纹理基元,而且还要研究存在纹理基元之间的"重复性"的结构关系。

当纹理基元大到足够单独地被分割和描述时,结构分析方法才有用。纹理的结构分析方法通常分为三步：第一步是图像增强；第二步是基元提取；第三步是计算纹理基元的特征参数及构成纹理的结构参数。在前面章节中已经讨论了一些图像增强方法,如拉普拉斯高斯滤波器处理。图像增强有利于图像中纹理基元的提取。纹理基元可以是直观的、明确的,如水面气泡纹理基元是圆或是椭圆,砖墙的纹理基元是四边形或多边形；也有的纹理基元可能不是很明确,需要人为地定义纹理基元来近似原纹理基元,如地面上的树叶,可用椭圆来近似。对于一般的二值图像,可以使用模态方法提取基元。在图像受到噪声或其他无法用简单的连通元方法分离的非周期随机场污染时,这种模态方法十分有用,图8.34(a)所示的图像受到噪声的污染导致图8.34(b)所示的随机线条,模态方法可以用来对所有圆点进行定位。纹理基元特征参数及纹理基元参数包括基元的尺寸、偏心、矩量、位置和姿态等,纹理结构参数包括相位、距离、分离度、同现率等。

5. 矩不变量特征

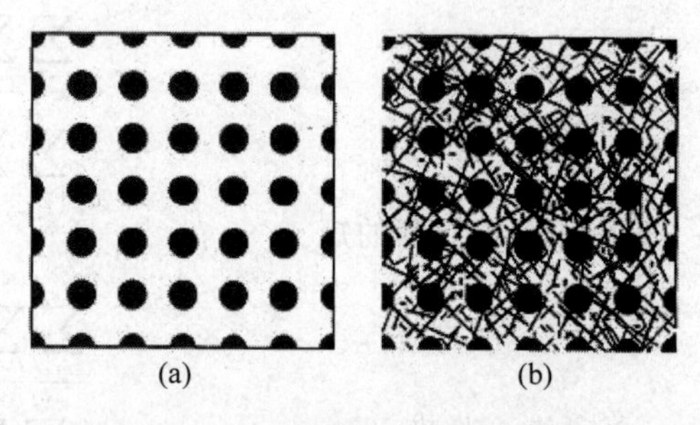

图8.34　纹理图像与其噪声图像

矩不变量(Moment Invariant)特征主要是针对二维识别情况提出来的。人们很容易从图像中识别出特定的物体形状,但对于机器视觉来说却是一件难事。一方面,图像分割受到背景与物体之间的反差影响以及光源、遮挡等影响,不容易实现；另一方面,摄像机从不同的视角和距离获取的同一场景的图像是不同的,这样给形状的提取和识别带来很大困难。人们对二维形状的提取和识别已经做了大量的研究,提出了许多的方法。本节仅仅介绍一种被广泛使用的矩不变量特征。

矩是一种线性特性,矩特征对于图像的旋转、比例和平移具有不变性,因此可用来描述图像中的区域特性。

二维不变矩理论是在1962年由美籍华人学者胡名桂教授提出的。对于连续图像二维函数 $f(x,y)$,其$(p+q)$阶矩定义为如下黎曼积分形式

$$m_{pq} = \int_{-\infty}^{+\infty}\int_{-\infty}^{+\infty} x^p y^q f(x,y)\mathrm{d}x\mathrm{d}y \quad p,q = 0,1,2,\cdots \tag{8.53}$$

根据唯一性定理,若 $f(x,y)$ 是分段连续的,即只要在 xoy 平面的有限区域有非零值,

则所有的各阶矩均存在，且矩序列$\{m_{pq}\}$唯一被$f(x,y)$所确定。反之，$\{m_{pq}\}$也唯一地确定了$f(x,y)$。

将上述矩特征量进行位置归一化，得图像$f(x,y)$的中心矩

$$\mu_{pq}=\int_{-\infty}^{+\infty}\int_{-\infty}^{+\infty}(x-\bar{x})^p(y-\bar{y})^q f(x,y)\mathrm{d}x\mathrm{d}y \tag{8.54}$$

其中

$$\bar{x}=\frac{m_{10}}{m_{00}}\quad \bar{y}=\frac{m_{01}}{m_{00}} \tag{8.55}$$

而

$$m_{00}=\int_{-\infty}^{+\infty}\int_{-\infty}^{+\infty}f(x,y)\mathrm{d}x\mathrm{d}y$$

$$m_{01}=\int_{-\infty}^{+\infty}\int_{-\infty}^{+\infty}yf(x,y)\mathrm{d}x\mathrm{d}y$$

$$m_{10}=\int_{-\infty}^{+\infty}\int_{-\infty}^{+\infty}xf(x,y)\mathrm{d}x\mathrm{d}y$$

如果将图像$f(x,y)$的灰度看作是“质量”，则上述的$(\bar{x},\bar{y})$即为图像的重心。

对于$M\times N$的数字图像$f(i,j)$，其$(p+q)$阶矩可表示为

$$m_{pq}=\sum_{i=1}^{M}\sum_{j=1}^{N}i^p j^q f(i,j)\quad p,q=0,1,2,\cdots \tag{8.56}$$

对于一个已经分割的二值图像，若其目标物区域R是二值图像中为“1”的区域，则式(8.56)可写为

$$m_{pq}=\sum_{i=1}^{M}\sum_{j=1}^{N}i^p j^q$$

因此，m_{00}是该区域的点数，也即目标物的面积，$\bar{i}=\dfrac{m_{10}}{m_{00}}$，$\bar{j}=\dfrac{m_{01}}{m_{00}}$即为目标区域的形心。这样，离散图像的中心矩定义为

$$\mu_{pq}=\sum\sum_{(i,j)\in R}(i-\bar{i})^p(j-\bar{j})^q \tag{8.57}$$

现在再将中心矩进行大小归一化，定义归一化中心矩为

$$\eta_{pq}=\frac{\mu_{pq}}{\mu_{00}^{r}}\quad r=(p+q)/2+1 \tag{8.58}$$

可以进一步推出利用式(8.58)表示的7个具有平移、旋转和比例不变性的矩不变量分别为

$$\left.\begin{aligned}
I_1&=\eta_{20}+\eta_{02}\\
I_2&=(\eta_{20}-\eta_{02})^2+4\eta_{11}^2\\
I_3&=(\eta_{30}-3\eta_{12})^2+(3\eta_{21}-\eta_{03})^2\\
I_4&=(\eta_{30}+\eta_{12})^2+(\eta_{21}+\eta_{03})^2\\
I_5&=(\eta_{30}-3\eta_{12})(\eta_{30}+\eta_{12})[(\eta_{30}+\eta_{12})^2-3(\eta_{21}+\eta_{03})^2]\\
&\quad+(3\eta_{21}-\eta_{03})(\eta_{21}+\eta_{03})[3(\eta_{30}+\eta_{12})^2-(\eta_{21}+\eta_{03})^2]\\
I_6&=(\eta_{20}-\eta_{02})[(\eta_{30}+\eta_{12})^2-(\eta_{12}+\eta_{03})^2]+4\eta_{11}(\eta_{30}+\eta_{12})(\eta_{21}+\eta_{03})\\
I_7&=(3\eta_{21}-\eta_{03})(\eta_{30}+\eta_{12})[(\eta_{30}+\eta_{12})^2-3(\eta_{21}+\eta_{03})^2]\\
&\quad+(3\eta_{21}-\eta_{30})(\eta_{21}+\eta_{03})[3(\eta_{30}+\eta_{12})^2-(\eta_{21}+\eta_{03})^2]
\end{aligned}\right\} \tag{8.59}$$

胡名桂在1962年已证明这个矩组对于平移、旋转和比例变化都是不变的。在实际中,用式(8.59)计算形状的矩不变量特征,其数值分布范围为$10^{-12}\sim10^{0}$,显然,矩不变量特征值越小,对识别结果的贡献也越小。为此,可以对上述7个矩不变量进行如下修正

$$\begin{gathered}t_1=I_1,\quad t_2=I_2,\quad t_3=\sqrt[5]{I_3^2},\quad t_4=\sqrt[5]{I_4^2}\\ t_5=\sqrt[5]{I_5^2},\quad t_6=\sqrt[5]{I_6^2},\quad t_7=\sqrt[5]{I_7^2}\end{gathered}\tag{8.60}$$

用上述公式得到矩不变量特征值分布范围大约为$10^{-4}\sim10^{0}$。

由于图像经采样和量化后会导致图像灰度层次和离散化图像的边缘表示的不精确,因此图像离散化会对图像矩特征的提取产生影响,特别是对高阶矩特征的计算影响较大。这是因为高阶矩主要描述图像的细节,而低阶矩主要描述图像的整体特征。

矩特征有明显的物理和数学意义,有时又称几何矩。正如前面所讨论的,目标的零阶矩m_{00}反映了目标的面积,一阶矩反映了目标的重心位置,因此利用这两个矩量就可以避免因物体大小和位移变化对物体特征的影响。物体的二阶矩又称惯性矩。物体的二阶矩、一阶矩和零阶矩常称为低阶矩。物体的低阶矩反映的物体的特征可以用图像椭圆来表示,如图8.35所示,图像椭圆的主轴定向角φ可利用低阶矩求得

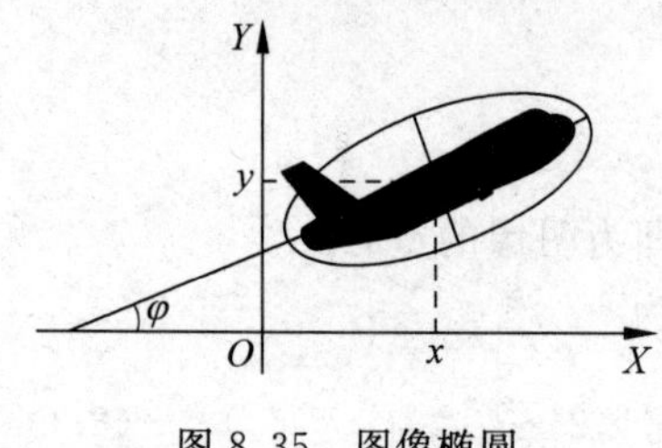

图8.35 图像椭圆

$$\varphi=\frac{1}{2}\arctan\left(\frac{2\mu_{11}}{\mu_{20}-\mu_{02}}\right)\tag{8.61}$$

图像椭圆的长短轴分别为

$$\begin{aligned}\alpha&=\left(\frac{2(\mu_{20}+\mu_{02}+\sqrt{(\mu_{20}-\mu_{02})^2+4\mu_{11}^2}]}{\mu_{00}}\right)^{1/2}\\ \beta&=\left(\frac{2(\mu_{20}+\mu_{02}-\sqrt{(\mu_{20}-\mu_{02})^2+4\mu_{11}^2})}{\mu_{00}}\right)^{1/2}\end{aligned}\tag{8.62}$$

从物理学的角度对二阶矩进行分析,可以对物体的旋转半径定义为

$$\mathrm{ROG}_x=\sqrt{\frac{m_{20}}{m_{00}}},\quad \mathrm{ROG}_y=\sqrt{\frac{m_{02}}{m_{00}}},\quad \mathrm{ROG}_{\mathrm{com}}=\sqrt{\frac{\mu_{20}+\mu_{02}}{\mu_{00}}}\tag{8.63}$$

其中,ROG_x为对x轴的旋转半径,ROG_y为对y轴的旋转半径,$\mathrm{ROG}_{\mathrm{com}}$为对目标重心的旋转半径。其中$\mathrm{ROG}_{\mathrm{com}}^2$反映的内容在数学上是图像中各点对重心距离的统计方差。

三阶以上的高阶矩主要描述图像的细节。目标的三阶矩主要表现了目标对其均值分布偏差的一种测度,即目标的扭曲度。目标的四阶矩在统计中用于描述一个分布的峰态,如高斯分布的峰态值为零。当峰态值小于零时,表示其分布较为平缓;反之,当峰态大于零时,表示分布较为狭窄且具有较高的峰值。

在使用矩不变量时,还要注意以下几个问题。

(1) 二维矩不变量是指二维平移、旋转和比例变换下的不变量,因此,对于其他类型的变换,如仿射变换、射影变换,上述的矩不变量是不成立的,或只能作为近似的不变量。

(2) 对于二值区域图像,区域与其边界是完全等价的,因此可以使用边界的数据来计算矩特征,这样可以大大提高矩特征的计算效率。

(3) 矩特征是关于区域的全局特征,若物体的一部分被遮挡,则无法计算矩不变量。在这种情况下,可以使用物体区域的其他特征来完成识别任务。

图 8.36 给出一组由同一幅图像得到的不同类型。其中图 8.36(a)为计算的原图，图 8.36(b)为将图 8.36(a)水平右移 4 个像素，图 8.36(c)为绕重心逆时针旋转 60°，图 8.36(d)绕重心逆时针旋转 90°，图 8.36(e)绕重心旋转 180°，图 8.36(f)为尺度压缩一半，图 8.36(g)为图 8.36(f)的归一化图像。

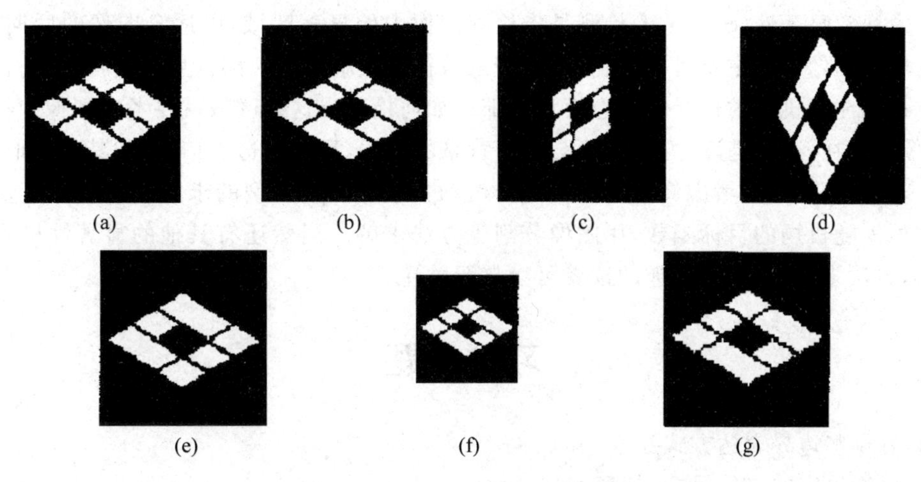

图 8.36　同一幅图像的不同类型

对图 8.36，根据式(8.59)计算出的 7 个矩不变量如表 8.2 所示。由表 8.2 可以看出，这 7 个矩不变量在图像发生以上几种变化时，其数值基本上保持不变。根据这些矩不变量的特点，可把它们用于对特定目标的检测、识别等。

表 8.2　矩不变量的计算

矩不变量	(a)	(b)	(c)	(d)	(e)	(f)	(g)
I_1	909.10	909.10	906.67	909.10	909.10	227.30	909.70
I_2	196 150	196 150	194 010	196 150	196 150	12 499	199 980
I_3	122.89	122.89	115.75	152.87	122.89	7.83	125.28
I_4	83.23	83.23	71.51	83.23	83.23	3.93	62.87
I_5	5606.9	5606.9	4531.50	5606.93	5606.93	12.22	3129.10
I_6	18 310	18 310	14 954	18 310	18 310	156.53	10 018
I_7	5470	5470	4581.2	5469.5	5469.5	15.72	4025.20

从表 8.2 看出：在离散情况下，矩不变量仍保持平移不变性，没有任何误差，旋转变换在旋转 90°、180°(即 90°的整数倍)时保持了不变性，而在旋转角为 60°时产生较大的误差；尺度变换下矩不变量的误差很大，而对图像进行归一化处理可大大降低误差。

扩展阅读

图像分析中，复杂场景遮挡严重的图片、含大量噪声的图片、模糊图片、无纹理或纹理很弱的图片、灰度渐变/边界模糊的图片等其特征均不易提取，描述表达的结果准确率较低，是图像分析中的难点。

图像中的特征点在图像识别分类、计算机视觉中的特征点匹配的应用中非常关键，其特征点的准确提取对后续的识别分类匹配工作极其重要,许多学者在这些方面进行了研究,常见的像素点特征有SIFT (Scale-Invariant Feature Transform),BRISK (Binary Robust Invariant Scalable Keypoints),GLOH (Gradient Location-Orientation Histogram),SURF (Speeded Up Robust Features)等。

图像视觉显著性(Saliency)检测是指检测图像中的显著区域,以适合图像的后期处理。显著区域指图像中的主要目标或物体,这些区域符合人眼观察外部世界的过程,是一种模拟生物体视觉注意机制的选择性注意模型。那么如何检测出这些区域就要考虑图像中特征分析,如像素点在颜色、亮度、方向方面与周边背景的对比,局部的边缘信息,或其他的形状、方向特征,在视频中还要考虑像素前后帧间的运动关系等。其典型的求解框架可以是设置基于马尔可夫随机场的目标函数,用图像分割等方法求解。当然还有其他的显著性检测的求解框架,方法多种多样,有兴趣的读者可以自行关注。

习　题

1. 有哪些边界表达方式?

2. 对于给定的二值目标,如何实现细化?

3. 什么是傅里叶描述符?它有何特点?

4. 有哪几种常用的描述符?你能查阅资料再列出一些书中没有提到过的描述符吗?

5. 如何用矩计算物体的重心和主轴?

6. 调用现有的图像处理库函数,找一些图片计算本章中提出的描述符,如:(1)矩不变量,(2)纹理的灰度共生矩阵,(3)链码,(4)傅里叶描述符,(5)欧拉数,(6)曲率,(7)偏心率,(8)周长,(9)面积,(10)重心。

7. 对第6题中的特征调用一些经典的分类方法,试试看是否可以将图片中的目标分割提取出来。

8. 查阅资料,看看图像特征和目标表达当前还有哪些新方法及应用,以及它们如何应用于识别。

第9章 形态学图像处理

在图像分析过程中，形态学图像处理是一种快速的对图像进行预处理的常用方法。形态学(Morphology)是生物学中研究动植物结构的一个学科分支，数学形态学是以形态为基础对图像进行分析的数学工具。形态学图像处理是利用具有一定形态的结构元素去度量和提取图像中的对应形状，以达到图像分析和识别的目的。形态学图像处理结果与结构元素的尺寸和形状都有关系，构造不同的结构元素(一般为矩形、圆形或菱形)，采用不同类型的形态学处理方法，便可以得到不同的结果，完成不同功能的图像分析。形态学图像处理被广泛应用到图像系统的预处理这一步骤中，如去噪、使目标更平滑等。

9.1 数学形态学的基本概念和运算

9.1.1 腐蚀

腐蚀(Erode)和膨胀(Dilate)是针对二值图像的最基本的数学形态学运算，其他的形态学运算都可以在此基础上导出。

集合 A 被集合 B 腐蚀，表示为 $A\Theta B$，其定义为

$$A\Theta B = \{x : B + x \subset A\} \tag{9.1}$$

其中，A 称为输入图像，B 称为结构元素。

理论中 B 这种结构元素可以是任意的形状，实际应用中 B 一般是对称形状的二值图像，可以是正方形、圆形、矩形等，其原点在 B 的中心。$B+x$ 是指将一个集合 B 平移距离 x，$A\Theta B$ 由将 B 平移 x 但仍包含在 A 灰度级为 1 的部分(物体)内的所有像素点坐标 x 组成。简而言之，腐蚀运算的实质就是针对二值图像中值为 1 的像素，找到与结构元素 B 完全相同的子图像块的位置。

编程实现过程可以简单理解为将结构 B 在图像 A 中移动 x，如果这时 B 仍包含在 A 中，则将图像 A 中的 x 这一点标记为1。需要注意的是，B 的形状大小及原点位置对结果是有影响的，不同的形状的 B 对同样的图片进行处理得到的结果是不一样的。

图 9.1 是一个基本的腐蚀运算示例。图 9.1(a)是图像 A，它是大小为 6×6 的二值图像，空格部分为灰度 0；图 9.1(b)是结构元素 B，它是大小为 2×2 的二值图像，左上角的像素为坐标原点；A 被 B 腐蚀后的结果如图 9.1(c)所示，0 表示为与原图的差别变化部分，可以看出结果比原图小，这就是图像 A 被“腐蚀”的效果。

图 9.2 是腐蚀运算应用于实际二值图片的示例，图 9.2(a)为原图，大小为 256×256，其中有大量的杂点，经过 3×3 的正方形结构元素腐蚀后得到了较为干净的结果，如图 9.2(b)所示，但是图像中米粒的尺寸也被缩小了一圈。

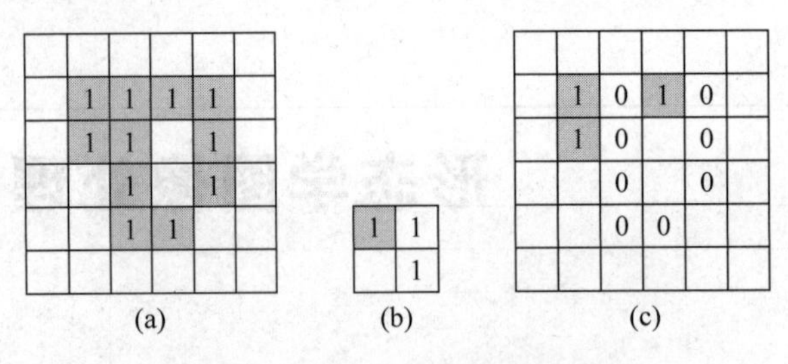

图 9.1　一个基本的腐蚀运算示例

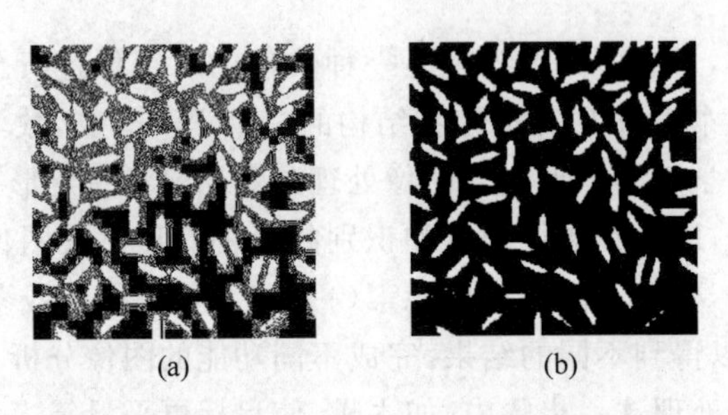

图 9.2　腐蚀运算应用于实际二值图片的示例

9.1.2　膨胀

膨胀是与腐蚀相对应，集合 A 被 B 膨胀，表示为 $A\oplus B$，定义为

$$A \oplus B = \{x \mid (\hat{B})_x \cap A \neq \varnothing\} \tag{9.2}$$

其中，$\hat{B}$表示 B 关于坐标原点的反射(对称集)，$(\hat{B})_x$ 表示对$\hat{B}$进行位移 x 的平移。$(\hat{B})_x \cap A \neq \varnothing$表示将$\hat{B}$平移到 x 位置仍与图像 A 中灰度级为 1 的部分有交集，这时位移 x 就是膨胀结果 $A\oplus B$ 中的一个像素。

编程实现过程可以简单理解为将结构$\hat{B}$在图像 A 中移动 x，如果这时$\hat{B}$与 A 在 x 的邻域有相交的部分，则将图像 A 中的 x 这一点标记为 1。同样需要注意的是 B 的形状大小及原点位置对结果是有影响的，不同的形状的 B 对同样的图片进行处理得到的结果是不一样的。一般来说 B 经常采用对称的结构，所以 B 和$\hat{B}$是一样的形状，只是原点发生了变化。

图 9.3 是一个基本的腐蚀运算示例。图 9.3(a)是原图 A，它是大小为 6×6 的二值图像，空格未填值部分表示灰度为 0；图 9.3(b)是结构元素 B，它是大小为 2×2 的二值图像，左上角的像素为原点坐标；图 9.3(c)是$\hat{B}$，需要注意的是原点已经被对称变换到右下角；A 被 B 膨胀后的结果如图 9.3(d)所示，没有底纹的 0 表示为与原图的差别，它是唯一的一个原图像素 1 被变成了 0，其他的均为 0 变成了 1，可以看出结果比原图变大了一圈，而且中间的空洞也已经被填补上了，即被“膨胀”的效果。

图 9.4 是膨胀运算应用于实际二值图片的示例，图 9.4(a)是原图 A，经过 3×3 的正方形结构元素 B 膨胀后得到的结果如图 9.4(b)所示，图像中米粒的尺寸被扩大了一圈，原图左下角有一粒米原本缺失了较多信息，膨胀后已经填充了原有的 60%左右，但原图 A 中的噪声也被放大了，如图 9.4(b)的左上部所示。

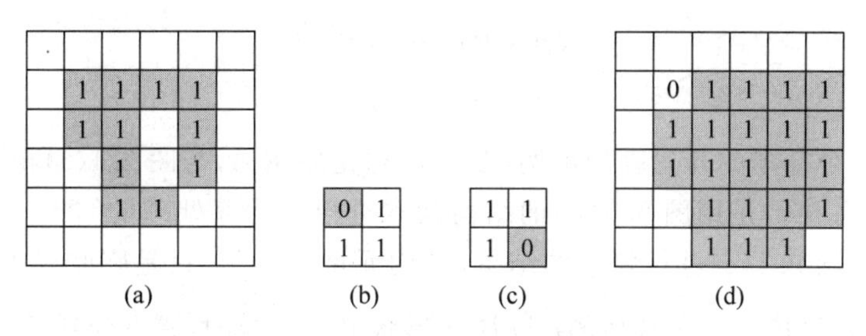

图 9.3　一个基本的膨胀运算示例

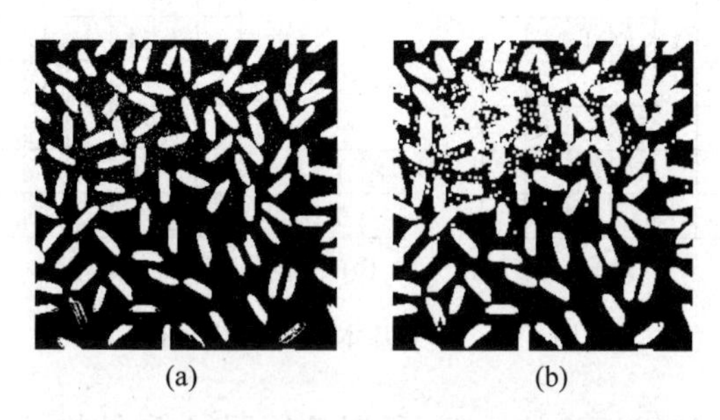

图 9.4　膨胀运算应用于实际二值图片的示例

腐蚀与膨胀运算之间存在关于集合补和反转的对偶关系，用式(9.3)和式(9.4)表示，有兴趣的读者可以自行进行验证。

$$A \oplus B = (A^{C} \Theta \hat{B})^{C} \tag{9.3}$$

$$A \Theta B = (A^{C} \oplus \hat{B})^{C} \tag{9.4}$$

9.1.3　开运算和闭运算

开运算(Open)和闭运算(Close)是腐蚀和膨胀运算的组合。对输入图像先腐蚀再膨胀为开运算；先膨胀再腐蚀为闭运算。

假定 A 仍为输入图像，B 为结构元素，利用 B 对 A 做开运算，用符号 $A \circ B$ 表示，定义为

$$A \circ B = (A \Theta B) \oplus B \tag{9.5}$$

开运算实际上是 A 先被 B 腐蚀，然后再被 B 膨胀的结果。开运算通常用来消除小对象物体，在纤细点处分离物体，平滑较大物体的边界的同时并不明显改变其体积。消除小对象物体和分离物体是第一步腐蚀的效果，但把物体体积变小了，后一步膨胀又可以把变小的体积给补充回来。

闭运算是开运算的对偶运算，定义为先做膨胀然后再做腐蚀。利用 B 对 A 做闭运算表示为 $A \cdot B$，其定义为

$$A \cdot B = (A \oplus \hat{B}) \Theta \hat{B} \tag{9.6}$$

闭运算同样使轮廓线更为光滑，但与开运算相反的是，它通常连通狭窄的间断和细长的鸿沟，填充小的孔洞，并填补轮廓线中的断裂。

就像腐蚀和膨胀的关系一样，开运算和闭运算也是关于集合补和反转的对偶，用式(9.7)和式(9.8)表示。同样请有兴趣的读者自行验证。

$$(A \cdot B)^{C} = A^{C} \circ \hat{B} \tag{9.7}$$

$$(A \circ B)^{C} = A^{C} \cdot \hat{B} \tag{9.8}$$

图 9.5 是一个基本的开运算的示例,图 9.5(a)是原图 A,与图 9.1(a)相同,图 9.5(b)是结构元素 B,图 9.5(c)是用图 9.5(b)的结构元素进行开运算处理的结果。可以比对一下,上述结果正是将图 9.1(c)进行膨胀的结果,结构元素还是 B,只是膨胀仅需要将 B 按原点进行对称处理,这里按原点对称后的$\hat{B}$与 B 在形状上是一样的,原点变到了右下角。

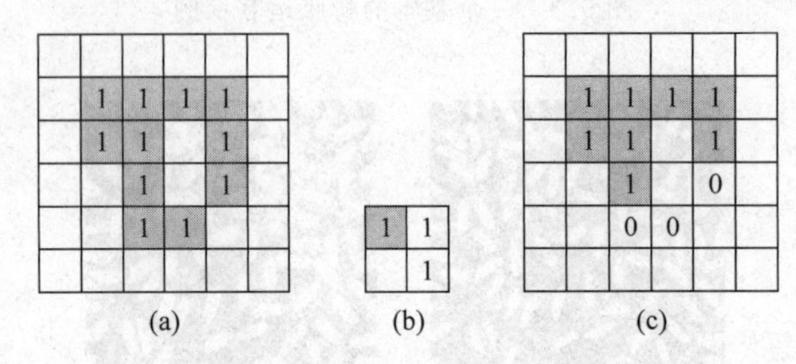

图 9.5 一个基本的开运算示例

图 9.6 是一个基本的闭运算的示例,所用的原图 A 和结构元素 B 仍与图 9.5 相同。图 9.6(a)是用结构元素 B 对 A 进行膨胀运算的结果,即 $A \oplus B$,这是闭运算的第一步;图 9.6(b)是用结构元素 B 对 A 进行闭运算处理的结果,即对图 9.6(a)进行了腐蚀操作。可以看出,与开运算相比,闭运算虽然只是调整了腐蚀和膨胀的顺序,但结果却相差较大,也体现出开运算和闭运算的作用是迥然不同的。

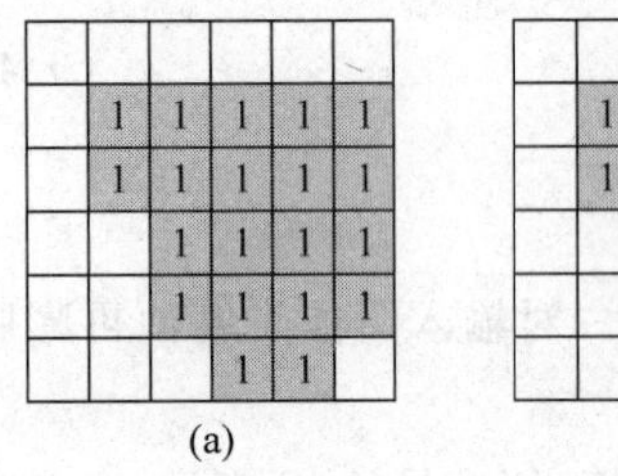

图 9.6 一个基本的闭运算示例

图 9.7 是开运算和闭运算应用于实际二值图片的示例,图 9.7(a)是原图 A,经过 3×3 的正方形结构元素 B 开运算后得到了图 9.7(b),图 9.7(c)是用 3×3 的正方形结构元素 B 对原图 A 进行闭运算后的结果。从图 9.7(b)中左下部分可以看出,一个若隐若现的米粒已经被变成只有几个小圆点了,图 9.7(a)中左上部分的噪声已经被消除,而从图 9.7(c)中看出,图 9.7(a)左上部分的噪声已经被放大了,将原本没有连接的几个米粒已经连接上了,但是把左下部分的那个米粒已经补全了约 60%,将右下角的一个米粒补全了约 80%。

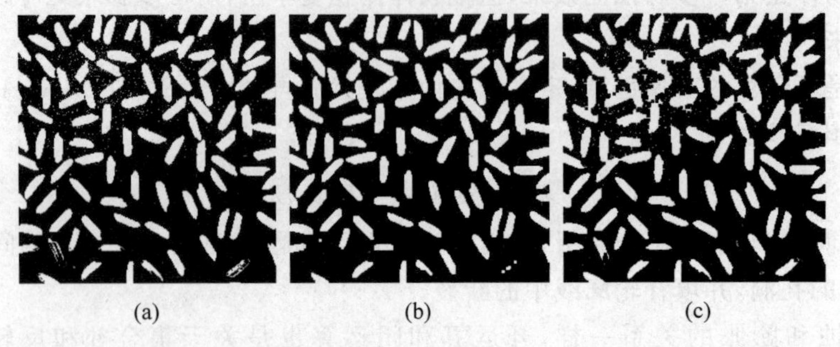

图 9.7 开运算和闭运算应用于实际二值图片示例

当然，形态学图像处理的基本操作是可以灵活地组合使用的，也可以将某一种运算运用多次，而不仅仅是应用不同的结构元素 B 来达到不同的效果。如将一幅图可以先用开运算再用闭运算，以达到先去除噪声，再填补空洞的效果。

9.1.4 击中击不中

击中击不中运算是上述基本运算的一种综合运用，可以用于形状检测，也可以用于凸壳、细化和粗化处理。这里将这种运算应用于形状检测。

假设想找到在原图 A 中的一个目标 D，可以按以下步骤进行操作：

(1) 求 $A\Theta D$，即用结构元素 D 去腐蚀 A。这就可以求得在 A 中所有可能包含 D 的位置，尤其是包含了比 D 大的目标。

(2) 求 $A^{C}\Theta(W-D)$，这里 W 是一个比 D 大一圈的目标，这样就把在背景中 $(W-D)$ 形状的目标去掉了。

(3) 求 $(A\Theta D)\cap(A^{C}\Theta(W-D))$，这个结果就是上述两步结果的交集，最终的结果就是目标 D 所在的位置。

如图 9.8 所示，图 9.8(a)是原图 A，图 9.8(b)是欲检测的目标 D，它正好与 A 中最下方的正方形大小完全一样，图 9.8(c)是比 D 略大一圈的目标 W，图 9.8(d)是 $W-D$，图 9.8(e)是 $A\Theta D$，图 9.8(f)是 $A^{C}\Theta(W-D)$，图 9.8(g)是 $(A\Theta D)\cap(A^{C}\Theta(W-D))$。可以看到只有目标 D 的中心位置的一个像素被检测出来了。为了印刷方便，图 9.8(b)～图 9.8(d)用灰色表示像素灰度为 1，图 9.8(f)加了边框，将图 9.8(h)中表示 D 位置的那一个像素进行了放大。

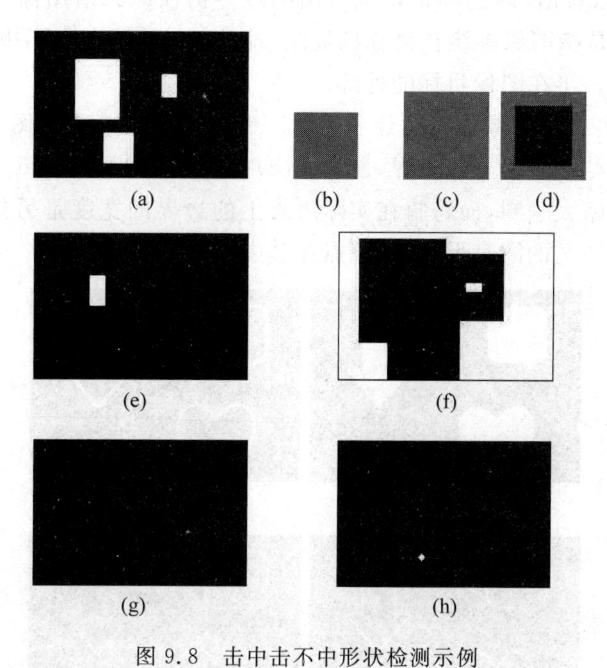

图 9.8 击中击不中形状检测示例

根据上述形状检测的过程，定义击中击不中操作 $A\circledast B$ 如下

$$A\circledast B=(A\Theta D)\cap(A^{C}\Theta[W-D]) \tag{9.9}$$

这里的 B 实际上分成两部分，相当于两个不同的结构元素(B_1，B_2)，分别代表(D,$W-D$)，则式(9.9)变为

$$A \circledast B = (A \Theta B_1) \cap (A^C \Theta B_2) \tag{9.10}$$

根据式(9.10)，可以将 $A \circledast B$ 的结果理解为在 B_1 在图像 A 中有一个匹配，同时，B_2(B_1 的背景)在图像 A 的补集(背景)中也有一个匹配。上述的形状检测就可以解释为不仅要检测该目标 D 被包含在 A 中，而且要求 D 恰恰要被背景所包围住。

同时，根据形态学运算的对偶关系，又可以将式(9.10)转化为

$$A \circledast B = (A \Theta B_1) - (A \oplus \hat{B}_2) \tag{9.11}$$

上述式(9.9)～(9.11)都算是对击中击不中的定义，它们的结果是完全一样的，只是理解的角度不同。

9.2 二值图像的形态学处理

9.2.1 边缘提取

利用圆盘结构元素做膨胀会使图像扩大，做腐蚀会使图像缩小，运用这两种运算都可以用来检测二值图像的边界。

对于图像 A 和圆盘状的结构元素 B，有3种提取二值边界的方法：内边界 $A-A\Theta B$、外边界 $A \oplus B-A$ 和跨骑在实际边缘上的边界 $A \oplus B-A\Theta B$，其中跨骑在实际边缘上的边界又称形态学梯度。可以看出，内边界是指提取出的边界仍在原二值图像中目标(值为1的部分)的内部；外边界是指图像围绕在目标的周围，即外部；跨骑在实际边缘上的边界即一半在图像目标的内部，一半在图像目标的外部。

图9.9是对真实二值图像进行边缘提取的示例，图9.9(a)是原图，大小为377×232，图9.9(b)是跨骑在实际边缘上的边界，图9.9(c)是内边界，图9.9(d)是外边界。可以看出，外边界比内边界略大一圈，而跨骑在实际边缘上的边界的宽度是另外两种边界的一倍。采用的结构元素是7×7的图盘形状，其原点在其中心位置。

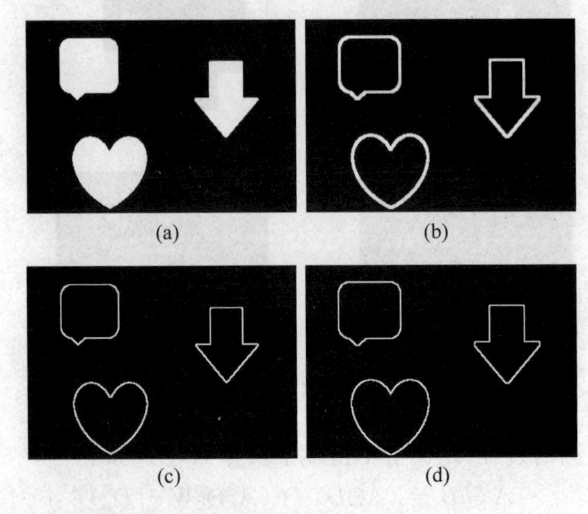

图9.9 对真实二值图像进行边缘提取示例

9.2.2 区域填充

形态学图像处理可以通过膨胀运算将封闭边界曲线中的区域填充起来,与边界形成一个整体的区域。首先,将所有非边界(背景)点标记为0,则以将1赋给封闭曲线(灰度为1)中的一点作为X_k的初始值,重复公式(9.12)直到整个图像不再变化,即$X_k=X_{k-1}$,则这个区域被填充完毕,循环结束。

$$X_k = (X_{k-1} \oplus B) \cap A^C \quad k = 1,2,3,\cdots \tag{9.12}$$

其中,A是原图,B是对称结构元素。X_k和A的并集包含被填充的集合和它的边界。

图9.10是一个形态学图像孔洞填充示例,图9.10(a)是原图,大小为222×338;图9.10(b)~图9.10(h)是到孔洞填充的中间过程,为了便于查看,这里显示了中间结果与边界合并的结果;而图9.10(i)是填充完成后合并上边界的最终结果。结构元素B是3×3的正方形,所以一开始的中间结果都是方形的。初始点的位置是(111,166),迭代膨胀的过程一共执行了79次。

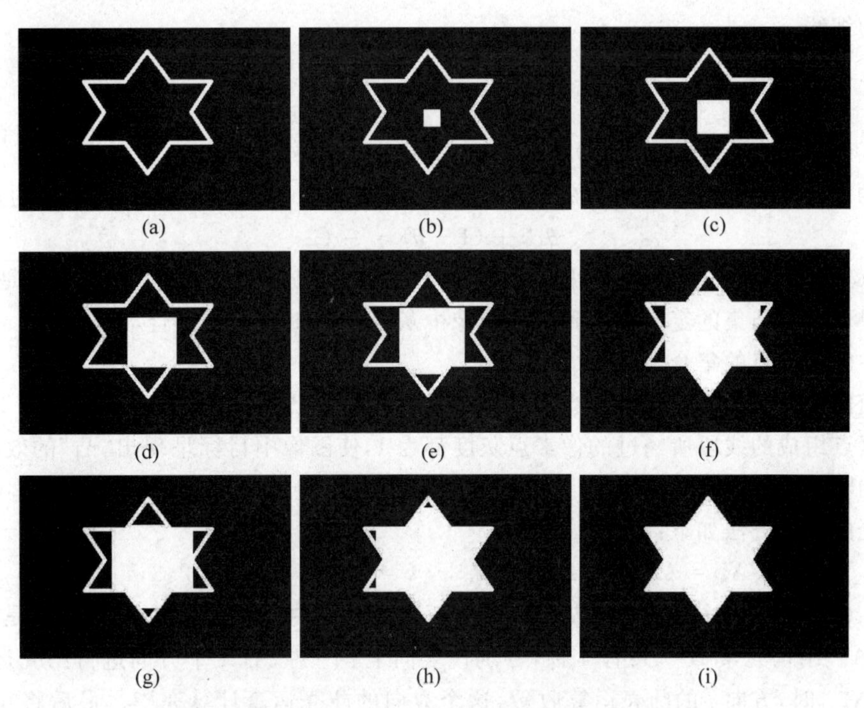

图9.10 形态学图像孔洞填充示例

9.2.3 连通分量的提取

对于二值图像,形态学图像处理可以将图像中的连通分量一个一个地提取出来,分别进行处理。其提取方法是令先找到一个包含于原始二值图像A中的连通分量Y_i,并在Y_i中任设定一个点p,即可用迭代式(9.13)求出一个连通分量。

$$X_k = (X_{k-1} \oplus B) \cap A \quad k = 1,2,3,\cdots \tag{9.13}$$

这里X_k的初始值$X_0=p$,B是一个适当的结构元素。如果$X_k=X_{k-1}$,这一次迭代结束,X_k就是点p所在的一个连接分量Y_i。

如果这时再依次找到另一个连通分量 Y_{i+1} 中的任意一点(任意另一个灰度为1的像素点)作为初始点 p,再进行上述过程的迭代,可以把这个连接分量 Y_{i+1} 提取出来。反复这个过程直到没有灰度值为1像素可以处理为止,这时就已经把 A 中的所有连通分量一个一个地提取出来了。

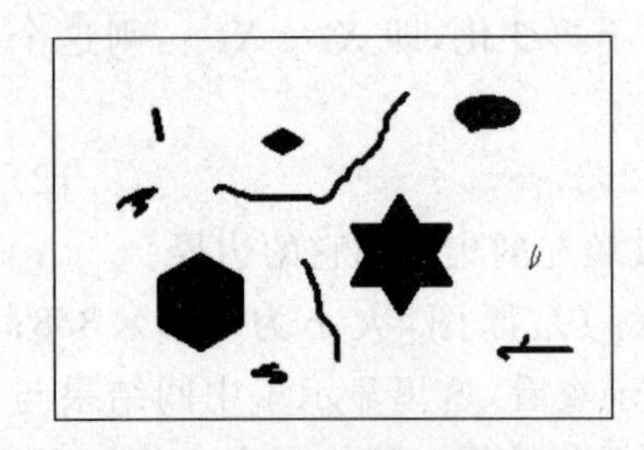

图9.11 形态学图像连通分量提取示例

对于图9.9中的原图 A,可以分别提取出它的3个连通分量,并数出每个连接分量的像素个数,如类矩形分量、心形分量和下箭头分量分别有6202个、7568个和4966个像素。

对于图9.11,把它当作原图 A,图像大小为222×338,若把其中黑色部分变成灰度值为1,白色变为背景0,用上述算法可以数出有11个连通分量,像素个数分别是2557、2324、262、610、652、171、243、96、234、198和25。像素最多的连通分量是位于中间的六角形,而像素最少的是右部分中间的细线。

9.2.4 凸壳

为了引出凸壳(Convex Hull)求取算法,先定义凸集。凸集的定义是,如果有一个集合 C,C 中的任意两点间的线段仍然在 C 内,即对任意的 $x_1,x_2\in C$ 和满足 $0\leqslant\theta\leqslant1$ 的 θ,都有

$$\theta x_1+(1-\theta)x_2\in C \tag{9.14}$$

其意义就是集合中任意两点间的线段上的任意点都在原集合 C 中,这个集合就是凸集。

这里可以把凸集的定义推广到二值图像中灰度值为1的像素集合,那么这个 x 就是二维空间中的离散点的集合。

二值图像的凸壳运算就是把当前图像中目标扩展成凸集,使图像中灰度值为1的任意两个像素点组成的线段所经过的像素点灰度都为1,使图像中目标呈现出"凸"的效果,而不是相对的"凹"。

凸壳的实现方法如下:

$$X_k^i=(X_{k-1}^i\circledast B^i)\cup X_{k-1}^i\quad k=1,2,\cdots,i=1,2,3,4 \tag{9.15}$$

$X_{k-1}^i\circledast B^i$ 是指用结构元素 B^i 对 X_{k-1}^i 进行击中击不中运算,X_{k-1}^i 的初始值就是原图 A,即 $X_0^i=A$。结构元素 B 一共有4种,分别代表向上、下、左、右4个方向进行凸壳运算。直到 $X_k^i=X_{k-1}^i$ 时,方向 i 的凸壳运算收敛,这个方向的凸壳运算计算完毕。最后将4个方向的处理结果合并起来就是最终的凸壳运算结果 $C(A)$,即

$$C(A)=\bigcup_{i=1}^{4}x_k^i$$

这里需要注意的是,击中击不中运算结构元素 B^i 是由两部分构成的(B_1^i,B_2^i),前一部分用于匹配原图 A 中的目标中灰度值为1的部分,后一部分用于匹配原图 A 中的背景中灰度值为0的部分。

图9.12是一个用于二值图像凸壳运算的结构元素B示例,一共有4个不同的结构元素 B_i,图9.12(a)~图9.12(e)分别代表的是 $B_1^1,B_1^2,B_1^3,B_1^4,B_2^i$,这里击中击不中运算针对图像背景进行匹配所用的结构元素 B_2^i 都是图9.12(e),它能保证进行击中击不中操作的结果就

是在原图背景中，再与 X_{k-1}^i 进行并操作可得到朝某个方向扩张的结果。

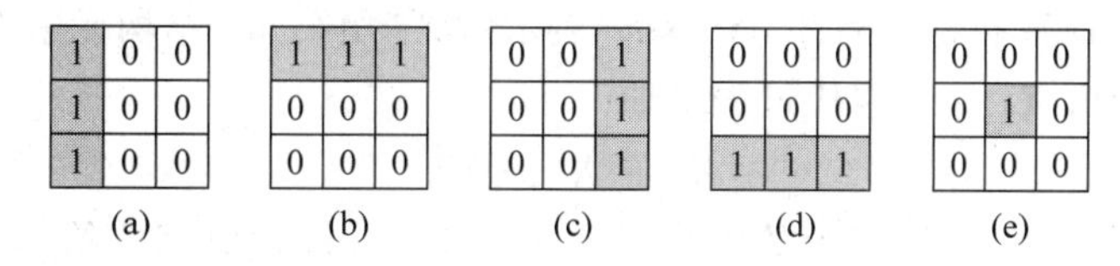

1	0	0
1	0	0
1	0	0

(a)

1	1	1
0	0	0
0	0	0

(b)

0	0	1
0	0	1
0	0	1

(c)

0	0	0
0	0	0
1	1	1

(d)

0	0	0
0	1	0
0	0	0

(e)

图 9.12　二值图像凸壳运算的结构元素 B 示例

图 9.13 是一个实际图片采用图 9.12 所示的结构元素求取凸壳的例子。图 9.13(a)是原图 A；图 9.13(b)～图 9.13(e)是用图 9.12(a)～图 9.12(e)的(B_1^i, B_2^i)向不同的方向进行凸壳运算后的结果；图 9.13(f)是将上述结果进行并操作的结果，可以看出是一个明显的斜 45°的矩形，明显已经超出了原图 A 的尺寸；如果用原图 A 的上、下、左、右 4 个边界最大最小值约束一下，则就得到了图 9.13(g)的结果。这也是这个凸壳算法的主要缺点，它不能保证得到原图 A 的最小凸壳。图 9.13(h)显示了图 9.13(f)是原图 A 的差别部分。

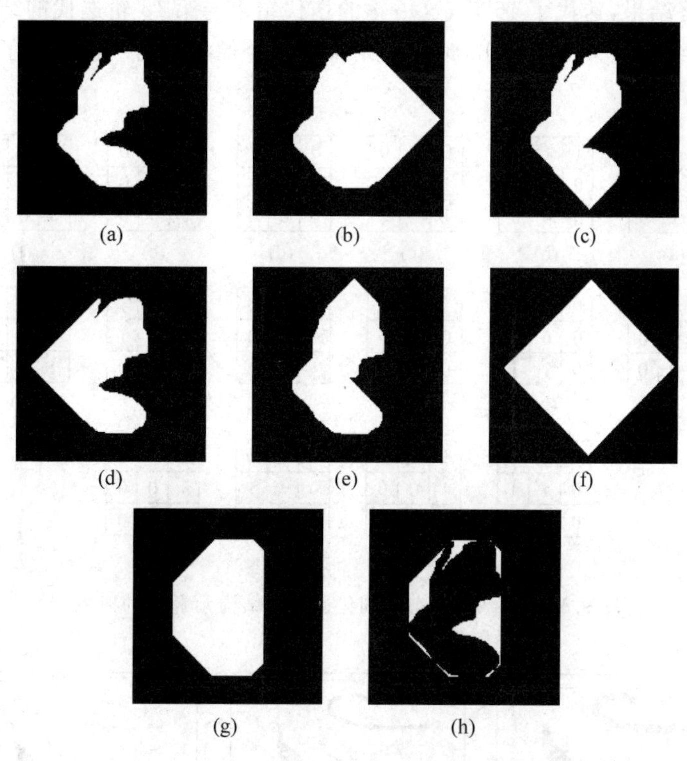

图 9.13　凸壳运算的示例

9.2.5　细化

顾名思义，细化(Thinning)和粗化(Thicking)算法就是将二值图像中的目标(灰度为 1)变细或者变粗。变细是一个迭代的过程，直到将目标变成只有一个像素宽度为止，用 $A \otimes B$ 表示。公式表示如下

$$A \otimes B = A - (A \circledast B) = A \cap (A \circledast B)^{C} \tag{9.16}$$

式(9.16)用到了击中击不中操作($A \circledast B$)，表示细化操作是用结构元素 B 将原图 A 进行击中击不中运算后，再求它们之间的差值，这个求差异的过程也可以用位运算异或(Xor)

实现。与凸壳运算类似,这里的结构元素 B 也是一个系列的模板(B_1^i,B_2^i),B_1^i、B_2^i 分别用于击中击不中运算中匹配目标和背景,$X_i \circledast B^i$ 表示对 X_i 用第 i 个结构元素 B^i 进行击中击不中运算,X_i 的初始值 $X_0=A$,迭代过程是如下

$$X_i = X_{i-1} \circledast B^i \tag{9.17}$$

在对 B 完成了一个系列模板的击中击不中运算后,将其值赋值给 $X_k=X_i$,检查 X_k,X_{k-1}是否已经完全相同,如果两者已经相同,则细化操作结束。如果二者不同,即 $X_k \neq X_{k-1}$,则继续用 B 进行下一轮的迭代,下一轮迭代中仍使用当前的结果 X_i 作为 $X_i=X_{i-1}\circledast B^i$ 迭代前的值 X_{i-1}。注意,这里取 X_k,X_i 不同的下标,表示这是两层不同的迭代。

图 9.14 是一系列形态学细化运算的结构元素 B 的模板,这里一共是 8 对模板用于击中击不中运算,分别从(B_1^1,B_2^1)到(B_1^8,B_2^8)。图 9.14(a)~图 9.16(p)分别表示为 B_1^1,B_2^1,B_1^2,B_2^2,…,B_1^8,B_2^8。图 9.15 是将上述结构元素用于原图 A(见图 9.15(a))的例子,原图大小为219×143。图 9.15(b)~图 9.15(e)是分别迭代了 2 轮、4 轮、8 轮和 12 轮的中间结果。图 9.15(f)是最终结果,迭代了 16 轮,这一轮的迭代结果与第 15 轮迭代的结果完全相同,所以迭代到这轮就结束了。可以看出,最终的结果是一个像素宽的。这里为了方便印刷,用黑色表示 1,白底色为 0。

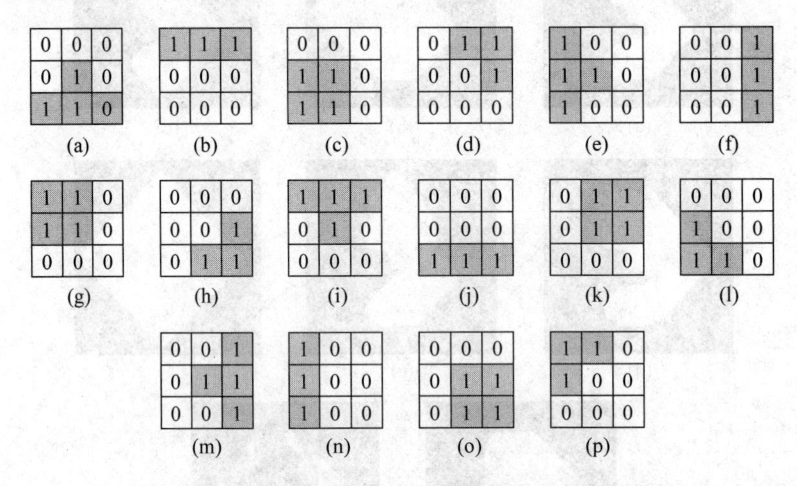

图 9.14 一系列形态学细化运算的结构元素 B 的模板

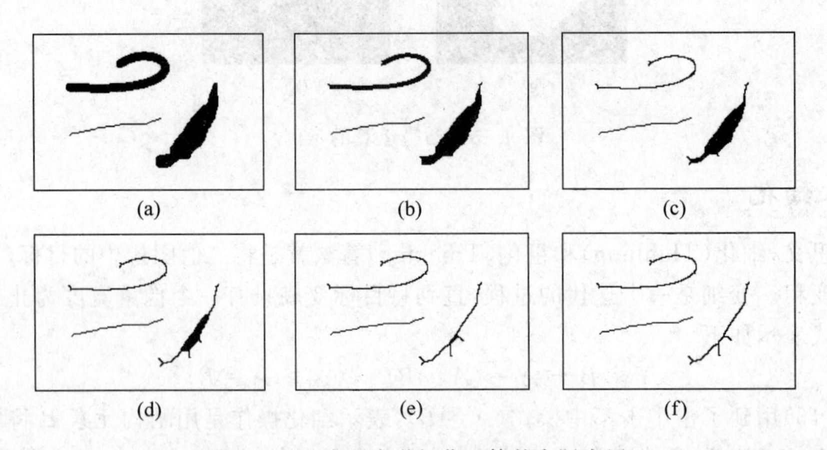

图 9.15 一个形态学细化运算的实际应用

粗化是细化的形态学对偶，大家可以想象的是如果图像中的目标不断地反复迭代粗化，那么整个图像都将变成灰度1的目标。这里不再详述具体步骤，有兴趣的读者请自行查阅相关资料。

9.3 灰度图像的形态学处理

根据上节的内容，我们可以将二值图像的形态学运算推广到一般的灰度图像。灰度图像的形态学(Gray-scale Morphology)处理同样包括灰度级膨胀、灰度级腐蚀、灰度级开和闭运算。将这些形态学运算综合应用到灰度图像中，可以进行平滑、求取形态学梯度、顶帽变换和底帽变换、纹理分割、重建等处理。下面选择一些有代表性的形态学运算进行详述。

9.3.1 灰度图像腐蚀和膨胀

首先，假设用于灰度图像的结构元素 b 与二值图像的结构元素 B 类似，只有0、1两个值，对于灰度图像该如何处理呢？这里参考在第4章图像增强中采用过的局部排序处理的方法，采用求取最小最大值的方法定义灰度级腐蚀和膨胀，即腐蚀求取局部最小值，而膨胀求取局部最大值。

用式(9.18)、式(9.19)表示上述思想的灰度级腐蚀($f \ominus b$)和膨胀($f \oplus b$)，分别是

$$(f \ominus b)(s,t) = \min\{f(s+x,t+y) \mid (s+x),(t+y) \in D_f;\ (x,y) \in b\} \quad (9.18)$$

$$(f \oplus b)(s,t) = \max\{f(s-x,t-y) \mid (s-x),(t-y) \in D_f;\ (x,y) \in b\} \quad (9.19)$$

其中，b 表示灰度图像的结构元素，D_f 表示原图 f 在(s,t)位置的邻域，$(x,y) \in b$ 表示(x,y)在结构元素 b 中位于灰度级为1的位置。具体运算流程是：

(1) 将结构元素 b 覆盖到 $f(s,t)$的像素位置，b 对应到 $f(s,t)$及其邻域，并进行对应像素灰度的点乘操作，即只考虑 $f(s,t)$及其邻域对应 b 中灰度级为1位置的像素进行处理。

(2) 腐蚀操作取上步覆盖对应的区域中的最小值作为(s,t)像素位置的腐蚀运算结果；膨胀操作取上步覆盖对应的区域中的最大值作为(s,t)像素位置的膨胀运算结果。

(3) 对每一个像素都执行这样的与结构元素 b 原点对齐覆盖、求极值的操作就得到最后结果。

图9.16是两个灰度图像腐蚀与膨胀运算的示例。图9.16(a)和图9.16(d)是原始灰度图像 f，大小都是500×375。结构元素 b 如图9.16(g)所示。图9.16(b)和图9.16(e)是腐蚀的结果，它比原图 A 明显偏暗。图9.16(c)和图9.16(f)是膨胀的结果，它比原图 A 明显偏亮，而且都呈现出较明显的平滑效果。可以看出，这个结果与局部排序平滑滤波的结果一样的。正是如此，将此运算用于图像去噪声。

如果把结构元素 b 推广到具有一般性的整数灰度级，则将上述式(9.18)、式(9.19)扩展为

$$(f \ominus b)(s,t) = \min\{f(s+x,t+y) - b(x,y) \mid (s+x),(t+y) \in D_f;\ (x,y) \in D_b\} \quad (9.20)$$

$$(f \oplus b)(s,t) = \max\{f(s-x,t-y) + b(x,y) \mid (s-x),(t-y) \in D_f;\ (x,y) \in D_b\} \quad (9.21)$$

图 9.16　两个灰度图像腐蚀与膨胀运算的示例 1

式(9.20)、式(9.21)与式(9.18)、式(9.19)的区别在于原图 f 中还要减去或者加上结构元素中对应的灰度值，所以结构元素 b 的值会对结果产生影响，实现时应考虑处理结果是否会超过图像灰度级范围[0,255]。这里注意理论上 b 的值可以是正值，也可以是负值。如果 b 是正值，那么膨胀操作输出图像比输入图像更亮，而且比上述二值结构元素 b 的式(9.19)的效果更亮；暗的细节可被减少或消除，其程度依赖于这些暗细节的值和形状与结构元素间的关系；腐蚀操作的效果则相反。

具体的操作运算流程是：

(1) 将结构元素 b 覆盖到 $f(s,t)$ 的像素位置，b 对应到 $f(s,t)$ 及其邻域。

(2) 腐蚀操作将这两个区域进行相减，取结果的最小值作为 (s,t) 像素位置的腐蚀运算结果；膨胀操作将这两个区域进行相加，取结果的最大值作为 (s,t) 像素位置的膨胀运算结果。

(3) 对每一个像素都执行这样的与结构元素 b 原点对齐覆盖、减/加、求极值的操作，就完成了整个图像的腐蚀和膨胀操作。

图 9.17 是对图 9.16 的原始灰度图像 f 进行标准式(9.20)、式(9.21)形态学腐蚀膨胀的例子。图 9.17(a)和图 9.17(c)是腐蚀的结果，它比图 9.16(b)和图 9.16(e)略偏暗；图 9.17(b)和图 9.17(d)是膨胀的结果，它比图 9.16(c)和图 9.16(f)略偏亮。这里所使用的结构元素 b 如图 9.17(e)所示。

9.3.2　灰度图像开和闭运算

与二值图像的开和闭操作一样，灰度图像开和闭运算具有同样的形式，如果原图是 f，

图 9.17　两个灰度图像腐蚀与膨胀运算的示例 2

结构元素是 b，开运算表示为 $f\circ b$，闭运算表示为 $f\bullet b$。其具体运算如式(9.22)和式(9.23)所示。

开运算：

$$f\circ b=(f\ominus b)\oplus b \tag{9.22}$$

闭运算：

$$f\bullet b=(f\oplus b)\ominus b \tag{9.23}$$

与二值图像开和闭运算一样，灰度图像开运算是先腐蚀后膨胀，闭运算则相反，是先膨胀后腐蚀。这里同样需要注意的是，b 可以采用与二值图像形态学处理一样的结构元素，也可以采用不限于 0、1 的灰度级结构元素，其处理的方式与上一节相同，所以这里可以看出灰度级图像中 b 对处理结果有更显著的影响。

图 9.18 是对图 9.16 的原始灰度图像 f 进行开和闭运算的例子。这里所使用的结构元素 b 与图 9.17(e)完全一样。按照式(9.22)和式(9.23)，图 9.18(a)和图 9.18(c)是对图 9.17(a)和图 9.17(c)膨胀的结果，比图 9.17(a)和图 9.17(c)更亮，将小的亮物体变大了；图 9.18(b)和图 9.18(d)是对图 9.17(b)和图 9.17(d)腐蚀的结果，比图 9.17(b)和图 9.17(d)更暗，将大的亮物体变小了。这与其公式的原理是一致的。

总的来说，灰度级开运算通常用于去除比结构元素 b 小的亮细节，而比结构元素 b 大的亮区域不变，对原图暗区域影响不大。灰度级闭运算则相反，通常用于去除比结构元素 b 小的暗细节，而比结构元素 b 大的暗区域不变，对原图亮区域影响不大。

(a) (b) (c) (d)

图 9.18 两个灰度图像开和闭运算的示例

9.3.3 灰度图像形态学平滑

正如 9.3.1 节所述,平滑去噪是灰度级形态学的一个典型应用。处理方法也非常简单直接,将含噪声的原图 f 进行开运算后再接一次闭运算操作,用于消除过于亮的和暗的噪声。用公式表示如下

$$g = (f \circ b) \bullet b \tag{9.24}$$

其中,g 表示经过平滑去噪处理后的图片,b 是结构元素。

图 9.19 是将一张灰度图像进行形态学去噪的示例。图 9.19(a)是带噪声的原图,大小为 500×375;图 9.19(b)~图 9.19(e)是用半径分别是 1、2、3、4 的圆盘形二值结构元素 b 进行开和闭运算去噪的结果。因为图片的噪声是一个像素大小的椒盐噪声,所以用半径为 1 的圆盘去噪效果最佳,随着半径的增加,对原图信息的破坏越发严重。

9.3.4 灰度图像形态学梯度

灰度图像的形态学梯度的计算公式如下

$$g = (f \oplus b) - (f \ominus b) \tag{9.25}$$

其中,g 表示形态学梯度图片,f 是原图,b 是结构元素。$f \oplus b$ 将原图变亮,其结果是局部最大值;而 $f \ominus b$ 将原图变暗,其结果是局部最小值。两者之差是一个正数,等价于在该像素位置的梯度值,但是形态学梯度无法确定梯度的方向。

图 9.20 是将一张图像求取形态学梯度的例子。图 9.20(a)是原图 f,大小为 500×375;图 9.20(b)~图 9.20(d)分别是 $f \oplus b$、$f \ominus b$ 及最终梯度图像。这里为了显示方便,对最终的梯度图像进行了灰度线性变换。从图 9.20(d)可以看出,在原图中相邻像素灰度差值大的地方,其形态学梯度值也较大。这里使用的结构元素 b 是 3×3 二值的正方形,灰度值全为 1。

9.3.5 灰度图像形态学顶帽变换

灰度图像形态学顶帽(Top-hat) 变换定义如下

$$g = f - (f \circ b) \tag{9.26}$$

其中,g 表示处理后的结果图像,f 是原图,b 是结构元素。其表示原图减去其开运算的结

图 9.19　灰度图像形态学去噪处理示例

图 9.20　灰度图像形态学梯度示例

果。开运算 $f \circ b$ 的效果是从一幅图像中删除主要物体，仅留下背景信息，而且是删除暗背景中的亮物体。但是要达到这种效果，结构元素不能太小，应该要大过图像中的单个目标，如果太小 $f \circ b$ 操作就不能去掉图像中的目标/物体。

顶帽变换的典型应用是去除背景区域的光照影响。

图 9.21 是将一张灰度图像用顶帽变换去除光照影响后进行图像分割的示例。图 9.21(a)

是原图 f,大小为 500×375;图 9.21(b)是将原图按阈值 135 进行二值分割的例子,可以看出受光照影响,图的下部少数米粒未能正确分割出来;图 9.21(c)是($f \circ b$),即不均匀的光照背景,这里结构元素 b 是半径为 15 的圆盘形二值图像;图 9.21(d)是顶帽变换的结果 $f-(f \circ b)$,可以看出背景光照均匀一致了;图 9.21(e)是将图 9.21(d)进行二值分割的结果,分割阈值为 65,可以看到原图下部的米粒已经被正确分割出来,取得了比图 9.21(b)更好的效果。

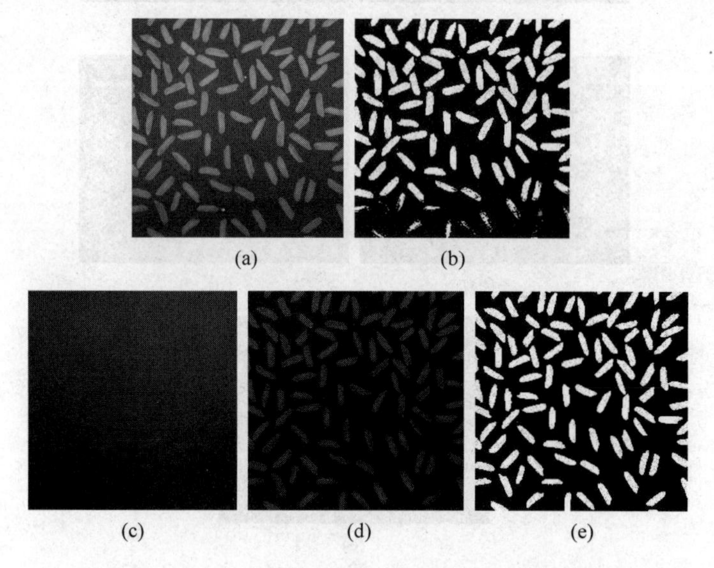

图 9.21　灰度图像顶帽变换去除光照影响示例

以此类推,也存在底帽(Bottom-hat)变换,如式(9.27)所示。

$$g = (f \cdot b) - f \tag{9.27}$$

它与顶帽变换原理相似。闭运算 $f \cdot b$ 也用于从一幅图像中删除主要物体,仅留下背景信息,但是删除的是亮背景中的暗物体。g 就是最后去掉不一致光照的结果,如果将图 9.21(a)求反的结果应用底帽变换,则得到如图 9.22 所示的结果。

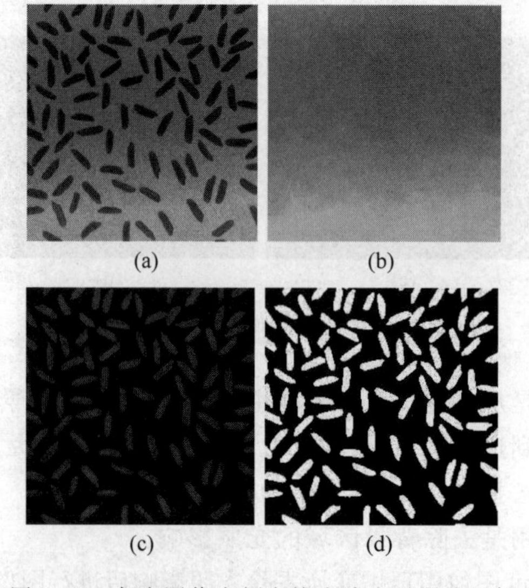

图 9.22　灰度图像底帽变换去除光照影响示例

图 9.22 是将一张灰度图像用底帽变换去除光照影响后进行图像分割的示例。图 9.22(a)是原图 f,它由图 9.21(a)求反得到。图 9.22(b)是按 $f \cdot b$ 得到的亮背景。图 9.22(c)是底帽变换的结果。图 9.22(d)是将图 9.22(c)进行二值分割的结果,分割阈值仍为 65。这里所用的结构元素与图 9.21 相同,也是半径为 15 的圆盘形二值结构元素。

习　题

1. 总结二值图像的开运算和闭运算处理后不同的效果。

2. 开运算和腐蚀运算相比有何优点?

3. 闭运算和膨胀运算相比有何优点?

4. 自行设定一个 5×5 的矩阵是一个二值图像,再自行设定一个结构元素 B,如 3×3 的方阵,其中的值可以自行设定。请在纸面上分别计算其腐蚀和膨胀的结果。再调用已有的库函数编写程序分别对它进行腐蚀和膨胀,检查你的结果是否与程序计算结果一致。

5. 推导腐蚀与膨胀的对偶关系。

6. 推导开运算与闭运算的对偶关系。

7. 编程实现边缘提取效果,可以调用已有的库函数,如腐蚀、膨胀、开和闭运算。

8. 编程实现区域填充效果,可以调用已有的库函数,如腐蚀、膨胀、开和闭运算。

9. 编程实现连通分量提取功能,可以调用已有的库函数,如腐蚀、膨胀、开和闭运算。

10. 调用已有的库函数编程实现细化功能。

11. 不要调用已有的库函数,自行编写代码完成灰度图像的腐蚀、膨胀功能的函数。考虑边界处理的策略。

12. 调用第 11 题自己编写的灰度图像的腐蚀、膨胀函数,编写代码完成灰度图像的平滑功能的程序。请考虑边界处理的策略。

13. 查阅资料,看看形态学图像处理当前还有哪些应用,思考你还能在此基础上做哪些工作。

参考文献

[1] 赵荣椿,等. 数字图像处理与分析[M].北京：清华大学出版社,2013.

[2] CASTLEMAN K R. 数字图像处理[M].朱志刚,等译. 北京：电子工业出版社,1998.

[3] 阮秋琦. 数字图像处理学[M]. 北京：电子工业出版社,2001.

[4] 夏良正. 数字图像处理[M].南京：东南大学出版社,1999.

[5] 章毓晋.图像处理和分析[M]. 北京：清华大学出版社,1999.

[6] 李在铭,等. 数字图像处理压缩与识别技术[M]. 成都：成都电子科技大学出版社,2000.

[7] Rafael C Gonzalez, Richard E Woods. Digital Image Processing[M]. New Jersey：Prentice Hall Upper Saddle River,2002.

[8] 刘直芳,等.利用人眼感知视觉模型的车型动态定位[J].控制与决策,2003,18(5)：619-622.

[9] 荆其诚,焦书兰. 色度学[M]. 北京：科学出版社,1979.

[10] 彭群生,等. 计算机真实感图形的算法基础[M]. 北京：科学出版社,1999.

[11] LIU Z F,et al. Face detection based on a new nonlinear color space[J]. Proceedings of SPIE,2003, 5286(1)：343-347.

[12] LIU Z F,et al. Face detection and facial feature extraction in color image[J]. IEEE Proceedings of ICCIMA,2003：126-130.

[13] 李智勇,等.动态图像分析[M]. 北京：国防工业出版社,1999.

[14] 郑南宁. 计算机视觉与模式识别[M]. 北京：国防工业出版社,1998.

[15] TURK M,PENTLAND A. Eigenfaces for recognition[J]. Journal of Cognitive Neuroscience,1991, 3(1)：71-86.

[16] 崔锦泰.小波分析导论[M]. 西安：西安交通大学出版社,1997.

[17] 王运琼,游志胜,刘直芳. 基于空间特征的汽车阴影分割方法[J].光电工程,2003,30(2)：64-67.

[18] 刘直芳,等. 基于一种新的非线性彩色空间的人脸检测[J].数据采集与处理,2004,19(2)：160-166.

[19] 刘直芳,等. 基于多尺度彩色形态向量算子的边缘检测[J].中国图像图形学报,2002,7(9)：888-893.

[20] 曹刚,游志胜,刘直芳. 基于小波隐性马尔可夫模型的人脸检测[J].信号处理,2004,20(1)：26-29.

[21] NR Pal,SK Pal. A review on image segmentation techniques[J]. Pattern Recognition,1993,26(9)：1277-1294.

[22] 傅祖芙.信息论[M]. 北京：电子工业出版社,2001.

[23] 曹刚,游志胜,刘直芳.一种改进的小波隐性马尔可夫树模型纹理分割及在车牌定位中的应用[J].光学技术,2003,29(4)：411-414.

[24] 钟玉琢,王琪,赵黎,等. MPEG-2/运动图像压缩编码国际标准及MEPG的新进展[M]. 北京：清华大学出版社,2002.

[25] 刘峰. 视频图像编码技术及国际标准[M]. 北京：北京邮电大学出版社,2005.

[26] 张继平,刘直芳. 视频中运动目标的实时检测和跟踪[J].计算机测量与控制,2004,12(11)：1036-1039.

[27] 张继平,刘直芳. 背景估计与运动目标检测跟踪[J].计算技术与自动化,2004,23(4)：51-54.

[28] SPIRKOVSKA L. A summary of image segmentation techniques[J]. Computer Graphics Image Process,1993.

[29] CHAN FHY,LAM FK,ZHU H. Adaptive thresholding by variational method[J]. IEEE Trans. IP,

1998,7(3)：468-473.

[30] PAL N R,PAL S K. Entropy thresholding[J]. Signal Process. 1989(16)：97-108.

[31] 王运琼,游志胜,刘直芳.利用支持向量机识别汽车颜色[J].计算机辅助设计与图形学学报,2004,16(5)：701-706.

[32] 孙即祥,等. 模式识别中的特征提取预计算机视觉不变量[M]. 北京：国防工业出版社,2001.

[33] 边肇祺.模式识别[M]. 北京：清华大学出版社,2002.

[34] Goshtasby A A. 2-D and 3-D image registration：for medical, remote sensing, and industrial applications[M]. NewYork：John Wiley & Sons,2005.

[35] HARTLEY R I,ZISSERMAN A. Multiple View Geometry in Computer Vision. 2nd ed. NewYork, Cambridge University Press,2004.

[36] ZITOVA B,FLUSSER J. Image registration methods：a survey[J]. Image and Vision Computing, 2003(21) 977-1000.

[37] 孙延奎. 小波分析及其工程应用[M]. 北京：机械工业出版社,2009.

[38] 多布.小波十讲[M].李建平,杨万年,译.北京：国防工业出版社,2004.

[39] Wang D C C,Vagnucci A H,Li C C. Gradient inverse weighted smoothing scheme and the evaluation of its performance[J]. Computer Graphics and image processing,1981,15(2)：167-181.

[40] 沈燕飞,李锦涛,朱珍民,等. 高效视频编码[J]. 计算机学报,2013,36(11)：2340-2355.

[41] 王春瑶,陈俊周,李炜. 超像素分割算法研究综述[J]. 计算机应用研究,2014,01：6-12.

[42] 宋熙煜,周利莉,李中国,等. 图像分割中的超像素方法研究综述[J]. 中国图象图形学报,2015,05：599-608.

[43] 冈萨雷斯,等.数字图像处理[M].3 版.阮秋琦,等译. 北京：电子工业出版社,2010.

[44] 艾海舟,苏延超. 图像处理、分析与机器视觉[M].3 版. 北京：清华大学出版社,2011.

[45] SHEN X,TAO X,GAO H,et al. Deep Automatic Portrait Matting[C]//European Conference on Computer Vision. Cham,Switzerland：Springer International Publishing,2016：92-107.

[46] Martin D,Fowlkes C,Tal D,et al. A database of human segmented natural images and its application to evaluating segmentation algorithms and measuring ecological statistics[C]. //Computer Vision, 2001. ICCV 2001. Proceedings. Eighth IEEE International Conference on. IEEE,2001,2：416-423.

[47] HOG M, SABATER N, GUILLEMOT C. Light Field Segmentation Using a Ray-Based Graph Structure[C]//European Conference on Computer Vision. Cham,Switzerland：Springer International Publishing,2016：35-50.

[48] BILMES J A. A gentle tutorial of the EM algorithm and its application to parameter estimation for Gaussian mixture and hidden Markov models[J]. International Computer Science Institute,1998,4(510)：126.

[49] HOCHBAUM D S, Singh V. An efficient algorithm for co-segmentation[C]//2009 IEEE 12th International Conference on Computer Vision. IEEE,2009：269-276.

[50] ROTHER C,MINKA T,BLAKE A,et al. Cosegmentation of image pairs by histogram matching-incorporating a global constraint into mrfs[C]//2006 IEEE Computer Society Conference on Computer Vision and Pattern Recognition (CVPR'06). IEEE,2006,1：993-1000.

[51] JOULIN A, BACH F, PONCE J. Discriminative clustering for image co-segmentation[C]// Computer Vision and Pattern Recognition (CVPR), 2010 IEEE Conference on. IEEE, 2010：1943-1950.

[52] 孟凡满. 图像的协同分割理论与方法研究[D]. 成都：电子科技大学,2014.

[53] CHENG H D,JIANG X H,SUN Y,et al. Color image segmentation：advances and prospects[J]. Pattern recognition,2001,34(12)：2259-2281.

[54] LEUTENEGGER S,CHLI M,SIEGWART R Y. BRISK：Binary robust invariant scalable keypoints

[C]//Computer Vision (ICCV),2011 IEEE International Conference on. IEEE,2011：2548-2555.

[55] LOWE D G. Object recognition from local scale-invariant features[C]//Computer Vision,1999. The proceedings of the seventh IEEE international conference on. IEEE,1999,2：1150-1157.

[56] LOWE D G. Distinctive image features from scale-invariant keypoints[J]. International journal of computer vision,2004,60(2)：91-110.

[57] HERBERT Bay, ANDREAS Ess, Tinne Tuytelaars, Luc Van Gool. SURF：Speeded Up Robust Features. Computer Vision and Image Understanding (CVIU),2008,110(3)：346-359.

[58] MIKOLAJCZYK K,SCHMID C. A performance evaluation of local descriptors[J]. Pattern Analysis and Machine Intelligence,IEEE Transactions on,2005,27(10)：1615-1630.

[59] FENG J, WEI Y, TAO L, et al. Salient object detection by composition[C]//2011 International Conference on Computer Vision. IEEE,2011：1028-1035.

[60] RAHTU E,KANNALA J,SALO M,et al. Segmenting salient objects from images and videos[C]//European Conference on Computer Vision. Springer Berlin Heidelberg,2010：366-379.

图书资源支持

感谢您一直以来对清华版图书的支持和爱护。为了配合本书的使用，本书提供配套的资源，有需求的读者请扫描下方的“书圈”微信公众号二维码，在图书专区下载，也可以拨打电话或发送电子邮件咨询。

如果您在使用本书的过程中遇到了什么问题，或者有相关图书出版计划，也请您发邮件告诉我们，以便我们更好地为您服务。

我们的联系方式：

地　　址：北京市海淀区双清路学研大厦 A 座 701

邮　　编：100084

电　　话：010－62770175－4608

资源下载：http://www.tup.com.cn

客服邮箱：tupjsj@vip.163.com

QQ：2301891038（请写明您的单位和姓名）

资源下载、样书申请

书圈

扫一扫，获取最新目录

用微信扫一扫右边的二维码，即可关注清华大学出版社公众号“书圈”。

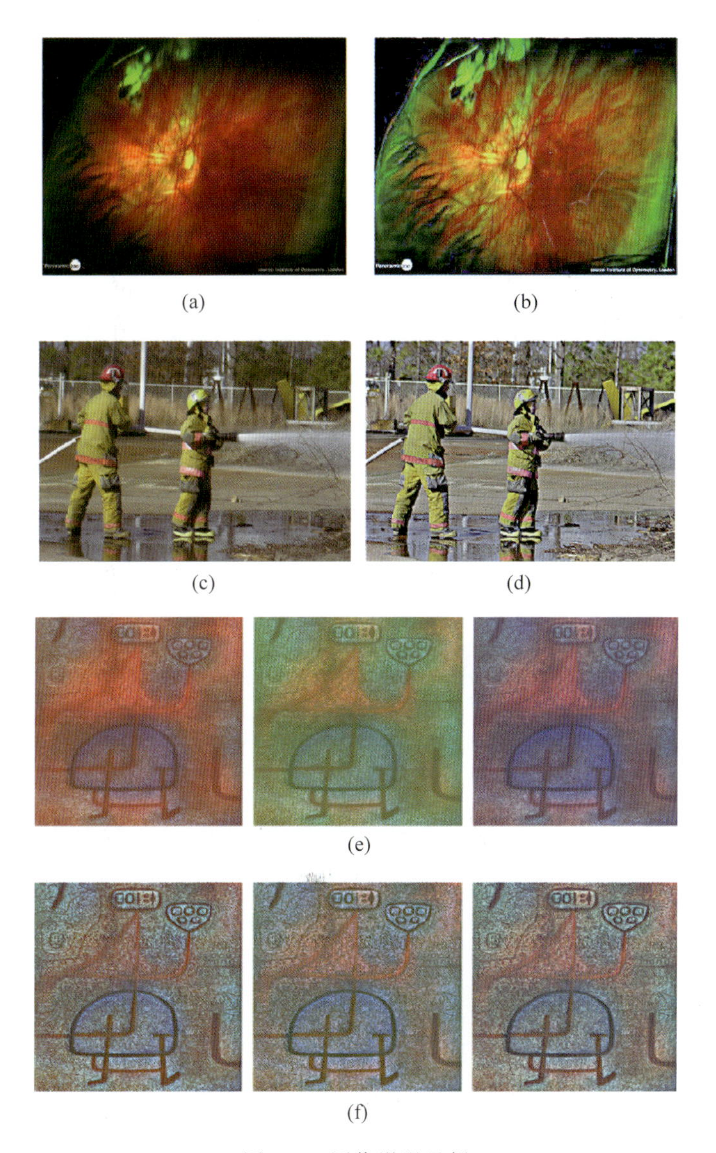

图 4.1　图像增强示例

图 4.67 真彩色图像处理示例

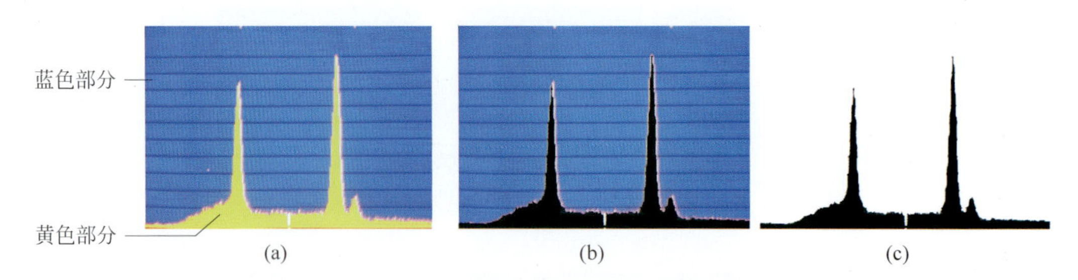

图 7.53 对彩色图像的 RGB 通道进行分割